스핀은 돈다

성숙기의 양자역학

토모나가 신이치로 지음 / **에자와 히로시** 주석
윤 라 현 옮김 / **이 강 영** 감수

참과학

『スピンはめぐる(스핀은 돈다)』 신판 간행에 즈음하여

이 책은 저자가 후기에 써 놓았듯이 원래는 중앙공론사(中央公論社)의 잡지 『자연(自然)』에 연재되었던 것으로 그것에 새로운 내용을 추가한 최초의 판은 1974년에 같은 회사에서 출판되었다. 저자의 사후에 오카 타케시(岡 武史) 씨에 의해서 *The Story of Spin*으로 영문 번역되어 시카고 대학 출판회에서 1997년 간행되었다. 그 후, 중앙공론사의 사정으로 원저의 재판이 중단되었고, 그 동안에 「영역본밖에 손에 넣을 수 없다는 것은 많은 물리학도에게 큰 손실이다」고 하는 목소리도 높아졌다. 그래서 『양자역학(量子力学)』 I·II를 간행하고 있던 인연으로 본사(みすず書房)에서 간행 허가를 중앙공론사에 요청하였고, 큰 호의를 베풀어 준 덕분에 발행을 할 수 있었다.

실제로 이 책은 『양자역학』의 별권이라고 할 수 있다. 저자는 『양자역학』의 서문에서 제I권을 양자역학의 유년시대로서 기술하고 있는데 비해, 이 책은 『양자역학』 I·II의 뒤인 성숙기를 스핀을 중심으로, 앞의 두 책과 다르게 부담스럽지 않은 형식으로 1940년까지 더듬어 가고 있기 때문이다. 그것은 양자역학과 상대론을 묶으려고 했던 시대이고, 원자핵물리학이 태동하여 발전한 시대였다.

말하자면, 이 책은 그 시절을 가까이에서 체험하는 여행, 스핀의 양자역학에 이르렀던 사고를 다시 더듬어 가서 「고전적으로 기술 불가능」한 개념의 본질에 도달하는 여행이다. 그 여정의 곳곳에 원전 논문을 읽으며 이해하려고 애쓰고, 그것을 넘어 마침내 자신도 역사적인 업적을 남긴 저자 특유의 통찰력이 빛나고 있다. 제1화는 복잡하게 얽혀 있던 스펙트럼의 다중항의 이야기로부터 갑자기 시작하고 있는데, 이것은 『양자역학』 I, 제4장 「원자의 껍질구조」 중의 28·29절에도 대략적으로 해설되어 있는 스핀 개념의 이전 역사에 해당한다. 역사적 배경을 보다 깊게 헤치고 들어간 곳에서 이 책의 여행이 시작되는 것에는 깊은 이유가 있다. 만약 시작 부분에서 난해하다고 느끼는 경우에는 위에 언급한『양자역학』의 부분과 제3장「전기 양자역학」16절의 (i), 17·18절을 예습·복습 한다면 보다 쉽게 이 책의 본문으로 들어갈 수 있을 것이다.

이 신판은 독자가 실제로 식의 도출 과정을 더듬어 보거나, 관련 문헌을 찾기 쉽도록 새롭게 각주 및 권말 부록A를 보충하고, 본문 전체를 SI단위계로 새롭게 표기했다(구판의 수식에 대해서는 권말부록C를 참조하기 바란다). 부록 B는 구판 간행으로부터 40년이 지난 동안에 추가된 스핀 관련 지식에 대한 단서로 해주셨으면 한다.

이상의 보충·개정의 모든 것에 관해서 에자와 히로시(江沢 洋)씨에게 도움을 요청하여 전폭적인 지원을 받았다. 또, 구판의 편집 담당자였던 이시카와 노보루(石川 昴)씨도 기획부터 편집의 세부사항에 걸친 것까지 협력을 해 주셨으며, 영어판의 역자인 오카 타케시씨는 많은 사진자료를 제공해 주셨다. 이 자리를 빌어 깊은 감사의 말씀을 드린다.

미스즈 쇼보(みすず書房) 편집부

감수의 글

토모나가 신이치로(朝永 振一郎 Tomonaga Shin'ichirō, 1906-1979)는 일본에서 두 번째로 노벨상을 수상한 뛰어난 이론물리학자다. 양자역학이 태동하던 20세기 초, 일본의 물리학은 코펜하겐의 보어 연구소에서 연구했던 니시나 요시오(仁科 芳雄 Nishina Yoshio, 1890-1951) 등의 노력으로 유럽의 새로운 물리학을 적극적으로 받아들이려고 애쓰고 있었다. 토모나가는 그런 노력의 결과로 일본에서 양자역학을 제대로 이해한 첫 세대일 것이다. 사실 그는 1906년생으로 양자역학을 건설한 파울리, 하이젠베르크, 디락 등과 4~6세밖에 차이가 나지 않는다. 토모나가는 나아가서 양자역학을 설명하는 교과서를 집필하는 등 일본의 현대물리학을 건설하는데 힘썼다. 이 책은 그러한 노력의 연장선상에서 나온 책으로서, 양자역학이 탄생함과 거의 동시에 전자의 스핀이 제안됨으로써 드디어 원자 내부를 양자역학으로 제대로 설명하게 된 1920년대부터, 역시 스핀 개념의 도움으로 원자핵의 구조를 이해하고, 또한 스핀과 입자의 통계법의 관계가 확립된 1940년까지, 현대물리학이 화려하게 발전하는 모습을 소개하고 있다.

이 책의 출판에 관련된 사항은 출판사의 서문과 저자의 후기에 자세하게 소개되고 있으므로 여기서는 저자에 대해서만 조금 소개를 보태도록 하자. 토모나가는 일본의 첫 노벨상의 주인공인 유카와 히데키(湯川 秀樹 Yukawa Hideki, 1907-1981)와 교토 부립 제 1중학교, 제 3고등학교, 그리고 교토 대학교의 동기동창으로서, 물리학을 함께 공부했던 평생의 동료이기도 했다. 이 책의 주제인 전자의 스핀이 처음 제안된 1925년, 그들은 교토 제 3고등학교 3학년이었다. 한창 과학에 대한 열정을 키우며 미래를 꿈꾸던 소년들이었으리라. 그들은 교토 대학에 진학해서 진짜 물리학을 공부하기 시작했고, 대학을 마친 뒤 유카와는 오사카에서,

그리고 토모나가는 관동의 이화학연구소(RIKEN)으로 옮겨서 본격적으로 물리학의 세계로 들어가게 된다. 스핀의 물리학 뿐 아니라, 일본에서 현대 물리학이 발아하는 이러한 과정도 이 책의 곳곳에 묘사되어 있고, 특히 마지막 장은 온전히 저자의 추억에 할애되고 있다. 책의 후반부에 이르면 이제 그들은, 특히 유카와는 이 책의 주요 등장인물이 된다.

토모나가는 이 책을 1940년경에서 끝맺는데, 그러다보니 그가 노벨상을 수상한 업적은 이 책에는 충분히 나와 있지 않다. 토모나가는 전쟁 중인 1940년대의 일본에서, 본문에 잠깐 등장하는 디락의 다시간 이론을 발전시켜서 양자전기역학에 나타나는 발산 문제를 체계적으로 다루는 방법을 연구했다. 이 문제는 전쟁이 끝나고 난 뒤인 1950년대 미국의 줄리언 슈윙거와 리처드 파인만이 해결했는데, 토모나가의 작업이 알려진 뒤, 그의 선구적인 업적이 인정을 받아서 세 사람이 1965년의 노벨 물리학상을 공동으로 수상하게 된다.

토모나가는 학술 서적과 대중을 위한 저술을 여러 권 남겼다. 그 중에서『물리학이란 무엇인가』와『양자역학적 세계상』은 우리나라에도 번역되어 소개된 바 있다. 그 책들을 읽을 때에도 물리학에 대한 저자의 깊은 이해와 이를 표현하는 섬세한 필치에 감탄했었는데, 이 책을 읽고 나니 현대물리학이 빛나는 순간을 동시대에서 체험한 저자의 통찰에 더욱 감명이 깊다.

물리학을 글로 표현하다 보면 사실 어쩔 수 없는 한계를 느끼게 된다. 결국 진짜 본질을 일상적인 언어로 표현할 방법은 없는 것이다. 그 지점에서 작가는 선택을 해야 한다. 여기까지만 이야기할 것인가, 독자의 양해를 구할 것인가. 이 책에서 토모나가는 후자를 택했다. 그러다보니 이 책은 사실 일반인을 위한 책이라고 하기는 어렵게 되었다. 페이지를 넘겨보면 금방 알게 되겠지만, 이 책에는 주요 수식 뿐 아니라 상당수의 유도 과정까지도 상세하게 담겨 있어서 양자역학의 보조 교재로 사용해도 좋을 정도다. 그래서 저자도 후기에서 "대체 너는 어떤 독자를 대상으로, 무엇을 목적으로 이것을 쓴 것인가? 라며 한 소리를 들을 것 같습니다. 확실히, 이 책은 자신만의 취향에 빠져서 그다지 읽는 사람을 고려하지도 않고 완성되어 버린 것 같군요."라고 하면서 걱정이 된다고 하고 있다. (하지만 정말 걱정하는 것 같지는 않다.)

이 책을 알게 된 것은, 나 역시 스핀에 대해 대중을 위한 책을 썼기 때문이다. 스핀에 대한 책을 쓰려고 마음먹었다가 이 책의 존재를 처음 알고는 책을 쓰는 것을 포기할 뻔했다. 하지만 막상 책을 보고 나니, 수식으로 가득해서 대중을 위한 책이라기보다는 어느 정도 물리학을 공부한 사람을 위한 내용이라, 보다 기초가 되고 넓은 바탕이 되는 책이 필요하겠다고 생각이 되어, 결국 집필을 계속할 용기를 내기는 했다. 사실 이 책은 전자의 스핀의 발견되는 내용보다 그 이후의 물리학의 발전에 더 중점을 두고 자세히 설명하고 있어서, 전자의 스핀이 발견되기까지의 배경을 주로 소개한 졸저를 보완해 주는 내용도 있다. 졸저와의 보완적인 내용도 그렇거니와, 무엇보다도 토모나가 선생의 물리학에 대한 깊은 이해를 담고 있는 이 책의 번역본이 나오면 얼마나 좋을까하고 처음 보았을 때부터 몹시 탐이 났었지만, 일본어로 된 책이라 나 자신이 번역할 수도 없었고 (내가 읽은 것은 영문판이다) 전문적인 학술서적이라 차마 발간되리라고는 기대하지 못했다. 이런 책을 번역하고 출판해준 윤라현 선생님에게 깊이 감사한다.

경상대학교 물리교육과

이 강 영

차 례

제1화 동트기 전

스펙트럼의 다중항을 둘러싼 모색의 시대

오늘부터 몇 시간에 걸쳐 「스핀은 돈다」라는 이야기를 해 봅시다. 이야기는 스핀을 중심으로 진행하지만, 잘하면 스핀만이 아니라 양자역학이 어떤 과정을 통해 발전해 왔는지, 그 성숙의 역사가 나타나게 될지도 모르겠습니다. 그것을 한번 노려볼까 합니다. 그러면 오늘은 전자의 스핀이라는 생각이 어떤 상황 속에서 생겨났는지 그 이야기부터 시작해봅시다. 자전하고 있는 전자. 즉, 전자 스핀이라는 생각은 아시다시피 윌렌벡(G.E. Uhlenbeck)과 호우트스미트(S.A. Goudsmit)가 1925년에 제창했습니다. 그러나 그런 생각이 나오기까지 여러 가지 복잡한 이야기가 있습니다.[1] 사건의 시작은 스펙트럼 항의 다중성이나 이상(異常)제만효과의 발견이지만, 그로부터 전자스핀이라는 생각이 나타나기까지 긴 모색의 역사가 있었습니다. 그 부분에 대해 오늘 이야기 해 보겠습니다.

*

N. 보어 (1885 - 1962)

아시다시피 수소원자 스펙트럼에 관한 이론은 1913년에 보어(N, Bohr)가 처음으로 발표했습니다. 그 이론에 따르면, 수소원자의 스펙트럼 항은 주양자수 n, 부양자수 k 및 자기양자수 m에 의해서 정해집니다. 그 때 n도 k도 정수 값 1, 2, 3, ……을 갖고, 동시에 $n \geqq k$ 입니다. 그리고 n은 전자궤도의 크기에, k는 그 모양과 관련

1) 1925년, 저자는 교토 제3고등학교 3학년이었다. 따라서 이 이야기라기 보다는 적어도 제2화까지는 저자가 나중에 공부한 것이다.

이 있습니다.[2] 그 외에 k는 $\hbar$단위로 측정한 궤도 각운동량의 크기라는 의미도 가지고 있습니다(이후 특별히 양해를 구하지 않는 한 각운동량은 언제나 이 단위로 측정합니다). 게다가 자기양자수 m은 k를 할당했을 때,

$$-k \leqq m \leqq k \tag{1-1}$$

를 만족하는 양과 음의 정수 값을 가지며 그것은 자기장을 걸었을 때 각운동량 벡터 k의 자기장 방향성분이라는 의미를 가지고 있습니다. 부등식 (1-1)에 의해서 허용된 m의 값은 $2k+1$개가 있고, 이에 따라 벡터 $\boldsymbol{k}$에 대하여 허용된 방향도 $2k+1$개가 됩니다. 그것을 각운동량의 공간양자화라고 부르는 것은 알고 있으리라 생각합니다.[3] 이 공간양자화로부터 제만 효과가 나타나서, 자기장이 없을 때 하나였던 스펙트럼 항[4]이 외부 자기장에 의해 $2k+1$개의 에너지 준위로 나누어지게 될 것입니다(단, 이 생각은 차차 수정됩니다).

여기에서 k와 m의 선택규칙을 떠올려 봅시다. 그것은

$$k \begin{matrix} \nearrow k+1 \\ \searrow k-1 \end{matrix} \tag{1-2}$$

$$m \begin{matrix} \nearrow m+1 \\ \rightarrow m \\ \searrow m-1 \end{matrix} \tag{1-3}$$

입니다. 그 의미는 에너지 준위가 변할 때 k의 변화는 ± 1, m의 변화는 ± 1 또는 0

2) 그림 n-1 참조. 朝永辰一朗(토모나가 신이치로)『量子力学(양자역학)』I, みすず書房 (1969, 第2版). p.125의 그림 34에서. 궤도에 붙여진 숫자는 큰 숫자가 주양자수 n, 아래첨자가 부양자수 k.

3) 그림 n-2 참조. 朝永辰一朗『量子力学』I, 그림36.

4) 항이나 스펙트럼 항이라는 것은 : 원자가 방출하는 빛의 파수(1/파장)가 2개의 에너지 준위 차를 hc로 나눈 형태로 표현한 것에서, 에너지 준위의 부호를 바꾸어 hc로 나눈 것을 항(項)이라 한다. 본문의 그림1은 Na와 Mg원자의 항을 나타낸다. 좌측의 숫자의 단위는 cm^{-1}이다. 朝永辰一朗『量子力学』I, p.90, p.93을 참조. 오늘날에는 여기서 말한 파수의 2π배를 파수로 부른다.

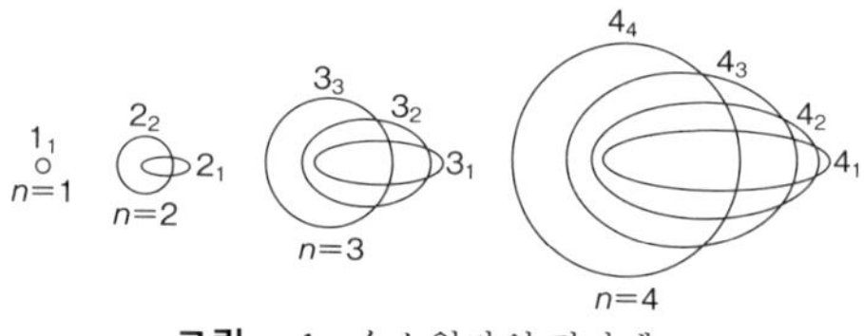

그림 n-1 수소원자의 전자궤도

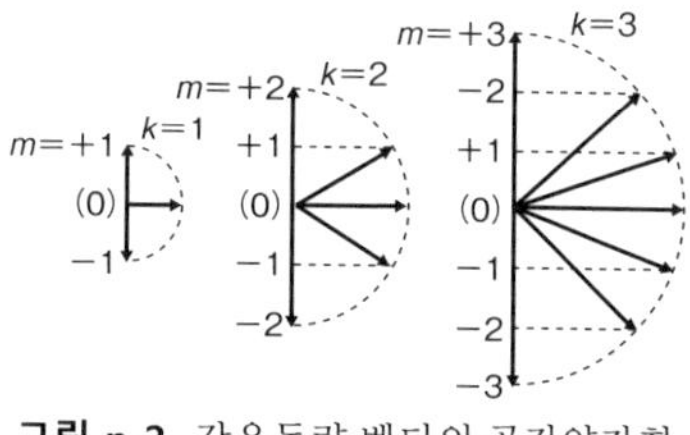

그림 n-2 각운동량 벡터의 공간양자화

밖에 일어날 수 없다는 것입니다.

그런데, 수소이외의 원자에 대해서도 n과 k, m을 지정해서 스펙트럼 항을 분류할 수 있습니다. 그렇다는 것은 수소 이외의 원자라도 스펙트럼 항의 상당수는 원자의 가장 바깥쪽에 있는 한 개의 전자(이것을 「최외곽 전자#」라고 부릅니다)만이 여기(勵起)한 상태에 대응하기 때문입니다(그 외, 당연히 복수의 전자가 여기한 상태도 있습니다만, 여기에서 그것은 논하지 않겠습니다). 그래서 그 최외곽 전자는, 근사적으로 남은 전자(「속전자」라고 부릅니다.)와 원자핵으로 만들어진 전기장 속에서 움직이고 있다고 생각해도 좋고, 또한 이 장(場)을 일단 구(球)대칭이라 생각하는 것이겠지요. 그러면 최외곽 전자의 궤도는 역시 n, k, m에 의해서 정해집니다. 이 때, 수소의 경우와 같이 n이나 k, m은 정수로 그 물리적 의미가 변하지는 않습니다. 단 최외곽 전자는 원자의 바깥쪽을 돌고 있기 때문에 n의 최소 값은 일반적으로 1보다 큽니다. 아시다시피 분광학에서는

$$
\begin{array}{ll}
k=1 \text{ 의 항을} & S \text{ 항} \\
k=2 \text{ 의 항을} & P \text{ 항} \\
k=3 \text{ 의 항을} & D \text{ 항} \\
\vdots & \vdots
\end{array}
\qquad (1\text{-}4)
$$

이라고 부릅니다.

하지만 얼마 지나지 않아서 n과 k로 결정된 항이 사실은 1겹이 아니라 근접한 몇 개의 준위로 만들어져 있다는 것을 알았습니다. 즉, 다중구조입니다. 예를 들어 알칼리류의 항은 S항을 제외하고 모두 근접한 2개의 준위로 되어 있습니다. 즉, 2중항이라는 것을 알았습니다. 이 때 S항은 예외적으로 1겹입니다만 뒤에 설명하는 것처럼, 잠재적으로 2중항의 성질을 가지고 있기에 자기장을 걸면 그것은 2개의 준위로 나누어집니다. 그런 이유로 알칼리 원자의 항은 전부 2중항이라고 생각할 수 있습니다. 그림1에 Na 스펙트럼 항의 예를 나타내었습니다. 그림에서 항을 나타내는 기호 $S, P, D,$ ……의 머리에 붙인 숫자 2는 그것이 2중항임을 나타내기 위해서입니다. 일반적으로 이 숫자를 다중도(多重度, multiplicity)라고 합니다.

또 다른 예로 알칼리 토류의 항을 들어보겠습니다. 즉, 그림 1의 우측은 Mg 항입니다. 이 그림을 보면 다음을 알게 됩니다. 결국, 항은 2개의 모둠으로 분류할 수 있고, 그 한 모둠은 모든 항이 1중, 다른 한 모둠은 S항을 제외하고 모두 3중으

원문에서는 '光る電子(빛나는 전자)'로, 영문판에서는 radiant로 표기하고 있다. 이후 이 책에서는 '최외곽 전자'로 표기한다. [역주]

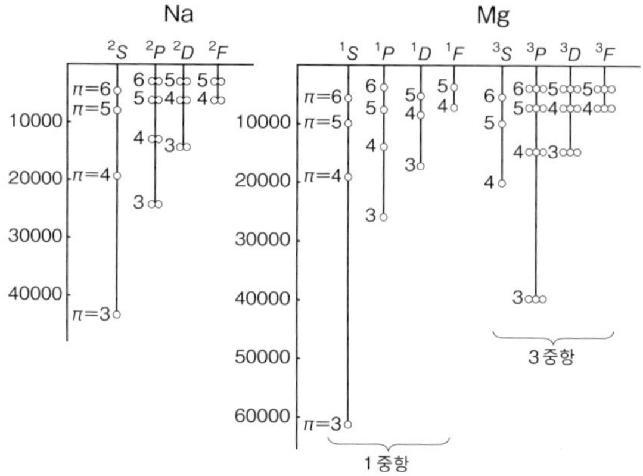

그림 1 알칼리류(좌)와 알칼리토류(우)의 스펙트럼 항[5]

로 되어 있습니다. 이 때 S항은 두 모둠에서 모두 1중이라서 외견상으로는 구별할 수 없습니다. 이를 구별하기 위해서는 자기장을 걸어주면 됩니다. 자기장을 걸면 3중항 모둠의 S항은 3개의 준위로 나누어집니다. 즉, 이 S항은 잠재적 3중성을 가지고 있다는 의미이므로 3중항 모둠에 넣을 수 있습니다. 이에 비해 1중항 모둠의 S항은 자기장 속에서도 갈라지지 않고, 따라서 진짜 1중항으로 생각할 수 있습니다. 그림에서 $S, P, D,$ ……의 머리에 붙인 숫자 1이나 3은 항의 다중도를 나타내는 것입니다.

이런 식으로 스펙트럼 항에 다중성이 있으면 준위를 나타내기 위해서는 확실히 양자수 n, k, m만으로 부족합니다. 그래서 조머펠트(A. Sommerfeld)는 1920년에 제4의 양자수 j를 도입하여 4개의 양자수 n, k, j, m을 사용하는 것을 생각하였습니다. 그리고 그는 이 j를 「내부양자수」라고 이름붙입니다. 이 때 n과 k는 지금까지의 것과 완전히 같은 의미를 지니는 것으로 결국 최외곽 전자의 궤도 크기와 형태를 결정하는 양자수입니다. 그것에 대한 물리적 의미는 나중에 생각하도록 하고, 하나의 다중항 내에 여러 개의 준위를 구별하기 위해서 양자수 j를 이용하는 것입니다. 조머펠트가 이것을 「내부양자수」라고 부른 것은 하나의 다중항 내부에서 준위를 구별하기 위한 양자수라는 의미겠지요. 다음으로 양자수 m입니다만, 이것은 원자를 자기장 안에 넣을 때 n, k, j로 결정된 준위가 또 여러 개의 버금준위로 나누어지기 때문에, 그것을 구별하기 위한 양자수입니다. 그 나누어짐

5) 이 책 마지막 참고문헌에 언급되어 있는 F.Hund, *Linienspektren*의 S.31 그림에 있다.

역시 제만효과의 한 종류이나 j를 고려하지 않은 예전의 것과는 일반적으로 다르게 나누어지는 방식이고, 따라서 이 m은 부등식 (1-1)을 반드시 따르지는 않습니다. 그리고 제만효과로 나타나는 버금준위의 개수와 간격도, 많은 경우 예전의 것과 다르다는 것을 실험에 의해 알고 있습니다. 〔뒤에 얘기하겠습니다만, m은 (1-1)을 대신하여 $-j \leqq m \leqq j$를 만족합니다.〕

A. 조머펠트

그리고 조머펠트는 j를 적당하게 두면 j에 대한 선택규칙이

$$j \to \begin{cases} j+1 \\ j \\ j-1 \end{cases} \quad (1\text{-}5)$$

와 같이 되는 것을 발견했습니다. 한편 k에 대해서 예전 (1-2)가 그대로 성립합니다. 또 m은 예전의 m과 다른 의미를 가지고 있는 것과는 상관없이, 실험은 선택규칙이 (1-3)인 것을 나타내고 있습니다.

또한 실험에 따르면 다중도에 대해서도 선택규칙이 있습니다. 실험에 의하면, 동일한 다중도를 가진 항 사이나, 혹은 다중도 2만 다른 항 사이에서 천이가 일어납니다. 조금 전 언급했던 알칼리류 원자에서 항은 2중항밖에 없고, 또 알칼리토류 원자에서는 1중항과 3중항밖에 없습니다. 따라서 이 선택규칙에 해당하는 사례는 나타나지 않습니다. 그러나 예를 들어, 티타늄에서는 1중항과 3중항 외에 5중항이 나오고, 바나듐에서는 2중항 외에 4중항과 6중항이 나옵니다. 그 때 5중항과 1중항의 사이나, 6중항과 2중항의 사이에 실제로 천이는 일어나지 않습니다.

란데(A. Landé)는 이 다중항 사이의 천이규칙을 정식화(定式化)하기 위해서

$$R = \frac{\text{다중도}}{2} \quad (1\text{-}6)$$

이라는 수를 하나의 보조적인 양자수로 도입했습니다. 즉,

$$\begin{array}{ll} \text{1중항에서} & R = 1/2 \\ \text{2중항에서} & R = 1 \\ \text{3중항에서} & R = 3/2 \\ \vdots & \vdots \end{array} \quad (1\text{-}7)$$

A. 란데 (1888 - 1975)

W. 파울리 (1900 - 1958)

입니다. 그렇게 하면 다중항 사이의 선택규칙은

$$R \to \begin{cases} \nearrow R+1 \\ R \\ \searrow R-1 \end{cases} \qquad (1\text{-}8)$$

이 됩니다.

*

그러면 내부 양자수로 어떤 수치를 이용하며 좋을까? 그 때, 먼저 선택규칙 (1-5)만으로 j는 결정되지 않습니다. 즉 (1-5)가 성립하도록 어떤 j가 결정되었더라도, 그 j에 임의의 수를 공통으로 추가하는 것 또한 (1-5)를 만족합니다. 다중항의 분류나 그 제만효과에 대해서는 조머펠트, 란데 그리고 파울리(W. Pauli) 세 사람이 1922~23년경부터 1925년에 걸쳐 쫓고 쫓기면서 논의해 왔으나, 현재는 세 사람 모두 각각 다른 값을 내부양자수나 보조양자수로 나타내고 있습니다.

그림1에 Na와 Mg의 스펙트럼 항을 나타내었습니다만, 이 그림에서 S항은 모두 외견상 1중이므로 하나의 동그라미 ○를 사용하고, P항이나 D항 ……에 대해서 1중항은 하나의 동그라미 ○로, 2중항은 두 개의 동그라미 ○○로, 3중항은 세 개의 동그라미 ○○○로 표시했습니다. 우리의 문제는 그 동그라미 하나하나에 내부양자수의 값을 지정하는 것입니다. 그런데 지금 이야기한 것처럼 이 지정 방법에는 조머펠트 규칙, 란데 규칙, 파울리 규칙라는 세 개의 규칙이 있습니다 (이렇게 부르면 너무 길기 때문에 앞으로는 S규칙, L규칙, P규칙으로 부릅니다). 표1과 표2에 각 규칙의 내부양자수 예를 나타내었습니다. 표1의 ○○의 안에 적혀있는 숫자는 알칼리류 2중항에 대한 내부양자수 값, 표2의 ○과 ○○○의 안에 적혀있는 숫자는 각각 알칼리토류 1중항과 3중항에 대한 것입니다. 각각의 규칙에 따라서 양자수의 수치가 다르므로 양자수를 나타내는 문자도 각각의 규칙마다 다릅니다. 즉, 내부양자수를 S규칙에서는 J, P규칙에서는 j_p로 사용합니다. 또 다중도에 관계되는 보조양자수도, L규칙에서는 (1-6)의 R을 사용합니다만, S규칙에서는 $j_0 \equiv R - \frac{1}{2}$을, P규칙에서는 $r \equiv R + \frac{1}{2}$을 사용합니다. 또 S, P, D, F ……

표 1 알칼리류 2중항의 내부양자수

		^2S	^2P	^2D	^2F	……
	$k=$	1	2	3	4	……
S 규칙	$j_a=$	0	1	2	3	……
$j_0=\frac{다중도-1}{2}$	$j=$	(1/2)	(1/2)(3/2)	(3/2)(5/2)	(5/2)(7/2)	
$=\frac{1}{2}$	$j_a=k-1,$		$\lvert j_a-j_0\rvert \leqq j \leqq \lvert j_a+j_0\rvert,$		$-j \leqq m \leqq j$	$(1-9)_S$
L 규칙	$K=$	$\frac{1}{2}$	$\frac{3}{2}$	$\frac{5}{2}$	$\frac{7}{2}$	……
$R=\frac{다중도}{2}$	$J=$	(1)	(1)(2)	(2)(3)	(3)(4)	
$=1$	$K=k-\frac{1}{2},$		$\lvert K-R\rvert+\frac{1}{2} \leqq J \leqq \lvert K+R\rvert-\frac{1}{2},$		$-J+\frac{1}{2} \leqq m \leqq J-\frac{1}{2}$	$(1-9)_L$
P 규칙	$k=$	1	2	3	4	……
$r=\frac{다중도+1}{2}$	$j_P=$	(3/2)	(3/2)(5/2)	(5/2)(7/2)	(7/2)(9/2)	
$=\frac{3}{2}$	$k=k,$		$\lvert k-r\rvert+1 \leqq J_P \leqq \lvert k+r\rvert-1,$		$-j_P+1 \leqq m \leqq j_P-1$	$(1-9)_P$

을 나타내는 양자수로 P규칙에서는 예전처럼 k를 사용합니다만, S규칙에서는 $j_a=k-1$, L규칙에서는 $K=k-\frac{1}{2}$을 사용하고 있습니다. 표 안에 있는 식 $(1-9)_S$, $(1-9)_L$ 및 $(1-9)_P$는 부양자수와 다중도가 주어졌을 때, 내부양자수를 결정하는데 어떤 처방이 사용되는지를 각각의 규칙마다 나타낸 것입니다.

지금 S규칙을 예로 설명하면, 먼저 $(1-9)_S$의 왼쪽 끝에 있는 $j_0 = \frac{\text{다중도}-1}{2}$을 사용해서 다중도로부터 보조양자수 j_0를 결정, 다음으로 오른쪽의 $j_a=k-1$을 사용해서 j_a를 결정, 또 그 오른쪽 부등식 $|j_a-j_0| \leqq j \leqq |j_a+j_0|$를 사용하여 허용되는 j값을 결정, 마지막으로 제일 오른쪽에 있는 부등식 $-j \leqq m \leqq j$를 사용해서 각각의 j마다에 허용되는 m을 결정합니다. 이 m의 개수 $2j+1$은 그 준위가 제만효과에 의해 몇 개로 나누어지는지 나타냅니다. L규칙나 P규칙에 대해서도 같습니다. 이렇게 해서 계산된 것이 표에 있는 동그라미 안의 숫자입니다. 하나를 실제로 해 보십시오. 이렇게 해서 얻은 S규칙, L규칙, P규칙의 양자수는

$$
\begin{aligned}
j &= J-\frac{1}{2} = j_P-1 \\
j_0 &= R-\frac{1}{2} = r-1 \\
j_a &= K-\frac{1}{2} = k-1
\end{aligned}
\tag{1-10}
$$

에 의해서 서로 묶여 있습니다. 그 결과, 모든 것이 선택규칙을 만족합니다. 또한 자기양자수 m에 대해서는 어떤 규칙으로 계산하더라도 동일한 결과를 얻을 수 있습니다. 1중항과 3중항에 대한 것은 표2(a)와 (b)에 나타내었습니다. 여기서 내부양자수와 자기양자수를 계산하는 방법은 2중항의 경우와 같이 $(1-9)_S$, $(1-9)_L$, $(1-9)_P$입니다.

그러면 3개의 규칙에서 사용되는 내부양자수에 관한 이야기를 하겠습니다만, 각각 일장일단이 있습니다. 나중에 이야기하겠지만 현재는 S규칙이 가장 좋은 것으로 되어 있습니다. 하지만 아무래도 그 당시는 모색의 시대였으므로 그 우열이 좀처럼 가려지지 않았습니다. 따라서 당분간 하나의 규칙에 얽매이지 않고 이야기를 진행하겠습니다. 그 편이 모색의 시대 흐름을 잘 느낄 수 있겠지요.

다중항에 내부양자수를 지정하는 3개의 규칙 이야기는 이정도로 하고, 그러면 왜 다중항이 나타나는가? 이것에 관한 당시 사람들의 생각을 이야기해 보도록 합시다.

표 2 (a) 알칼리토류 1중항의 내부양자수

		^1S	^1P	^1D	^1F	……
	$k=$	1	2	3	4	……
S 流	$j_a=$	0	1	2	3	……
$j_0=0$	$j=$	⓪	①	②	③	
L 流	$K=$	$\frac{1}{2}$	$\frac{3}{2}$	$\frac{5}{2}$	$\frac{7}{2}$	……
$R=\frac{1}{2}$	$J=$	(1/2)	(3/2)	(5/2)	(7/2)	
P 流	$k=$	1	2	3	4	……
$r=1$	$j_P=$	①	②	③	④	

표 2 (b) 알칼리토류 3중항의 내부양자수

		^3S	^3P	^3D	^3F	……
	$k=$	1	2	3	4	……
S 流	$j_a=$	0	1	2	3	……
$j_0=1$	$j=$	①	⓪①②	①②③	②③④	
L 流	$K=$	$\frac{1}{2}$	$\frac{3}{2}$	$\frac{5}{2}$	$\frac{7}{2}$	……
$R=\frac{3}{2}$	$J=$	(3/2)	(1/2)(3/2)(5/2)	(3/2)(5/2)(7/2)	(5/2)(7/2)(9/2)	
P 流	$k=$	1	2	3	4	……
$r=2$	$j_P=$	②	①②③	②③④	③④⑤	

오늘 이야기의 서두에서 말했듯이 여기서 문제로 다루고 있는 원자 스펙트럼에서는 가장 바깥 쪽의 전자 1개가 속전자의 주변을 돌고 있다고 생각하고 있습니다. 이 때 속전자를 구대칭으로 생각하는 한, 바깥에서 자기장과 같은 것을 걸지 않는다면 최외곽 전자의 에너지는 그 궤도면 기울기에 관여하지 않을 것입니다. 그러나 만약 속전자가 구대칭이 아니라, 예를 들어 각운동량을 가지고 있다면 이야기는 달라집니다. 이 때, 속전자는 그 각운동량에 따라 자기모멘트를 가

지므로, 원자 내부에 그 각운동량을 축으로 하는 축대칭의 자기장이 나타나겠지요. 그렇다면 그 내부자기장에 의한 일종의 내부적 제만효과가 일어난다고 생각할 수 있습니다. 즉, 궤도 각운동량 벡터가 그 대칭축에 대하여 공간양자화 되고, 그 기울기 하나하나에 대해서 내부자기장과 궤도운동 사이의 자기적 상호작용 값이 다르기 때문에 n과 k로 정해진 항은 몇 개의 준위로 나누어지게 됩니다. 당시 사람들은 이것이 다중항이 나타나는 원인이라고 생각하였습니다.

그러나 이렇게 일어나는 내부 제만효과는 밖에서 자기장을 걸 때의 제만효과와 한 가지 다른 점이 있습니다. 즉, 외부자기장으로 발생하는 제만효과의 경우에는 부양자수 k가 주어졌을 때 (1-1)에 의해서 각운동량은 $2k+1$개의 방향으로 공간양자화 되고, 하나의 항은 $2k+1$개의 준위로 나누어진다고 생각했습니다. 그러나 내부 제만효과의 경우에는 나누어진 준위가 $2k+1$개가 되지 않는 것이 있습니다. 그것은 다음과 같은 이유입니다.

지금 속전자의 각운동량을 $\boldsymbol{r}$로 하고, 최외곽 전자의 궤도 각운동량을 $\boldsymbol{k}$로 합니다. 그러면, 그것의 합성인 총 각운동량

$$\boldsymbol{j} = \boldsymbol{r} + \boldsymbol{k} \tag{1-11}$$

의 크기는 $r+k$보다 클 수 없고, $|r-k|$보다 작을 수 없습니다. 따라서, 총 각운동량 $\boldsymbol{j}$의 크기 j는

$$|r-k| \leqq j \leqq |r+k| \tag{1-12}$$

라는 범위의 정수 값만을 가집니다. 이것에 의해서 가능한 j값의 개수는

$$\begin{cases} 2r+1 & r \leqq k\text{일 때} \\ 2k+1 & r \geqq k\text{일 때} \end{cases} \tag{1-13}$$

이 됩니다.[6] 따라서 내부 제만효과에 의한 준위의 개수, 즉 다중항의 준위수는 $r \leqq k$ 인지 $r \geqq k$ 인지에 따라서 $2r+1$나 $2k+1$ 둘 중 하나가 되는 결론을 유도할 수 있습니다.

다음으로 이런 다중항을 가진 원자에 바깥으로부터 자기장을 걸면, 이번에는 외부 자기장에 의한 제만효과가 나타납니다. 그것이 어떻게 일어나는지에 대해서는 나중에 이야기 하겠습니다만, 그 자기장이 그다지 강하지 않다면 총 각운동

6) 내부 제만효과에 의해 준위가 나누어지는 개수는 $\boldsymbol{r}$과 $\boldsymbol{k}$의 상대적인 방향, 방향의 개수에 대응하므로 $\boldsymbol{j}$ 크기의 개수에 대응한 것이 된다.

량 $\boldsymbol{j}$는 자기장 방향에 대해서 공간양자화 됩니다. 그 때 $\boldsymbol{j}$의 자기장방향성분 m은

$$-j \leqq m \leqq j \tag{1-14}$$

로 주어지는 정수값이 되고, 그것에 대응해서 다중항 내의 각각의 준위가 $2j+1$개의 버금준위로 나누어집니다. 이것이 다중항의 제만효과라고 생각할 수 있습니다.

그러면 이런 생각으로 실험사실을 설명할 수 있을까? 그것을 위해서, 시험삼아 $r=0$으로 두도록 합시다. 그러면 모든 k에 대해서 (1-13)의 제1식이 성립하고, 따라서 준위의 개수는 항상 1입니다. 그러므로 이 때는 1중항만 나타납니다. Mg의 1중항은 이런 이유로 설명할 수 있는 것처럼 보이네요. 다음으로 $r=1$로 두도록 합시다. 그러면 이때도 (1-13)의 제1식이 모든 k에 대해서 성립하고, 따라서 준위의 개수는 항상 $2r+1=3$이 됩니다. 그러나 이것으로 Mg의 3중항을 설명한다고 할 수 없습니다. 왜냐하면 실험에서는 Mg의 S항의 준위수는 항상 1이어서 3이 아니기 때문입니다. 또한 이 생각으로는 1중항으로 하든 3중항으로 하든 제만효과 때 나타나는 버금준위의 개수에 대해서도 사실과 맞지 않습니다.

게다가 (1-13)을 이용해서 알칼리류 원자의 2중항을 설명하려고 했다면 정수 r을 사용해서는 안 되었습니다. 그런데 시험적으로 $r=\frac{1}{2}$로 해보면, 여기서도 (1-13)의 제1식이 k가 어떤지에 상관없이 성립합니다. 따라서 준위수는 $2r+1=2$가 됩니다. 그러나 알칼리라도 S항의 준위수는 1이기 때문에 이것도 2중항에 대한 설명이 되지는 않습니다.

그런 이유로, 속전자의 각운동량이 다중항의 기원이라고 생각하는 것은 무리인 것 같습니다. 하지만 표1이나 표2를 만들 때 썼던 처방 $(1-9)_S$, $(1-9)_L$, $(1-9)_P$에 있는 부등식이, 지금은 실패했던 생각에서 사용했던 부등식 (1-12)나 (1-14)와 매우 비슷한 형태를 하고 있다는 점에서 실제 원자를 어느 정도 충실하게 재현하고 있는지는 나중에 살펴보기로 하고, 실제의 원자 대용이 될 일종의 모형을 만들고 그것에 대해서 실험사실을 설명하려는 생각이 란데의 마음 속에 떠올랐습니다. 란데의 말로 하자면「대용모형」(Ersatzmodell)[7]입니다.

*

그러면 란데의 생각을 설명해 봅시다. 란데는 이 대용모형에서 속전자는 각운동량 $\boldsymbol{R}$을 가지고, 그 크기 R은

$$R = \frac{\text{다중도}}{2} \qquad (1\text{-}15)_L$$

라고 생각했습니다. 게다가 최외곽 전자의 궤도 각운동량은 $\boldsymbol{K}$이고, 그 크기 K는

$$K = k - \frac{1}{2} \qquad (1\text{-}16)_L$$

이라고 했습니다. 여기서 k는 말할 것도 없이 부양자수입니다(보어의 이론에서는 $\boldsymbol{k}$가 곧 궤도각운동량이었으나, 란데의 대용모형에서는 그곳을 조금 바꾼 것입니다). 그리고 이 2개 각운동량의 합성, 즉 계의 총 각운동량

$$\boldsymbol{J} = \boldsymbol{R} + \boldsymbol{K} \qquad (1\text{-}17)_L$$

을 만들 때, $\boldsymbol{J}$의 크기 J에 대해서 부등식

$$|R-K| + \frac{1}{2} \leqq J \leqq |R+K| - \frac{1}{2} \qquad (1\text{-}18)_L$$

이 성립한다고 생각합니다. 이 때 $|R \pm K|$가 정수인지 반(半)정수인지에 따라서 허락된 J는 반정수나 정수가 됩니다. 이 합성의 처방은 부등식 (1-12)와 다르게 좌우양변에 $\pm\frac{1}{2}$이 붙어 있는 것에 주의하기 바랍니다. 게다가 밖에서 자기장을 걸 때, $\boldsymbol{J}$의 자기장방향성분 m에 대해서는, 부등식

$$-J + \frac{1}{2} \leqq m \leqq J - \frac{1}{2} \qquad (1\text{-}19)_L$$

이 성립하는 것으로 합니다. 여기서도 $\pm\frac{1}{2}$이 나타난 것에 주의하기 바랍니다. 이 모형에서는 앞에서 실패했던 방법의 k를 대신해서 $K=k-\frac{1}{2}$를 이용하거나, 부등식의 경우에도 원래의 (1-12)와 $\pm\frac{1}{2}$만큼 다른 것을 이용하거나 해서 실패한 부분을 개선했습니다. 표1 안에 내부양자수나 자기양자수를 결정하기 위한 L 규칙 처방 $(1\text{-}19)_L$을 하였습니다만, 그 배후에서 그는 이런 대용모형을 생각하고

---

7) 제1차 세계대전이 시작된 후, 독일에서는 해외로부터 수입이 두절되어 일상생활에서 감미료, 커피, 염료 등 많은 대용품(Ersatz)이 돌아 다녔다. 이 상황은 1918년에 대전이 종결된 후에도 계속되었다. 추방된 황제를 대신하여 등장한 대통령은 「응급대용품」이라 불렸다. 하이젠베르크는 실제로 대용복사체라는 단어를 사용한 크로니크의 논문을 보고서 편지를 썼다 (1925년 5월 20일) : 「대용복사체는 란데의 논문으로 「대응원리의 불분명한 더럽혀진 응용」이라는 의미를 가지게 되었네. 그것을 들으면, 나는 전쟁 중의 대용 마멀레이드가 떠오른다네. 당장 사용하지 말아 주게.」 (J.Mehra and H. Rechengerg, *The Historical Development of Quantum Theory*, vol.2, p.235) 참고: 臼井隆一郎『コーヒーが廻り世界史が廻る』(中公親書), 中央公論親社 (1992).

있었습니다.

표1에서는 양자수를 결정하기 위해 L규칙 처방 외에 S규칙나 P규칙 처방을 나타내었습니다. 따라서 S규칙의 대용모형, P규칙의 대용모형이라고 했던 것도 생각할 수 있습니다. 예를 들어 S규칙에 대해서는 다음과 같이 생각하면 됩니다.

먼저 속전자의 각운동량을 $\boldsymbol{j}_0$라고 적으면, 그 크기 j_0는

$$j_0 = \frac{다중도 - 1}{2} \qquad (1\text{-}15)_S$$

입니다. 또 궤도 각운동량을 $\boldsymbol{j}_a$로 적으면, 그 크기 j_a는

$$j_a = k - 1 \qquad (1\text{-}16)_S$$

입니다. 또한 이 두 개의 각운동량을 합성해서 총 각운동량

$$\boldsymbol{j} = \boldsymbol{j}_0 + \boldsymbol{j}_a \qquad (1\text{-}17)_S$$

을 만들 때, $\boldsymbol{j}$의 크기 j에 대해서 부등식

$$|j_0 - j_a| \leqq j \leqq |j_0 + j_a| \qquad (1\text{-}18)_S$$

가 성립합니다. 다음으로 외부 자기장을 걸 때, $\boldsymbol{j}$의 공간양자화에 대해서는 부등식

$$-j \leqq m \leqq j \qquad (1\text{-}19)_S$$

가 성립합니다. 이 모형에서는 이전에 실패한 모형을 개선하기 위해 궤도각운동량을 k가 아닌 $k-1$로 하려고 합니다. 그렇게 하면 부등식 (1-12)를 바꿀 필요는 없습니다. 어쨌든 조머펠트는 공간양자화의 원조이기 때문에 이것을 바꾸는 것이 싫었기 때문이겠지요. 이것에 대해서 란데가 $\frac{1}{2}$을 여기저기에 붙이는 방법을 쓴 것은 뒤에 이야기할 간격규칙이라는 것이 정확하게 나오도록 하기 위한 것입니다.

그러면 조머펠트 자신이 이 모형을 생각한 것인가라고 물으면, 다음에 이야기할 것처럼 그렇지 않습니다. 따라서 이 모형은 나(저자)의 규칙인 S규칙 모델입니다. 실질적으로는 조머펠트의 생각도 지금 이야기한 모델과 같지만, 그는 '$\boldsymbol{j}_0$가 속전자의 각운동량이다'라든지 '$\boldsymbol{j}_a$가 궤도각운동량이다'라는 그런 표현은 하고 있지 않습니다. 그의 표현을 여기에 그대로 소개하면, 그는 먼저 "우리는 내부양자수 j를 원자 여기상태에서의 총 각운동량이라고 가정한다. 그리고 이 총

각운동량은 여기되어 있지 않을 때의 원자 각운동량 $\boldsymbol{j}_0$와 여기된 각운동량 $\boldsymbol{j}_a$ (Impulsmoment $\boldsymbol{j}_a$ der Anregung)의 벡터합으로 주어진다고 가정한다. 게다가 j_0에 대해서는 S항, P항 D항, ……의 순으로 j_0=1, 2, ……의 값을 취하는 것을 가정하는 ……"이라고 말하고 있습니다(여기서 "여기되어 있지 않을 때의"이라고 말하고 있는 것은 "주양자수 n이 최소일 때의"이라는 의미가 아니라 궤도각운동량이 최소라는 의미로, 이후의 논문에서 그는 "S상태에서의"로 바꿔서 말하고 있습니다). 그리고 그는 $j_0 = \dfrac{\text{다중도}-1}{2}$을 출발점으로 두지 않고, 그의 가정으로부터 다중도를 계산하면 그것은 $2j_0$+1이 된다는 표현을 하고 있습니다. 그러나 이 논문에서는 실험에 맞추기 위해서 $j_0 = \dfrac{\text{다중도}-1}{2}$로 두어야 한다고 말하고 있는 것과 같은 것으로, 결국 그가 한 것은 실질적으로는 조금 전 이야기한 나의 규칙인 S규칙 모형이 아닐 수 없습니다.

신양자역학의 세례를 이미 받아들인 여러분은, 나의 규칙인 S규칙 모형의 이야기를 듣고서 바로 느낌이 왔을 것입니다. 신양자역학에서는 궤도각운동량의 크기는 k가 아니라 $l=k-1$입니다. 따라서 조머펠트의 $\boldsymbol{j}_a$는 바로 궤도각운동량 $\boldsymbol{l}$ 그것입니다. 그렇게 하면 총 각운동량이 $\boldsymbol{j}=\boldsymbol{j}_0+\boldsymbol{k}$가 아니라 $\boldsymbol{j}=\boldsymbol{j}_0+\boldsymbol{j}_a$가 되는 것은 정말로 당연하고, 그렇게 생각하면 이 모형은 조금 전에 말한 실패 모형을 신양자역학으로 구해낸 것입니다. 그러나 당시의 조머펠트는 $\boldsymbol{j}_a$를 궤도각운동량이라고는 부르지 않고, 그것을 「여기각운동량」이라고 부르고 있었습니다. 왜 그런 무리한 표현을 했냐면, 당시 각운동량 0의 궤도는 핵과 부딪히기 때문에 실현되지 않는다는 생각이 지배적이었기 때문일 것입니다. 그는 1928년에 그의 유명한 저서 *Atombau und Spektrallinien*에 대한 『파동역학적 추가 보충판』(*Wellenmechanischer Ergänzungsband*)이라는 것을 썼습니다만, 그 안에서 궤도각운동량의 크기가 $l=k-1$인 것을 신양자역학에 의해서 안내하고 그 페이지에 다음과 같은 각주를 달고 있습니다. "내 책의 최종판에서 나는 $j_a=k-1$을 도입하고, 란데의 g공식(이것에 대해서는 나중에 이야기 하겠습니다)의 논의 등에서 k 대신에 $j_a=k-1$을 이용해야만 한다고 전제했다. 당연한 것이지만, 조금 적절하지 않았던 기호 j_a를 관두고 지금부터는 그것을 l로 적도록 하자."라고.

그렇기는 하지만, 여기각운동량과 최저각운동량을 벡터적으로 합성하면 총 각운동량을 얻을 수 있다는 생각은 모형으로서는 조금 무리가 있네요. 그런 이유로, 란데는 조머펠트의 생각과 같은 것은 대용모형이라고 할 수는 없다고 말하고 있습니다.

다음으로 P규칙의 대용모형입니다만, 이 모형은 궤도각운동량 $\boldsymbol{k}$에는 손을 대지 않고, 그 대신 부등식 (1-12)나 (1-14)의 좌우 양변에 ±1을 붙이는 것으로 실패 모형을 개선한 것이라 할 수 있습니다. 그러나 뒤에 이야기할 것처럼 파울리는 모형을 신용하지 않고 일관되게 모형적 사고를 배제하고 있습니다. 따라서 여기에서 P규칙 모형에 대해서는 더 이상 다루지 않겠습니다.

*

그러면 대용모형의 생각으로부터 무엇을 이끌어 냈는가? 먼저 란데는 그의 모형을 이용해서 다중항에 대한 간격규칙을 이끌어 내는 것을 성공하였습니다. 여기서 간격규칙이란, 하나의 다중항 내에서 서로 이웃하는 준위 사이의 간격이 대단히 간단한 비로 되어 있다는 규칙입니다. 그러면 그 이야기를 해 봅시다.

전자가 궤도를 돌 때, 그곳에 자기모멘트가 발생하는 것은 알고 있겠지요. 그때, 각운동량을 $\hbar$단위로 측정하는 것에 대응해서 자기모멘트를 보어 마그네톤 단위로 측정하는 것이 편리합니다. 보어 마그네톤이라는 것은 아시다시피

$$(\text{보어 마그네톤}) = \frac{e\hbar}{2m} \tag{1-20}$$

입니다(여기서 e는 기본전하로, 전자의 전하는 $-e$입니다). 그러면 궤도각운동량의 자기모멘트를 $\boldsymbol{\mu}_K$로 적었을 때, 그것은

$$\boldsymbol{\mu}_K = -\boldsymbol{K} \tag{1-21}$$

로 주어집니다.[8] 여기서 $\boldsymbol{K}$는 말할 것도 없이 란데규칙의 궤도각운동량입니다. 게다가 속전자의 경우도 각운동량 $\boldsymbol{R}$을 가지고 있기 때문에, 이것 또한 자기모멘트를 가지겠지요. 거기서 그것을 $\boldsymbol{\mu}_R$로 써서

$$\boldsymbol{\mu}_R = -g_0\boldsymbol{R} \tag{1-22}$$

로 가정합니다. 여기서 g_0는 미정으로 나중에 실험에 맞도록 결정합니다. 일반적으로 각운동량에는 자기모멘트가 딸려 있는데, 자기모멘트 크기와 각운동량 크

8) 각운동량과 관계는 다음과 같은 방법으로 구할 수 있다. 전자가 반경 a의 원궤도를 빠르기 v로 운동하고 있다고 하자. 원주상의 한 점을 전자는 단위시간에 $v/(2\pi a)$회 통과하기 때문에 전류로 하면 $I=-ev/(2\pi a)$가 된다. 이것은 자기모멘트(전류×전류가 둘러싼 면적) $\pi a^2 I=-eva/2=-emva/(2m)$을 가진다. 이것은, 각운동량을 $mva=K\hbar$로 쓰면 $-Ke\hbar/(2m)$이 되고, 보어 마그네톤 $e\hbar/(2m)$을 단위로 해서 μ_K로 쓰면 (1-21)이 된다.

표 3 3중항내 준위의 간격비

^3S	^3P	^3D	^3F
$\frac{3}{2}$	$\frac{1}{2}$ $\frac{3}{2}$ $\frac{5}{2}$	$\frac{3}{2}$ $\frac{5}{2}$ $\frac{7}{2}$	$\frac{5}{2}$ $\frac{7}{2}$ $\frac{9}{2}$
	1 : 2	2 : 3	3 : 4

기의 비를 g인자로 부릅니다. 즉

$$g = \frac{|\text{자기모멘트}|}{|\ \text{각운동량}\ |} \tag{1-23}$$

입니다. g인자를 도입하면, 궤도운동에 대해서는 $g=1$입니다만, 속전자에 대해서는 $g=g_0$입니다.

원자의 안에 이런 2개의 자기모멘트 $\boldsymbol{\mu}_K$와 $\boldsymbol{\mu}_R$이 있다면 그 사이에 자기적 상호작용이 나타나고, 따라서 원자의 에너지는 보통의 n과 k로 결정되는 궤도운동 에너지 외에 자기적 에너지가 더해집니다. 이 부가에너지가 존재하기 때문에 원자의 에너지 준위도 작은 변화가 나타납니다. 그 준위 변화를 W_{mag}로 쓰면, 속전자의 자기모멘트가 한 점에 집중되어 있다고 생각할 수 있는 경우에는

$$W_{\text{mag}} = \text{const}\cdot(\boldsymbol{R}\cdot\boldsymbol{K}) \tag{1-24}$$

의 형태를 하고 있습니다(이 const가 어떤 것인지는 다음 시간에 논의하기로 합시다). 그러면 문제는 $(\boldsymbol{R}\cdot\boldsymbol{K})$를 계산하는 것입니다. 여기서 계산이라고 하는 것은 $(\boldsymbol{R}\cdot\boldsymbol{K})$를 R, K 및 J로 나타내는 것입니다.

이 계산은 $\boldsymbol{J}$의 정의식 $(1-17)_{\text{L}}$에서 바로 구할 수 있습니다. 즉, $(1-17)_{\text{L}}$의 양변을 제곱하여 이항하는 것만으로

$$(\boldsymbol{R}\cdot\boldsymbol{K}) = \frac{1}{2}(J^2 - K^2 - R^2) \tag{1-25}$$

를 얻고, 따라서 준위의 변화 W_{mag}는

$$W_{\text{mag}} = \text{const}\cdot\frac{1}{2}(J^2 - K^2 - R^2) \tag{1-26}$$

입니다. 그런데 이 식으로 하나의 이중항 내에 서로 이웃하는 준위 사이의 간격비는 바로 계산할 수 있습니다. 즉, 이 식으로 K와 R을 지정하여 어떤 J와 그 이

웃하는 J, 즉 $J-1$ 사이의 W_{mag}의 차를 취하면 됩니다. 따라서 그것은

$$\Delta W_{\mathrm{mag}} = \mathrm{const}\cdot\frac{1}{2}\{J^2-(J-1)^2\} = \mathrm{const}\cdot\left(J-\frac{1}{2}\right) \qquad (1\text{-}27)$$

입니다. 표3에 알칼리토류의 3중항에 대해 이 식으로 구한 간격비를 나타내었습니다. 란데는 방대한 양의 실험 데이터로부터 간격비가 He나 Li 등의 가벼운 원자를 제외하고 실험과 잘 맞는 것을 확인하였습니다.

이것으로 다중항 내 준위의 간격비에 대한 이야기는 마칩니다만, 간격비만이 아니라 간격값도 계산할 수 있다는 이야기를 다음시간에 하겠습니다. 실은, 란데는 이 간격값의 연구로 다중항의 원인이 자기적 상호작용 (1-24)에 있다는 생각을 버리게 됩니다. 갈라짐의 양상을 연구하면서, 신이 아닌 다음에야 란데는 실제 크기까지는 정말로 생각하지 못했겠지요. 그는 차라리 (1-27)이 실험과 잘 맞기 때문에 그의 모델에 큰 희망을 걸었던 것이겠지요. 이 복잡한 사정은 다음 시간에 이야기 하겠습니다.

*

대용모형으로부터 란데가 하나 더 계산한 것은 다중항의 제만효과에 관한 것입니다. 앞에서 이야기한 것과 같이 각운동량 $\boldsymbol{K}$나 $\boldsymbol{R}$에 딸려서 (1-21)이나 (1-22)와 같이 자기모멘트 $\boldsymbol{\mu}_K$와 $\boldsymbol{\mu}_R$ 이 나타나기 때문에, 원자 전체는

$$\boldsymbol{\mu} = -(\boldsymbol{K}+g_0\boldsymbol{R}) \qquad (1\text{-}28)$$

라는 자기모멘트를 가지게 됩니다. 그러면 자기장 $\boldsymbol{B}$ 안에 놓인 원자의 에너지는 자기장이 없을 때의 에너지에

$$E_B = -\frac{e\hbar}{2m}(\boldsymbol{B}\cdot\boldsymbol{\mu}) \qquad (1\text{-}29)$$

를 더한 것이 되고, 그 결과 원자의 준위도 자기장이 존재하기 때문에 변화합니다. 이 때 바깥에서 걸린 자기장이 내부자기장과 비교해서 약한 극한과 강한 극한에서는, 간단한 근사계산으로 구할 수 있습니다.

$\boldsymbol{B}$가 약할 때부터 시작해봅시다. 먼저 생각해야 할 것은 $\boldsymbol{B}$가 없을 때에는 총각운동량 $\boldsymbol{J}=\boldsymbol{K}+\boldsymbol{R}$은 당연히 보존량이나, $\boldsymbol{B}$가 있으면 $\boldsymbol{J}$의 크기 J는 보존된다고

만은 할 수 없습니다(이것에 대해 $\boldsymbol{J}$의 $\boldsymbol{B}$방향성분 m은 자기장의 세기에 무관하게 보존됩니다). 그러나 $\boldsymbol{B}$가 충분히 약하다면 J는 역시 근사적으로 보존된다고 생각해도 좋겠지요. 지금부터 하는 계산은 이런 근사로 진행합니다.

먼저 처음에 $g_0=1$로 두도록 합시다. 이 때는

$$\boldsymbol{\mu} = -(\boldsymbol{K}+\boldsymbol{R}) = -\boldsymbol{J} \tag{1-28$'$}$$

가 성립합니다. 따라서 이 때 $(\boldsymbol{B}\cdot\boldsymbol{\mu})=-(\boldsymbol{B}\cdot\boldsymbol{J})$로, 이것은 자기양자수 m을 이용하면 $=-B\cdot m$이 됩니다. 따라서 준위의 변화를 W_B로 하면 (1-29)로부터

$$\begin{aligned} W_B &= E_B \\ &= \frac{e\hbar}{2m}B\cdot m, \qquad -J+\frac{1}{2} \leqq m \leqq J-\frac{1}{2} \end{aligned} \tag{1-30}$$

을 얻을 수 있습니다(여기서 $\frac{e\hbar}{2m}$에 쓰인 m은 전자의 질량으로, 자기양자수 m이 아닙니다. 조금 헷갈리더라도 참아 주시기 바랍니다). 이 경우의 제만효과는 하나의 준위가 $\frac{e\hbar}{2m}B$간격의 버금준위로 나누어지고, 버금준위의 개수는 $2J$입니다(S규칙 양자수 j를 이용하면 그것은 $2j+1$이 되는 것에 주의합시다). 일반적으로 버금준위 간격이 이와 같이 되는 제만효과를 정상제만효과라고 합니다.[9] 고전적인 로렌츠-라모 이론에서는 이 형태의 제만효과 이외의 것은 나타나지 않겠지만, 다음으로 이야기할 $g_0\neq1$일 때는 조금 더 다른 형태의 제만효과가 나타납니다. 그래서 그런 이형(異型)을 이상제만효과라고 부릅니다.

실험에 의하면 1중항의 제만효과는 전부 정상입니다만, 다른 다중항에서는 일부 예외를 제외하고는 전부 이상(異常)입니다. 그러면 $g_0\neq1$인 경우에 대해 이야기해 봅시다.

g_0가 1이 아닌 경우에 (1-28′)은 성립하지 않습니다. 즉 $\boldsymbol{\mu}$은 $-\boldsymbol{J}$와 같지는 않으며, 따라서 (1-29)의 $(\boldsymbol{B}\cdot\boldsymbol{\mu})$는 보존량이 아닙니다. 그런 이유로 $g_0\neq1$일 때는 (1-29) 자신을 준위의 변화 W_B로 할 수 없습니다. 그러나 $\boldsymbol{B}$가 작은 경우에는 근사적으로

$$W_B = -\frac{e\hbar}{2m}(\boldsymbol{B}\cdot\langle\boldsymbol{\mu}\rangle) \tag{1-29$'$}$$

으로 되는 것을 알고 있습니다. 여기서 $\langle\boldsymbol{\mu}\rangle$은 $\boldsymbol{B}=0$일 때의 $\boldsymbol{\mu}$(역시 $\boldsymbol{J}$와 달라서 시간적으로 변동한다)를 시간적으로 평균한 것입니다. 그래서 이 때 $\boldsymbol{\mu}$의 $\boldsymbol{J}$방향성

9) 朝永辰一朗『量子力学』I, みすず書房 (1969)의 pp.73-76, pp.191-193을 참조

분 $\boldsymbol{\mu}_{\parallel}$을 이용해서 $\langle\boldsymbol{\mu}\rangle=\langle\boldsymbol{\mu}_{\parallel}\rangle$라고 할 수 있습니다.[10] 이 때 $\boldsymbol{\mu}_{\parallel}$를 구체적으로 적으면 $\boldsymbol{\mu}_{\parallel}=\frac{(\boldsymbol{J}\cdot\boldsymbol{\mu})}{J^2}\boldsymbol{J}$ 입니다. 여기서 (1-28)을 $\boldsymbol{\mu}=-\{\boldsymbol{J}+(g_0-1)\boldsymbol{R}\}$의 형태로 적고서, 그것을 $\boldsymbol{\mu}_{\parallel}$의 식에 대입하면 바로

$$(\boldsymbol{B}\cdot\langle\boldsymbol{\mu}\rangle)=-\left\{1+(g_0-1)\frac{(\boldsymbol{J}\cdot\boldsymbol{R})}{J^2}\right\}(\boldsymbol{B}\cdot\boldsymbol{J})$$

를 얻을 수 있습니다. 여기서 간격규칙의 경우에 (1-25)를 유도한 것과 같은 논법으로 $(\boldsymbol{J}\cdot\boldsymbol{R})=(J^2+R^2-K^2)$을 얻을 수 있기 때문에

$$(\boldsymbol{B}\cdot\langle\boldsymbol{\mu}\rangle)=-g(\boldsymbol{B}\cdot\boldsymbol{J}), \tag{1-31}$$

$$g=\left\{1+(g_0-1)\frac{J^2+R^2-K^2}{2J^2}\right\} \tag{1-31′}$$

이 바로 유도됩니다. 따라서 $g_0\neq1$일 경우에는 (1-30) 대신에

$$W_B=\frac{e\hbar}{2m}Bgm, \qquad -J+\frac{1}{2}\leqq m\leqq J-\frac{1}{2} \tag{1-32}$$

가 나옵니다. 이것이 란데의 대용모형으로부터 유도된 이상제만효과의 식입니다. 덧붙여서 (1-31)은 $|\boldsymbol{\mu}_{\parallel}|$이 $|\boldsymbol{J}|$에 비례하고 있어서 그 비가 g라고 읽을 수 있습니다만, 그런 의미에서 이 g를 원자전체의 g인자로 생각해도 됩니다.

한편, 란데는 당시 산더미 처럼 쌓여있던 실험데이터로 g에 대한 실험식을 구합니다. 그랬더니, 그것이

$$g_{\text{exp}}=\left\{1+\frac{J^2-\frac{1}{4}+R^2-K^2}{2\left(J^2-\frac{1}{4}\right)}\right\} \tag{1-31}_{\text{exp}}$$

인 것을 알았습니다. 이것과 (1-31′)을 비교하면, 먼저

$$g_0=2 \tag{1-33}$$

10) 자기장이 없을 때 총 각운동량 $(1-17)_L$이 일정하므로 $\boldsymbol{R}$과 $\boldsymbol{K}$가 그림 n-3과 같이 $\boldsymbol{J}$를 축으로 세차운동하고 있으며, 그 운동은 대단히 빠르다. 자기장을 걸더라도 그것이 약하면 이것은 제0근사로 성립하기 때문에 (1-29′)을 얻을 수 있다. 또, 세차운동이라는 것으로부터 시간평균 $\langle\cdots\rangle$에 대해서

$$\langle g_0\boldsymbol{R}+\boldsymbol{K}\rangle=g_0\langle\boldsymbol{R}\rangle+\langle\boldsymbol{K}\rangle=g_0\boldsymbol{R}_{\parallel}+\boldsymbol{K}_{\parallel}=(\text{일정})$$

이 성립하고 $\langle\boldsymbol{\mu}\rangle=\langle\boldsymbol{\mu}_{\parallel}\rangle$라고 할 수 있다.

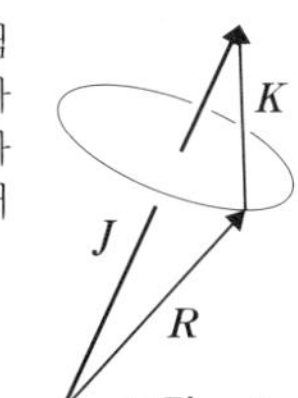

그림 n-3

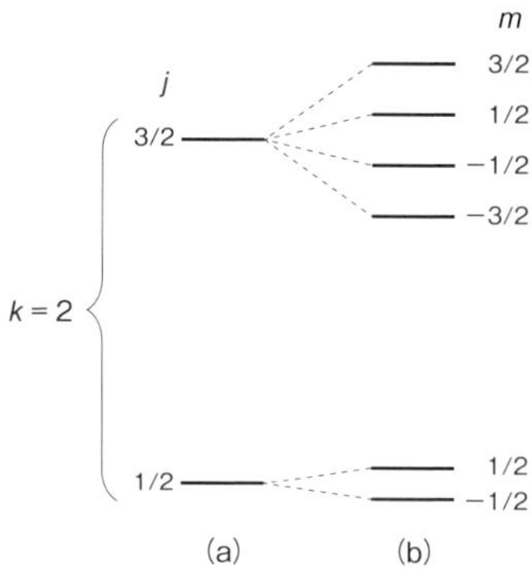

그림 2 ^2P 항의 제만효과
(a) 자기장이 없을 때 2중항 준위
(b) 자기장에 의한 준위의 나누어짐. 준위 및 버금준위의 옆에 쓰여진 숫자는 양자수 j 및 m.

로 두어야만 하는 것이 암시됩니다. 그러나, 이 g_0를 취하더라도 실험값과 이론값은 일치하지 않습니다. 왜냐하면 $(1-31)_{\mathrm{exp}}$에는 (1−31′)에 없었던 기묘한 $\frac{1}{4}$이 존재하고 있기 때문입니다. 따라서 g인자에 관해서는 란데의 대용모형도 간격규칙처럼 순조롭지 않습니다. 그러나 (1−31′)과 $(1-31)_{\mathrm{exp}}$이 어쨌든 아주 비슷한 형태를 하고 있기 때문에 그는 자신의 대용모형에 큰 희망을 걸고 있었습니다. 그것은 파울리로 하여금 '란데여, 모형을 과신하지 말게'라는 말을 하게 할 정도였습니다. 덧붙여서, 3개의 모델 중에서 L규칙 이외에는 이처럼 잘 일치하는 것은 없습니다. 란데가 (1−26)이나 (1−31′)을 유도할 때 그의 모형을 특징짓는 관계, 즉 (1−6)이나 $(1-9)_{\mathrm{L}}$의 부등식 등을 어디에도 사용하고 있지 않으므로, 다른 규칙에서도 역시 (1−26)이나 (1−31′)과 같은 형태의 식이 유도됩니다. 예를 들면 S규칙이라면 (1−26) 대신에

$$W_{\mathrm{mag}} = \mathrm{const}\cdot\frac{1}{2}\left(j^2 - j_{\mathrm{a}}{}^2 - j_0{}^2\right) \qquad (1\text{-}26)_{\mathrm{S}}$$

이, (1−31′) 대신에

$$W_{\mathrm{mag}} = \mathrm{const}\cdot\frac{1}{2}\left(j^2 - j_{\mathrm{a}}{}^2 - j_0{}^2\right) \qquad (1\text{-}26)_{\mathrm{S}}$$

을 얻을 수 있고, 결과의 차이는 거기에서 사용된 양자수 값의 차이로부터 나오는 것입니다. 그림2에 ^2P항의 제만효과를 모식적으로 나타내었습니다.

그러면 강자기장의 경우를 이야기해 봅시다. 강자기장의 제만효과 실험은 파셴(F. Paschen)과 백(E. Back)이 함께 대규모로 실시하였습니다. 그런 점에서, 이 제만효과는 종종 파셴−백 효과로 불립니다.[11] 이 두사람의 실험으로부터 강자기장에서는 나누어진 버금준위의 간격이 모두 $\frac{e\hbar}{2m}B$의 정수배로 되어 있는 것을

11) 파셴−백 효과에 대해서는, 菊池正士『原子物理学概論』上, 岩波書店 (1952), p. 223, 203을 참조. 그 양자역학에 대해서는『量子力学』小谷正雄, 岩波書店 (1951), p. 202.

알았습니다. 그 중에는 이 정수가 모두 1로, 외견상 정상 제만효과처럼 보이는 것도 있습니다. 그러나 이론적으로 말하면 그것은 외견만인 것입니다.

강자기장인 경우의 모형적 고찰은 약자기장일 때보다 더 간단합니다. 그것은 다음과 같습니다. 바깥으로부터 걸린 자기장이 내부자기장보다 매우 강하다고 하면 원자의 속전자며 최외곽 전자도 외부자기장으로부터 강한 영향을 받고, 따라서 내부자기장의 영향은 완전히 무시해도 됩니다. 그러면, 궤도각운동량 $\boldsymbol{K}$와 속전자의 각운동량 $\boldsymbol{R}$은 각각 따로 외부 자기장 $\boldsymbol{B}$에 대해서 공간양자화 되는 것입니다(여기서는 란데규칙를 이용한 것으로 합니다). 바꿔 말하면, $\boldsymbol{K}$의 $\boldsymbol{B}$방향성분을 m_K, $\boldsymbol{R}$의 $\boldsymbol{B}$방향성분을 m_R로 하면, m_K와 m_R은

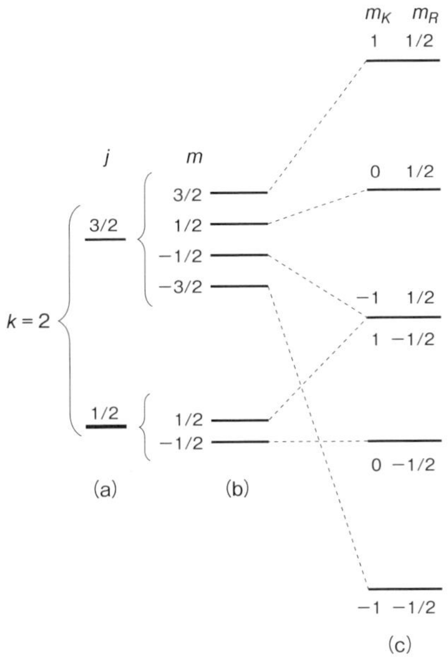

그림 3 ^2P 항의 파셴-백 효과

(a), (b)는 그림2와 같고 (c)는 파셴-벡 효과의 버금준위. 버금준위 아래 또는 위에 적힌 숫자는 양자수 m_K와 m_R

$$-K+\frac{1}{2} \leqq m_K \leqq K-\frac{1}{2}, \quad -R+\frac{1}{2} \leqq m_R \leqq R-\frac{1}{2} \tag{1-34}$$

를 만족하는 정수값 또는 반정수값만을 가지게 됩니다. 이 때 자기양자수 m는

$$m = m_K + m_R \tag{1-35}$$

가 확실합니다(앞서 말한 것처럼 $\boldsymbol{J}$의 크기 J는 $\boldsymbol{B}$가 클 때에는 보존되지 않습니다만, $\boldsymbol{J}$의 $\boldsymbol{B}$방향성분 m은 보존됩니다). 그리고 (1-28)을 이용하면 자기모멘트 $\boldsymbol{\mu}$의 $\boldsymbol{B}$방향성분은 $-(m_K+g_0 m_R)$이 되고, 이것을 (1-29)에 대입하면, 바로

$$W_B = \frac{e\hbar}{2m} B(m_K + g_0 m_R) \tag{1-36}$$

을 얻을 수 있습니다. 그러면 이것을 실험과 비교해서 g_0를 결정할 수 있습니다. 즉, 나누어진 준위의 간격이 $\frac{e\hbar}{2m}B$의 정수배인 것으로부터 g_0는 정수가 아니면 안되고, 또한 나누어지는 방법으로부터 보아서

$$g_0 = 2 \tag{1-37}$$

로 하지 않으면 안 되는 것을 알 수 있습니다. 이 때, 약한 자기장의 경우와 다르게 식 (1-36)은 L규칙 모형만이 아니라 S규칙, P규칙 어느 것을 사용해도 같게 나타납니다. 〔각운동량의 $\boldsymbol{B}$방향성분에 대해서는 규칙에 관계 없이 동일한 결론이 나오는 것을 앞에 이야기 했습니다.〕 그래서 $g_0=2$로 둘 때, 실험과도 딱 맞습니다. 따라서 약자기장일 때의 (1-33)은 단순히 "암시된다"만이었으나, 이번에는 딱 들어맞게 결정되었다고 봐도 좋습니다. 더욱이 (1-37)은 아인슈타인-드하스의 실험[12] 등, 강자기장의 실험에 의해서 값이 맞는지 확인할 수 있습니다(이 실험에 대해서는 다음 기회에 다루겠습니다). 그림3에 ^2P항의 파셴-백 효과를 나타내었습니다. 그림에는 또한 자기장이 약한 것에서 강한 것으로 변화할 때, 버금준위가 어떻게 이동하는지 나타내고 있습니다. 그림으로 알 수 있듯이 강자기장일 때는 $j=\frac{3}{2}$에 속하는 버금준위와 $j=\frac{1}{2}$에 속하는 버금준위가 서로 섞여 있습니다. 그것은 강자기장일 때 j가 보존되지 않는 것을 여실히 보여줍니다.

*

자, 이와 같이 대용모형으로부터 다양한 것이 유도되었습니다. 그러나 속전자의 각운동량을 다중항의 기원으로 하는 생각으로부터 기묘한 사태가 나타납니다. 이 점은, 란데를 포함한 다양한 사람들이 지적하였습니다. 예를 들어서 그것을 설명해봅시다. 예를 들어 Na의 기저상태는 그림1에 표시한 것과 같은 상태입니다만, 그것은 란데규칙로 말하면 총 각운동량은 $J=1$입니다(표1을 참조). 그런데 Mg^+(Mg의 1가 양이온. 이후 일반적으로 원자 A의 1가, 2가, ……양이온을 A^+, A^{++}, ……라고 표기합니다)는 Na원자와 같은 수의 전자를 가지고 있고, 그 결과 Na와 매우 비슷한 스펙트럼 항을 가지고 있는 것이 실험적으로 알려져 있습니다. 사실, Mg^+의 바닥상태는 ^2S로 이것 또한 각운동량이 $J=1$일 것입니다. 그런데

12) 자성체를 하나의 축 주변에서 자유롭게 회전할 수 있도록 하여 축방향으로 자화되면 자성체가 회전한다는 실험. 이것은 자기회전효과라 불린다. p.110 참조.

Mg^+에 전자를 하나 추가하면 Mg원자가 되겠지요. 따라서 Mg의 속전자는 Mg^+와 다를 바가 없습니다. 그렇다면 그 속전자는 각운동량이 1인지 물으면, 표2에 나타나 있는 것처럼 $R=\frac{1}{2}$ 또는 $R=\frac{3}{2}$입니다. 따라서 Mg^+에 바깥으로부터 전자가 접근할 때, 이온이 속전자로 되는 순간 J는 갑자기 1에서 $\frac{1}{2}$ 또는 $\frac{3}{2}$으로 변하지 않으면 안됩니다. 란데는 이 사실을 그다지 신경을 쓰지 않는 것 같았으나, 파울리는 이것이 매우 부자연스럽다고 했습니다. 그래서 파울리는 대용모형의 사용을 피하고, 그것을 과신해서는 안 된다고 경고하고 있습니다.

당시, He원자에 두 개의 전자가 함께 $n=1, k=1$의 궤도를 돌고 있는 것이 바닥상태라고 생각하면, 그 이온화 에너지의 계산값이 실험과 전혀 맞지 않는 것에 여러 사람이 주목했습니다. 란데는 이론과 실험 사이의 이 불일치를 이유로, "He 안의 2개의 전자 중, 하나는 속전자에 속하고 다른 하나는 최외곽 전자여서 2개는 원자 속에서 역할이 완전히 다르다(예를 들면 전자(前者)의 g는 2, 후자의 g는 1이라고 하는 것). 따라서 그것이 함께 $n=1, k=1$의 궤도를 도는 것은 있을 수 없다 ……"고 말하고 있습니다. 이 관점에 대해 파울리는 1923년 10월에 정리한 논문에서, 란데과 같이 "2개의 전자가 완전히 다른 역할을 하고 있다"는 것을 He 문제 설명의 근거로 이용하는 것이 바로 모형을 과신하는 것이며, 오히려 역으로 그 점이야말로 대용모형의 중대한 결함인 것입니다. 그리고 He의 이 문제는 전혀 다른 관점에서 설명하지 않으면 안 된다고 주장하고 있습니다. 그런 이유로 파울리는 다중항에 관한 그의 논문의 첫머리에서부터 다음과 같이 말하고 있습니다. "현재 생각하고 있는 모형은 도저히 만족할만한 것이라고는 생각할 수 없기 때문에, 모형에 기대지 않고 실험사실만으로 다중항에 관한 여러 가지 법칙성을 도출하자 ……"——

사실, 파울리는 계속해서 발표된 자신의 논문에서 일관되게 궤도각운동량이나 속전자의 각운동량, 또는 총 각운동량과 같은 모형적 의미를 가진 표현을 강하게 피하면서 양자수 k, 양자수 r, 양자수 j_p라는 표현을 쓰고 있습니다. 또, 편의상 S규칙의 j를 이용할 때에도 그것을 「총 각운동량」이라 부르지 않고, 일부러 「총 각운동량 양자수」라고 부르고, 더구나 그것을 「자기양자수 m의 최대값」으로 정의하고 있습니다("j를 총 각운동량이라고 가정합시다"라는 조머펠트의 표현과 대조적이네요). 제만효과에서는, 원래 준위의 상하에 대칭적인 버금준위의 배열이 나타납니다만, 파울리에게는 이 버금준위에 직접 번호를 붙인다는 점에서 m은 실험과 직결된 가장 기본적인 의미를 지니는 것입니다. 그리고 j의 경우, 그로서는 m의 최대값으로 정의되는 간접적인 것입니다. 란데나 조머펠트를 물구나무 세워 놓은 것 같은 이런 이론이, 실험사실만을 기초로 하여 모형에 의지하지 않는다고 하는 파울리 방식의 특징입니다. 그렇다면 파울리가 어떤 방법으로, 어떤 법칙성을 발견한 것인가? 그는 거기에서 그의 독특한 재미있는 논법을 보여주고 있습니다만, 시간이 얼마 남지 않은 관계로 아쉽지만 생략하겠습니다. 하지만 파울리의 파울리다운 이야기가 있기 때문에, 오늘 강의를 끝내기 전에 어떻게든 그 이야기를 해 보도록 하겠습니다.

그것은 정말로 파울리가 모형적 사고를 전혀 하지 않았는지에 관한 것입니다. 실제는 정 반대로, 조머펠트나 란데보다 훨씬 전에 그도 모형을 이용해서 여러 가지를 했던 것 같습니다. 그는 1923년 10월에 정리한 논문에서 란데의 모형 과신을 경고한 주석 다음으로 또 하나 주석을 붙여서 이렇게 말했습니다. "대용모형의 생각은 1923년에 조머펠트나 란데가 최초로 발표하고, 그들은 그것을 이용해서 여러 가지를 논했다. 그러나 대용모형으로부터 유도된 결론과 실제 원자 행동의 비교에 대해서 나는 오래전부터(schon seit längerer Zeit) 이미 그것을 알고

---

13) 파울리는 1624년에 원자핵이 각운동량을 가진다고 하고, 그것에 의한 자기장으로 스펙트럼선의 초미세구조(Satellite)를 설명한다는 생각을 제출 했다(W. Pauli, zur Frage der theoretischen Deutung der Satelliten einiger Sperktrallinien und ihre Beinflussung durch magnetische Felder(스펙트럼 선의 배선(陪線, Satellite)과 자기장이 그것에 주는 영향의 이론적 의미에 대한 문제), *Naturwiss*. 12(1924) 741-743). 그리고 노벨상 수상 강연에서 이것이 호우트스미트와 윌렌벡이 전자 스핀의 가설을 제창하는 것에 영향을 주었다고 생각한다고 말하고 있다(「排他律と量子力学」, 中村誠太郎 訳, 中村誠太郎·小沼通二 編,『ノーベル賞講演·物理学 6』수록, 講談社. 1978, pp. 76-96. 특히 p.84을 보라). 이것에 대해서 호우트미트는「자신들은 영향을 받지 않았다. 파울리의 논문을 안 것은 5년 후의 일이었기 때문에」라고 적고 있습니다. (S.A. Goudsmit, Pauli and Nuclear Spin, *Physics Today*, June (1961) 18-21. 인용은 p.19부터).

또, 파울리는 위에서 언급한 1924년의 *Naturwiss*.의 논문에서 나카오카 한타로(中岡半太郎)·스기우라 요시카츠(杉浦義勝)·미시마 토쿠시치(三島德七)의 논문 (The fine Structure of Mercury Lines and the Isotopes, *Japanese Jour. Phys*. 2(1923) 121-162, 167-278; Isotopes of Mercury and Bismuth resealed in the Saltellites of their Spectoral Lines, *Nature* 113(1924) 459-460)을 인용,「핵의 구조와 그것에 의한 핵 장(場)의 쿨롱 장으로부터의 벗어남을 초미세구조의 원인으로 하는 나카오카의 생각을, 그 일반적인 의미로 시험적으로 채택한다」고 말하고 있습니다. 파울리는, 또 나카오카와 타카미네 토시오(高嶺俊夫)의 논문(Anomalous Zeeman Effect in Satellites of the Violet Lines(4539) of Mercury, *Phil. Mag*. (6) 29 (1915) 241-252)의 측정은 이론과 잘 일치한다고 서술하고 있다.

나카오카 그룹의 이 연구들에 대해서는 이타쿠라 키요노부(坂倉聖宣)·키무라 토도(木村東作)·야기 에리(八木江里)『長岡半太郎伝』, 朝日新聞社, pp. 351-355, 402-438을 보라.

있었다……” 결국, 파울리는 이미 대용모형의 장점도 결점도 모두 알고 있었던 것입니다. 파울리라는 사람은 이런 사람입니다. 그는 다른 누구보다도 빨리 여러 가지를 깨닫고 철저하게 조사하고 있었지만, 스스로 완전히 납득할 수 있을 때까지 그것을 발표하지 않습니다. 그는 그와 같은 일종의 완벽주의를 가지고 있었다고 합니다. 따라서 다중항의 기원이 원자의 속전자에 있다는 생각의 결점도 아마 “오래 전부터” 감을 잡고 있었기 때문에, 그로 하여금 실험사실만으로부터 법칙성을 찾아내려는 방식을 받아들이게 한 것을 아닐까요? 이러한 과정을 통해 다중항의 기원은 속전자가 아니고 전자 자체에 있다는 생각이 1924년 무렵, 그의 머릿속에서 만들어지고 있지 않았을까 생각 됩니다. 그러고보니 그가 란데에게 경고했을 때, “He원자의 전자 두 개가 하나는 속전자, 하나는 최외곽 전자라는 식으로 다른 역할을 하는 것이야말로 모형의 결함이다.”라고 말하고 있었습니다. 그는 그 때 이미 다중항의 기원은 각각의 전자 자체에 있는 것을 알아차렸던 것 같네요. 그리고 이윽고 파울리는 그 생각을 발표하고, 그에 이어서 1925년에 윌렌벡의 자전(自轉)전자의 생각이 태어났다고 말할 수 있을 것 같습니다.[13] 그러면, 우리의 주인공 스핀의 등장장면은 다음 시간으로 넘기고 오늘은 이것으로 끝내도록 합시다.

제2화 전자 스핀과 토마스 인자

자전전자가설과 파울리의 재가(裁可)

지난 시간, 스펙트럼항의 다중구조는 일종의 내부 제만효과라는 생각과 그것을 근거로 대용모형의 생각이 나타났던 이야기를 하였습니다. 그리고 대용모형을 사용하여, 다중항에 관한 다양한 것을 설명했던 과정에 관해서 이야기했습니다. 이렇게 하여 많은 성과를 얻을 수 있었습니다만, 한편으로 파울리가 일찍이 지적한 것처럼 이 모형에 중대한 문제점이 포함되어 있는 것도 사실입니다. 게다가 대용모형에 큰 희망을 걸고 있던 란데 역시 1924년 무렵이 되어, 자신 생각의 기초를 의심하게 되는 사실을 발견하였습니다. 그것이 무엇인가하면, 두 개의 각운동량(속전자와 궤도의) 사이의 자기적 상호작용에 의해서 다중항 내 준위 간격이 결정된다는 생각으로는, 실험과 전혀 다른 결론만 나온다는 사실을 란데가 찾아낸 것입니다. 그러면 오늘은 이 란데의 슬픈 발견으로부터 시작해봅시다.

*

여기서는 알카리류 원자 또는 그것과 유사한 이온의 이야기로 한정하겠습니다. 란데는 많은 실험 데이터로부터 2중항 내의 준위 간격의 값에 관해서 하나의 실험식을 발견했습니다. 그 당시, 란데가 식을 발견한 단서가 된 것은 조머펠트가 1916년에 언급했던 미세구조공식이라는 것입니다. 란데가 왜 이런 옛스런 식에 의지했는가? 그것에는 이유가 있겠습니다만, 그 부분을 설명하기 시작하면 매우 힘들기 때문에 여기서는 생략하겠습니다. 단, 조머펠트 이론이 무엇을 노렸었는지에 대해서는 요점을 간추려서 이야기해 두도록 합시다.

조머펠트는 1916년 무렵, 수소원자에 관한 보어이론에 상대론을 도입하면 전자의 상대론적 질량변화가 S궤도, P궤도, D궤도, ……에서 각각 다른 것을 발견했습니다. 그러자 비상대론에서는 같은 n에 속한 항이 S도, P도, D도 모두 겹쳐져 있던 것이, 상대론을 적용하였더니 그것들이 분리되게 됩니다. 따라서 n만으로 결정된다고 생각했던 수소원자의 항은 미세한 간격을 가진 몇 개의 준위가 모인 것이 됩니다. 그것이 조머펠트의 생각입니다. 그의 계산에 따르면 분리된 준위의 간격은[14)]

$$\Delta W_{\mathrm{rel}} = +2\frac{\mu_0}{4\pi}\left(\frac{e\hbar}{2m}\right)^2 \frac{1}{a_{\mathrm{H}}^{\,3}} \frac{Z^4}{n^3 k(k-1)} \tag{2-1}$$

이 됩니다. 이런 현상은 수소 이외에 He^{+}, Li^{++}, Be^{+++}에서도 일어날 것이므로 (2-1)에는 Z를 붙여 두었습니다. 이 (2-1)은 부양자수 k를 가진 준위와 $k-1$을 가진 준위의 간격 값으로, n은 말할 것도 없이 주양자수입니다. 또 a_{H}는 보어반경으로, 그것은

$$a_{\mathrm{H}} = 4\pi\varepsilon_0 \frac{\hbar^2}{me^2} \tag{2-2}$$

입니다. 공식 (2-1)이 다름 아닌 미세구조공식이라 불리는 것으로 H, He^{+}, Li^{++}, Be^{+++}등에 대한 실험이며, 실제로 항의 분리가 관찰되며 그 간격이 이 공식과 잘 맞는 것을 확인할 수 있습니다.

지금하는 이야기에서 알 수 있듯이, 이 이론에서 준위의 분리는 동일한 n을 가지고 다른 k를 가지는 준위가 분리하는 것에 관한 이야기입니다. 따라서 알칼리 2중항 내의 준위가 분리하는 것과는 완전히 별개의 것입니다. 〔알칼리 2중항에서 2개의 준위는 동일한 n과 동일한 k를 가지고 있습니다. 따라서 그것을 구별하기 위해서는 새로운 양자수 j가 필요했습니다.〕

란데는 그럼에도 불구하고 알칼리 2중항 내에 두 개 준위의 간격값이 (2-1)과 아주 비슷한 공식으로 나타나는 것을 알았습니다. 즉, 그는 부양자수 k를 주었을 때 그 항 내의 준위 간격이

$$\Delta W_{\mathrm{alkali}} = +2\frac{\mu_0}{4\pi}\left(\frac{e\hbar}{2m}\right)^2 \frac{1}{a_{\mathrm{H}}^{\,3}} \frac{(Z-s)^4}{n^3 k(k-1)} \tag{2-3}$$

과 같은 형태의 공식으로 잘 재현되는 것을 발견했습니다. 여기서 (2-1)의 Z의 위치에 $(Z-s)$가 있는 것은 현실의 알칼리 원자에서 최외곽 전자에 작용하는 전기장이 $\dfrac{1}{4\pi\varepsilon_0}\dfrac{eZ}{r}$ 이 아니고, 내부 전자에 의해서 차폐된 $\dfrac{1}{4\pi\varepsilon_0}\dfrac{e(Z-s)}{r}$ 이기 때문

---

14) μ_0와 ε_0는 진공의 투자율과 유전율이다. $\mu_0 = 4\pi\times10^{-7}\,\mathrm{kg\,m/C^2}$, $\varepsilon_0 = 1/(\mu_0 c^2) = 8.854\times10^{-12}\,\mathrm{C^2/(N\,m^2)}$. c는 광속이다.

표 4[15)]

	Li	Be^+	B^{++}	C^{+++}		Na	Mg^+	Al^{++}	Si^{+++}
$\Delta W/(hc)$	0.34	6.9	30.9	68.5	$\Delta W/(hc)$	17.2	91.5	238	460
s	2.0	1.9	1.9	2.2	s	9.0	8.9	9.1	9.4

입니다. 그리고 실험값으로부터 (2-3)을 이용해서 역으로 s를 계산하여 그것이 납득할 만한 값을 가지는 것을 나타내었습니다. 만약 $n=2$, $k=2$인 2중항 간격의 실험값로부터 Li, Be^+, B^{++}, C^{+++} 및 Na, Mg^+, Al^{++}, Si^{+++}에 대해서 s를 계산하면, 표 4에 있는 것과 같이 값이 나옵니다. 표를 보고 알 수 있듯이 Li 모둠에서는 $s\cong 2$, Na 모둠에서는 $s\cong 9$로 나타나 있습니다만, Li 모둠에서는 내부전자의 개수가 2이고 Na 모둠에서는 10인 것으로 볼 때 여기서 구한 s는 매우 합리적인 것입니다. 게다가 그는 $n=3$, $n=4$, $n=5$ 등의 2중항도 살펴보고 있습니다만 모두 잘 설명이 됩니다. 그런 이유로 (2-3)은 좋은 실험식이라고 말할 수 있겠지요.

그러면 대용모형으로부터 실험식 (2-3)을 유도하는 것이 가능한가? 란데의 대용모형에서는 $\boldsymbol{R}$에 딸려있는 자기모멘트 $\boldsymbol{\mu}_R$과, $\boldsymbol{K}$에 딸려있는 자기능률 $\boldsymbol{\mu}_K$ 사이의 자기적 에너지가 $W_{\text{mag}}=\text{const}\cdot(\boldsymbol{R}\cdot\boldsymbol{K})$로 주어지므로 그 결과 다중항 내 준위간격은 $\Delta W_{\text{mag}}=\text{const}\cdot\left(J-\frac{1}{2}\right)$로 주어지는 것으로 되어 있었지요(지난 시간의 (1-24)와 (1-26), (1-27)을 보세요). 그런데 여기서 나타난 const의 내용에 대해서는 지난 시간에 아무것도 이야기하지 않았습니다. 그것을 지금부터 구해보도록 합시다.

*

지난 시간에 이야기한 것처럼, 속전자가 자기모멘트를 가지면 원자 내에 축대칭인 내부 자기장이 나타납니다. 그러면 최외곽 전자는 그 자기장 속에서 일종의 내부 제만효과를 일으키고, 그것이 다중항이 나타나는 원인이라고 생각됩니다. 그러나 이 생각에서 W_{mag}나 ΔW_{mag}식의 const를 계산하려면 까다로운 계산이 필요합니다. 따라서 조금 생각을 바꾸어 다음과 같이 진행하는 것이 낫습니다. 즉, 속전자에 의해서 만들어진 자기장이 궤도전자에 작용한다는 생각 대신에, 궤도전자에 의해서 만들어진 자기장이 속전자에 작용한다고 생각하는 것입니다. 지

15) $\Delta W/(hc)$의 단위는 cm^{-1}.

금 원자의 중심에 원점을 잡고, 전자의 운동반경을 $\boldsymbol{r}$, 속도를 $\boldsymbol{v}$라고 합니다. 그러면 비오사바르 법칙에 따라서 원점에는

$$\mathring{B} = -\frac{\mu_0 e}{4\pi}\frac{[\boldsymbol{r}\times\boldsymbol{v}]}{r^3} \tag{2-4}$$

라는 자기장이 생깁니다. 그러면 전자의 궤도각운동량을 란데 규칙의 $\boldsymbol{K}$로 하면 (2-4)는

$$\mathring{B} = -\left(\frac{\mu_0 e\hbar}{4\pi m}\right)\frac{1}{r^3}\boldsymbol{K} \tag{2-4'}$$

로 쓸 수 있습니다. 그래서 속전자의 자기능률 $\boldsymbol{\mu_R}$이 원점에 집중되어 있는 것이라고 하면, $\mathring{\boldsymbol{B}}$와 $\boldsymbol{\mu_R}$ 사이의 자기 에너지는 보통 제만효과의 경우와 같은 모양(지난 시간의 (1-29)를 보세요)

$$E_{\text{mag}} = -\frac{e\hbar}{2m}(\mathring{\boldsymbol{B}}\cdot\boldsymbol{\mu}_R) \tag{2-5}$$

입니다. 그래서 $\mathring{B}$로 (2-4′)를 이용하고, 또 $\boldsymbol{\mu_R} = -g_0\boldsymbol{R}$을 이용하면(지난 시간의 (1-22)를 보세요) 바로

$$E_{\text{mag}} = -2\frac{\mu_0 g_0}{4\pi}\left(\frac{e\hbar}{2m}\right)^2\left(\frac{1}{r^3}\right)(\boldsymbol{K}\cdot\boldsymbol{R}) \tag{2-6}$$

이 유도됩니다. 이 때 $\left(\frac{1}{r^3}\right)$은 시간과 함께 변동하기 때문에 이것을 직접 (1-24)의 W_{mag}로 할 수 없으나, 이 $\frac{1}{r^3}$의 시간평균을 $\left\langle\frac{1}{r^3}\right\rangle$로 할 때 W_{mag}는 근사적으로

$$W_{\text{mag}} = -2\frac{\mu_0 g_0}{4\pi}\left(\frac{e\hbar}{2m}\right)^2\left\langle\frac{1}{r^3}\right\rangle(\boldsymbol{K}\cdot\boldsymbol{R}) \tag{2-6'}$$

으로 주어지고, 따라서

$$\Delta W_{\text{mag}} = -2\frac{\mu_0 g_0}{4\pi}\left(\frac{e\hbar}{2m}\right)^2\left\langle\frac{1}{r^3}\right\rangle\left(J-\frac{1}{2}\right) \tag{2-6''}$$

이 유도됩니다.

이것으로 const의 내용을 알았습니다만, (2-6″)을 이용해서 문제의 간격값을 계산하려면 $\left\langle\frac{1}{r^3}\right\rangle$을 알아야만 합니다. 이 평균 값은 전자가 쿨롱 장을 움직일 때에는 제대로 계산할 수 있습니다. 이 때 퍼텐셜을

$$V(r) = -\frac{1}{4\pi\varepsilon_0}\frac{Ze}{r} \tag{2-7}$$

로 두었을 때, 보어의 이론에 의하면

$$\left\langle \frac{{a_{\rm H}}^3}{r^3} \right\rangle = \frac{Z^3}{n^3k^3} \tag{2-8}$$

입니다. 단, n은 주양자수, k는 부양자수(이것은 궤도각운동량이었습니다), $a_{\rm H}$는 보어 반경 (2-2)입니다. 여기서 보어이론 대신에 란데의 대용모형을 이용한다면 궤도각운동량은 K이므로, (2-8) 대신에

$$\left\langle \frac{{a_{\rm H}}^3}{r^3} \right\rangle = \frac{Z^3}{n^3K^3} \tag{2-8$'$}$$

을 쓰는 편이 일관되겠지요.

자, 여기서 알칼리 2중항의 경우로 이야기를 한정지어 봅시다. 그렇게 하면 (2-6″)의 $J-\frac{1}{2}$을 K로 해도 좋은 것을 알 수 있습니다. 따라서

$$\varDelta W_{\rm mag} = -2g_0\frac{\mu_0}{4\pi}\left(\frac{e\hbar}{2m}\right)^2\frac{1}{{a_{\rm H}}^3}\frac{Z^3}{n^3K^2} \tag{2-6$)_{\rm L}$}$$

을 얻을 수 있습니다. 더욱이 지난 시간에 이야기했던 g인자의 계산에서 대용모형에 의해서 유도된 식 (1-31′)의 J^2의 부분을 $J^2-\frac{1}{4}$로 바꿀 필요가 있었습니다(지난 시간의 $(1-31)_{\rm exp}$를 보세요). 따라서 여기에서도 K^2의 대신에 $K^2-\frac{1}{4}$을 사용하는 편이 좋을지도 모르겠습니다. 그러면 $\left(K^2-\frac{1}{4}\right)=\left(K+\frac{1}{2}\right)\left(K-\frac{1}{2}\right)$로, 또한 란데의 K는 부양자수 k와 $K=k-\frac{1}{2}$로 연결된 것으로 볼 때 $(2-6)_{\rm L}$의 K^2 대신에 $k(k-1)$을 이용하는 편이 좋겠지요. 그렇게 생각하면 결국

$$\varDelta W'_{\rm mag} = -2g_0\frac{\mu_0}{4\pi}\left(\frac{e\hbar}{2m}\right)^2\frac{1}{{a_{\rm H}}^3}\frac{Z^3}{n^3k(k-1)} \tag{2-6$'$)$_{\rm L}$}$$

이 유도됩니다.

그런데 이 식은 전자가 쿨롱 장에서 움직이고 있는 것으로 계산한 것입니다. 따라서 그것을 일반 원자에 적용하기에는 Z의 대신에 $Z-s$를 이용해서 차폐에 의한 보정을 하지 않으면 안됩니다. 그러면 $(2-6')_{\rm L}$의 대신에

$$\varDelta W''_{\rm mag} = -2g_0\frac{\mu_0}{4\pi}\left(\frac{e\hbar}{2m}\right)^2\frac{1}{{a_{\rm H}}^3}\frac{(Z-s)^3}{n^3k(k-1)} \tag{2-6$''$)$_{\rm L}$}$$

이 좋을 것으로 결론 지을 수 있습니다.

이처럼 란데 규칙의 생각으로부터 준위간격이 $(2-6'')_L$이 되는 것을 알았습니다. 그것과 실험식 (2-3)를 비교하면 아주 닮은 점도 있으나 크게 다른 점도 있습니다. 그것은

(i) (2-3)의 $(Z-s)^4$의 부분이 $(2-6'')_L$에서는 $(Z-s)^3$으로 되어 있고,

(ii) (2-3)의 우변 앞부분의 부호 + 부분이 $(2-6'')_L$에서는 - 로 되어 있고,

(iii) (2-3)의 우변 앞부분의 인자 2 부분이 $(2-6'')_L$에서는 $2g_0$, 즉 4로 되어 있다.

바로 이 세 가지입니다. 여기서 (i)의 차이는 치명적으로 $(2-6'')_L$에서 실험값에서 s를 결정하면, 표4와 다르게 터무니없는 값이 나옵니다. 여기서 란데는, 자기적 상호작용이 다중항의 원인이라는 그의 생각이 잘못된 것임을 인정하지 않을 수 없게 되었습니다. 또 란데는 (ii), (iii)의 차이를 간과하고 있는 것 같습니다. 그의 계산을 돌아보면, "간격"이라는 것 때문인지 부호에 대해서는 그다지 예미하게 생각하지 않았던 것 같고, 또 $g_0=2$를 계산 도중에 깜빡하고 놓쳐버린 부분이 있습니다.

실은 란데가 대용모형을 사용해서 $(2-6'')_L$을 계산하기 이전에, 하이젠베르그(W. Heisenberg)는 1922년 경, 그의 독자적인 모형으로 Li 2중항의 간격을 계산하고 있었습니다. 그의 모형도 대략적으로 란데 모형과 닮았지만, 그는 그의 계산결과가 실험값과 잘 일치한다고 보고하고 있습니다. 또 로슈데스트벤스키(D. Roschdestwenski)라는 사람도 같은 계산을 했었다고 하나, 그 두사람이 실험과 맞는 결과를 얻은 것은 실은 Z가 작기 때문이었습니다.

이와 같은 일련의 과정이 있었기에, 란데는 1924년 4월에 발표한 그의 논문 마지막을 다음과 같은 문장으로 마무리하고 있습니다. "…… 스펙트럼 다중항 내의 준위간격을 자기적 상호작용으로 설명하는 것은 로슈데스트벤스키나 하이젠베르그 등이 Li에 관해서 얻은 성과에도 불구하고, 그것을 마지막으로 더이상 받아들일 수 없다 ……" 그는 담담합니다. 그토록 고심한 끝에 사실은 사실로 받아들이는 수밖에 없다고 달관한 모양입니다.

*

그러면 이 무렵 파울리는 무엇을 하고 있었는가? 그는 예의 란데에게 한 경고를 실은 논문을 1923년 10월에 다 쓴 뒤로 거의 1년간 논문을 쓰지 않았습니다.[16)] 아마 그 동안, 속전자라는 생각에 따라다니는 중대문제의 해결을 위해서 그의 생

각은 점점 뜨거워지고 있었던 것이겠지요. 그리고 드디어 1924년 12월에 논문 한 편을 썼습니다. 그는 그 논문에서 당시 지배적이던 생각, 즉 원자의 속전자는 K 껍질에 있다는 가설에 대한 비판에서 시작하여, 다중항에 나타나는 것은 속전자와 최외곽 전자의 상호작용 때문이 아니라 전자 자신이 가지는 특성의 표현이라는 주장을 처음으로 단행하였습니다.

대용모형의 생각이 여전히 화려하게 성과를 내고 있던 1923년 무렵, 많은 사람들은 속전자라는 것은 K껍질에 있다고 생각하고 있었습니다. 내가 지난 시간에 속전자의 생각을 여러분들에게 소개했을 때, 원자내의 전자 속 가장 바깥에 있는「최외곽 전자」를 뺀 남은 전자를 전부 속전자에 집어넣었습니다. 그러나 실제로 각운동량 $\boldsymbol{R}$을 가지고 $g_0=2$를 가지는 것은, 나머지 전자 중에서도 K껍질에 있는 전자뿐이라는 생각이 그것입니다. 그 때 K껍질 이외의 닫힌 껍질 (L껍질, M껍질……)의 속에 있는 전자는 각운동량에도, 자기모멘트에도 영향을 미치지 않는다고 생각하고 있었습니다. 파울리는 먼저 이 생각에 대한 비판부터 시작했습니다.

그는 만약 속전자가 K껍질에 있다면, K껍질의 전자는 Z가 클 경우 매우 빠른 속도로 운동하기 때문에 상대론의 영향을 크게 받을 것이다. 그렇다면 자기모멘트와 각운동량의 비도 큰 상대론적 보정을 받을 것이라고 생각했습니다. 그리고 그는 예의 조머펠트의 논문 등을 인용하면서 이 보정을 계산하고, Z가 큰 원자에서는 이론적으로 g_0가 2라는 값으로부터 실험에 영향을 줄 정도로 크게 어긋나는 것을 발견했습니다. 그러나, 사실은 Z의 크기에 관계없이 $g_0=2$가 성립하고 있습니다. 따라서 속전자가 K껍질에 있다는 생각은 이상해 집니다. 이것이 파울리의 비판입니다. 더욱이 파울리는 K껍질 이외의 닫힌 껍질이 각운동량도, 자기모멘트도 가지고 있지 않은데도 K껍질에서만 그것을 가진다는 것은 원래 부자연스러운 생각이고, 오히려 K껍질도 다른 껍질과 같이 각운동량과 자기모멘트도 가지지 않는다고 생각해야 하지 않겠느냐고 주장합니다.

게다가 파울리는 이런 이유 외에, He의 바닥상태에 관한 란데 규칙 사고의 부

16) 파울리는 1923년 10월과 1924년 12월의 사이에 2편의 논문을 쓰고 있다 : Bemerkungen zu den Arbeiten“Die Dimension der Einsteinschen Lichtquanten”und“Zur Dynamik des Stosseszwischen einem Lichtquant und einem Elektron”von L.S. Ornstein und H.C. Burger, *Zeitschr. f. Physik*, **22** (1924) 261-265 (1924년 1월 수리); Zur Frage der theoretischen Deutung der Satelliten einiger Spektrallinien und ihrer Beeinflussung durch magnetische Felder, *Naturwissenschaften*, **12** (1924) 741-743 (1924년 8월 제출). 후자에 대해서는 p.24의 주13을 참조. 원자핵이 각운동량을 가진다는 가능성을 언급한 이 논문에는 저자도 p.76에서 다루고 있다.

자연스러움(이것은 파울리가 란데에게 보고했던 예의 건입니다) 및 다중항 내 준위간격을 속전자와 최외곽 전자의 자기적 상호작용에 의해서 설명하려는 시도의 실패(이것은 조금 전에 이야기 했습니다)를 들어서 다음과 같이 결론을 내렸습니다. "닫힌 껍질은 모두 원자의 각운동량이나 자기모멘트에 영향을 주지 않는다. 특히, 알칼리류 원자에서 g_0=2라는 정상이 아닌 g인자의 자리는(속전자에 있는 것이 아니고) 최외곽 전자 자체에 있고, 원자의 총 각운동량이나 이상자기모멘트는 모두 최외곽 전자 단독의 성질이 나타난 것이다. 이런 관점에서 말하면, 알칼리 스펙트럼의 2중구조나 라모 정리가 성립하지 않는 것(주: 이상 제만효과가 나타나는 것)은 최외곽 전자가 가진 고전적으로 기술 불가능한 양자역학적 2가성(二價性)의 결과로 나타는 것이다……"

여기에서 파울리는 4개의 양자수 n, k, j, m 중의 j, 따라서 m이 최외곽 진자와 속전자의 관련으로 나타나는 것이 아니라, 모두 한 개의 전자, 그것에 속한다는 점을 처음으로 표명한 것입니다. 그러나 여기에서 그는 이들 양자수의 배후에 모형적 이미지가 있다는 것을 피하고, 「고전적으로 기술 불가능한 2가성」이라는 표현을 하고 있습니다.[17]

계속해서 파울리는 이런 생각을 기초로 여러 가지 것을 논하고, 그의 주장을 뒷받침할 근거를 찾으려고 하였습니다. 그 중 하나는 속전자의 생각에 엉겨붙어 있던 "기묘한 것"이 그의 생각에 의하면 완벽하게 해소되는 것입니다. 몇 번이나 이야기했던 것처럼, 속전자의 개념으로는 외부에서 전자 하나가 더해질 때 속전자의 성질이 갑자기 변하지 않으면 안 되도록 되어 있었습니다. 그것이 파울리의 새로운 생각에서는 나타나지 않아도 됩니다. 또 새로운 생각에서는 「고전적으로 기술 불가능한 2가성」은 모든 전자 각각이 나누어 가지고 있기 때문에 당연히 속전자 전자와 그 외 전자의 차별은 없어집니다.

*

지금 이야기한 "기묘한 것"을 가능한 파울리의 단어를 사용해서 표현해 봅시다. 먼저 알칼리원자를 생각해봅시다. 이 원자를 약한 자기장 속에 넣어서 제만효과를 일으키고 그 때 몇 개의 버금준위가 나타나는지 세어보면, S항을 빼고 2

17) 참조 : W.파울리「排他律と量子力学」, 中村誠太郎 訳, 中村誠太郎·小沼通二 編,『ノーベル賞講演·物理学 6』 수록, 講談社 (1978), pp.76–96. 특히, p.79를 보라.

중항의 한 쪽 준위는 $2(k-1)$개의 버금준위로 분열하며, 다른 한 쪽 준위는 $2k$개의 버금준위로 분열하는 것을 알 수 있습니다. 그래서 2중항의 양쪽 준위를 합치면 k가 주어질 때 나타난 버금준위의 개수는 $2(2k-1)$이 됩니다. 게다가 S항은 원래 1중이기 때문에 예외입니다만, S항은 제만 효과로 2개의 버금준위로 분열하기 때문에 여기에서도 $2(2k-1)$은 성립합니다. 따라서 알칼리원자에서 n과 k가 주어질 때 그 n, k에 속한 상태의 개수를 $N_2(k)$로 하면(N에 붙은 첨자2는 2중항이라는 의미입니다),

$$N_2(k) = 2 \cdot (2k-1) \qquad (2\text{-}9)_2$$

를 얻을 수 있습니다. 더욱이 이 개수는 강한 자기장일 때의 파셴-백 효과 실험이나, 중간 세기 자기장 실험으로도 유도할 수 있습니다. 여기서 특히 $k=1$로 두면, S항에 대해서

$$N_2(1) = 2 \qquad (2\text{-}9')_2$$

를 얻을 수 있습니다.

다음으로 알칼리토류를 생각해 봅시다. 이 때 1중항과 3중항이 나타납니다만, 역시 제만효과나 파셴-백 효과 실험을 통해서

$$N_1(k) = 1 \cdot (2k-1) \qquad (2\text{-}10)_1$$

$$N_3(k) = 3 \cdot (2k-1) \qquad (2\text{-}10)_3$$

을 얻을 수 있습니다(N에 붙은 첨자 1과 3은 각각 1중항, 3중항을 의미합니다). 그런데 1중항과 3중항을 구별하지 않고, n과 k만이 주어질 때 상태의 개수는

$$(k) + N_3(k) = 4 \cdot (2k-1) \qquad (2\text{-}10)_{1+3}$$

로 주어집니다.

요약하면 지금까지의 이야기와 결론은 실험사실만 정리해서 얻은 것으로, 모형적인 사고는 전혀 사용하지 않고 있습니다. 그런데 대용모형의 관점에서 이결과를 해석한다면 어떤 일이 일어날까요?

지난 시간에서도 이야기한 것과 같이, 파셴-백 효과의 대용모형적 설명은 극히 단도직입적이었습니다. 이 때는 강자기장의 작용으로 속전자의 각운동량 $\boldsymbol{r}$과 궤도각운동량 $\boldsymbol{k}$의 자기장성분은 각각 공간양자화 되었습니다. 그 결과 알칼리 2중항에 있어서 $\boldsymbol{r}$의 자기장방향성분 m_r이 2개의 값을 갖고, $\boldsymbol{k}$의 자기장 방향성분

m_k는 $2k-1$개의 값을 가졌습니다(이 때, 파울리 규칙으로 생각하고 있기 때문에 $-r+1 \leqq m_r \leqq r-1$, $-k+1 \leqq m_k \leqq k-1$입니다). 따라서 k가 주어질 때 상태의 개수는 2와 $2k-1$을 조합해서 $2 \cdot 2(k-1)$이 됩니다. 이 모형으로 $(2-9)_2$의 제1인자 2는 속전자의 상태수이고 제2인자 $(k-1)$은 최외곽 전자의 상태수라고 말할 수 있습니다.

같은 형태로는 알칼리토류도 알려져 있습니다. 즉, $(2-10)_1$ 및 $(2-10)_3$ 의 제1인자 1과 3은 각각 1중항 및 3중항에서 속전자의 상태수입니다. 그에 대해 어느 쪽의 다중항에서도 최외곽 전자의 상태수는 알칼리의 경우와 같이 $2k-1$입니다.

그리고 "기묘한 것"이 나타납니다. 예를 들어 Mg^+를 생각해 봅시다. Mg^+는 자주 말한 것처럼 Na와 닮은 항을 가지고 있을 것이고, 따라서 그것의 바닥상태는 $(2-9')_2$에 따라서 2개의 상태를 포함하고 있습니다. 그리므로 거기에 양자수 k인 최외곽 전자가 더해져서 Mg원자가 될 때, 최외곽 전자는 항상 $2k-1$개의 상태를 가지고 있으므로 전체 상태 개수는 $2 \cdot (2k-1)$이 될 것입니다. 그런데 그것이 그렇게 되지 않고, $1 \cdot (2k-1)$나 $3 \cdot (2k-1)$이 Mg원자의 상태수입니다. 그런 이유로 Mg^+에 전자가 붙는 순간 Mg^+의 상태수가 2에서 1 또는 3으로 변하지 않으면 안 됩니다. 이것은 아주 "기묘한 것"입니다. 그런 것은 고전역학 플러스 대응원리의 사고방식으로는 상당히 설명하기 어렵습니다. 보어는 거기서 「비역학적 강제」(nichtmechanisher Zwang)에 의해서 그런 것이 일어난다고 말하고 있습니다.

여기서 파울리는 전자 스스로가 2가성을 가진다는 자신의 새로운 사고를 하면, 비역학적 강제 등을 생각하지 않아도 된다고 주장합니다. 즉, $(2-9)_2$에 나타난 2개의 인자 2와 $(2k-1)$을 한 쪽은 속전자의 상태수, 한 쪽은 최외곽 전자의 상태수라고 생각하므로 그런 "기묘한"사태가 나타납니다. 따라서 $2 \cdot (2k-1)$ 전체를 전자 1개의 상태수로 보면 그런 이상한 일은 일어나지 않는다는 것입니다. 그러면 Mg^+에 전자가 붙을 때 Mg^+이온의 상태수 2와 외부에서 붙은 전자의 상태수 $2 \cdot (2k-1)$을 조합하여, k가 주어질 때 Mg원자의 상태수는

$$2 \times 2 \cdot (2k-1) = 4 \cdot (2k-1) \qquad (2\text{-}10')$$

이 되고, 기묘한 것을 생각하지 않고 $(2-10)_{1+3}$을 얻을 수 있습니다. 그러면 전자의 상태수가 왜 $2 \cdot (2k-1)$이 되는가? 파울리는 여기에 나타나있는 제1인자의 2를 전자가 가지고 있는 「고전적으로 기술 불가능한 2가성」이라고 말하고 더 이상 그 문제를 파고들지 않기로 합니다.

R. de L. 크로니크 (1904 - 1995) (오른쪽에서 두 번째). 왼쪽으로부터 니시나 요시오(仁科芳雄), D. M. 데니슨, W. 쿤 (W. Kuhn), 한 사람 건너 뛰어 B. B. 레이 (B. B. Ray), 1925년 코펜하겐에서

파울리에 따르면, 물론 이 새로운 생각은 아직 부족하고 $(2-10)_{1+3}$의 인자 4가 왜 1과 3이 되는 것인지, 자세히 이야기하자면 왜 1중항, 3중항이라고 한 2종류의 항 계열이 나타나는지, 1중항·3중항 사이의 에너지 차이나 3중항 내의 준위간격이 어떤 원인으로 발생하는 것인지, 그런 것은 아직 설명할 수 없습니다. 그러나 이런 생각을 받아들인다면, 원자 내의 각 궤도에는 일정한 정원이 있고 만원이 되면 그 궤도는 닫힌다는, 실험적으로 알려진 중요한 사실을 「원자수 n, k, j, m의 값을 지정할 때, 그 양자수를 가진 전자는 원자내에 1개보다 많이 존재할 수 없다」라는 간단명료한 형태의 규칙으로 표현하는 것을 파울리가 발견한 것입니다. 이 규칙은 n, k, j, m이라는 상태에 한 개의 전자가 들어가 버리면 그 전자는 다른 전자가 그곳에 들어오는 것을 막는다는 의미로, 「파울리의 배타원리」로 불려지게 되었습니다. 파울리는 이 규칙으로부터 K껍질은 2개의 전자로 닫히고 L껍질은 8개의 전자로, M껍질은 18개의 전자로 닫히고……라는 사실을 도출할 수 있다는 것을 나타내었습니다. 확실히 이 성과는 파울리의 새로운 생각에 큰 근거가 되었습니다. 왜냐하면, 지금 말한 것과 같은 규칙은 무엇보다도 n, k, j, m이 하나의 전자에 관련된 것이 아니었다면 생각조차 할 수 없었습니다.

그 당시, 당연히 존재할 것이라고 기대했던 항이 누차 누락되고 있다는 사실이 관찰되고 있었습니다. 예를 들어 그림1을 봅시다. Mg의 1중항은 $n=3$부터 시작하고 있는데, 3중항은 $n=4$부터 시작하고 있어서 $n=3$이 누락되어 있습니다. 파울리는 이 현상도 배타원리로 설명할 수 있다는 것을 나타내었습니다. 게다가 복잡한 원자일 때, 또는 한 개 이상의 전자가 여기하고 있는 준위도 고려하면 배타원리에 의해서 많은 준위가 누락될 것입니다. 따라서 파울리 생각에 대한 시비를 판단하기 위해서는 모든 경우를 살펴서 그 누락에 예외가 없는 것을 확인할 필요가 있습니다. 그래서 파울리는 란데에게로 가서 란데가 모았던 많은 데이터 속에서 이 규칙을 깨는 예가 있는지 없는지 확인하려 했습니다. 그 때 그는 란데의 연구실에서 그의 생각으로부터 힌트를 얻어 전자가 자전한다는 가설을 세우려고 했던 한 청년을 만났습니다.

*

그것은 윌렌벡과 호우스미트보다 반년 정도 앞서 자전전자를 생각해 냈던 크로니크(R. de L. Kronig)입니다. 그 당시 아직 20세 정도였던 크로니크는 1925년 1월에 다중항과 제만효과에 흥미를 가지고 미국에서 란데의 연구실로 왔습니다. 그 때 란데는 파울리에게서 온 편지를 그에게 보여주었는데 그 편지에는「고전적으로 기술 불가능한 2가성」이 적혀 있었습니다. 크로니크는 이것을 읽고 곧 자전전자를 생각해 냈습니다. 즉, 전자는 자전하고 있고 자전각운동량은 $\frac{1}{2}$이고, 그것의 g인자는 g_0=2라는 생각입니다. 그는 이 가정으로부터 알칼리 2중항이 나타나는 형태나 제만 효과, 파셴-백 효과 등이 대용모형을 이용할 때와 마찬가지로 잘 나타나는 것을 발견했습니다. 게다가 그는 자전자기모멘트와 궤도각운동의 상호작용은 상대론에 의해서 도출될 수 있을 것이라는 사실, 그리고 그것을 이용하면 2중항 내 준위의 간격도 계산할 수 있을 것이라는 사실을 예상했습니다.

여기에서 상대론을 어떻게 사용할 것인가? 그것을 설명해 봅시다. 원자 내의 전자는 전기장 안에 있으므로 전기적인 힘을 받습니다만, 전자가 가진 자전자기모멘트는 직접 전기장으로부터 힘을 받지 않을 것입니다. 그러나 전자가 움직이고 있을 때 전자의 정지계에서 보면, 그곳에는 실험실계에 없던 자기장이 전기장으로부터의 로렌츠변환에 의해서 나타났습니다. 아인슈타인(A. Einstein)에 의하면 이 자기장은

$$\mathring{\boldsymbol{B}} = \frac{1}{c^2}\frac{\boldsymbol{E}\times\boldsymbol{v}}{\sqrt{1-v^2/c^2}} \tag{2-11}$$

입니다. 그러면 전자의 자전자기모멘트를 $\boldsymbol{\mu}_\mathrm{e}$, 자전각운동량을 $\boldsymbol{s}$로 쓰면 그것과 $\mathring{\boldsymbol{B}}$와의 상호작용 에너지는

$$\begin{aligned} E_\mathrm{rel} &= -\frac{e\hbar}{2m}(\mathring{\boldsymbol{B}}\cdot\boldsymbol{\mu}_\mathrm{e}) \\ &= g_0\frac{e\hbar}{2m}(\mathring{\boldsymbol{B}}\cdot\boldsymbol{s}) \end{aligned} \tag{2-12}$$

로 주어집니다(대용모형의 (2-5)를 떠올려 주십시오). 그것이 자전자기모멘트와 궤도운동 사이의 상호작용 에너지입니다. 단, (2-12)는 전자의 정지계의 그것이므로, 실험실계의 에너지는 (2-12)를 로렌츠변환으로 원래대로 되돌릴 필요가 있습니다. 그것에는 (2-12)에 단지 $1/\sqrt{1-v^2/c^2}$ 을 곱하면 됩니다.

그러나 전기장 $\boldsymbol{E}$가 쿨롱 장이며 $v^2/c^2 \ll 1$일 경우에는 더욱 초보적으로 이 계산을 할 수 있습니다. 이 때 전자의 정지계에 나타나는 $\mathring{\boldsymbol{B}}$를 다음과 같이 비오사바르 법칙으로 구할 수 있기 때문입니다. 즉, 전자의 위에 올라타서 전자와 함께 움직이는 사람의 입장에서 보면 전자가 정지해있는 대신에 핵이 전자 주변을 돌고 있다고 생각해도 좋겠지요. 그 때 핵의 속도는 $-\boldsymbol{v}$이고 운동반경은 $-\boldsymbol{r}$, 그리고 그 전하는 $+Ze$입니다. 따라서 전자 입장에서의 자기장은 비오사바르 법칙에 의해서

$$\mathring{\boldsymbol{B}} = + \frac{\mu_0 Ze}{4\pi} \frac{[\boldsymbol{r} \times \boldsymbol{v}]}{r^3} \qquad (2\text{-}11')$$

로 주어집니다. 〔속전자 모형에서는 속전자가 있는 장소의 자기장이 (2-4)였던 것을 떠올려 주십시오. 거기에서 돌고 있는 것은 전하 $-e$인 전자이나, 여기서는 전하 $+Ze$인 핵입니다.〕 한편, (2-11)식의 $\boldsymbol{E}$에서 쿨롱 장

$$\boldsymbol{E} = \frac{1}{4\pi\varepsilon_0} \frac{Ze}{r^3} \boldsymbol{r}$$

을 대입하고 $\sqrt{1-v^2/c^2} \approx 1$로 두면 (2-11′)과 같은 $\mathring{\boldsymbol{B}}$를 유도할 수 있습니다. 어쨌든 이렇게 해서 얻은 (2-11′)과 속전자모형 때 사용한 (2-4)를 비교하면, (2-4)의 e 부분이 (2-11′)에서는 Ze로 나타나고, (2-4) 우변의 부호 $-$부분이 $+$로 되어 있습니다. 따라서 자전전자라는 크로니크의 생각을 사용하여 계산하면 준위간격은 $(2\text{-}6')_L$을 Z배 하고, 부호 $-$를 $+$로 한 것이 나오게 됩니다. 즉,

$$\Delta W_{\text{mag}} = +2g_0 \frac{\mu_0}{4\pi} \left(\frac{e\hbar}{2m}\right)^2 \frac{1}{a_{\text{H}}{}^3} \frac{Z^4}{n^3 k(k-1)} \qquad (2\text{-}13)$$

입니다. 여기에서도 원자 내 전기장이 쿨롱 장이 아닌 경우에는 차폐에 의한 보정을 해서

$$\Delta W'_{\text{rel}} = +2g_0 \frac{\mu_0}{4\pi} \left(\frac{e\hbar}{2m}\right)^2 \frac{1}{a_{\text{H}}{}^3} \frac{(Z-s)^4}{n^3 k(k-1)} \qquad (2\text{-}13')$$

을 이용하면 되겠다라는 것이 됩니다.

이 식과 란데의 실험식 (2-3)을 비교하면 속전자 모형일 때보다 훨씬 잘 일치

오른쪽으로부터, O. 클라인 (1894-1977), G.E. 윌렌벡 (1900-1988), S.A. 호우슈미트 (1902-1978). 1926년에 촬영.

한다는 것을 알 수 있습니다. 조금 전, 속전자 모형과 실험의 차이를 (i), (ii), (iii)에 정리해 두었습니다만, (i)과 (ii)의 문제점은 이미 해결된 것을 알 수 있습니다. 단, (iii)의 차이는 여전히 남아있습니다. 그 때도 말한 것처럼 그곳에 인자 4가 나오는 것은 $g_0=2$를 이용한 결과입니다만, 그렇다고 $g_0=1$로 둘 수는 없습니다. 왜냐하면, 그럴 경우 이상제만효과도 파셴-백 효과도 나오지 않게 됩니다. 따라서 상대론적 에너지 (2-12)로부터 올바른 준위간격이 나올 것 같다는 크로니크의 예상은 빗나갔습니다. 그러나 실험과의 차이 (i)과 (ii)가 해소된 것은 큰 진보가 아닐까요?

크로니크는 (2-11)의 $\mathring{\boldsymbol{B}}$를 사용하면 준위간격이 Z^3이 아니라 Z^4에 비례하게 되는 것은 자세한 계산 이전에 알아차렸던 것 같고, 그렇게하면 H, He^+, Li^{++}, Be^{+++} 등의 미세구조도 조머펠트 규칙으로 해석하기보다, 오히려 전자의 자전에 따른다는 새로운 해석을 할 수 있지 않을까라는 생각을 하고 있었습니다. 사실, 만약 (2-13)의 우변에 있는 인자가 2로 나오면, 그것은 확실히 조머펠트의 미세구조공식 (2-1)과 완전히 같은 형태이므로, 새로운 해석에 의해 미세구조를 설명할 수 있게 됩니다. 그러나 (2-13)의 인자는 4로 되어버렸기 때문에 그 예상은 빗나가 버렸습니다.

크로니크는 자신이 얻은 이 결과를 란데에게 이야기했습니다. 그랬더니 란데는 파울리가 얼마 후 여기에 올 것이니 그 때 그의 의견을 들어보면 어떻겠느냐고 말했다고 합니다. 그런 과정으로 파울리와 크로니크는 만나게 되었습니다. 그러나 크로니크의 생각을 들은 파울리는 그것에 전혀 흥미를 보이지 않았고, 냉담한 태도 때문에 크로니크가 실망했다고 합니다. 또한 크로니크는 코펜하겐에 가서 그의 생각을 공개했다고 하나, 그곳에서도 그다지 찬성하는 분위기는 없었습니다. 또 그 자신도 준위간격이 인자 2만 실험과 차이나는 것, 게다가 고전적인 전자론에서 볼 때 자전하는 전자에는 여러 가지 곤란한 점이 있는 것(예를 들어

전자의 크기를 로렌츠(H.A.Lorentz)가 생각한 것과 같이 $\frac{1}{4\pi\varepsilon_0}\frac{e^2}{mc^2}$정도로 하면, 자전각운동량 $\frac{1}{2}$을 가지기 위해서는 아주 빠른 회전이 필요하며 전자표면의 속도는 광속의 10배가 되어버리는 것 등) 등으로 인해 그다지 자신이 없어서 이래저래 자기의 생각을 발표하지 않게 되었습니다.

*

그런데, 1925년 가을에 윌렌벡과 호우스미트 두 사람이 크로니크와 완전히 같은 생각을 *Naturwissenschaften*지에 발표했습니다. 실은, 이 두 사람은 이 생각을 투고한 뒤에 로렌츠의 의견을 듣곤 했는데, 고전적 전자론에서는 아주 생각하기 어려운 것이라고 말하기에 당황하여 논문을 철회하려고 했으나 시간에 맞추지 못했다는 일화가 전해집니다.[18] 그러나 다행인지 불행인지 그들의 논문은 잡지에 실려 버렸습니다.

이 논문을 발표했을 때, 두사람은 아직 2중항 준위간격의 계산까지는 하지 못했다고 합니다. 그러나 크로니크가 코펜하겐에서 그의 생각을 이야기하고부터 아직 반년밖에 지나지 않았는데 코펜하겐의 분위기는 확연히 달라져 있는 듯 하여 보어는 두 사람의 생각에 흥미를 가지기 시작했고,[19] 아인슈타인도 크로니크가 이미 사용한 관계식 (2-11)을 이용하면 2중항 준위 간격을 계산할 수 있을 것

18) 윌렌벡의 회상 :「호우스미트와 나는 파울리의 논문을 읽고서 전자의 자전이라는 아이디어를 얻었다. 파울리는 전자에 4개의 양자수를 갖도록 하여 배타율을 정식화하고 있었다. 그는 제4의 양자수를 어떤 묘사도 주지 않고 형식적으로 도입했다. 그것은 우리들에게 미스터리였다. 양자수는 몇 개의 자유도에 대응해야만 하는 것이었다. 에렌페스트에게 배우고 아브라함의 논문을 읽어서 양자의 $g_0=2$가 자전전자의 모형에 따라서, 고전적으로 이해할 수 있다는 것을 알고서 자신감이 커졌다. 하지만 전자의 표면 빠르기가 광속의 몇 배에 달하는 것을 알고서 열정이 빠르게 식었다(부록 A.1 참조). 에렌페스트에게 이야기 하니, 그는 1921년에 A.H.컴프턴이 자전전자를 생각한 것 등을 이야기하고, 이 아이디어는 매우 중요하던지 난센스이던지 둘 중 하나라는 짧은 보고를 *Naturwissenschaften*에 보내야한다고 했다. 그리고「로렌츠에게 물어 보게」라고 덧붙였다. 로렌츠는「생각해 보자」라고 말하고, 그 다음 주에는 자전전자의 전자기적인 성질에 대해서 자세하게 써 주었다. 잘 이해할 수 없었지만 자전전자에는 큰 곤란한 점이 있다는 것이 명확했다. 그 하나는 자기적 에너지가 커지고, 그것을 전자의 질량 정도로 억제하기에는 전자가 원자 전체보다 크지 않으면 안 된다. 호우스미트와 나는 지금은 논문을 발표하지 않는 것이 좋다고 생각해서 에렌페스트에게 그렇게 말했더니「벌써 논문은 투고해 버렸어. 자네들은 젊으니까 어리석은 일을 하더라도 괜찮아.」」(G.E 윌렌벡, 라이덴대학 취임강연, 수록 : B.L. van der Waerden, Exclusion Principle and Spin, in *TheoreticalPhysics in the Twentieth Century*, A Memorial Volume to Wolfgang Pauli, M. Fierz and V.F.Weisskopf ed., Interscience (1960). 인용은 pp. 213-214에서. 토모나가도 같은 것을 이 책의 제12화 최종강의에 적고 있다.

이라며 지혜를 빌려주었으며, 보어는 윌렌벡의 논문 뒤에 그것을 추천하는 단문을 붙였습니다. 그러나 그 때도 파울리는 윌렌벡의 생각에 끝까지 반대했던 것을 그의 노벨상 강연에 적고 있습니다. 또 한편으로 크로니크는 두 사람이 제2논문을 발표한 *Nature*지에 두 사람의 생각을 비판하는 편지를 보내 여러 가지 자전전자의 곤란한 점을 열거하고, 그 마지막에 "그러므로 새로운 가설은 집안의 유령을 집에서 쫓아내는 대신 지하실에서 지하 2층으로 옮기는 효과로 보입니다."라고 썼습니다. 이 얼마나 가차없는 것인지.

그러나 윌렌벡은 자전전자에 여러 가지 난점이 있는 것을 충분히 알고 있었습니다(그러니까 *Naturwissenschaften*지의 논문을 철회하려고 했던 것입니다). 그는 제2논문에서 2중항 준위간격의 계산을 해보면 인자 2만 실험 값와 달랐다는 것도 지적하고 있습니다.

이렇게 해서 자전전자가설이 찬반양론에 시달리고 있었을 때, 유명한 토마스(L. H. Thomas)의 사건이 나타났습니다. 그는 2중항 준위간격에 관한 이론과 실험간의 차이는 전자의 정지계를 지정하는 방법이 잘못되었기 때문이라는 것을 명확히 했습니다. 이것이 명확해지자 그 대단한 파울리도 자전전자의 생각에 처음부터 반대하는 것을 그만두고, 앞으로 나타날 문제점을 포함하면서도, 이 생각을 재가(裁可)하자라는 식으로 해결을 했던 것입니다. [지난 시간에도 이야기한 것처럼 파울리의 완벽주의 성향은 엄청난 것이었으나, 그의 이런 성향은 자신뿐만

---

19) A.파이스는 쓰고 있다 (A. Pais, *Niels Bohr's Times*, Oxford (1991), pp. 242-244).

1925년 12월, 보어는 H.A.로렌츠의 학위 수여 50주년 기념식에 참가하기 위해 라이덴으로 향하고 있었다. 도중에 함부르크역에서 파울리와 슈테른이 보어의 스핀에 관한 생각을 듣기 위해 기다리고 있었다. 보어는 말했다. 「아주, 아주 흥미롭다.」 이것은 「무엇인가 잘못되어 있다.」라고 할 때 그가 언제나 사용하는 표현이다. 「미세구조를 발생시키기 위해서는 자기장이 필요하다. 다만, 원자 속에는 전기장밖에 없다.」

에렌페스트와 아인슈타인은 라이덴에 도착한 보어를 마중 나와 곧장 스핀에 대해서 어떻게 생각하는지 물었다. 「아주 흥미롭다. 그러나 자기장은 어떻게 하나?」라고 대답한 보어에게 에렌페스트가 말했다. 「그것은 아인슈타인이 해결했다. 전자의 정지계로부터 보면 전기장은 회전하고 있기 때문에 상대론에 의하면 자기장이 발생한다.」 보어는 그 자리에서 납득했다. 인자2(본문 pp.31, 39-40, 45)를 물어보니 「그것은 자연스럽게 해결될 것이다.」라고 대답했다. 그리고 윌렌벡과 호우스미트에게 자세하게 연구 노트를 적도록 재촉하고, 보어는 그것에 찬사를 보냈다.

코펜하겐으로 돌아오는 길에 괴팅겐에서 하이젠베르크와 만나 「스핀의 생각은 위대한 진보다.」라고 이야기했다. 베를린에서는 파울리가 같은 말을 듣고서 「새로운 코펜하겐의 이단(異端) 학설)이다.」라고 대응했다.

1926년 2월에 보어는 하이젠베르크와 파울리에게 편지를 써서 인자 2의 문제가 해결된 것을 알렸다. 「최근 6개월 여기서 머무르던 젊은 영국인 토마스가…… 지금까지의 계산에 실수가 있음을 발견했습니다.」

이 아니라 다른 사람의 일에도 언제나 엄격하기로 유명했다고 합니다. 따라서 그에게 어떤 일을 비판하도록 해서 "좋아"라는 말을 듣는 것을 사람들은 「파울리의 재가(sanction)를 얻다」라고 말했다고 합니다.〕

*

토마스가 했던 계산은 무척 까다로운 것이어서 여기서 이야기하기에는 너무 어렵습니다. 그러나 어쨌든 "전자가 정지하고 있고 핵이 돌고 있는 좌표계"라는 것을 그렇게 간단히 다루어서는 안된다는 것입니다. 전자가 등속운동을 하고 있다면 그런 좌표계는 실험실계로부터 로렌츠 변환으로 간단하게 얻을 수 있습니다. 그러나 전자에 가속도가 있다면 귀찮은 일이 생깁니다. 확실히 전자가 가만히 있는 좌표계는 존재합니다. 자세히 말하면, 전자 위에 원점을 두고 전자와 함께 움직이는 좌표계가 그것입니다. 그러나 원점이 전자와 함께 움직이고 있다고 말하는 것만으로는 좌표계가 하나로 결정되지 않습니다. 결국 그 때 x, y, z축 방향을 어떻게 잡는지가 문제입니다. 그런데 원점이 전자와 함께 움직인다는 조건 외에 x, y, z축이 언제나 평행으로 이동한다는 조건을 붙일 필요가 있겠지요. 그런데 이 "평행"이라는 것은 등속운동을 하는 전자에 대해서는 명백합니다만, 전자에 가속도가 있으면 그 정도로 명백한 것이 아니라는 점을 토마스는 깨달았습니다.

그래서 우선 토마스는 좌표축의 평행한 이동이 무엇인지에 대해서 논했습니다. 그리고 축의 평행한 이동이라는 것은 각 순간마다 그 순간의 축이 무한히 짧은 시간 전의 축과 평행하게 되어있다는 것이라고 결론지었습니다. 전자와 함께 움직이는 원점을 가지고, 또한 이런 의미에서 평행으로 이동해 가는 축을 가진 좌표계는 전자의 고유좌표계라고도 해야만 하나, 토마스는 이 계의 축을 실험실계에서 보면 전자에 가속도가 있을 때 그것은 결코 평행하게 이동하지 않으며 그곳에는 회전이 함께 있다는 것을 유도한 것입니다. 그는 어려운 계산을 통해서 고유좌표계의 축이 실험실계에서 본다면

$$\boldsymbol{\Omega} = \frac{1}{2c^2}[\boldsymbol{a} \times \boldsymbol{v}] \tag{2-14}$$

라는 각속도로 회전하고 있는 것을 발견했습니다. 단, 여기서 $\boldsymbol{a}$는 전자의 가속도입니다(이 식에서는 $1-v^2/c^2 \approx 1$이라는 근사를 적용하고 있습니다). 그리고 토마스는 크로니크나 윌렌벡이 실시한 계산에서 고유좌표계의 이 회전을 고려하지

않기 때문에 전자의 가속도가 0일 때에는 맞지만 그렇지 않을 때는 잘못된 답이 나온다는 점을 지적했습니다. 토마스의 이론에 대해서는 다음 기회에 자세히 이야기 하려고 생각하고 있으므로 여기서 대략적인 것만 이야기 하도록 합시다.

먼저 전자의 정지계에서는 (2-11)에서 주어진 자기장 $\mathring{\boldsymbol{B}}$가 나타납니다. 이 점에서는 크로니크도 윌렌벡도(당연히 아인슈타인도) 맞습니다. 그래서 이 자기장에 놓인 전자의 자전자기모멘트 $\boldsymbol{\mu}_e$의 에너지는 (2-12)에 따라서 주어지므로, 일종의 내부 제만효과가 일어나는 것이죠. 그러나 토마스의 이론은 완전히 고전적이어서 라모르(J.Lamor)의 생각과 같이 $\boldsymbol{\mu}_e$가 세차운동을 한다는 생각으로 제만효과를 설명합니다. 그래서 먼저 고전적인 팽이 이론에 의해서 자기장 $\mathring{\boldsymbol{B}}$의 안에 있는 $\boldsymbol{\mu}_e$의 세차운동을 조사합니다. 그리하여 세차운동의 각속도는

$$\boldsymbol{\Omega}_{\mathring{B}} = g_0 \frac{e}{2m} \mathring{\boldsymbol{B}} \tag{2-15}$$

인 것을 알 수 있습니다. 다음으로 여러분들이 (2-12)와 이 식의 관계를 신경쓰면 안되기 때문에 조금 옆길로 빠져보겠습니다. 제일 먼저, 세차운동의 기본각진동수 $\omega_{\mathring{B}}$는 (2-15)를 시간 평균한 것, 즉

$$\omega_{\mathring{B}} = g_0 \frac{e}{2m} \langle \mathring{B} \rangle$$

으로 주어지네요. 그러면 다음으로 대응원리를 사용하면 $\hbar\omega = |W_1 - W_2|$라는 보어의 관계에 의해서

$$\hbar\omega_{\mathring{B}} = g_0 \frac{e\hbar}{2m} \langle \mathring{B} \rangle \tag{2-15$'$}$$

는 (2-12)에서 얻은 2중항 준위간격이 될 것입니다. 그런데 (2-12)에서 $\boldsymbol{\mu}_e = -g_0 \boldsymbol{s}$가 성립할 것이므로 그 때 $\boldsymbol{s}$의 자기장 방향성분 m은 $+\frac{1}{2}$과 $-\frac{1}{2}$이므로, 따라서 (2-12)로부터 얻은 준위간격은

$$\Delta W_{\text{rel}} = g_0 \frac{e\hbar}{2m} \langle \mathring{B} \rangle \tag{2-15$''$}$$

이 되고 이것은 확실히 (2-15′)로부터 얻은 것과 일치합니다.

여기서 확실히 아시겠지요. 결국 고전론적으로 말하자면 크로니크나 윌렌벡이 했던 것은, (2-15)의 각속도 자체가 그대로 실험실계에서 본 세차운동 각속도라고 생각한 것입니다. 그러나 토마스는 말합니다. 이 세차운동 각속도는 전자의 고유좌표계의 각속도이나 실험실계에서 보면 그 고유좌표계 자체, (2-14)의 각

속도로 회전하고 있습니다. 따라서 실험실계에서 본 $\boldsymbol{\mu}_{\mathrm{e}}$의 세차운동을 $\boldsymbol{\Omega}_{\mathrm{lab}}$으로 쓴다면 그것은 $\boldsymbol{\Omega}_{\mathring{B}}$ 그것에 $\boldsymbol{\Omega}$를 더한 것, 즉

$$\begin{aligned}\boldsymbol{\Omega}_{\mathrm{lab}} &= \boldsymbol{\Omega}_{\mathring{B}} + \boldsymbol{\Omega} \\ &= g_0 \frac{e}{2m}\mathring{\boldsymbol{B}} + \frac{1}{2c^2}[\boldsymbol{a} \times \boldsymbol{v}]\end{aligned} \tag{2-16}$$

이 되지 않으면 안 됩니다.

그런데 전자의 가속도 $\boldsymbol{a}$는

$$\boldsymbol{a} = -\frac{e}{m}\boldsymbol{E} \tag{2-17}$$

이고 전기장과 묶여있습니다. 따라서 이것을 (2-16)의 우변의 제2항에 대입해서 (2-11)을 이용하면 (단, (2-11)에서 $1-v^2/c^2 \approx 1$로 두고)

$$\begin{aligned}\boldsymbol{\Omega}_{\mathrm{lab}} &= \boldsymbol{\Omega}_{\mathring{B}} + \boldsymbol{\Omega} \\ &= (g_0 - 1)\frac{e}{2m}\mathring{\boldsymbol{B}}\end{aligned} \tag{2-18}$$

을 얻을 수 있습니다. 여기서 $g_0=2$로 두면 $\boldsymbol{\Omega}$를 고려하지 않은 (2-15)식에 $\frac{1}{2}$을 곱한 것이 나옵니다. 그래서 다시 대응원리를 이용하면 (2-12)를 그대로 이용해서 얻은 준위간격 (2-15″)의 대신에

$$\Delta W_{\mathrm{rel}} = (g_0 - 1)\frac{e\hbar}{2m}\langle \mathring{B} \rangle \tag{2-19}$$

를 얻을 수 있습니다. 그리고 이것은 실험실에서 볼 때, $\boldsymbol{\mu}_{\mathrm{e}}$와 $\mathring{\boldsymbol{B}}$의 상호작용 에너지는 (2-12)가 아니라

$$E_{\mathrm{rel}} = (g_0 - 1)\frac{e\hbar}{2m}(\mathring{\boldsymbol{B}} \cdot \boldsymbol{s}) \tag{2-19′}$$

인 것을 의미합니다. 그리고 $\boldsymbol{E}$가 쿨롱 장일 경우는 (2-13) 대신에

$$2(g_0 - 1)\frac{\mu_0}{4\pi}\left(\frac{e\hbar}{2m}\right)^2 \frac{1}{a_{\mathrm{H}}{}^3} \frac{Z^4}{n^3 k(k-1)} \tag{2-20}$$

이 유도되고, 차폐가 있을 때는 (2-13′) 대신에

$$2(g_0 - 1)\frac{\mu_0}{4\pi}\left(\frac{e\hbar}{2m}\right)^2 \frac{1}{a_{\mathrm{H}}{}^3} \frac{(Z-s)^4}{n^3 k(k-1)} \tag{2-20′}$$

이 유도됩니다. 여기서 $g_0=2$로 두면 확실히 (2-13)이나 (2-13′)의 절반인 준위간격이 얻어집니다. 따라서 조금 전 이야기한 (i), (ii), (iii)의 문제점 중 마지막까지 남아있었던 (iii)도 해결되는 것입니다.

이처럼 토마스의 생각이 들어간 식 (2-19′)에서 g_0=2로 두면 (2-12)에 $\frac{1}{2}$을 곱한 것이 나타나므로 이 인자 $\frac{1}{2}$을「토마스인자」라고 부릅니다. 그러나 반드시 주의해야 할 것은 이와 같이 인자 $\frac{1}{2}$이 나오는 것은 g_0=2일 때에 한정되는 것입니다. $g_0 \neq 2$라면 (2-19′)이 (2-12)의 절반이 된다고는 말할 수 없습니다. 따라서 나는 “토마스 인자가 $\frac{1}{2}$이다.”라는 표현을 좋아하지 않습니다. 왜냐하면, 그런 표현을 하게 되면, 토마스의 사고를 적용한 것은 그것을 적용하지 않았을 때의 답을 반으로 하면 된다는 오해가 생길 수 있기 때문입니다.

마지막으로 한 가지 더 이야기하겠습니다. 아까부터의 논의에서 우리는 외부에서 자기장을 걸지 않았을 경우만 생각했습니다. 그런데 외부 자기장 $\boldsymbol{B}$가 존재하고 있는 경우는 어떻게 되는가? 답은 간단합니다. 그 때는 (2-15)의 대신에

$$\boldsymbol{\Omega}_{B+\mathring{B}} = g_0 \frac{e}{2m}(\boldsymbol{B} + \mathring{\boldsymbol{B}}) \qquad (2\text{-}15''')$$

을 이용하면 됩니다. 그러면 실험실계에서 본 세차운동 각속도로 (2-18)이 아닌

$$\boldsymbol{\Omega}_{\text{lab}} = g_0 \frac{e}{2m}\boldsymbol{B} + (g_0 - 1)\frac{e}{2m}\mathring{\boldsymbol{B}} \qquad (2\text{-}18')$$

을 얻을 수 있습니다. 그 결과, 실험실계에서 볼 때의 상호작용 에너지로 (2-19′) 대신에

$$E_{B+\text{rel}} = g_0 \frac{e\hbar}{2m}(\boldsymbol{B}\cdot\boldsymbol{s}) + (g_0 - 1)\frac{e\hbar}{2m}(\mathring{\boldsymbol{B}}\cdot\boldsymbol{s}) \qquad (2\text{-}19'')$$

을 이용하면 됩니다. 이 결론을 말로 하면, 전자는 외부자기장에 대해서는 $g_0 \frac{e\hbar}{2m} s$의 자기모멘트를 가진 것처럼, 내부 자기장에 대해서는 $(g_0 - 1)\frac{e\hbar}{2m} s$의 자기모멘트를 가진 것처럼 작용한다는 것입니다. 결국, 이렇게 해서 전자스핀에 얽힌 모순은 깔끔하게 해소되었습니다.

*

토마스가 자신이 얻은 결론을 레터 형태로 *Nature*지에 투고한 것은 1926년 2월이고, 제대로 된 논문 형태로 정리해서 *Philosophical Magazine*에 투고한 것은 1927년 1월이었습니다. 토마스의 이런 연구는 유럽에서 큰 반향을 일으켰다고 합니다. 어쨌든 이것으로 2중항의 준위간격에 대한 이론과 실험의 차이는 전부 해소된 것이기 때문입니다. 그렇게 되면 H, He^{+}, Li^{++}, Be^{+++} 등의 미세구조도 조머펠트 규칙이 아니라 알칼리 2중항의 특별한 경우로 간주해야 하는 것이 확실해졌습니다. 조금 더 생각해보면 조머펠트의 이론에서는 같은 n을 가진 S, P, D

……가 분리하는 것뿐인데 알칼리에서는 그 S, P, D ……가 거듭 2개의 준위로 나누어진다는 것입니다. 따라서 알칼리류라면 H, He^{+}, Li^{++}, Be^{+++} 등으로 조머펠트 규칙의 배 가깝게 많은 준위가 나오는 것처럼 생각할 수 있겠네요. 그렇고 말고요. 그러나, 그럼에도 불구하고 겉으로 보기에는 그렇게 되지 않는 것입니다.

편의상 $n=2$의 경우를 예로 들어 그 이유를 이야기하면 이렇게 됩니다. 수소의 $n=2$의 항은 S항 ($k=1$)과 P항 ($k=2$)이 속해있고 P항은 알칼리항이고 2중항으로, 따라서 거듭 2개의 준위로 나누어지고, 도합 3개의 준위가 되겠네요. 그러나 $\boldsymbol{E}$가 쿨롱 장일 때에는 2중항 아래 쪽의 준위가 S항과 겹쳐지게 됩니다.[20] 그런 이유로 외견상으로 준위의 수는 2개밖에 없는 것처럼 보입니다. 그러나 이 겹쳐짐은 스펙트럼선의 강도를 조사하여 확인할 수 있습니다. 또 S에 P가 겹쳐진 결과, 그것이 순수한 S라면 선택규칙에서 금지되었어야 할 천이가 나타나곤 합니다(이것을 최초로 지적한 것은 호우스미트입니다).

따라서 여기서 처음으로 H를 Li나 Na등과 동격으로 생각할 수 있게 되고, 또 He을 Ne이나 Ar과 동격으로 생각할 수 있게 되었던 것입니다. 〔조금 전 속전자의 자리로서의 K껍질을 L껍질이나 M껍질과 다르게 생각했다는 이야기를 했습니다만, 그 배후에는 H나 He가 특별하다고 생각한 사고방식이 있었던 것으로 생각됩니다.〕 게다가 1927년에는 이미 하이젠베르크의 행렬#역학이 발견되었으며, 또한 슈뢰딩거(E.Schrödinger)가 그의 이름을 붙인 방정식을 이용해서 여러 가지

20) 이 준위들은 디랙의 상대론적 파동방정식에 의한 취급에도 겹쳐져있으나, 양자전자기학적 효과인 램 이동에 의해서 분열한다. 이것은 저자와 함께 슈윙거와 파인만에 의해서 유도되었다. 저자는 이책에서 양자전자기역학으로 들어가는 것은 피하고 있다.

오른쪽 그림에서 S는 슈뢰딩거의 비상대론적인 에너지 준위. 좌단에 S항, 우단에 P항을 나타내고 그 안 쪽에 미세구조를 나타낸다. 1.058Mc라고 표기된 것이 램 이동으로, 수치는 진동수 $\omega/(2\pi)$를 나타낸다. 각각 스케일이 다르므로 주의. Ry는 수소원자의 바닥상태로부터의 이온화 에너지 13.6eV로, $2\pi\hbar$로 나누어서 진동수로 하면 3.3×10^{9}Mc가 된다. α는 미세구조정수.

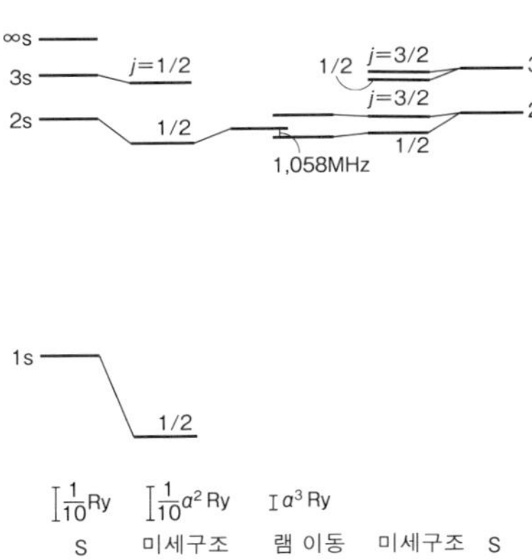

\# 이후에 이 책에 나오는 행렬이라는 단어를 원문에서는 일본어인 '行列'로 쓰지 않고 matrix의 일본어식 표기인 'マトリックス'로 표기하고 있다. [역주]

를 논하고 있었습니다. 그런 신이론에 따르면 반정수의 각운동량도 존재할 수 있게 됩니다. 또한 원자 내의 궤도각운동량의 크기는 k가 아니라 $l=k-1$인 것을 나타내고, 또 각운동량의 2승은, 예를 들어 궤도각운동량 l의 2승이 나타날 때에는, 그것을 l^2으로 두는 대신 $l(l+1)$로 두어야만 하는 것 등이 명확해졌습니다. 이런 사항들과 속전자 사고를 대신해서 나타난 자전전자의 생각을 기초로 해서 새로운 의미의 대용모형이 생각되었으나 그것은 S규칙 모형에 가장 가까운 것으로, 단지 $(1-26)_S$나 $(1-31)_S$ 등에서 $j^2 \to j(j+1), j_a{}^2 \to j_a(j_a+1), j_0 \to j_0(j_0+1)$ 라는 치환을 하면 됩니다. 실제 (1-10)을 이용해서 그것을 란데 규칙 양자수로 표현하면 란데의 g인자에 나타난 기묘한 $\frac{1}{4}$도 제대로 나옵니다. 이 모형에 파울리의 배타원리를 추가하여 원자 스펙트럼이나 원자의 주기율에 관한 매우 일반적인 원리가 전개됩니다. 이렇게 해서 1923년에서 24년에 걸쳐 해결되지 않았던 것은 모두 해소되었습니다. 단, 해결되지 않은 문제점으로는 전자가 자전한다는 생각과 고전적 전자론 사이에 심한 모순이 있다는 것입니다. 게다가 자전 각운동량이 왜 $\frac{1}{2}$인가? 또 그 때 $g_0=2$는 왜 그렇게 되는가? 게다가 고전론적인 토마스의 이론을 양자론적으로 하는 것이 가능한가? 이런 것이 해결되지 않고 남아있습니다. 그러나 마지막 세 가지에 대해서는 디락(P.A.M. Dirac)이 의외의 방식으로 해결해 주었습니다. 그것에 대해서는 다음 시간에 이야기하도록 하겠습니다.

어쨌든, 토마스는 전자의 자전에 대해서 고전적인 상대론과 함께 고전적인 팽이 이론을 이용하고, 그것에 대응원리를 플러스한 것으로 올바른 준위간격을 이끌어냈습니다. 이것을 보고서 그 대단한 파울리도「고전적으로 기술 불가능」이라는 생각을 철회하지 않을 수 없었겠지요. 그런 이유로 크로니크나 윌렌벡-호

21) 파울리는 1945년 노벨상 수상강연에서 이렇게 말하고 있다 :「저는 이 [전자의 자전이라는] 착상이 고전적인 성격의 것이었기 때문에 처음에는 강한 의심을 가지고 있었으나, 토마스가 2중항 분리의 크기를 계산해서 보여준 후부터는 결국 이 설을 신용하게 되었습니다.」

계속해서 파울리는 이렇게 말하고 있다 :「그러나 저의 최초 의심이나 "고전론에 의해서 기술할 수 없는 2중성"이라는 나의 표현은, 그 후 전개되는 동안에 차차 확증을 얻어 갔습니다. 그렇다는 것은 파동역학에 의해서 보어가 전자의 스핀은 고전론에 의해서 설명할 수 있는 실험(예를 들면 외부 전자기장에 의한 분자선의 진로 편향 등)에서는 측정할 수 없는 것이고, 따라서 전자가 본질적으로 양자역학적인 성질을 가진다고 생각하지 않으면 안된다는 사실을 증명한 것에 성공했기 때문입니다.」(W.파울리「排他律と量子力学」,『ノーベル賞講·物理学6』수록, (p.34의 주17에 기술).

전자의 스핀을 측정할 수 없다는 보어의 논의에 대해서는 N.F. 모트·H.S.W. 매시『衝突の理論』上, 高柳和夫 訳, 吉岡書店 (1961), pp. 68-79를 보라. 부록B.1도 참조

우스미트 설(說)은 파울리의 재가를 얻은 것입니다. 잘 되었지요.

자전전자의 생각을 둘러싼 이 세사람의 인간적 얽힘에 대해서는 이것 외에도 여러 가지 재미있는 뒷이야기가 있다고 하나, 시간이 부족한 관계로 다음 기회에 다루도록 합시다. 마지막으로 하나만 덧붙이겠습니다. 바로 그것은 자전을 그 후 「스핀」이라 부르게 된 것입니다. 이 단어를 처음으로 사용한 것은 보어였다고 하나, 현재에는 여러분들도 그렇고 스핀이라는 단어를 듣더라도 자전이나 회전이라는 연상은 거의 들지 않지요[21](스케이트의 경우는 별개입니다). 오늘 이야기에서 내가 스핀이라는 표현을 피하고 일부러 자전, 자전이라고 말한 이유는 거기에 있습니다.

제3화 파울리의 스핀 이론과 디락 이론

자연은 어째서 단순한 점전하에 만족하지 않았는가?

지난 시간에 이야기한 것과 같이 1925~1926년은 배타원리나 전자스핀의 등장, 또 토마스 이론의 출현이라든지 실로 여러 가지 일이 있었던 시기였습니다. 또한 이 시기는 물리학에 있어서 큰 전환기이기도 했습니다. 하이젠베르크에 의한 행렬역학의 발견과 슈뢰딩거에 의한 파동역학의 새로운 전개에 의해서 전기를 마련하게 되었습니다. 양자역학은 이 새로운 이론을 이용해서 완전히 다시 쓰여졌습니다. 그 때까지 행해졌던 방법, 즉 띄엄띄엄 있는 에너지 준위라든지, 그 사이에서 일어나는 천이의 확률 같이, 절대로 고전론에서 용납되지 않는 사실을 찾는 것에 고전역학에 의한 계산결과를 가지고 대응원리에 의지하여 추정하는 불완전한 방법으로부터 처음으로 벗어나는 길이 열린 것입니다.

발견 당시에 이 두 개의 새로운 이론은 수학적 형식면에서도, 물리학적 해석면에서도 완전히 별개의 것처럼 보였습니다. 그럼에도 불구하고 슈뢰딩거는 적어도 수학적으로는 완전히 동등하다는 것을 곧바로 알아차렸습니다. 〔이 동등성은 파울리도 알아차렸다고 합니다만, 슈뢰딩거가 먼저 발표한 것이라는 이야기가 있습니다.[22]〕 그리고 1926년이 끝날 무렵, 이 두 개의 이론을 상태 벡터라는 개념에 의해서 하나의 이론으로 통일하려는 시도가 디락에 의해서 실행되고, 여기에

22) "동등성"을 증명한 슈뢰딩거의 논문은 1926년 3월 18일에 수리되었으나, 파울리는 1926년 4월 12일에 P. 요르단에게 편지를 보내 "동등성"을 증명한 것을 알리고 있다. 파울리는 그 카본 카피에 서명을 하여 표지를 붙이고 소중히 했다고 한다 (J.Mehraed. *The Physicist's Conception of Nature*, D. Reidel (1973)에 수록된 B.L. van der Waerden의 논문, pp. 276-293). 파울리는 자서전(C. Enz u. K. v. Meyenn, Hrsg., *Wolfgang Pauli,* Das *Gewissen der Physik*, Vieweg(1988), pp. 41−42)에 이렇게 적고 있다 :「1925년 말부터 하이젠베르크와 드브로이에 의해서 기초를 다졌으며 뒤에 슈뢰딩거에 의해 발전된 새로운 양자역학을 추구했다.」

"동등성"은 C. Eckart도 독립적으로 증명했다(*Phys. Rev.* 28 (1926) 711-726). 어느 증명도 에너지 준위가 이산적인 경우에 한정된 것으로 완전한 것은 아니다. 연속 고유값의 경우를 다루었던 것은 디락과 폰 노이만이다. 디락은 델타함수를 생각하고 폰 노이만은 연산자의 스펙트럼 분해를 생각해 내었다.

E. 슈뢰딩거(좌, 1887-1961)와 P.A.M. 디락 (1902-1984)

양자역학의 변환이론이라는 장대한 체계가 나타나게 된 것입니다.

여기서 변환이론을 자세히 소개하면 너무 일이 커지므로 그만둡니다만, 어쨌든 행렬역학에서 중심적인 역할을 하는 행렬이라든지 그것의 고유값이나 주축(고유벡터) 등의 개념과, 파동역학에서 중심적인 역할을 하는 1차 연산자라든지 그것의 고유값이나 고유함수라는 개념을 하나의 추상적인 선형공간의 체계 속에 포괄한다는 생각입니다. 잘 아시다시피 행렬역학에서는 물리량을 행렬로, 또 파동역학에서는 그것을 1차 연산자로 나타냅니다. 이 포괄적인 이론에서는 그것에 대해 여러 가지 물리량을 추상적인 선형작용소(디락이 말하는 q-수)에 의해서 나타내고, 그 추상적 개념에 의해서 이론을 통일하는 것입니다. 이 이론에 의하면 물리량에 대해서 양자역학적으로 허락된 값을 구하는 것은 그 물리량을 나타내는 선형연산자의 고유값을 구하는 것에 귀착됩니다. 이 계산을 할 때에 이 추상적인 선형공간 속에서 잡을 좌표축으로서 어떤 직교계를 잡느냐에 따라서 행렬역학의 형식이 나타나거나 파동역학의 형식이 나타나게 됩니다. 다시 말하면 선형공간 내의 직교좌표계를 변환함으로써 행렬역학에서 파동역학을 유도할 수 있을 뿐만아니라 그 역도 가능합니다. 이런 의미로 이 포괄적인 이론을 「변환이론」이라 합니다. 게다가 이 이론에서는 역학계의 상태가 그 선형공간 내의 추상적인 벡터에 의해서 나타나게 됩니다. 그런 의미로 이 선형공간을 「상태공간」이라 부르고, 그 안에 있는 벡터를 「상태벡터」라고 부르기도 합니다.

행렬이나 벡터의 수학과 1차 연산자나 함수의 수학을 추상적인 선형공간의 수학에 포괄하는 것은 일찍이 힐버트(D. Hilbert), 새롭게는 노이만(J. von Neumann)에 의해서 행해졌으나, 거기에서는 그 선형 공간 내에 잡은 좌표계 축의 개수는 유한이거나, 혹은 기껏해야 가산적(可算的) 무한개 중의 하나였었습니다. 그러므로 이들의 이론에서는 좌표축을 X_1축, X_2축, X_3축 등등처럼 , 양의 정수 첨자가 붙는 식으로 잡을 수밖에 없습니다. 반면 디락은 그의 독특한 δ-함수를 도입해서 셀 수 없는 무한개의 좌표축을 사용할 수 있도록 하였습니다. 바꿔 말하면, 디락의 이론에서는 연속적인 변역(變域)을 가진 매개 변수 q를 첨자로 하는 X_q라는 축을 이용할 수 있습니다. 〔수학자는 이와 같은 사고방식을 싫어하겠만 물리학자에게는 대단히 편리한 사고방식입니다.〕 그런 이유로 가산적인 축을 이용할 때, 상태 벡터의 성분은

$$\psi_n, \quad n=1, 2, 3, \cdots\cdots \tag{3-1}$$

처럼 나타내는 것에 대해, 연속 무한 개의 축을 취하면 같은 벡터라도 그 성분은

$$\psi(q), \quad q_1 < q < q_2 \tag{3-1'}$$

과 같이, 변역(q_1, q_2) 내의 모든 값을 가지는 변수 q를 독립 변수로 하는 함수의 형태로 나타나게 됩니다. 물론 (3-1)을

$$\psi(n), \quad n=1, 2, 3, \cdots\cdots \tag{3-1''}$$

과 같이 써서 벡터의 성분을, 띄엄띄엄한 값만을 가지는 변수 n을 독립 변수로 하는 함수라고 보는 것도 가능합니다. 또 좀 더 일반적으로 독립 변수가 어떤 변역 (q_1, q_2) 내에서는 연속적이고 그 외에는 띄엄띄엄한 값을 가지는 경우도 생각할 수 있습니다.

이제, 변환이론에 따르면 상태벡터는 어떤 순간에서 다음 순간까지 유니터리 변환이라는 변환으로 변화합니다만, 그것은 시간에 대한 1계 미분방정식의 형태를 가져야만 합니다. 또한 디락에 의하면 상태공간 내의 좌표계로서 무엇인가 어떤 물리량의 주축을 잡았을 때(자세히 말하면 물리량을 나타내는 선형연산자의 주축을 잡았을 때), 상태 벡터에 특별한 물리적 의미를 줄 수 있습니다. 이 때 그 물리량이 이산 고유값을 가지는지, 연속 고유값을 가지는지에 따라서 그 주축은 가산적이거나 혹은 연속적, 둘 중 하나가 됩니다. 따라서 상태 벡터의 성분도 그것에 의해서 $\psi(n)$ 또는 $\psi(q)$, 둘 중 하나의 형태가 됩니다. 어느 쪽이든, 상태 벡터 성분의 절대치를 2승한 것, 바로 $|\psi(n)|^2$(또는 $|\psi(q)|^2$)은, 그 상태에서 그 물리량이 n번째(또는 "q번째") 값을 가지는 확률(또는 확률밀도)을 알려준다는 것이 $\psi(n)$(또는 $\psi(q)$)이 가진 물리적 의미입니다. 〔연속 스펙트럼의 경우, 문제가 되는 물리량의 고유값 자신을 첨자 q의 위치에 사용하는 것이 편리합니다. 그렇게 하면, "q번째 값"이라는 것은 "q라는 값"과 같은 뜻입니다.〕 그런 의미에서, 이런 종류의 좌표축을 이용할 때 상태 벡터 성분을 종종 「확률진폭」이라 부릅니

다. 일반적으로 사용하는 슈뢰딩거의 파동함수는 상태 공간 내에서 좌표축을 결정하기 위해 이용한 물리량이 전자의 위치 좌표일 때의 확률진폭입니다. 따라서 이런 경우, 상태 벡터의 성분은

$$\psi(\boldsymbol{x}) \equiv \psi(x,\ y,\ z) \tag{3-2}$$

와 같이 쓸 수 있습니다. 그리고 이 때 $|\psi(n)|^2$은 전자가 x라는 장소의 근방에 있는 확률밀도가 됩니다. 또한 확률이나 확률밀도를 알면 여러 가지 물리량에 대해서 그 기대값를 계산할 수 있습니다. 예를 들어 어떤 물리량 A가 있을 때 그 고유값이 띄엄띄엄하다면 그것을 A_n, n=1, 2, 3, ……이라고 쓰고, 또한 변역 (q_1, q_2)의 연속인 고유값이 나타나면 그 고유값을 $q\,(q_1<q<q_2)$라고 써봅시다. 그리고 A의 주축 X_n 또는 X_q를 상태공간 내의 좌표축으로 이용하고, 상태 벡터의 그것에 대한 성분을 $\psi(n)$또는 $\psi(q)$로 합시다. 그러면 이 상태에서 A의 기대값 $\langle A\rangle$는

$$\langle A\rangle = \sum_n A_n|\psi(n)|^2 + \int_{q_1}^{q_2} q|\psi(q)|^2 dq \tag{3-3}$$

으로 주어지겠지요. 이와 같이 해서 1926년의 끝 무렵에는 양자역학의 틀이 거의 완성되었습니다. 그리고 그 큰 이론의 틀 속에 어떻게 스핀을 집어넣을지, 또한 상대론을 어떻게 집어넣을지가 남은 문제였습니다.

*

변환이론의 일반론은 이정도로 하고 스핀의 이야기로 들어가 봅시다. 행렬 역학을 발견한 하이젠베르크는 그것을 발견한 다음 해인 1926년에 요르단(P. Jorda)과 함께 곧장 이 새로운 역학을 스핀 모형에 적용하고 다중항이나 이상 제만효과를 조사하여 g 인자나 준위간격, 미세구조공식 등에 대해서 올바른 결과를 얻었습니다. 또한 그로부터 1년 후에 파울리는 지금 이야기한 디락의 변환이론을 응용해서 슈뢰딩거의 형식 속에 스핀을 집어넣는 시도를 하고, 다중항의 문제에 관해서 당연히 하이젠베르크-요르단과 같은 결론을 얻습니다. 이 파울리의 작업은 결론적으로 하이젠베르크와 같더라도, 슈뢰딩거 형식을 취한 덕분에 다전자 문제나 배타원리 등과 관련해서도 적지 않은 의미를 지니고 있습니다. 또한 뒤에 나타난 디락 전자론의 선구자 같은 역할도 하고 있다는 점에서 무시할 수 없습니다. 그래서 이 파울리의 작업에 관한 이야기를 조금 해 봅시다.

잘 알려져 있듯이 파동역학에서는 슈뢰딩거가 발견한 방정식이 중심적인 역

할을 합니다. 한 개의 전자로 된 역학계에서 슈뢰딩거방정식은 스핀을 적용하지 않으면

$$\left\{H_0 - i\hbar\frac{\partial}{\partial t}\right\}\psi(\boldsymbol{x}) = 0 \tag{3-4}$$

입니다. 단

$$\begin{cases} H_0 = \dfrac{1}{2m}\boldsymbol{p}^2 + V(\boldsymbol{x}) \\ \boldsymbol{p} = (p_x,\ p_y,\ p_z) = \left(-i\hbar\dfrac{\partial}{\partial x},\ -i\hbar\dfrac{\partial}{\partial y},\ -i\hbar\dfrac{\partial}{\partial z}\right) \\ \boldsymbol{x} = (x,\ y,\ z) \end{cases} \tag{3-4'}$$

입니다. 여기서 $\psi(x)$는 조금 전의 확률진폭 (3-2)입니다. 이 $\psi(x)$는 (3-4)를 만족하면서 시간 t와 함께 변화해 갑니다. 그런데 스핀을 사고에 적용하는 것에는 (3-4)의 대신에 어떤 방정식을 이용해야만 하는가? 파울리는 이것이 문제였습니다.

좀 더 생각해보면, 스핀이라는 것은 전자의 자전이므로 무엇인가 적당한 각도 φ를 이용해서 자전의 자유도를 기술할 수 있을 것 같이 생각됩니다. 고전역학의 자전에서 자전각속도가 일정한 값으로 정해져 있는 경우에는 자유롭게 변하는 것은 회전축의 방향뿐입니다. 그리고 이 때 자전자유도를 기술하는 정준좌표로 자전축의 방위각[23]을 이용할 수 있고, 그것을 우리의 φ로 생각할 수 있습니다. 그러면 자전각운동량을 $\boldsymbol{S}$로 할 때(대문자로 쓴 각운동량은 보통의 단위를 이용한 것으로 생각해 주십시오), 그것의 z성분 S_z가 φ에 켤레인 정준운동량이 됩니다. 그런 이유로 이 φ를 스핀 자유도의 좌표로 하면, 슈뢰딩거 함수 $\psi(x)$대신에 이 φ를 추가한 함수 $\psi(x, \varphi)$를 이용하면 될 것으로 생각합니다. 그리고 x에 켤레인 운동량 $\boldsymbol{p}$가 (3-4′)의 제2식으로 주어진 것과 같이, φ에 켤레인 S_z로

$$S_z = -i\hbar\frac{\partial}{\partial\varphi} \tag{3-4''}$$ #

를 이용하면 될 것으로 생각합니다.[24] 그러나 이런 생각이라면 곤란한 점이 나타나게 됩니다.

---

23) 직각좌표계 O-xyz에서 점 P의 방위각이라는 것은 x축과 z축을 포함하는 평면과 z축과 위치벡터 $\overrightarrow{\mathrm{OP}}$를 포함하는 평면이 이루는 각을 말한다.

\# 저자는 여기서 실수를 하고 있다. 식 (3-4″)는 식 (3-11)과 맞지 않는다. 이 책의 영문판에는 이 부분에 각주를 달아서 논의의 진행에는 문제가 없으므로 위대한 이론물리학자도 초보적인 실수를 할 수 있다는 예를 보이기 위해 고치지 않고 그냥 둔다고 했다. [역주]

그 곤란한 점은 스핀 각운동량의 크기가 $\frac{1}{2}\hbar$라는 것에서 나타납니다. 즉, 이것으로부터 S_z에 대해서 양자론적으로 허락된 값은 $\pm\frac{1}{2}\hbar$가 됩니다만 그 점은 S_z의 고유값이 $\pm\frac{1}{2}\hbar$라는 것을 의미하고, 따라서 S_z의 고유함수는 $e^{\pm\frac{i}{2}\varphi}$로 되지 않으면 안 됩니다. 그런데 이 함수는 φ를 0에서 출발해서 2π까지 가져갈 때, 원래의 값으로 돌아가지 않습니다. 즉, 그것은 2가 함수로 그런 것을 고유함수로 하기에는 무리가 있습니다.

이 곤란한 점에서 벗어나기 위해서 파울리는 이런 생각을 했습니다. 스핀의 이야기에 들어가기 전에 설명했던 디락의 변환이론에서는 상태공간 내에 잡아야 만하는 좌표축으로 띄엄띄엄한 첨자 n을 가진 것을 이용거나 연속적인 첨자 q를 가진 것을 이용하더라도 좋다고 되어 있습니다. 따라서 스핀 자유도를 이론에 적용하는 것에 각도 φ를 이용할 필요는 없습니다. 슈뢰딩거 함수 $\psi(x, \varphi)$를 사용한다는 것은 상태공간 내의 좌표축을 결정할 때, 전자의 위치좌표 x의 주축과 스핀 좌표 φ의 주축을 이용한다는 의미입니다. 그러나 좌표 φ의 주축을 이용하는 대신에 자전각운동량 S_z의 주축을 이용할 수도 있습니다. 그러면 슈뢰딩거 함수로 $\psi(x, S_z)$의 형태를 이용하는 것이 되겠지요. 단, 이 때 S_z는 $+\frac{1}{2}\hbar$와 $-\frac{1}{2}\hbar$라는 2개의 값만을 가지는 변수입니다. 생각해보면 각도 φ와 같은 것이 실제로 실험에 관계되는 것인지 어떤지 큰 의문이 들기도 합니다. 그러나 S_z는 실험과 직접 엮여 있기 때문에 이런 점에서 보더라도 파울리의 취향과 맞는 것 같습니다.

지금부터, 조금 전의 논의에서 통상의 단위로 측정한 각운동량 $\boldsymbol{S}$ 대신에 예와 같이 $\hbar$단위로 측정한 $\boldsymbol{s}$를 이용하는 편이 편리합니다. 즉

$$\boldsymbol{S} = \hbar \boldsymbol{s}, \quad S_x = \hbar s_x, \quad S_y = \hbar s_y, \quad S_z = \hbar s_z \tag{3-5}$$

입니다. 그렇게 하면 우리의 슈뢰딩거 함수는

$$\psi(\boldsymbol{x},\ s_z), \qquad s_z = +\frac{1}{2},\ -\frac{1}{2} \tag{3-6}$$

이 됩니다만, 이 함수에서는 2가성의 염려는 없습니다.[25] 이 (3-6)의 물리적 의미가 무엇인지 이야기하자면, 전자가 x라는 장소 근방에 있고 동시에 그 스핀이 윗

24) φ가 자전축의 방위각이라고 하면, 이 생각은 기묘하게 보이지만 파울리의 1926년 논문(본문에 덧붙인 참고문헌 목록을 보라)에 적혀 있다. 더구나 파울리도 저자도 적어 놓지 않았지만 본문의 (3-11)에 있는 파울리의 스핀연산자는 (3-4″)과 합쳐서 각운동량의 교환관계에 따르는 것을 증명할 수 있다. 단, $S=\sqrt{3}\,\hbar/2$의 경우에는 허락되지 않은 것 같은 근사를 사용하고 있으나, 권말의 부록 A. 2에 그 증명을 나타내었다.

25) 그러나 p.145의 「이런 식으로해서」부터 p.148까지를 보라.

방향인 확률밀도가

$$\left|\psi\left(\boldsymbol{x},\ +\frac{1}{2}\right)\right|^2 \tag{3-7$_+$}$$

로 주어지고, 그 때 스핀이 아랫 방향인 확률밀도가

$$\left|\psi\left(\boldsymbol{x},\ -\frac{1}{2}\right)\right|^2 \tag{3-7$_-$}$$

로 주어진다고 말한 것이 그것입니다. 또, s_z가 $\pm\frac{1}{2}$이라는 2개의 값밖에 가지지 않는 것은 스핀 자유도의 상태공간이 2차원의 벡터 공간인 것을 의미합니다. 그렇게 생각하면 $\psi\left(\boldsymbol{x},\ +\frac{1}{2}\right)$와 $\psi\left(\boldsymbol{x},\ -\frac{1}{2}\right)$은 그 상태공간 내에서의 상태벡터 성분이라고 말할 수 있습니다.

*

이것으로 슈뢰딩거함수 $\psi(x)$의 안에 스핀을 어떻게 적용해야 할지 알게 되었습니다만, 다음으로 슈뢰딩거 방정식의 경우는 어떻게 할까? 여기서 방정식 (3-4)의 H_0는 계의 해밀토니안으로, 그것은 스핀을 생각하지 않을 때 계의 총 에너지라는 의미를 가집니다. 따라서 슈뢰딩거 방정식에 스핀을 적용하기 위해서는 H_0에 거듭 스핀 에너지를 더한 것을 이용하면 좋겠지요. 또 제만효과를 다루고자 한다면 외부 자기장 $\boldsymbol{B}$와 전자 사이의 상호작용 해밀토니안을 덧붙이면 됩니다.

먼저 외부 자기장 $\boldsymbol{B}$를 포함한 해밀토니안입니다만, 그것을 H_1으로 적도록 합시다. 이 H_1을 어떻게 취할까에 대해서는 제1화의 (1-28)과 (1-29)를 떠올려 주십시오. 그곳에 외부 자기장과 원자의 상호작용 에너지가 주어져 있기 때문에 여기서 그것을 H_1으로 사용해도 좋겠지요. 단, 새로운 양자역학에 따라서 그곳의 $\boldsymbol{K}$ 대신에 $\boldsymbol{l}$을 이용하고, $\boldsymbol{R}$ 대신에 $\boldsymbol{s}$를 이용하지 않으면 안 됩니다. 그러면

$$H_1 = \frac{e\hbar}{2m}\boldsymbol{B}\cdot(\boldsymbol{l}+g_0\boldsymbol{s}) \tag{3-8}$$

을 우리의 H_1으로 생각해도 좋을 것입니다. 단 $\boldsymbol{l}$은 $\hbar$단위의 궤도각운동량, 즉

$$\begin{aligned} l_x &= -i\left(y\frac{\partial}{\partial z}-z\frac{\partial}{\partial y}\right),\quad l_y = -i\left(z\frac{\partial}{\partial x}-x\frac{\partial}{\partial z}\right), \\ l_z &= -i\left(x\frac{\partial}{\partial y}-y\frac{\partial}{\partial x}\right) \end{aligned} \tag{3-9}$$

로, $\boldsymbol{s}$는 (3-5)로 주어지는 스핀 각운동량입니다. 게다가 스핀에 관해서는 지난 시간에 이야기한 것처럼 내부자기장 (2-11′)과 스핀 자기모멘트의 상호작용 해밀토니안을 덧붙일 필요가 있습니다. 그것을 H_2라고 적으면 지난 시간의 (2-19′)으로부터

$$H_2 = (g_0 - 1)\frac{e\hbar}{2m}(\mathring{\boldsymbol{B}} \cdot \boldsymbol{s}) \qquad (3\text{-}10)$$

으로 두면 좋을 것입니다. 이 때 내부 자기장 (2-11′)은

$$\mathring{\boldsymbol{B}} = \frac{\mu_0}{4\pi}\frac{Ze\hbar}{m}\frac{1}{r^3}\boldsymbol{l} \qquad (3\text{-}10')$$

로도 쓸 수 있기 때문에, 결국

$$2\frac{\mu_0}{4\pi}(g_0 - 1)Z\left(\frac{e\hbar}{2m}\right)^2\frac{1}{r^3}(\boldsymbol{l} \cdot \boldsymbol{s}) \qquad (3\text{-}10'')$$

입니다.

그리고 다음으로 문제가 되는 것은 벡터 $\boldsymbol{s}$로 어떤 연산자를 이용할지에 대한 것입니다. 우리는 슈뢰딩거 방정식 (3-4)에서 해밀턴 연산자 H_0의 x, y, z에 관해서는 각각 슈뢰딩거 함수 $\psi(x, y, z)$에 x, y, z를 곱하는 연산자, 즉 $x\times, y\times, z\times$를 이용하고, 같은 형태로 H_0의 안의 p_x, p_y, p_z에 관해서는 각각 $\psi(x, y, z)$에 $-i\hbar\dfrac{\partial}{\partial x}$, $-i\hbar\dfrac{\partial}{\partial y}$, $-i\hbar\dfrac{\partial}{\partial z}$를 작용하는 미분연산자를 이용하고 있습니다. 또 H_1 안의 l_x, l_y, l_z에 관해서는 각운동량 연산자 (3-9)를 이용했습니다. 그리고 x, y, z의 자유도는 스핀 자유도와 완전히 독립된 것이기 때문에 스핀을 넣은 슈뢰딩거 함수 $\psi(x, y, z, s_z)$에 대해서도 $\boldsymbol{x}, \boldsymbol{p}, \boldsymbol{l}$에 관한한 같다고 생각해도 되겠지요.

그러면 스핀 자유도 이야기로 넘어갑니다. 조금 전에 이야기한 것처럼 일반적인 변환이론에 따르면 슈뢰딩거 함수 $\psi(q)$에 사용된 독립 변수 q는 어떤 물리량의 고유값이었습니다(예를 들면 $\psi(x, y, z)$에 이용되고 있는 독립 변수 x, y, z는 입자의 위치 좌표라고 하는 물리량의 고유값입니다). 그리고 그 물리량을 나타내는 연산자는 바로 $\psi(q)$에 q를 곱한 연산자 $q\times$가 되는 것입니다. 또 q에 켤레인 물리량 p에 대해서는(켤레운동량이 존재한다고 하고) $-i\hbar\dfrac{\partial}{\partial q}$를 이용하는 것이 됩니다. 그런 이유로 $\psi(x, y, z, s_z)$ 형태의 슈뢰딩거 함수의 경우에 스핀 각운동량의 z성분이라는 물리량에 관해서는 $s_z\times$라는 연산자를 이용하면 됩니다. 그런데 해밀턴 연산자 H_1과 H_2의 안에는 물리량 s_z의 외에도 s_x나 s_y가 포함되어 있습니다. 그러면 $\psi(x, y, z, s_z)$로 할 때, 그것들을 어떤 연산자로 생각하면 좋을까? 그

것에는 다음과 같은 방법도 있습니다(하지만 파울리는 그 방법을 적용하고 있지 않습니다).

조금 전, 스핀 자유도를 기술한 좌표로 각도 φ를 생각했었지요. 그러나 그것을 슈뢰딩거 함수 안에서 이용하면 2가성이 나타나기 때문에, φ에 켤레인 s_z를 슈뢰딩거 함수의 독립 변수로 이용하였습니다. 그런데 이 φ를 이용하면 s_x와 s_y를

$$s_x = \sqrt{s^2 - s_z^2}\cos\varphi, \qquad s_y = \sqrt{s^2 - s_z^2}\sin\varphi \tag{3-11}$$

에 의해서 나타낼 수 있습니다만, 여기서 φ과 $\hbar s_z$는 켤레였지요. 따라서 이 (3-11)의 안에 φ를 $i\dfrac{\partial}{\partial s_z}$로 둔 연산자가, 바로 구하려는 연산자는 아니었을까? 단, 이때 $\cos\left(i\dfrac{\partial}{\partial s_z}\right)$나 $\sin\left(i\dfrac{\partial}{\partial s_z}\right)$를 어떻게 정의해야 하는지에 대한 문제가 발생합니다. 이 정의가 불가능하지는 않지만, 파울리는 너무나 까다로운 방법때문에 이를 진행하지 않았습니다.[26] 그 대신 그는 다음과 같이 생각했습니다. 행렬 역학에서는 $\hbar$를 단위로 이용할 때, 각운동량 행렬 (m_x, m_y, m_z)는 일반적으로 교환관계

$$\begin{aligned} &m_x m_y - m_y m_x = i m_z, \quad m_y m_z - m_z m_y = i m_x, \\ &m_z m_x - m_x m_z = i m_y \end{aligned} \tag{3-12}$$

를 만족하는 것으로 되어 있습니다. 더욱이 $|m|^2 \equiv m_x^2 + m_y^2 + m_z^2$은

$$\begin{aligned} &|\boldsymbol{m}|^2 = m(m+1), \\ &\qquad m = 0, 1, 2\cdots\cdots \quad \text{또는} \quad 1/2, 3/2, \cdots\cdots \end{aligned} \tag{3-13}$$

이라는 고유값을 가지고 있습니다. 그래서 파울리는 스핀 각운동량 (s_x, s_y, s_z)에 대해서도, (3-12)와 같은 형태의 관계

$$\begin{aligned} &s_x s_y - s_y s_x = i s_z, \quad s_y s_z - s_z s_y = i s_x, \\ &s_z s_x - s_x s_z = i s_y \end{aligned} \tag{3-12$'$}$$

를 요청하고, 또한 스핀의 특성으로 (3-13) 대신에

$$|\boldsymbol{s}|^2 = \frac{1}{2}\left(\frac{1}{2}+1\right) = \frac{3}{4} \tag{3-13$'$}$$

가 성립하는 것으로 가정하였습니다. 그래서 그는 이른바 「파울리 행렬」이라 불

---

26) (3-11)은 파울리도 논문에 써 놓았다. 그리고 이렇게 말하고 있다 : 「잘 알려져 있는 것처럼, 전자의 각운동량(Elektronenmoment)은 두 개의 방향밖에 가지지 않는다. 따라서 전자의 파동함수 $\psi(q, \varphi)$는 φ가 0부터 2π까지 연속적으로 늘어날 때 출발점의 값으로 돌아가지 않고 부호가 바뀌게 된다.」

파동함수가 각도의 1가함수라고 한다면, 각운동량은 홀수 개의 방향을 가지기 때문이다.

리는 2행 2열의 행렬

$$\sigma_x = \begin{pmatrix} 0 & 1 \\ 1 & 0 \end{pmatrix}, \quad \sigma_y = \begin{pmatrix} 0 & -i \\ i & 0 \end{pmatrix}, \quad \sigma_z = \begin{pmatrix} 1 & 0 \\ 0 & -1 \end{pmatrix} \tag{3-14}$$

도입하고,

$$s_x = \frac{1}{2}\sigma_x, \quad s_y = \frac{1}{2}\sigma_y, \quad s_z = \frac{1}{2}\sigma_z \tag{3-14'}$$

라고 두었습니다. 그렇게 하면, 이 s_x, s_y, s_z가 (3-12′)도 (3-13′)도 만족하는 것은 바로 알 수 있습니다. 그리고 파울리는 (3-14′)에서 주어진 행렬을 (3-8)이나 (3-10)의 s_x, s_y, s_z로 이용하는 것을 제안했습니다. 여기서 파울리 행렬이

$$\begin{cases} \sigma_\mu{}^2 = 1 & (\mu = x,\ y,\ z\text{에 대해서}) \\ \sigma_\mu\sigma_\nu + \sigma_\nu\sigma_\mu = 0, & (\mu \neq \nu, \quad \mu,\ \nu = x,\ y,\ z\text{에 대해서}) \end{cases} \tag{3-14''}$$

라는 성질을 가진다는 것을 명심해야 합니다.

*

그러면 파울리의 제안을 조금 구체적으로 설명해 봅시다. 조금 전, 우리의 슈뢰딩거 함수가 (3-6)의 형태가 되는 것을 이야기했습니다만, 여기서 독립 변수 s_z가 $+\frac{1}{2}$과 $-\frac{1}{2}$이라는 두 개의 값밖에 가지지 않는 것에 주목합니다. 그러면 함수 $\psi\left(x, +\frac{1}{2}\right)$와 $\psi\left(x, -\frac{1}{2}\right)$를 하나의 2성분량 성분으로 생각할 수 있습니다. 혹은, 슈뢰딩거 함수가 2성분을 가진 함수라고 생각해도 됩니다. 그렇게 생각하면, 우리의 ψ를

$$\psi = \begin{pmatrix} \psi\left(\boldsymbol{x},\ +\frac{1}{2}\right) \\ \psi\left(\boldsymbol{x},\ -\frac{1}{2}\right) \end{pmatrix} \tag{3-15}$$

라는 형태로 나타낼 수도 있습니다. 이 (3-15)의 표기 방식은, 스핀 상태공간 내의 상태 벡터(그것은 2차원 벡터였습니다)를 열벡터로 간주하는 것에 해당합니다. 그리고 이 때 ψ에 s_x, s_y, s_z 등(혹은 $\sigma_x, \sigma_y, \sigma_z$ 등)을 사용하는 것은, 바꿔 말하면 이 열벡터에 행렬 (3-14′)(혹은 (3-14))를 곱하는 것을 의미합니다. 이것이 파울리가 제안한 것입니다. 이 생각이라면

$$\sigma_x\psi = \begin{pmatrix} 0 & 1 \\ 1 & 0 \end{pmatrix}\begin{pmatrix} \psi\left(\frac{1}{2}\right) \\ \psi\left(-\frac{1}{2}\right) \end{pmatrix}, \quad \sigma_y\psi = \begin{pmatrix} 0 & -i \\ i & 0 \end{pmatrix}\begin{pmatrix} \psi\left(\frac{1}{2}\right) \\ \psi\left(-\frac{1}{2}\right) \end{pmatrix},$$

$$\sigma_z\psi = \begin{pmatrix} 1 & 0 \\ 0 & -1 \end{pmatrix}\begin{pmatrix} \psi\left(\frac{1}{2}\right) \\ \psi\left(-\frac{1}{2}\right) \end{pmatrix} \tag{3-16}$$

이므로, 결국

$$s_x\psi = \begin{pmatrix} \frac{1}{2}\psi\left(-\frac{1}{2}\right) \\ \frac{1}{2}\psi\left(\frac{1}{2}\right) \end{pmatrix}, \quad s_y\psi = \begin{pmatrix} -\frac{i}{2}\psi\left(-\frac{1}{2}\right) \\ \frac{i}{2}\psi\left(\frac{1}{2}\right) \end{pmatrix},$$

$$s_z\psi = \begin{pmatrix} \frac{1}{2}\psi\left(\frac{1}{2}\right) \\ -\frac{1}{2}\psi\left(-\frac{1}{2}\right) \end{pmatrix} \tag{3-16$'$}$$

이라는 것이 됩니다. 이 때 ψ에 s_z를 붙인 것은 제대로 $\psi(s_z)$에 s_z를 곱한 것으로 되어 있습니다(지금의 논의에서 변수 x는 본론과는 상관없으므로 그것을 공식적으로 적는 것을 생략했습니다).

이것이 파울리의 생각입니다. 이런 사고방식이라면, 슈뢰딩거 방정식

$$\left\{H_0 + H_1 + H_2 - i\hbar\frac{\partial}{\partial t}\right\}\psi(\boldsymbol{x},\ s_z) = 0 \tag{3-17}$$

은 $\psi\left(x, +\frac{1}{2}\right)$와 $\psi\left(x, -\frac{1}{2}\right)$라는 두 개의 함수에 대한 연립미분방정식이 되는데, 앞으로 그것을 파울리 방정식이라고 부릅시다. 그리고 정상상태에 대해서는 $\psi = \phi e^{-iEt/\hbar}$로 두고,

$$\{H_0 + H_1 + H_2 - E\}\phi(\boldsymbol{x},\ s_z) = 0 \tag{3-17$'$}$$

을 풀어서 그 상태에서의 에너지가 결정됩니다. 그와 같이 해서 2중항 준위간격이라든지 이상 제만효과가 계산됩니다. 우리는 H_0로 비상대론적인 해밀토니안을 이용했기 때문에 미세구조공식은 바르게 유도할 수 없으나, 그 점에 대해서 조금 더 근사를 잘 할 수도 있습니다. 파울리도 그의 이론이 스핀자유도를 s_x, s_y, s_z라는 x, y, z공간의 벡터만으로 기술하고 있다는 점에서 본질적으로 비상대론적인 것을 확실하게 지적하고 있고, 그것을 상대론적으로 하기에는 민코스프스

키 공간의 반대칭 텐서(6원 벡터[27])를 도입하지 않으면 안됩니다. 그러나 토마스의 이론을 보면, 전자는 정지계에서 자기모멘트만 가지고 있고, 따라서 6원 벡터의 절반은 전자의 정지상태에서 0이 되어야만 한다는 것을 지적하고 있습니다. 그러나 그런 조건을 스핀 자유도에 적용하는 것은 매우 곤란하다면서, 그는 상대론적 이론을 만드는 것을 포기하고 있습니다. 더욱이 하이젠베르크-요르단의 이론도 그랬었지만, 파울리의 이론에서는 전자의 스핀각운동량이 $\frac{1}{2}$이라던가, 그 g_0인자가 2라고 하는 것을 강제로 H_1과 H_2 안에 도입하고 있고, 또 토마스인자 $\frac{1}{2}$도 H_2 안에 임의로 도입하고 있습니다. 이런 점에서도, 파울리는 자신의 이론을 잠정적인 것이라고 하고 있습니다.

파울리는 논문에서 그의 방정식 (3-17)이 x, y, z축의 회전에 대해서 불변성을 가지기 위해서 그가 이용한 2성분량 (3-15)의 성분이 x, y, z축의 회진에 의해서 어떻게 변환되는지를 조사하였으며, 그것이 벡터의 변환과 현저하게 다른 것을 발견했습니다. 파울리의 이 논의는 후에 회전군의 2가 표시라던가, 스피너라는 것에 대한 논의로 확장 됩니다만, 그 이야기는 다음 기회로 미루겠습니다.

게다가 파울리는 다전자계에 대한 논의도 하고 있었습니다만, 여기서는 차원의 이야기에 관계하는 중요한 정리를 파울리의 이론으로부터 유도하는 것으로 남겨두겠습니다. 그것은 「2개의 전자(전자로 한정하지 않고 $\frac{1}{2}$의 스핀을 가진

---

27) 벡터 $\boldsymbol{A}, \boldsymbol{B}$를 행과 열을 x, y, z, ct의 순서로 하는 행렬

$$T=\begin{pmatrix} 0 & B_z & -B_y & A_x \\ -B_z & 0 & B_x & A_y \\ B_y & -B_x & 0 & A_z \\ -A_x & -A_y & -A_z & 0 \end{pmatrix}$$

으로 된 것을 6원 벡터라고 한다. 이것은 텐서로, 공간회전의 텐서 변환을 하면 $\boldsymbol{A}, \boldsymbol{B}$는 공간회전을 하게 된다. 예를 들어 z축 주변의 각 θ 회전

$$R=\begin{pmatrix} \cos\theta & \sin\theta & 0 & 0 \\ -\sin\theta & \cos\theta & 0 & 0 \\ 0 & 0 & 1 & 0 \\ 0 & 0 & 0 & 1 \end{pmatrix}$$

에 대해서 $\mathrm{RTR^t}$를 계산하면 ($^\mathrm{t}$는 전치를 나타낸다)

$$\begin{pmatrix} 0 & B_z & -(B_x\sin\theta+B_y\cos\theta) & A_x\cos\theta+A_y\sin\theta \\ -B_z & 0 & B_x\cos\theta+B_y\sin\theta & -A_x\sin\theta+A_y\cos\theta \\ -B_x\sin\theta+B_y\cos\theta & -(B_x\cos\theta+B_y\sin\theta) & 0 & A_z \\ -(A_x\cos\theta+A_y\sin\theta) & -(-A_x\sin\theta+A_y\cos\theta) & -A_z & 0 \end{pmatrix}$$

가 된다. T의 공간성분 $\boldsymbol{B}$는 공간반전으로 부호를 바꾸지 않는 유사벡터이다.

전기장과 자기장은 $\boldsymbol{E}$/c와 $\boldsymbol{B}$가 합쳐져 6원 벡터를 이룬다. 이것과 (2-11)등으로부터 6원 벡터의 로렌츠 변환이 상상될 것이다.

입자라면 무엇이든 좋다)가 있을 때, 그 스핀 2개의 합이 1이 될 때의 슈뢰딩거함수는 각각의 전자 스핀 변수를 바꿔 넣었을 때 그 값이 바뀌지 않는다(즉 함수는 대칭함수이다). 또, 합이 0이 될 때의 슈뢰딩거 함수는 스핀 변수를 바꿔 넣었을 경우 부호를 바꾼다(즉 함수는 반대칭 함수이다)」라는 정리입니다. 이 정리의 역 또한 참입니다.

증명 2개의 전자의 스핀 행렬을 각각 $\boldsymbol{s}_1=(s_{1x}, s_{1y}, s_{1z})$ 및 $\boldsymbol{s}_2=(s_{2x}, s_{2y}, s_{2z})$로 한다. 그러면 합성 스핀 $(\boldsymbol{s}_1+\boldsymbol{s}_2)$ 크기의 2승은

$$|\boldsymbol{s}_1+\boldsymbol{s}_2|^2=|\boldsymbol{s}_1|^2+|\boldsymbol{s}_2|^2+2(\boldsymbol{s}_1\cdot\boldsymbol{s}_2)$$

이고 여기서 (3-13′)을 이용하면

$$|\boldsymbol{s}_1+\boldsymbol{s}_2|^2=\frac{1}{2}\{3+4(\boldsymbol{s}_1\cdot\boldsymbol{s}_2)\} \qquad (\text{I})$$

이 얻을 수 있다.

그리고 우리의 2전자계 슈뢰딩거함수 $\psi(s_{1z}, s_{2z})$를

$$\psi=\begin{pmatrix}\psi\left(\frac{1}{2},\ \frac{1}{2}\right)\\ \psi\left(\frac{1}{2},\ -\frac{1}{2}\right)\\ \psi\left(-\frac{1}{2},\ \frac{1}{2}\right)\\ \psi\left(-\frac{1}{2},\ -\frac{1}{2}\right)\end{pmatrix} \qquad (\text{II})$$

와 같이 종벡터의 형태로 쓰고(이 때 변수 x_1, x_2는 문제의 본질과 관계가 없으므로 공식적으로 쓰는 것을 생략하겠습니다), 이것에 행렬 $(\boldsymbol{s}_1\cdot\boldsymbol{s}_2)=(s_{1x}s_{2x}+s_{1y}s_{2y}+s_{1z}s_{2z})$를 곱해 본다. 그러면 (3-16′)을 이용해서

$$(\boldsymbol{s}_1\cdot\boldsymbol{s}_1)\psi=\begin{pmatrix}\frac{1}{4}\psi\left(\frac{1}{2},\ \frac{1}{2}\right)\\ \frac{1}{2}\psi\left(-\frac{1}{2},\ \frac{1}{2}\right)-\frac{1}{4}\psi\left(\frac{1}{2},\ -\frac{1}{2}\right)\\ \frac{1}{2}\psi\left(\frac{1}{2},\ -\frac{1}{2}\right)-\frac{1}{4}\psi\left(-\frac{1}{2},\ \frac{1}{2}\right)\\ \frac{1}{4}\psi\left(-\frac{1}{2},\ -\frac{1}{2}\right)\end{pmatrix}$$

으로 되는 것을 알 수 있다. 그리고 이것을 (I)에 이용하면

$$|\boldsymbol{s}_1+\boldsymbol{s}_2|^2\psi = \begin{cases} 2\psi\left(\frac{1}{2},\ \frac{1}{2}\right) \\ \psi\left(\frac{1}{2},\ -\frac{1}{2}\right)+\psi\left(-\frac{1}{2},\ \frac{1}{2}\right) \\ \psi\left(-\frac{1}{2},\ \frac{1}{2}\right)+\psi\left(\frac{1}{2},\ -\frac{1}{2}\right) \\ 2\psi\left(-\frac{1}{2},\ -\frac{1}{2}\right) \end{cases} \qquad (\text{III})$$

이 유도된다. 그런데 합성 스핀이 1이라는 것은 (3-13)에 의해서

$$|\boldsymbol{s}_1+\boldsymbol{s}_2|^2\psi = 1(1+1)\psi = 2\psi$$

라는 것이고, 합성 스핀이 0이라는 것은

$$|\boldsymbol{s}_1+\boldsymbol{s}_2|^2\psi = 0$$

을 의미한다. 따라서 전자의 경우에는 (Ⅱ)와 (Ⅲ)을 비교해서

$$\psi\left(\frac{1}{2},\ -\frac{1}{2}\right)+\psi\left(-\frac{1}{2},\ \frac{1}{2}\right) = 2\psi\left(\frac{1}{2},\ -\frac{1}{2}\right)$$

이 성립하는 것이 필요충분 조건이다. 이것은

$$\psi\left(\frac{1}{2},\ -\frac{1}{2}\right) = \psi\left(-\frac{1}{2},\ \frac{1}{2}\right)$$

을 의미한다. 따라서

$$\psi(s_{1z},\ s_{2z}) = \psi(s_{2z},\ s_{1z}) \qquad (\text{IV})_+$$

가 합성스핀 1을 위한 필요충분조건인 것을 알 수 있다. 또 후자의 경우에는

$$\psi\left(\frac{1}{2},\ \frac{1}{2}\right) = \psi\left(-\frac{1}{2},\ -\frac{1}{2}\right) = 0$$

$$\psi\left(\frac{1}{2},\ -\frac{1}{2}\right)+\psi\left(-\frac{1}{2},\ \frac{1}{2}\right) = 0$$

이 성립하는 것이 필요충분 조건이다. 따라서 구하는 조건은

$$\psi(s_{1z},\ s_{2z}) = -\psi(s_{2z},\ s_{1z}) \qquad (\text{IV})_-$$

인 것을 알 수 있다. Q.E.D.

*

파울리의 이론을 장황하게 이야기했으니, 이쯤에서 이야기를 계속 진행해야겠습니다. 조금 전에도 이야기한 것처럼, 이 이론에 파울리 자신은 결코 만족하지 않았습니다. 그것이 상대론적이지 않은 부분을 어떻게든 개량하려고, 아마도 여러 가지로 생각했었겠지만, 그에게 그 곤란한 부분은 너무나도 크게 보였겠지요. 그래서 완벽함을 추구하는 그도 임시 방편적인 스핀의 도입과 같은 어중간한 형태로 논문을 발표할 수밖에 없었을 테지요. 그런데 스핀의 도입과 상대론적인 방정식을 유도하는 두 가지를 한 번에 해결한 것이 디락이었습니다.[28)]

양자역학을 상대론화하는 것은 슈뢰딩거가 파동역학에 관한 유명한 일련의 논문「고유값 문제로서의 양자화 Ⅰ, Ⅱ, Ⅲ, Ⅳ」를 발표했을 때, 제Ⅳ논문에서 1926년에 이미 그 문제를 다루고 있습니다. 그 때 그가 생각한 것과 같은 형태의 방정식에 대해서 거의 동시에 클라인(O. Klein)이나 고든(W. Gordon)이 논하고 있습니다. 그것 모두 슈뢰딩거의 제 I 논문에 있는 비상대론적인 방정식 대신에 제Ⅳ논문에 있는 이른바 클라인-고든 식을 이용하는 것을 제안했습니다.

그들이 이 제안을 한 것은 이 방정식이 자유입자(외부 장이 존재하지 않을 때의 입자입니다)에 대해서 드브로이-아인슈타인의 관계

$$\omega^2 - (c/\lambda\!\!\!^{-})^2 = \left(\frac{mc^2}{\hbar}\right)^2, \quad E = \hbar\omega,\ p = \hbar/\lambda\!\!\!^{-} \tag{3-18}$$

을 구하는 가장 간단한 것이었기 때문이겠지요. 여기서 ω는 드브로이파의 각진동수, $\lambda\!\!\!^{-}$는 그 파장/(2π)입니다. 그러나 이 방정식을 수소원자에 적용시켜 수소의 에너지 준위를 구해 보더라도, 기대와 달리 조머펠트의 미세구조공식과 어긋나는 결과밖에 나오지 않은 것을 슈뢰딩거가 발견하였습니다. 그는 제Ⅳ논문에서 이 점을 언급하며 그 어긋남은 스핀을 도입하면 사라질 것이라고는 말하고 있습니다만 그것 이상 나아가지는 않고 있었습니다. 여담입니다만, 드브로이(L. de Broglie)는 자신의 위상파에 대한 생각을 상대론의 선에서 논하고 있고, (3-18)의 관계도 그렇게 해서 발견했던 것입니다. 그런 이유로 슈뢰딩거도 그의 제Ⅳ논문에 언급되고 있는 클라인-고든 방정식으로부터 파동역학을 만들어 내려고 했을 것입니다. 하지만, 그러면 결국 실험에 맞는 수소준위를 얻을 수 없었기 때문에,

28) 여기까지 설명했던 파울리의 논문이 나온 것은 1927년, 지금부터 서술하는 디락의 논문은 1928년이었다. 저자는 1928년에 쿄토대학 3학년이었고, 유카와와 함께 이학부 물리학과 타마키 카즈로(玉城 嘉十郞) 연구실에서 양자역학을 테마로 졸업논문을 쓰고 있었다. 1929년 졸업 후, 1932년 8월까지 무급·상근 조수.

상대론은 포기하고 제 I 논문에 있는 것처럼, 비상대론적으로 수소원자를 다루는 것을 먼저 했다는 것입니다.

*

그러면 디락의 이야기를 해 볼까요. 아시다시피 클라인-고든 방정식은

$$\left\{\left(i\hbar\frac{\partial}{c\partial t}+eA_0\right)^2-\sum_{r=1,2,3}\left(-i\hbar\frac{\partial}{\partial x_r}+eA_r\right)^2-m^2c^2\right\}\psi(x,\ y,\ z,\ t)=0 \tag{3-19}$$

의 형태를 하고 있습니다. 여기서 A_0, A_r은 바깥으로부터 걸린 전기장의 4-벡터 퍼텐셜입니다. 특히 (3-19)에서 $A_0=A_r=0$으로 두면 외부 장이 없을 때의 식을 얻을 수 있습니다만 그 방정식은 평면파의 해를 가지고 있어서, 그것을 예를 들어

$$\psi(x,\ y,\ z,\ t)=e^{i\left(\frac{z}{\lambda}-\omega t\right)}$$

이라 하면 이것을 (3-19)에 대입해 보면 알 수 있는 것처럼, 그것이 (3-19)를 만족하기 위해서는

$$\left(\frac{\hbar\omega}{c}\right)^2-\left(\frac{\hbar}{\lambda\!\!\!^-}\right)^2=m^2c^2\quad\left(\omega=2\pi\nu,\ \lambda\!\!\!^-=\frac{\lambda}{2\pi}\right)$$

이 성립하지 않으면 안 됩니다. 이것은 바로 드브로이-아인슈타인의 관계 (3-18)입니다. 그런 이유로 (3-19)가 상대론적 파동역학의 기초방정식이라고 생각했던 것입니다.

그러나 디락은 그 생각에 의문을 가지고 있었습니다. 첫째, 이 방정식은 시간에 대해서 2계 미분방정식입니다. 그의 생각으로는 파동역학에 사용되는 파동함수는 확률진폭이라는 의미를 가져야만 하므로 변환이론에 의하면 그것은 시간에 대해서 1계 미분방정식을 만족하지 않으면 안 됩니다(사실, 슈뢰딩거 방정식 (3-4)와 파울리의 방정식 (3-17)도 시간의 1계 미분방정식이었습니다).

그래서 그는 상대론을 도입한 경우도 파동방정식은 시간에 관해서 1계 미분방정식이지 않으면 안 된다는 전제를 했었습니다. 그런데 상대론에서는 시간변수 t와 공간변수 x, y, z를 동등하게 다루어야 하기 때문에 구하려는 방정식은 공간변수에 대해서도 1계가 아니면 안 됩니다. 그러면 그 식은 (3-19)와 같은 $\left(i\hbar\frac{\partial}{c\partial t}+eA_0\right)$나 $\left(-i\hbar\frac{\partial}{\partial x_r}+eA_r\right)$의 2승을 포함하는 것은 아니며, 따라서 그것은

$$\left\{\left(i\hbar\frac{\partial}{c\partial t}+eA_0\right)-\sum_{r=1,2,3}\alpha_r\left(-i\hbar\frac{\partial}{\partial x_r}+eA_r\right)-\alpha_0 mc\right\}\psi=0 \tag{3-20}$$

의 형태를 하고 있지 않으면 안 됩니다. 그런데 이 식 중에서는 α_r이나 α_0라고 하는 것이 들어 있으나 이것을 어떻게 결정하는가? 여기서 디락은 그의 독특한 천재적인 사고를 했던 것입니다.

그것이 어떤 것인가 하면, 외부 장 A_0나 A_r이 존재하지 않는 자유입자에 대해서는 드브로이-아인슈타인의 관계 (3-18)을 만족하지 않으면 안되고, 따라서 그 때 ψ는 클라인-고든 방정식의 해가 되어 있을 것이라는 생각입니다. 디락이 이런 생각으로 했던 일은 그만의 아주 독특하고 기상천외한 것이었습니다.

먼저, 자유입자에 대한 (3-20), 즉

$$\left\{i\hbar\frac{\partial}{c\partial t}-\sum_{r=1,2,3}\alpha_r\left(-i\hbar\frac{\partial}{\partial x_r}\right)-\alpha_0 mc\right\}\psi=0 \tag{3-21}$$

으로부터 2계 방정식을 유도하기 위해서

$$\left\{i\hbar\frac{\partial}{c\partial t}+\sum_{r=1,2,3}\alpha_r\left(-i\hbar\frac{\partial}{\partial x_r}\right)+\alpha_0 mc\right\}\times$$

이라는 연산을 (3-21)에 해 보겠습니다. 그렇게 하면

$$\begin{aligned}&\left\{i\hbar\frac{\partial}{c\partial t}+\sum_{r=1,2,3}\alpha_r\left(-i\hbar\frac{\partial}{\partial x_r}\right)+\alpha_0 mc\right\}\\&\quad\times\left\{i\hbar\frac{\partial}{c\partial t}-\sum_{r=1,2,3}\alpha_r\left(-i\hbar\frac{\partial}{\partial x_r}\right)-\alpha_0 mc\right\}\psi=0\end{aligned} \tag{3-21$'$}$$

을 얻을 수 있습니다. 그래서 디락은 이 방정식이 클라인-고든 방정식이 되는 것이 틀림없다고 전제했던 것입니다. 이와 같은 전제 α_r 이나 α_0, α_1, α_2, α_3가 보통의 수라면 이루어지지 않습니다. 그러나 그것이 행렬이라면 가능성이 있다는 것을 디락은 깨달았습니다. 왜냐하면 그 때 (3-21′)은

$$\begin{aligned}&\left\{\left(i\hbar\frac{\partial}{c\partial t}\right)^2-\sum_{r=1,2,3}\alpha_r{}^2\left(-i\hbar\frac{\partial}{\partial x_r}\right)^2-\alpha_0^2 m^2c^2\right.\\&\left.-\sum_{r<s}(\alpha_r\alpha_s+\alpha_s\alpha_r)(-i\hbar)^2\frac{\partial^2}{\partial x_r\partial x_s}-\sum_{r=1,2,3}(\alpha_0\alpha_r+\alpha_r\alpha_0)mc\left(-i\hbar\frac{\partial}{\partial x_r}\right)\right\}\psi=0\end{aligned} \tag{3-21$''$}$$

이 되기 때문에 행렬 $\alpha_0, \alpha_1, \alpha_2, \alpha_3$가

$$\begin{cases} \alpha_\mu{}^2 = 1, & (\mu = 0,\ 1,\ 2,\ 3\text{에 대해서}) \\ \alpha_\mu \alpha_\nu + \alpha_\nu \alpha_\mu = 0, & (\mu \neq \nu, \quad \mu, \nu = 0,\ 1,\ 2,\ 3\text{에 대해서}) \end{cases} \tag{3-22}$$

라는 성질을 가지고 있으면 그 전제가 이루어지겠지요. 그리고 그는 (3-22)를 만족하는 가장 간단한 행렬로

$$\alpha_0 = \begin{pmatrix} 1 & 0 & 0 & 0 \\ 0 & 1 & 0 & 0 \\ 0 & 0 & -1 & 0 \\ 0 & 0 & 0 & -1 \end{pmatrix}, \quad \alpha_1 = \begin{pmatrix} 0 & 0 & 0 & 1 \\ 0 & 0 & 1 & 0 \\ 0 & 1 & 0 & 0 \\ 1 & 0 & 0 & 0 \end{pmatrix}$$

$$\alpha_2 = \begin{pmatrix} 0 & 0 & 0 & -i \\ 0 & 0 & i & 0 \\ 0 & -i & 0 & 0 \\ i & 0 & 0 & 0 \end{pmatrix}, \quad \alpha_3 = \begin{pmatrix} 0 & 0 & 1 & 0 \\ 0 & 0 & 0 & -1 \\ 1 & 0 & 0 & 0 \\ 0 & -1 & 0 & 0 \end{pmatrix} \tag{3-23}$$

을 도입하고 그것을 방정식 (3-20)에 이용하였습니다.

이렇게 해서 (3-20)의 안에 4행4열의 행렬이 도입되면, 그것에 따라서 ψ도 4성분의 열벡터

$$\psi = \begin{pmatrix} \psi_1 \\ \psi_2 \\ \psi_3 \\ \psi_4 \end{pmatrix} \tag{3-24}$$

가 되는 것으로, 따라서 방정식 (3-20)은 $\psi_1, \psi_2, \psi_3, \psi_4$라는 4개의 함수에 대한 연립미분방정식이 됩니다. 행렬 (3-23)과 파울리의 행렬 (3-14)를 비교하는 것은 흥미롭습니다만, 곧 알게 되는 것처럼 디락의 4행4열 행렬은 2행2열의 파울리 행렬 (3-14)와 2행2열의 단위행렬 및 영행렬

$$1 = \begin{pmatrix} 1 & 0 \\ 0 & 1 \end{pmatrix}, \quad 0 = \begin{pmatrix} 0 & 0 \\ 0 & 0 \end{pmatrix} \tag{3-25}$$

를 이용해서

$$\alpha_0 = \begin{pmatrix} 1 & 0 \\ 0 & -1 \end{pmatrix}, \quad \alpha_1 = \begin{pmatrix} 0 & \sigma_1 \\ \sigma_1 & 0 \end{pmatrix},$$
$$\alpha_2 = \begin{pmatrix} 0 & \sigma_2 \\ \sigma_2 & 0 \end{pmatrix}, \quad \alpha_3 = \begin{pmatrix} 0 & \sigma_3 \\ \sigma_3 & 0 \end{pmatrix} \tag{3-23'}$$

과 같이 쓸 수 있습니다(여기서는 (3-14)에서 이용한 첨자 x, y, z를 첨자 1, 2, 3으로 바꿔서 쓰고 있습니다). 이렇게 쓰는 방법에 대응해서 4열 열벡터 (3-24)도

$$\psi^+ = \begin{pmatrix} \psi_1 \\ \psi_2 \end{pmatrix}, \quad \psi^- = \begin{pmatrix} \psi_3 \\ \psi_4 \end{pmatrix} \tag{3-26}$$

이라는 2열 열벡터를 이용해서

$$\psi = \begin{pmatrix} \psi^+ \\ \psi^- \end{pmatrix} \tag{3-24'}$$

와 같이 쓰는 것이 편리합니다.

디락은 자신의 방정식을 중심력의 경우에 적용하고 제1근사로 올바른(즉, 토마스 인자도 확실하게 붙였다) 준위간격이 유도되는 것을 보여줍니다. 게다가 이 때 궤도각운동량 $\boldsymbol{l}$은 보존량이 되지 않고, 그것에 $\frac{1}{2}\begin{pmatrix} \boldsymbol{\sigma} & 0 \\ 0 & \boldsymbol{\sigma} \end{pmatrix}$를 덧붙여서 처음으로 보존량을 얻는 것도 보여줍니다. 이것은 궤도각운동량만으로는 보존량을 얻지 못하고 그것에 $\frac{1}{2}\begin{pmatrix} \boldsymbol{\sigma} & 0 \\ 0 & \boldsymbol{\sigma} \end{pmatrix}$를 더해서 처음으로 보존량을 얻는다는 점에서, 전자가 스핀 각운동량을 가지고 있으며 그것이

$$\text{스핀 각운동량} = \frac{1}{2}\begin{pmatrix} \boldsymbol{\sigma} & 0 \\ 0 & \boldsymbol{\sigma} \end{pmatrix} \tag{3-27}$$

인 것을 의미한다고 생각해도 좋겠지요. 더욱이 자유입자의 경우와 달라서, 외부 장이 있을 때에는 (3-21)로부터 (3-21′)을 만든 방법과 비슷하게 하더라도 디락 방정식으로부터 유도된 2계 방정식은 클라인-고든 방정식과 일치하지 않는 것을 디락이 알아내었습니다. 그리고 디락은 이 차이가 외부 장과 스핀 자기모멘트의 상호작용 형태를 하고 있는 것을 발견하였습니다. 그 때 스핀 자기모멘트에 해당하는 곳에 $-\begin{pmatrix} \boldsymbol{\sigma} & 0 \\ 0 & \boldsymbol{\sigma} \end{pmatrix}$가 나타나고, 따라서

$$\text{스핀 각운동량} = -\begin{pmatrix} \boldsymbol{\sigma} & 0 \\ 0 & \boldsymbol{\sigma} \end{pmatrix} \tag{3-27'}$$

이고 이것은 g_0=2인 것을 의미합니다. 디락은 또한 그의 방정식이 로렌츠변환에 대해서 불변성을 가지기 위해서, 자신의 4성분량 (3-24)의 성분 변환을 어떻게 해야 하는지에 대해서도 논하고 있습니다. 이것은 파울리가 그의 2성분량에 대

해서 했던 방법의 일반화입니다.[29] 이렇게 해서 디락은 상대론과 변환이론의 전제만으로 출발하여 어떤 임시 방편적인 가정도 이용하지 않고 전자의 스핀각운동량과 자기모멘트, 또한 토마스 인자도 정확하게 유도할 수 있었습니다.

*

이 디락의 연구는 범인이 보기에는 상상할 수도 없는 발상의 연속입니다. 먼저 방정식이 시간에 대해서 1계가 아니면 안 된다는 전제에 주목한 점입니다. 이와 같은 발상은 슈뢰딩거를 비롯해 클라인, 고든, 파울리 또한 생각하지 못했던 것입니다. 게다가 그것을 알아차렸다 하더라도 그 전제로부터 전자 스핀이 유도되고 자기모멘트도 결정된다는 것은 범인이 전혀 생각할 수 없는 것입니다. 파울리는 이런 디락의 사고 형태를 누차 곡예사[#] 같다고 말했었다고 합니다만, 이 연구는 디락의 이런 특징을 가장 확실하게 보여준다고 할 수 있을 것입니다. 그는 이 연구에 큰 자신감을 가지고 있었던 것 같았고, 다음과 같은 논문 서두에서도 그런 기분을 엿볼 수 있습니다.

즉, 그는 "전자의 스핀에 대해서는 파울리나 다윈(C.G.Darwin)도 논하고 있으나"라는 서두에 이어서 "그러나 자연이 단순한 점전하에 만족하지 않고(스핀 전자와 같은) 특수한 모형을 선택하지 않으면 안 되는 것은 무슨 이유인가?라는 질문에 대해서는 아직 대답이 안 되었다."라고 말하고, 계속해서 "전자에 대해서 상대론의 전제와 변환이론의 전제를 함께 만족하는 더욱 간단한 방정식을 생각

29) 디락은 조머펠트가 *Atombau und Spektrallinien*(원자구조와 스펙트럼선)에서 「파울리 방정식의 발견은 전자의 진짜 성질, 즉 디락 방정식의 발견으로 가는 중요한 첫 걸음이었다.」라고 쓴 것을 인용하면서, 이것을 부정하고 있다 : 「이것은 나에게 관해서만은 사실이 아니다. 나는 전자의 스핀을 파동방정식에 도입하는 것에는 흥미가 없으며, 그 문제는 전혀 생각하지도 않았고 파울리의 연구를 이용한 기억도 없다. 왜냐하면 나의 머릿속에 가득 차 있었던 것은, 나의 [양자역학의] 일반적 해석과 변환이론에 맞는 상대론적 이론을 찾아내는 것이었기 때문이다. 이 과제는, 먼저 가장 간단한 경우, 아마도 스핀이 없는 입자의 경우를 먼저 해결해만 한다. 그리고 그것이 해결되고 나서 스핀을 도입해야만 한다고 나는 생각하고 있었다. 따라서 나는 가장 간단한 경우에 스핀이 들어오는 것을 발견했을 때 놀랐었다.」
디락은 계속해서 이렇게 말하고 있다 : 「나의 방정식이 나오고 몇 년인가 뒤에 크라메르스에게서 들었는데, 그도 나의 1계 방정식과 동등한 2계 방정식을 독립적으로 얻었다고 한다. 크라메르스가 파울리의 방정식으로부터 출발했을 수도 있다. 그는 나의 논문이 먼저 나왔기 때문에 연구를 공표하지 않았다.」 (P.A.M Dirac, "Recollections of an Exciting Era," in C. Weiner ed. *History of Twentieth Century Physics*, Academic Press(1977), pp. 109-146. 인용은 p.139부터.)

이후에 이 책에 나오는 곡예사라는 단어를 원문에서는 일본어인 '曲芸師'로 쓰지 않고 acrobat의 일본어식 표기인 'アクロバット'로 표기하고 있다. [역주]

하면, 스핀 현상은 그 이외의 어떤 가정도 하지 않고 모두 확실하게 유도해 낼 수 있다."라고 말하고 있습니다.

한편 디락은 다른 곳에서(그것은 그가 1969년에 오펜하이머 기념상을 받았을 때 했던 기념 강연입니다) 다음과 같이 말하고 있습니다.[30] '나는 이 논문에서 알칼리 원자의 문제를 제1근사까지만 계산했었다. 수소원자의 문제를 더욱 끝까지 파고들어서 정확하게 계산하고, 당시 실험과 완벽하게 맞는 것으로 알려져 있던 미세구조공식을 도출하지 않았다. 왜냐하면 거기까지 계산해서 만에 하나 그 공식과 다른 결과가 나오거나 하여 나의 이론이 정확하지 않은 것을 알게 되는 것이 두려웠기 때문'이라고. 자신의 이론이 정확하다는 자신감이 컸던만큼, 99%까지는 그렇게 생각하더라도 남은 1%로 인해 그 기대가 깨지는 무서움도 그만큼 컸기 때문이겠지요. 그러나 이런 생각은, 환자가 병이라는 진단이 내려지는 것이 무서워서 의사에게 가지 않는 것처럼 불합리한 것이지요. 하지만 이론물리학자라고 할지라도 여러 번 이와 같은, 확실히 불합리한 굴곡진 심리 상태가 될 법도 합니다. 하나 덧붙이자면, 다윈과 고든이 미세구조공식을 유도하였습니다.

디락의 이 연구는 확실히 천재적인 것입니다만, 제 생각에는 디락의 이 천재적인 생각도 그 전에 나온 파울리의 연구로 촉발된 점이 많은 것이 아닐까?[31] 그가 1계 방정식 (3-20)과 클라인-고든 방정식을 연관시키기 위해서 (3-22)를 만족하는 행렬을 이용한다는 발상은, 파울리 행렬이 (3-14″)를 만족한다는 사실이 촉매가 되었던 것은 아니었을까요? 또, 디락을 4성분량 (3-24)를 이용한 연립미분방정식의 생각으로 이끌었던 것도, 파울리가 2성분량 (3-15)를 이용해서 연립미분방정식 (3-17)을 만들어낸 것에서 얻은 힌트에 힘입은 바가 크지 않을까요? 사실 디락은 그의 논문에서 파울리의 σ_r, $r=1, 2, 3$은 (3-22)를 만족하고 있다고 확실하게 지적하고 있습니다. 그리고 파울리와 같이 2행2열의 행렬을 생각했던 것은 (3-22)를 만족하는 것을 3개밖에 얻을 수 없었기 때문에 4행4열인 행렬을 생각한다고 말하고 있습니다. 게다가 디락이 방정식 (3-20)의 로렌츠 불변성을 증명한 방법은 확실히 파울리 방정식이 x, y, z축의 회전에 대해 불변성을 가진다는 파울리 증명의 일반화와 다를 바 없었습니다. 그런 의미에서 조금 전에 제가 파울리의 연구가 디락의 선구였다고 말한 것입니다. 디락의 연구는 파울리의 연구

30) P.A.M. Dirac, *The Development of Quantum Theory*, J. Robert Oppenheimer Memorial Prize Acceptance Speech, Gordon and Breach (1971). 인용은 pp. 41-45부터

31) 주29를 참조.

보다 1년 조금 안되는 시간이 지난 후인 1928년 1월에 정리되었습니다.

디락의 이 연구에서 자연이 왜 단순한 점전하에 만족하지 않는 스핀을 가지는 입자를 요구한 것인지에 대한 이유가 명확해 졌다고 한다면, 양성자 또한 스핀 $\frac{1}{2}\hbar$를 가지고 자기모멘트 $\frac{e\hbar}{2m_\mathrm{p}}$($m_\mathrm{p}$는 양성자의 질량)를 가진다는 것이 자연스러운 결론이 된다는 것입니다. 그러나 실제 역사에서는 양성자가 $\frac{1}{2}\hbar$의 스핀을 가진다는 것은, 디락의 이 연구가 나온 것보다 반년 정도 전에 이미 발견되어 있었습니다. 그런데 이 양성자 스핀의 결정은 초보자가 보았을 때 아주 의외의 문제가 계기였습니다. 그것은 저온에서의 H_2의 비열 문제입니다. 이러한 비열로부터 양성자 스핀이 결정된 과정에는 조금 재미있는 일화가 있습니다만, 그것은 다음 시간에 이야기 하도록 합시다.

*

마지막으로 사족을 달겠습니다. 파울리 행렬 $\sigma_x, \sigma_y, \sigma_z$가 스핀 각운동량 벡터의 x, y, z성분과 관련된 의미를 지니고 있는 것처럼, 디락 행렬에서는

$$\begin{aligned}&\frac{1}{i}\alpha_0\alpha_2\alpha_3, \quad \frac{1}{i}\alpha_0\alpha_3\alpha_1, \quad \frac{1}{i}\alpha_0\alpha_1\alpha_2,\\ &i\alpha_0\alpha_1, \quad i\alpha_0\alpha_2, \quad i\alpha_0\alpha_3\end{aligned} \tag{3-28}$$

이라는 6개의 행렬은 하나의 6원 벡터[32]의 성분으로 간주할 수 있고, 그것들이 전자 스핀의 상대론적 일반화라고 생각할 수 있습니다. 사실 (3-23)을 이용하면 처음의 3개는

$$\begin{aligned}&\frac{1}{i}\alpha_0\alpha_2\alpha_3 = \begin{pmatrix}\sigma_1 & 0\\ 0 & -\sigma_1\end{pmatrix}, \quad \frac{1}{i}\alpha_0\alpha_3\alpha_1 = \begin{pmatrix}\sigma_2 & 0\\ 0 & -\sigma_2\end{pmatrix},\\ &\frac{1}{i}\alpha_0\alpha_1\alpha_2 = \begin{pmatrix}\sigma_3 & 0\\ 0 & -\sigma_3\end{pmatrix}\end{aligned} \tag{3-28′}$$

으로, 이것은 (3-27)의 스핀 각운동량과 언뜻 보기에는 다른 형태를 하고 있습니다만 전자의 정지상태에서 기대값은 (3-27)의 그것과 일치합니다. 또한

$$\begin{aligned}&i\alpha_0\alpha_1 = \begin{pmatrix}0 & i\sigma_1\\ -i\sigma_1 & 0\end{pmatrix}, \quad i\alpha_0\alpha_2 = \begin{pmatrix}0 & i\sigma_2\\ -i\sigma_2 & 0\end{pmatrix},\\ &i\alpha_0\alpha_3 = \begin{pmatrix}0 & i\sigma_3\\ -i\sigma_3 & 0\end{pmatrix}\end{aligned} \tag{3-28″}$$

32) 주27을 보라.

의 경우입니다만, 이 3개의 양은 전자의 정지상태에서 기대값 0을 가지는 것을 증명할 수 있습니다. 파울리가 그의 스핀 행렬을 상대론적으로 6원화하는 필요성을 인정하면서도, 그 성분의 반이 정지계에서 0이 되지 않으면 안된다는 조건을 어떤 형태로 도입할지에 대해서 큰 어려움을 느끼고 있었던 것을 조금 전에 이야기했었네요. 그러나 디락은 4행4열의 행렬을 이용하는 것으로 이것을 아주 간단하게 해냈습니다. 이렇게 해서 디락은 전자 스핀에 관한 모든 것을 로렌츠 불변성을 통해서 유도해냈고, 모형을 전혀 쓰지 않고 파동 방정식이 1계라는 것을 보였습니다. 모두가 전자 스핀이라는 단어로부터 자전이나 회전을 전혀 연상하지 않았던 것은 디락의 이 연구가 나왔던 무렵부터이지 않을까요(핵의 스핀은 별개입니다). 비록 그렇다 하더라도 전자 스핀의 본성이 이런 것이었다고 한다면 그것은 정말로「고전적으로 기술 불가능」이었지요.[33)]

33) p.33 및 p.48과 그 주21의 후반을 참조.

제4화 양성자의 스핀

수소분자를 둘러싼 세 사람의 학자

그러면 H_2의 비열과 양성자의 스핀이 어떤 관련이 있었는가?

애초에 양자역학은 처음부터 비열의 문제와 떼려야 뗄 수 없는 관계를 가지고 있었다고 말할 수 있습니다.[34] 예를 들어 공동복사의 문제도 "진공의 비열"인 ∞를 어떻게 제거하는지에 대한 문제였다고 해도 됩니다. 또한 2원자의 기체비열이 고전론에서는 $\frac{5}{2}R$이었을 것인데, 저온에서는 그것에서 벗어나 $\frac{3}{2}R$이 되는 것도 양자역학에서 처음으로 설명했습니다. 그것은 분자의 회전 에너지가 양자화 되고, 따라서 등분배의 법칙으로 배분되었어야 할 $\frac{kT}{2}$가 그 양자보다 작게 되면 회전운동이 일어나지 않게 되기 때문이었습니다.

2원자 분자라는 것은 아령 모양으로 배열된 2개 핵의 주변을 전자가 운동하고 있는 역학계입니다. 따라서 그 에너지는 전자의 에너지 E_{el}, 핵 2개의 거리가 늘었다 줄었다 하는 진동 에너지 E_{vib}, 분자 전체의 회전 에너지 E_{rot}, 그리고 중심운동 에너지 E_{tr}, 4개 에너지의 합으로 주어집니다. 식으로 쓰면

$$E = E_{\mathrm{el}} + E_{\mathrm{vib}} + E_{\mathrm{rot}} + E_{\mathrm{tr}} \tag{4-1}$$

이네요. 이것은 각 운동 간의 상호작용을 등한시 하는 이야기입니다만, 그것은 앞으로의 이야기에 큰 영향은 없습니다.

이 네 가지 에너지 중에서 저온비열에 작용하는 것은 E_{tr}과 E_{rot}뿐입니다(E_{el}과 E_{vib}는 둘 다 그 양자가 크기 때문에, 충분한 저온으로 $\frac{kT}{2}$를 그들 양자보다 작게 해서 둔다). 그런데 E_{tr}은 양자화되지 않기 때문에, 그것이 비열에 주는 영향은 0도까지 계속 $\frac{3}{2}R$입니다. 혹은 몰 비열 대신에 1분자 비열을 생각한다면 $\frac{3}{2}k$입니다. 그러면 문제는 E_{rot} 뿐입니다.

여기서 초보적인 회전 에너지의 양자론을 떠올려 주십시오. 그것에 따르면 아

34) 참조: 朝永振一郎『量子力学』I, みすず書房 (1969), 제1장.

령의 관성모멘트를 I로 두고, 회전 에너지에 대해서는

$$E_{\mathrm{rot}} = \frac{\hbar^2}{2I} J(J+1), \qquad J = 0,\ 1,\ 2,\ \cdots\cdots \tag{4-2}$$

을 얻을 수 있겠지요. 여기서 J는 회전 양자수로 $\hbar$로 측정한 각운동량을 의미하며 각운동량이 $2J+1$개의 방향으로 양자화된 사실로 J를 지정했을 때 그 상태는

$$g(J) = 2J+1 \tag{4-3}$$

의 이동도로 겹쳐져 있습니다.

그런데 아령을 만들고 있는 원자핵은 수소핵 이외는 구조를 가진 입자이겠지요. 그렇다면 이전부터 파울리가 생각하고 있었던 것처럼 그것은 스핀을 가지고 있을지도 모르고, 또 구 모양이 아닐지도 모릅니다(파울리는 1924년 경, 스펙트럼선의 초미세구조를 설명하기 위해서, 원자핵이 스핀을 가지고 있다고 한 적이 있습니다). 그렇다면 두 개의 핵이 아령 모양으로 연결될 때, 아령축에 대해서 핵이 어떤 방향으로 붙어있는지가 문제가 되겠네요. 그렇다면 아령 전체가 공간의 어느 쪽으로 향하고 있는지에 대한 자유도 이외에, 아령축에 대한 각 핵의 방향이라는 제4의 자유도를 각 핵에 대해서 생각할 필요가 있습니다. 결국 전자에 스핀이라는 자유도를 주었던 것처럼, 여기서 핵에 대해서도 그 방향(그것이 스핀의 방향인지, 구가 아닌 예를 들어 타원체의 방향인지는 알수 없으나)이라는 제4 자유도를 부여하지 않으면 안됩니다. 그렇게 하면, 그 제4자유도를 가진 에너지(그것은 E_4라고 써야 함)가 존재하고, 따라서 (4-1) 대신에

$$E = E_{\mathrm{el}} + E_{\mathrm{vib}} + E_{\mathrm{rot}} + E_{\mathrm{tr}} + E_4 \tag{4-1$'$}$$

을 이용하지 않으면 안되며, 그러면 이 E_4에 의한 영향이 당연히 비열에 나타나므로, 비열을 조사하는 것으로 이 새로운 자유도에 대한 인포메이션이 얻어지겠지요…….

이 생각은 좋아 보이나, 좋은 것은 절반 만이고 나머지 절반은 말처럼 그렇게 좋지만은 않습니다. 왜냐하면, 설령 그런 자유도가 있어도 그것의 에너지는 극도로 작으며 비열에는 전혀 영향을 미치지 않게 되기 때문입니다. 만약 이 에너지가 비열에 영향을 미칠 정도라면 당연히 그 분자의 밴드 스펙트럼에 그것이 나타날 것이지만, 그런 것은 실험에서 발견되지 않았습니다(전자의 제4자유도는 스펙트럼선이 2중으로 되어 확실히 나타나고 있습니다. 그러나, 그것조차도 비열

에는 영향을 끼치지 않습니다). 비열과 제4자유도의 관계는 조금 더 다른 것에 의한 것입니다.

*

이 다른 것이라는 것은 무엇인가? 그것은 양자역학의 발전 속에서 스핀의 발견처럼 중요한 또 한가지 발견, 즉 입자의 통계와 슈뢰딩거 함수의 대칭성 사이의 관계입니다. 양자역학에 나타나는 입자에는 보스 통계에 따르는 것(보손 족)과 페르미 통계에 따르는 것(페르미온 족) 2종류가 있다는 것은 잘 알고 있을겁니다. 지금 이야기하고 있는 1927년 무렵에는, 어느 쪽에 속하는지 확실히 알고 있었던 것은 광자와 전자뿐으로 전자(前者)는 보손의 대표, 후자는 페르미온의 대표였습니다. 또한 α입자는 아마 보손일 것이라는 예상도 있었습니다. 덧붙여서 페르미온이 페르미 통계에 따른다고 하는 것은 그것이 파울리의 배타원리에 따른다고 하는 것과 동등한 것에 주의해야 할 겁니다.

그런데 제3화에서, 디락의 변환이론이 완성될 때 남아있는 문제가 두 가지 있었습니다. 하나는 스핀, 다른 하나는 상대론화라고 이야기했습니다만, 또 하나를 잊고 있었던 것이 지금 생각났습니다. 바로 그것은 이 두 종류 통계의 존재를 어떤 양자역학 안에 집어넣어야 하는지에 대한 것입니다.

이 문제는 1926년에, 매번 있던 일이지만 디락과 하이젠베르크가 답을 하였습니다. 두 종류의 통계가 발견된 경위나 이 두 사람이 그것을 양자역학의 틀에 집어넣은 경위는 그것 자체로 매우 흥미 있는 이야기입니다만, 여기서는 줄이고 결론만 얘기하겠습니다. 두 사람이 발견한 것은 전자라면 전자, 광자라면 광자라고 했던 것처럼 같은 종류의 입자가 몇 개 모여서 이루어진 역학계에서, 그 슈뢰딩거 함수가 입자의 교환에 대해 대칭함수인 것 같은 상태만이 실현된다면 그 입자의 모임은 보스통계에 따르며, 슈뢰딩거 함수가 입자의 교환에 대해서 반대칭인 것 같은 상태만이 실현된다면 그 입자의 모임은 페르미 통계에 따른다는 것입니다. 이 발견은 많은 입자로 이루어진 역학계의 문제, 즉 다체문제에 있어서 매우 중요한 역할을 했습니다. 그 이야기도 흥미진진하나 다음 시간에 하나의 예로 다루기로 하고 분자 이야기로 돌아가 보도록 하죠.

*

문제의 2원자 분자라는 것은 2개의 핵과 여러 개의 전자(H_2의 경우는 2개)로

이루어진 역학계입니다. 그리고 전체 에너지를 (4-1′)으로 나타내는 근사에서 그 슈뢰딩거 함수는

$$\psi = \psi_{\mathrm{el}} \cdot \psi_{\mathrm{vib}} \cdot \psi_{\mathrm{rot}} \cdot \psi_{\mathrm{tr}} \cdot \psi_4 \equiv \phi \cdot \psi_4 \tag{4-4}$$

라고 이야기한 것처럼, 각각의 운동에 대한 슈뢰딩거 함수의 곱으로 나타난다고 생각해도 좋습니다. 단, 여기서 ϕ로 쓴 것은, el., vib., rot., tr. 이라는 지금까지 알려져 있는 자유도에 대한 슈뢰딩거 함수 ψ_{el}, ψ_{vib}, ψ_{rot}, ψ_{tr}의 곱입니다만, ψ_4로 쓴 것은 아직 본성을 알지 못하는 제4자유도에 대한 슈뢰딩거 함수이며 그것은 2개 핵의 제4자유도를 각각 기술했던 2개의 좌표 함수입니다.

그런데, 조금 전 이야기한 초보적인 회전분자의 이론은 이 (4-4)의 $\psi_{\mathrm{rot}} \cdot \psi_{\mathrm{tr}}$만으로 분자의 상태를 나타낸다는 것입니다. 저온비열의 문제는(제4자유도가 있다면 이것에 ψ_4를 붙여서) 이 단순한 이론으로도 충분합니다. 그러나 밴드 스펙트럼의 이야기가 되면 ψ_{el}도 중요한 역할을 하기 때문에 조금 더 진보된 이론이 필요하게 됩니다. 이와 같은 2원자 분자의 진보된 이론은 여러 사람이 발전시켰습니다만, 특히 ψ_{el}의 취급이나 실험결과의 이론적 의미 부여에 대해서는 훈트(F. Hund)가 큰 기여를 했습니다. 수소분자 H_2의 비열로부터 양자의 제4자유도에 대한 식견을 얻자고 하는 생각도 훈트가 그 계기를 만들었던 것입니다. 그러나 분자의 이론을 여기서 자세하게 이야기하기는 어려운 일이므로, 여기서는 조금 전 이야기한 초보적인 이론으로 할 수 있는 것만 이야기 해 봅시다.

훈트의 연구를 보면 전자의 상태가 그의 기호로 $^1\Sigma$라는 것일 때에는 (그것은 원자일 때 ^1S상태와 비슷하다고 생각해 주십시오), ψ_{el}을 무시한 초보적인 이론이 그대로 우리의 문제에 사용되는 것을 알 수 있습니다. 예를 들어, $^1\Sigma$상태에서는 E_{rot}는 (4-2)로 주어지고 준위의 겹칩 정도도(당분간 제4자유도를 생각하지 않는다면) (4-3)으로 주어집니다. 게다가 ψ_{rot}도 초보적인 이론과 완전히 같은 모양으로 아령축의 공간방향을 할당하는 각 Θ와 Φ를 이용해서

$$\begin{aligned} \psi_{\mathrm{rot}} &= P_J^{\,M}(\cos\Theta)e^{iM\Phi}, \\ M &= J,\ J-1,\ J-2,\ \cdots\cdots,\ -J+1,\ -J \end{aligned} \tag{4-5}$$

와 같이 나타내는 것이 가능합니다.

여기서, H_2나 O_2와 같이 분자를 만들고 있는 2개의 원자가 같은 종류인 것으로 문제를 좁히겠습니다. 왜냐하면, 그런 경우에 조금 전 이야기한 핵의 통계 문제

(보손인가 페르미온인가 하는 문제)가 중요한 역할을 하고, 그 중 어느 쪽인가 하는 것이 제4자유도의 존재와도 얽혀서, 분자의 회전비열에 작용하기 때문입니다. 조금 더 자세히 말하자면 이런 것입니다. 2개의 핵이 보손이라면 ψ는 2개의 핵의 교환에 대해서 대칭, 페르미온이라면 ψ는 반대칭이 아니면 안 되기 때문이었습니다. 그것이 앞으로 언급하게 될 것과 같은 이유 때문에 비열로 되돌아오게 되는 것입니다.

그것을 보기 위해서 먼저 (4-4)의 ψ에 있는 ϕ를 가지고, ϕ가 2개 핵의 교환에 대해서 대칭인지 반대칭인지를 조사합니다. 이 ϕ에 포함되어 있는 것은 핵 2개의 공간좌표뿐으로 본성을 알 수 없는 제4좌표는 포함되어있지 않으므로, ϕ의 대칭성은 지금까지 알려진 이론으로 제대로 조사할 수 있습니다. 특히 전자가 $^1\Sigma$상태에 있을 때에는 초보적인 이론을 사용해서 ϕ의 대칭성은 다음과 같이 간단히 알 수 있습니다. 게다가 다행스럽게 H_2에서는 전자의 기저상태는 $^1\Sigma$인 것입니다(이에 반해 O_2에서는 $^3\Sigma$가 됩니다).

2개 핵의 공간좌표를 x_1과 x_2로 합시다. 이 때 초보이론에서는 ψ_{el}을 무시하여

$$\phi = \psi_{\mathrm{tr}} \cdot \psi_{\mathrm{vib}} \cdot \psi_{\mathrm{rot}} \tag{4-6}$$

으로 괜찮았습니다. 그리고 ψ_{tr}, ψ_{vib}, ψ_{rot}는 각각

$$\left.\begin{array}{lll} \psi_{\mathrm{tr}} \text{ 는 } & \dfrac{\boldsymbol{x}_1+\boldsymbol{x}_2}{2} & \text{의 함수} \\ \psi_{\mathrm{vib}} \text{ 는 } & |\boldsymbol{x}_1-\boldsymbol{x}_2| & \text{의 함수} \\ \psi_{\mathrm{rot}} \text{ 는 } & \dfrac{\boldsymbol{x}_1-\boldsymbol{x}_2}{|\boldsymbol{x}_1-\boldsymbol{x}_2|} & \text{의 함수} \end{array}\right\} \tag{4-7}$$

이 되겠지요. 그래서 바로 알 수 있는 것은 $\dfrac{\boldsymbol{x}_1+\boldsymbol{x}_2}{2}$ 와 $|x_1-x_2|$는 x_1과 x_2를 교환하여도 불변인 것입니다. 따라서 ψ_{tr}과 ψ_{vib}는 x_1과 x_2의 교환에 대해서 언제나 대칭입니다. 그런데 $\dfrac{\boldsymbol{x}_1-\boldsymbol{x}_2}{|\boldsymbol{x}_1-\boldsymbol{x}_2|}$은 x_1과 x_2를 교환하면 부호가 바뀝니다. 따라서 ψ_{rot}는 대칭인지 반대칭인지 간단히 알 수 없습니다. 그러나 다음과 같이 해서 J가 짝수라면 그것은 대칭, J가 홀수라면 그것은 반대칭인 것을 알 수 있습니다.

그것을 보기 위해서 단위 벡터 $\dfrac{\boldsymbol{x}_1-\boldsymbol{x}_2}{|\boldsymbol{x}_1-\boldsymbol{x}_2|}$의 공간방향을 나타내는 각 Θ와 Φ를 도입합니다. 즉 $\dfrac{\boldsymbol{x}_1-\boldsymbol{x}_2}{|\boldsymbol{x}_1-\boldsymbol{x}_2|}$의 극좌표를 $(1, \Theta, \Phi)$로 합니다. 그리하여 조금 전의 (4-5) 즉

$$\psi_{\mathrm{rot}}\left(\frac{\boldsymbol{x}_1-\boldsymbol{x}_2}{|\boldsymbol{x}_1-\boldsymbol{x}_2|}\right)=P_J{}^M(\cos\Theta)e^{iM\Phi}$$

의 좌변에서 x_1과 x_2를 교환하면 $\frac{\boldsymbol{x}_2-\boldsymbol{x}_1}{|\boldsymbol{x}_2-\boldsymbol{x}_1|}=-\frac{\boldsymbol{x}_1-\boldsymbol{x}_2}{|\boldsymbol{x}_1-\boldsymbol{x}_2|}$ 이므로 $\frac{\boldsymbol{x}_1-\boldsymbol{x}_2}{|\boldsymbol{x}_1-\boldsymbol{x}_2|}$ 의 극좌표가 $(1, \Theta, \Phi)$라면 $-\frac{\boldsymbol{x}_1-\boldsymbol{x}_2}{|\boldsymbol{x}_1-\boldsymbol{x}_2|}$ 의 그것은 명확하게 $(1, \pi-\Theta, \pi+\Phi)$[35], 따라서

$$\psi_{\mathrm{rot}}\left(\frac{\boldsymbol{x}_2-\boldsymbol{x}_1}{|\boldsymbol{x}_2-\boldsymbol{x}_1|}\right)=P_J{}^M(\cos(\pi-\Theta))e^{iM(\pi+\Phi)}$$

이 얻어집니다. 그러나 한편으로 잘 알려져 있는 것처럼

$$\begin{aligned}P_J{}^M\big(\cos(\pi-\Theta)\big)e^{iM(\pi+\phi)}&=P_J{}^M(-\cos\Theta)(-1)^M e^{iM\Phi}\\&=(-1)^J P_J{}^M(\cos\Theta)e^{iM\Phi}\end{aligned}$$

이 성립하기 때문에, 결국

$$\psi_{\mathrm{rot}}\left(\frac{\boldsymbol{x}_2-\boldsymbol{x}_1}{|\boldsymbol{x}_2-\boldsymbol{x}_1|}\right)=(-1)^J\psi_{\mathrm{rot}}\left(\frac{\boldsymbol{x}_1-\boldsymbol{x}_2}{|\boldsymbol{x}_1-\boldsymbol{x}_2|}\right)$$

이 성립합니다. 이 사실은 J가 짝수라면 ψ_{rot}는 x_1과 x_2의 교환에 대해서 대칭, J가 홀수라면 x_1과 x_2의 교환에 대해서 반대칭이라는 것을 의미합니다.

이들을 종합하면 ψ_{tr}과 ψ_{vib}와 ψ_{rot}를 곱한 함수 ϕ에 대해서

$$\phi\text{ 는 }\begin{cases}J\text{ 가 짝수일 때}\\ \qquad\qquad \boldsymbol{x}_1\text{ 와 }\boldsymbol{x}_2\text{ 의 교환에 대해서 대칭}\\ J\text{ 가 홀수일 때}\\ \qquad\qquad \boldsymbol{x}_1\text{ 와 }\boldsymbol{x}_2\text{ 의 교환에 대해서 반대칭}\end{cases}\qquad(4\text{-}8)$$

이라는 결과가 바로 나옵니다. 이 결과를 그림4와 같이 그림으로 나타내면 알기

35) 오른쪽 그림에 벡터 x_1-x_2와 x_2-x_1의 극좌표 표시를 나타내었다. $P_J{}^M(-z)=(-1)^{J-M}P_J{}^M(z)$는 다음의 정의식으로부터 명확하다. (朝永振一郎『量子力学』II, みすず書房 (1952, 제2판, 1997), (42.25식):

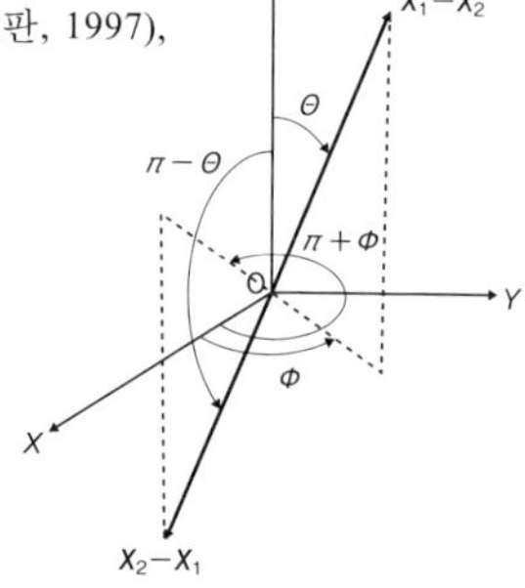

$$P_J(z)=\frac{1}{2^J J!}\frac{d^J}{dz^J}(z^2-1)^J,$$

$$P_J{}^M(z)=(1-z^2)^{|M|/2}\frac{d^{|M|}}{dz^{|M|}}P_J(z).$$

$P_J{}^M$의 예를 들어보자 :

$P_0{}^0(\cos\theta)=1,$

$P_1{}^0(\cos\theta)=\cos\theta,\quad P_1{}^{\pm1}(\cos\theta)=\sin\theta$

$P_2{}^0(\cos\theta)=\frac{1}{2}(3\cos^2\theta-1),\quad P_2{}^{\pm1}(\cos\theta)=3\cos\theta\sin\theta$

$P_2{}^{\pm2}(\cos\theta)=3\sin^2\theta.$

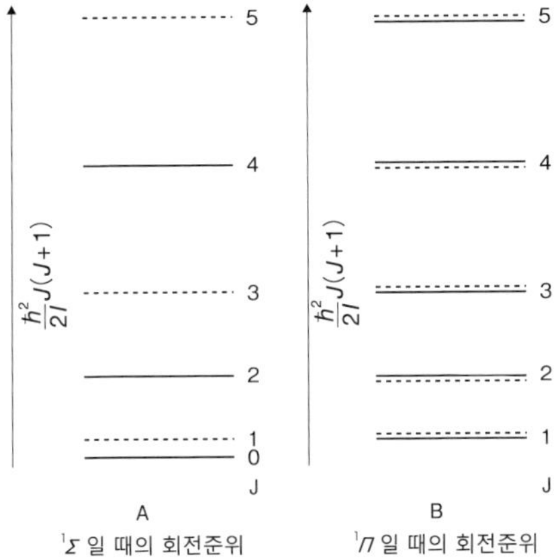

그림 4

쉽습니다. 이 그림의 A는 (4-2)를 이용해서 회전준위를 그림으로 나타낸 것으로 실선 ——으로 나타낸 준위는 핵의 교환에 대해서 대칭인 것, 점선 ……으로 나타낸 준위는 반대칭인 것입니다. 그림4의 B의 의미는 나중에 이야기하겠습니다.

*

준비에 상당히 시간이 걸렸습니다만 지금부터 핵이 보손인지, 페르미온인지에 대한 문제로 이야기 해 보겠습니다. 먼저 핵이 스핀도 가지지 않고, 게다가 구대칭이라고 가정해 봅시다. 그러면 제4자유도는 없어도 좋습니다. 따라서 $\psi=\phi$이고 ϕ의 대칭성이 바꿔 말하면 ψ의 대칭성이 됩니다. 그런 이유로 (4-8)의 결론으로부터 핵이 보손이라면 대칭 ψ를 가진 준위밖에 나타나지 않을 것이므로, 그림 4A의 실선준위는 존재하지 않게 됩니다. 따라서 실제로 나타나는 준위는 그림5와 같이 되는 것이겠지요.

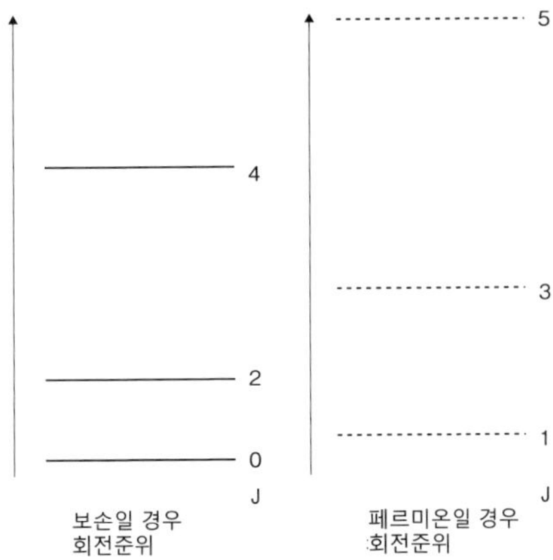

그림 5

이렇게 되면 그림 4A의 준위가 전부 나타난다고 했을 경우, 그림 5의 좌측 준위만이 나타난다고 했을 경우, 또 그 우측 준위만이 나타난다고 했을 경우 각각에서 당연히 다른 회전비열이 나오게 되겠지요. 또 밴드 스펙트럼으로 말하자면 준위가 그림5와 같이 되어 있다면 우측이든, 좌측이든, 그림4A와 같은 준위에서 나오는 선 중에서 적지 않은 선이 탈락하는 셈이네요. 따라서 비열을 측정하거나 밴드를 분석해서 핵이 보손인지 페르미온인지 곧바로 결정할 수 있게 됩니다.

그러나 예를 들어 핵이 스핀을 가지거나 하여 제4자유도가 나타나게 되면 사정은 조금 복잡해집니다. 이 때는 $\psi=\phi$가 아니고, 따라서 (4-8)로부터 바로 ψ의 대칭성을 운운할 수 없기 때문입니다. 그러나 이 때 $\psi=\phi\cdot\psi_4$가 성립하고 또한 (대칭함수)×(대칭함수)=(대칭함수), (대칭함수)×(반대칭함수)=(반대칭함수), (반대칭함수)×(반대칭함수)=(대칭함수)가 성립하는 것으로부터

ϕ가 대칭일 경우 $\begin{cases}\psi \text{ 가 대칭이 되기 위해서는 } \psi_4 \text{는 대칭} \\ \psi \text{ 가 반대칭이 되기 위해서는 } \psi_4 \text{는 반대칭}\end{cases}$

ϕ가 반대칭일 경우 $\begin{cases}\psi \text{ 가 대칭이 되기 위해서는 } \psi_4 \text{는 반대칭} \\ \psi \text{ 가 반대칭이 되기 위해서는 } \psi_4 \text{는 대칭}\end{cases}$

이 아니면 안 되는 것은 명확하겠지요. 그러면 이것과 (4-8)을 묶어서

$$\psi_4\text{는}\begin{cases}\text{핵이 보손이라면} & \begin{cases}\text{준위 ——— 에 있어서 대칭,} \\ \text{준위 ······· 에 있어서 반대칭}\end{cases} \\ \text{핵이 페르미온이라면} & \begin{cases}\text{준위 ——— 에 있어서 반대칭,} \\ \text{준위 ······· 에 있어서 대칭}\end{cases}\end{cases} \qquad (4\text{-}9)$$

가 아니면 안된다는 결론이 나옵니다.

그리하여 핵에 제4자유도가 있다면 준위 ——와 준위 ······· 중 어느 한 쪽이 완전히 모습을 지우는 일은 없겠지만, 각각에 있어서 ψ_4는 대칭성을 달리 하고 있습니다. 그 때 ψ_4가 대칭인지 반대칭인지에 의해 에너지 E_4는 조금은 다를지도 모르겠으나, 그 어느 쪽도 너무나 작기 때문에 (4-2)의 식은 그대로 성립한다고 생각해도 좋습니다. 따라서 준위가 있는 장소는 그림 4A 그대로라고 생각해도 좋습니다.

그러나 ψ_4가 대칭일 경우와 그것이 반대칭일 경우에 E_4의 겹침 정도가 다를 수도 있습니다. 그런 경우에는 (4-1′)의 E 전체의 겹침 정도도 달라지므로 그 겹침 정도의 차이는 실험에 관계됩니다. 예를 들어 스펙트럼 선의 강도는 준위의

겹침 정도가 크면 그것만 커지게 됩니다. 또 통계역학에 의해서 비열을 계산할 때, 그 겹침 정도가 통계적 가중이 되기 때문에 그것이 결과에 작용하게 됩니다. 훈트가 주목한 것은 이런 것입니다.

*

준위 E_4의 겹침 정도가 ψ_4의 대칭성에 의해서 다르게 되는 좋은 예는 스핀입니다. 예를 들어 핵 2개의 스핀이 각각 $\frac{1}{2}$이라고 합시다. 그 때, 제3화에서 증명한 정리에 의해서 ψ_4가 그 스핀 좌표의 교환에 대해서 대칭이라면 합성 스핀은 1이며, 따라서 그 때 스핀의 공간양자화 개수와 관련해서 3중 겹침이 나타납니다. 그리고 ψ_4가 스핀 좌표의 교환에 대해서 반대칭이라면 합성 스핀은 0이 되고, 따라서 그 때 겹침은 없습니다(즉, 겹침 정도는 1). 이런 것이 성립하고 있습니다.

그래서 일반적으로 준위 E_4의 겹침 정도를

$$\begin{aligned}&\psi_4 \text{ 가 대칭일 때} \quad g_{\mathrm{s}}, \\ &\psi_4 \text{ 가 반대칭일 때} \quad g_{\mathrm{a}}\end{aligned}$$

라고 쓰면, (4–9)로부터 준위 E_4의 겹침 정도는

$$\begin{cases}\text{핵이 보손일 경우에는} \begin{cases}\text{준위 —— 에서 } g_{\mathrm{s}}, \\ \text{준위 ······ 에서 } g_{\mathrm{a}}\end{cases} \\ \text{핵이 페르미온일 경우에는} \begin{cases}\text{준위 —— 에서 } g_{\mathrm{a}}, \\ \text{준위 ······ 에서 } g_{\mathrm{s}}\end{cases}\end{cases} \tag{4–10}$$

이 되는 것으로 결론지을 수 있겠지요.

지금까지 우리는 전자상태가 $^1\Sigma$라고 가정하고 초보적인 이론을 이용해서 (4–10)을 유도해 왔습니다. 그러나 조금 더 일반적으로 전자상태가 어떠하더라도 (4–10)의 결론에 변화가 없는 것을 훈트의 이론으로 알 수 있습니다. 단, 그 때는 회전준위의 상태가 그림4A로 바뀌게 됩니다. 그림4B에 예를 하나만 들었습니다만, 이것은 전자 상태가 $^1\Sigma$가 아니고 훈트의 기호로 $^1\Pi$(이것은 원자의 경우 ^1P와 비슷합니다)라고 불리는 상태에 있을 때입니다. 그림을 보고 알 수 있는 것처럼 $^1\Pi$상태의 경우에는 준위 값은 역시 (4–2)로 주어집니다만, $J=0$의 준위는 존재하지 않으며 $J=1, 2, 3,$ ······이 됩니다. 또 각각의 회전준위는 제4자유도를 도입하기 전에 이미 2중으로(공간양자화로부터 나온 겹침 정도 $2J+1$에 겹쳐져서) 겹쳐져 있고 그 한 쪽은 ——, 다른 쪽은 ······과 같은 형태로 되어 있습니다.

F. 훈트 (1896-1997)

그림4B에서는 그 겹침을 극도로 근접한 실선과 파선으로 ┉┉과 같이 나타내었습니다.

이런 식으로 전자 상태가 $^1\Sigma$이든, $^1\Pi$이든 준위 ──과 준위 ┈┈에서 겹침 정도가 다르다고 하면, 그것이 먼저 밴드 스펙트럼 선의 강도에 나타나게 됩니다. 즉, 만약 핵이 보손이라면 준위 ──에서 준위 ──으로의 천이로 인해 나타나는 선의 강도와, 준위 ┈┈에서 ┈┈으로의 천이로 인해 나타나는 선의 강도 비는 $g_s : g_a$가 될 것이고, 핵이 페르미온이라면 그 비는 $g_a : g_s$가 되겠지요. 이 때 ──에서 ┈┈으로의 천이는 우리가 사용한 근사에서는 금지되어 있습니다(근사를 진행하면 금지는 풀립니다만, 천이의 확률은 극도로 작아지겠지요). J를 이용해서 이 결론을 다시 말하자면, 예를 들어 최종 상태가 $^1\Sigma$라고 할 때 $J=0, 1, 2, 3, \cdots\cdots$의 준위로 천이에서 나타나는 선은, 만약 핵이 보손이라면 각각 $g_s : g_a : g_s : g_a : \cdots\cdots$와 같이 강도가 교대로 나타나게 되고, 핵이 페르미온이라면 교대로 나타나는 순서가 반대로 $g_a : g_s : g_a : g_s : \cdots\cdots$과 같이 됩니다. 따라서, 예를 들어 핵의 제4자유도가 스핀이고 그것이 $\frac{1}{2}$이라고 하면 조금 전의 이야기에서

$$g_s = 3, \quad g_a = 1 \tag{4-11}$$

이므로, 강도는

$$\begin{array}{ll} \text{보손일 때} & 3:1:3:1\cdots\cdots, \\ \text{페르미온일 때} & 1:3:1:3\cdots\cdots \end{array} \tag{4-11'}$$

처럼 교대로 나타납니다.

그런 이유로 H_2 밴드를 조사해서 이런 강도가 이렇게 교대로 나타나는지, 그것이 어떤 강도비로 일어나고 있는지를 조사하면 양성자의 스핀이 어떤 값인지, 또 그것이 보손인지 페르미온인지, 그런 것이 결정되게 됩니다. 그러나 훈트가 이런 착상을 전개한 1927년의 초반 무렵에는 아쉽게도 H_2 밴드에 대해서 아직 충분한 데이터를 얻지 못했었습니다. 그래서 그는 당시에 이미 알고 있던 H_2 분자의 회전비열 실험값으로 그것을 결정하려고 생각했었습니다.

*

온도 T의 H_2 기체를 생각해봅시다. 이 때 통계역학에 의한 1분자 당 회전에너지의 평균치는

$$\langle E_{\text{rot}} \rangle = \frac{1}{Z}\left\{ \sum_{J=\text{even}} \beta g(J)E(J)e^{-\frac{1}{kT}E(J)} + \sum_{J=\text{odd}} g(J)E(J)e^{-\frac{1}{kT}E(J)} \right\} \tag{4-12}$$

$$Z = \sum_{J=\text{even}} \beta g(J)e^{-\frac{1}{kT}E(J)} + \sum_{J=\text{odd}} g(J)e^{-\frac{1}{kT}E(J)}$$

로 주어지겠지요. 단, 여기서 $E(J)$ 및 $g(J)$는 각각 (4-2), (4-3)으로 주어지는 회전에너지 및 공간양자화에 의한 겹침 정도로, β는

$$\beta = \frac{J\text{가 짝수일 때 } E_4\text{의 겹침 정도}}{J\text{가 홀수일 때 } E_4\text{의 겹침 정도}} \tag{4-13}$$

을 의미합니다. 여기서 (4-10)을 떠올려 보면,

$$\begin{aligned} &\text{양성자가 보손이라면} \quad \beta = \frac{g_{\text{s}}}{g_{\text{a}}}, \\ &\text{양성자가 페르미온이라면} \quad \beta = \frac{g_{\text{a}}}{g_{\text{s}}} \end{aligned} \tag{4-13$'$}$$

입니다. 반대로 양성자의 제4자유도가 스핀이고, 동시에 그 값이 $\frac{1}{2}$이라고 하면 (4-11)의 $g_{\text{s}}, g_{\text{a}}$의 값으로 하면 됩니다. 그렇게 하면

$$\begin{aligned} &\text{양성자가 보손이라면} \quad \beta = 3, \\ &\text{양성자가 페르미온이라면} \quad \beta = \frac{1}{3} \end{aligned} \tag{4-13$''$}$$

이 됩니다만, 당분간 β는 미정입니다.

그런데 훈트가 비열을 계산하려고 했을 무렵에는 H_2의 관성모멘트 I도 알려져 있지 않았습니다. 그래서 그는 β와 I를 미정으로 두고 출발하여 이것에 여러 가지 값을 넣어 (4-12)에 의해 $\langle E_{\text{rot}} \rangle$를 계산하였습니다. 그리고 얻은 값에서 비열을

$$C_{\text{rot}} = \frac{d\langle E_{\text{rot}} \rangle}{dT} \tag{4-14}$$

에 의해서 구했고, 그 결과가 저온에서 실험치와 아주 잘 맞도록 β와 I를 결정했던 것입니다. 그 결과, 그는

보어와 함께 연구 중인 일본인. 왼쪽부터 니시나 요시오(1890-1951), 아오야마 신이치(1882-1959), 호리 타케오(1899-1994), 키무라 켄지로(1896-1988). 1926년, 코펜하겐에서.

$$\beta \approx 2,$$
$$I \approx 1.54 \times 10^{-48} \mathrm{kg \cdot m^2} \quad (4\text{-}15)$$

가 매우 적합하다는 것을 발견한 것입니다. 이 β의 값은 양성자의 스핀을 $\frac{1}{2}$로 할 때의 값 3(양성자가 보손일 때), 혹는 $\frac{1}{3}$(양성자가 페르미온일 때)의 어느 쪽과도 일치하지 않았습니다. 단, 훈트는 $\beta=3$으로 하여도 $I \approx 1.69 \times 10^{-48}$으로 하면 실험과의 일치가 반드시 나쁘다고는 말할 수 없다고 이야기하고 있습니다. 그렇다고 하더라도 그는 양성자는 스핀이 $\frac{1}{2}$인 보손이라는 결론을 보류하고 있었습니다. 훈트는 이 일을 코펜하겐의 보어가 있는 곳에서 마무리지어 1927년 2월에 발표했습니다.

*

이런 일을 훈트가 하고 있을 때, 호리라는 물리학자가 코펜하겐으로 왔습니다. 이 학자는 분광학의 실험가이며……, 등과 같은 의미심장한 말은 접어두고 단도직입적으로 말하자면, 그는 교토대학을 나온 후에 홋카이도대학의 교수가 된 호리 타케오(堀 健夫)씨입니다.[36] 그는 당시 료쥰공업대학(旅順工科大学)에 있었습니다만 코펜하겐으로 유학하여[37] 그의 분광학 실력을 유감없이 발휘했습니다. 마침 이 무렵에 훈트도 코펜하겐에 있었기 때문에 그곳에서 H_2분자의 문제가 화제

36) 그와 저자는 깊은 관련이 있다. 호리는 교토대학의 물리학과를 졸업한 후 대학원 시절에 저자의 집에 하숙하였고 저자의 누이 시즈와 결혼했다. 그 무렵, 호리는 교토의 제3고등학교에서 임시강사를 하고 있었고, 저자는 유카와와 함께 역학을 배웠다. 저자는 이렇게 적고 있다 :「이 선생님은 실험가였으나, 역학을 가르치는 방식은 꽤 신선하였다. 강의 같은 것은 전혀 하지 않았으며 이론은 학생의 자습에 맡기고 교실에서는 연습문제만 풀게 하는 참신한 방법이었다. 이 선생님은 분광학이 전문이었기 때문에 새로운 양자역학에도 관심이 있었고, 그것에 관련된 것을 이 선생님을 통해서 여러 가지 들을 수 있었다.」(朝永振一郎)「仁科先生の温情に泣く」, 自然, 1962년 10월호,『鳥獣戯画』(朝永振一郎著作集 I), みすず書房 (1981)에「わが師·わが友」로 수록.)

37) 부록 A.4「堀健夫日記」참조

의 중심이 되었던 것은 그리 상상하기 어렵지 않습니다. 그런 이유로 보어는 호리에게 H_2 밴드를 연구해 볼 것을 제안했습니다. 그래서 호리는 그 한 해 전인 1926년에 베르너(S. Werner)가 새롭게 발견한 수소 밴드에 대해서 면밀한 실험을 하고 아주 힘든 분석을 했습니다. 그 결과, H_2의 회전스펙트럼에 지금까지 발견하지 못했던, 강도가 교대로 나타나는 것을 처음으로 발견했던 것입니다. 그리고 그것이

짝수 J준위 사이의 천이에서 약하고
홀수 J준위 사이의 천이에서 강하다 (4-16)

인 것을 발견했습니다. 그는 발표한 논문에 강도비에 대해서 그다지 정량적인 것을 쓰지 않았습니다만, 그가 제시한 그림으로부터 어림잡아 판단하면 그럭저럭 1:3에 가깝습니다. 뒤에 이야기하겠지만, 데니슨(D. M. Dennison)이라는 학자가 그에게 강도비를 물어보았을 때, 그는 거의 1:3이라고 대답하였습니다.

그 결과는 훈트가 비열로부터 얻은 결론과 전혀 맞지 않습니다. 훈트는 비열로부터 $\beta \approx 2$를 얻었으나, 이것이라면 짝수 J의 스펙트럼선 쪽이 홀수 J의 그것보다 거의 2배로 강하게 나오지 않으면 안 됩니다. 이것은 호리의 (4-16)과 확실히 반대입니다. 게다가 호리는 밴드의 해석으로부터 관성모멘트를 구하는 것이 가능했으며,

$$I = 4.67 \times 10^{-48} \mathrm{kg \cdot m^2} \tag{4-16'}$$

을 얻었습니다. 또한 이것은 훈트의 (4-15)와 크게 어긋나 있습니다. 호리는 이런 점을 지적하였습니다.

마침 호리가 코펜하겐에서 그의 실험결과를 정리하고 있을 무렵, 미시건 대학의 데니슨이 훈트의 결과와 호리의 결과가 일치하지 않는 것을 알고서 이것에 주목했습니다.[38] 그래서 그는 코펜하겐에 와서 아직 출판 전의 호리 논문의 원고를 보고서 그 결과를 다음과 같이 생각했습니다.

그는 호리의 실험 중에서, 호리가 ——에서 ······으로 천이에 해당하는 선을 하나도 발견하지 못한 것에 주목했습니다. 조금 전 이야기한 것처럼 이 천이는 제1근사로는 금지되었으나, 보다 고차의 근사에서는 약하지만 그것이 있어도 나쁘지는 않습니다. 그렇게 되면 미약하지만 그 천이에 해당하는 선이 발견되어도 좋겠지만 그것이 발견되지 않습니다. 이것은 ——에서 ······으로 천이의 확률이 매우 작은 것을 의미합니다. 더욱이 데니슨은 이론적으로도 이 확률은 틀림없이

매우 작을 것이라고 생각했습니다. 그리고 만약 사정이 그렇다면 짝수 J를 가진 H_2분자가 홀수 J를 가진 H_2분자로 천이하거나, 또 그 반대가 일어나는 것은 아주 긴 시간이 걸리고, 저온비열을 측정하는 실험 시간이 너무 짧아서 실험을 하는 동안에 한 쪽에서 다른 쪽으로의 바뀜은 일어나지 않는다고 생각해야만 하는 것이 아닐까? 라고 그는 생각했습니다. 다시 말하면, 짝수 J의 분자와 홀수 J의 분자 사이에는 열평형이 성립하지 않는 채로 실험이 이루어진 것은 아닐까? 그렇다면, 훈트가 이용한 공식 (4-12)는 열평형을 전제로 하고 있기 때문에 그의 결론이 실험과 맞지 않더라도 당연한 것이 아닐까? 이것이 데니슨의 생각입니다.

그래서 그는 비열을 계산하기 위해 다음과 같은 방법을 썼습니다. 즉, 짝수 J의 기체와 홀수 J의 기체를 서로 바뀜이 없는 다른 종류의 기체라고 생각하고, 그 혼합 기체의 비열을 구해보았던 것입니다.

이 생각에 따르면 구하고자 하는 비열은 다음과 같이 계산됩니다. 먼저 짝수 J의 기체와 홀수 J의 기체의 회전 에너지를 각각 $E_{\rm rot}^{\rm even}$, $E_{\rm rot}^{\rm odd}$라고 써서, 그것들에 대해서 $\langle E_{\rm rot}^{\rm even}\rangle$와 $\langle E_{\rm rot}^{\rm odd}\rangle$를 각각 계산합니다. 그것은 바로

$$\begin{cases} \left\langle E_{\rm rot}^{\rm even}\right\rangle = \dfrac{1}{Z_{\rm even}} \displaystyle\sum_{J=\rm even} g(J)E(J)e^{-\frac{1}{kT}E(J)} \\ Z_{\rm even} = \displaystyle\sum_{J=\rm even} g(J)e^{-\frac{1}{kT}E(J)} \end{cases} \qquad (4\text{-}17)_{\rm even}$$

---

38) 호리는 1927년 1월 27일의 일기에 「이것이라면 Hydrogen(수소분자)의 moment of inertia(관성모멘트)를 정확하게 calc.(계산)할 수 있다.」라고 쓰고 있다. (부록 A.4를 보라). 이 때에는 아직 결과가 나오지 않았었다. 수소분자의 비열을 다룬 훈트의 논문이 잡지에 수리된 것은 2월 7일이므로, 이 1월 27일에 논문은 완성되어 있었을 것이다. 호리의 2월 4일 일기에 의하면, 이 날 훈트는 수소분자의 회전 스펙트럼에 대한 호리의 분석결과가 자신의 비열에 대한 결과와 크게 다른 것에 실망하고 있었다. 호리에게서 수소분자의 관성모멘트가 $I=4.67\times10^{-48}{\rm kg\cdot m^2}$이라는 것을 듣고서 자신이 논문에 쓴 $I=1.54\times10^{-48}{\rm kg\cdot m^2}$과 비교했었을 것이다. 호리의 2월 3일 일기에서는 이 날에는 스펙트럼선의 강도가 1:3이 된다는 결과를 아직 얻지 못했을 것이라는 것이 상상된다(호리는, 이것을 논문에도 쓰지 않았다). 훈트는 그가 얻은 강도비 2:1이 실험과 어긋나는 것 등을 알 수가 없었다.

데니슨은 호리의 관성모멘트 실측값이 훈트의 이론값보다 큰 것도 스펙트럼선의 강도비가 1:3인 것도 알고 있었다. 그는 그 이유를 찾아내려고 하고 있었고, 이 점이 훈트와 크게 다른 점이다. (권말 부록 p.56 「신판의 후기」 말미의 주기도 참조)

그가 비열을 설명하는 열쇠가 된 착상(본문 pp.87-91)을 얻은 것은, 그의 회상록 (D.M.Dennison, Recollections of physics and of physicists during the 1920's, *Am. J. Phys.* 42 (1974) 1051)에 의하면, 1927년 늦은 봄 캠브리지에 6주간 머무르고 있을 때였다. R.H.파울러에게서 3회의 강의를 부탁받고 3회째 강의를 위해서 이 비열 이론을 만들어 낸 것이다.

및

$$\begin{cases} \langle E_{\text{rot}}^{\text{odd}} \rangle = \dfrac{1}{Z_{\text{odd}}} \displaystyle\sum_{J=\text{odd}} g(J)E(J)e^{-\frac{1}{kT}E(J)} \\ Z_{\text{odd}} = \displaystyle\sum_{J=\text{odd}} g(J)e^{-\frac{1}{kT}E(J)} \end{cases} \qquad (4\text{-}17)_{\text{odd}}$$

입니다. 다음으로 이 2종류 기체의 혼합비를 ρ:1로 하면 혼합 기체의 에너지는 명확하게

$$\langle E_{\text{rot}} \rangle = \frac{\rho}{\rho+1}\langle E_{\text{rot}}^{\text{even}} \rangle + \frac{1}{\rho+1}\langle E_{\text{rot}}^{\text{odd}} \rangle \qquad (4\text{-}18)$$

이 되겠지요. 그리고 이 $\langle E_{\text{rot}} \rangle$를 이용하고 비열을

$$C_{\text{rot}} = \frac{d\langle E_{\text{rot}} \rangle}{dT}$$

로 계산합니다.

이런 생각을 근거로 데니슨은 여러 가지 ρ의 값과 여러 가지 I의 값에 대해 C_{rot}를 계산하고, 그 계산 결과가 실험과 아주 잘 맞도록 하기 위해서 ρ와 I를 어떻게 하면 좋을지에 대한 값을 구한 것입니다. 그렇게 해서 그는

$$\rho = \frac{1}{3}, \qquad I = 4.64 \times 10^{-48}\text{kg} \cdot \text{m}^2 \qquad (4\text{-}19)$$

를 발견했습니다. 이리하여 그는 $\rho = \frac{1}{3}$이라는 값이 호리에게서 들었던 스펙트럼선의 강도비와 일치하며, 또한 I의 값 4.64가 호리가 결정한 값 4.67과 매우 잘 일치하는 것을 발견하였습니다.

여기서 데니슨의 논문은, 훈트의 계산과 호리 실험의 차이는 완전히 해소되었다는 것을 결론으로 일단 끝이 났습니다.

그런데 그는 논문을 투고한 날, 즉 June 3, 1927로부터 2주 정도 지나서 논문에 Added June 16, 1927라고 본론의 앞에 덧붙였습니다. 거기에서 처음으로 그는, 혼합비 $\frac{1}{3}$:1이라는 값이 양성자 스핀 $\frac{1}{2}$을 의미하고 있는 것을 지적하고 있습니다. 먼저, 그는 이 $\frac{1}{3}$:1이라는 비는 짝수 J기체와 홀수 J기체의 상온에서 혼합비인 것을 서술하며, 그리고 이것은 마치 양성자가 스핀 $\frac{1}{2}$인 페르미온이라는 것을 의미한다고 결론 짓고 있습니다.

*

이런 점에서 볼 때, 맞는지 어떤지 자신은 없지만, 아무래도 그는 처음에 자신의 연구가 양성자의 스핀에 관계된 중대한 것이라는 것을 알아차리지 못했던 것은 아닐까?[40] 실제로 그는 논문의 제목에도 「A Note on the Specific Heat of the Hydrogen Molecule」와 같은, 정말로 눈에 띄지 않는 제목을 붙였으며 마치 훈트나 호리의 연구에 대한 코멘트 같은 스타일을 하고 있습니다. 그러나 논문을 투고한 뒤에 그는 자신이 하고 있는 연구의 중대성을 알아차리고서 Added June 16……을 추가한 것이 아닐까?

그래서 나도 여기에서 Added…로 사족을 달아보기로 하겠습니다. 그것은 짝수 J기체와 홀수 J기체의 혼합비 ρ:1의 ρ가 (4-13′)의 β와 일치하는지에 대한 것입니다. 왜 이것을 문제 삼는 것인가 하면, 이것이 일치해서 처음으로 데니슨이 발견한 $\rho=\frac{1}{3}$으로부터 $\beta=\frac{1}{3}$이 결론 나고, 그것으로부터 (4-13″)을 이용해서 양성자가 페르미온이며 스핀 $\frac{1}{2}$이라는 것을 말할 수 있기 때문입니다. 이 부근의 사정은 다음과 같이 됩니다.

아마 알고 있을거라고 생각합니다만, 통계역학에 의하면 우리의 H_2기체가 열평형에 있다면

$$\rho(T) :1 = \sum_{J=\text{even}} \beta g(J) e^{-\frac{1}{kT}E(J)} : \sum_{J=\text{odd}} g(J) e^{-\frac{1}{kT}E(J)}$$

이 성립합니다. 그런데 이것이 β:1과 일치하는 것은

$$\sum_{J=\text{even}} g(J) e^{-\frac{1}{kT}E(J)} = \sum_{J=\text{odd}} g(J) e^{-\frac{1}{kT}E(J)}$$

39) 하이젠베르크는 1927년, 양성자에 스핀 1/2을 가정하고 수소분자에 파라와 오르토를 구별했다(*Z. Phys*. 41 (1927) 239). 데니슨은 논문에 양성자의 스핀에 대해서 추가할 때 이것을 인용하고 있다. 이들 논문의 영향을 받아, 수소를 냉각해서 J=홀수에서 짝수 상태로의 바뀜을 열전도율 측정으로 실증하고, 파라, 오르토 수소라고 이름 지은 것은 폰회퍼와 하르테크이다(K.F.Bonhoeffer und P.Hartech, *Z.Phys. Chem*. B4 (1929) 113). 오이켄은 비열의 시간변화를 실증(A.Eucken und K.Hiller, *Z.Phys. Chem*. B4 (1929) 142). 지오크는 수소의 3중점의 증기압에 근소한 변화를 찾아내었다(W.F.Giauque and H.L.Johnston, *J. Am. Chem. Soc*. 50 (1928) 3221).

40) 데니슨은 이런 사정을 회상록에 써 두었다. :「H_2분자 회전의 대칭(J:짝수)·반대칭(J:홀수) 상태의 비가 1:3인 것은 양성자의 스핀이 전자와 같고 자연계에서 반대칭인 상태만이 허락되는 것에서 유도된다. 이것은 너무나도 명확하다고 생각되기 때문에 논문에서 강조할 것까지도 없다고 생각했다. 그러나 논문의 초고를 보어에게 보냈더니 답장이 왔는데, 이것을 있는 그대로 적어야만 한다는 것이었다. 그리고 교정할 때 덧붙여 쓴 것이다.」

또한 데니슨은 H_2분자 회전의 대칭·반대칭 상태의 변화에 시간이 걸린다는 생각은 He의 오르토·파라 상태 사이의 천이가 약하다는 하이젠베르크의 결과로부터 알게 되었다고 말하고 있다. (주38에 인용한 D.M.Dennison의 회상록, p.1056에서.)

이 성립할 때로, 이것은 일반적으로는 성립하지 않습니다. 그러나 T가 충분히 커서 $kT \gg \frac{\hbar^2}{2I}$라면 충분히 좋은 근사로 이 관계는 성립합니다. 따라서

$$\rho(\text{상온}) = \beta$$

이 됩니다. 그러므로 데니슨이 말한 것과 같이 그가 찾아낸 ρ가 상온에서의 혼합비라면, $\rho = \frac{1}{3}$로부터 양성자가 스핀 $\frac{1}{2}$인 페르미온이라고 결론 내려도 좋습니다. 그러면 데니슨은 어떤 근거로 그의 ρ를 $\rho(T)$로 하지 않고, ρ(상온)으로 해석한 것인가? 데니슨이 훈트와 다른 것은 바로 그 점입니다.

데니슨이 생각하기에는 실험에 사용한 수소는 상온에서 긴 시간 두었던 것입니다. 따라서 실험을 시작하기 전, 혼합비는 ρ(상온):1이 되어 있습니다. 그런데 실험에서는 이 기체를 플라스크에 넣어 매우 낮은 저온으로 냉각시켜 비열을 측정했습니다. 그러나 플라스크에 넣어 냉각해도 ——과 ······· 간의 변화는 많은 시간이 걸리기 때문에 실험이 끝날 때까지 기체의 혼합비는 계속 ρ(상온)을 유지하며, 절대로 $\rho(T)$가 되지 않았을 것입니다. 이것이 데니슨 생각의 포인트입니다. 만약 ρ에 $\rho(T)$를 이용했다면 (4-18)의 $\langle E_{\mathrm{rot}} \rangle$도 결국 훈트가 이용한 (4-12)와 같게 되어버렸을 것입니다. 훈트가 이용한 공식 (4-12)는 절대로 잘못된 것이 아닙니다. 하지만 그것이 성립하기 위한 조건이 실제의 실험조건에서 만족하고 있는지 어떤지에 대한 검토를 무심코 잊었기 때문에, 그는 잘못된 답을 도출했던 것입니다. 훈트조차 그러하니 여러분들도 공식을 사용할 때에는 충분히 주의하지 않으면 안됩니다.

이야기가 제법 길어졌으므로 수소분자를 둘러싼 훈트, 호리, 데니슨 세 사람의 이야기를 끝내겠습니다. 양성자의 스핀과 통계가 처음에 이런 우여곡절을 겪고 결정되었다는 것을 지금 사람들은 거의 모른다고 생각하여 나도 모르게 이야기가 길어졌습니다. 그 후, 양성자의 스핀뿐만 아니라 자기모멘트는 좀 더 직접적인 방법(그의 특기인 분자선을 자기장으로 휘어지게 하는 방법)으로 슈테른(O.Stern)에 의해서 이루어졌습니다. 그것은 대부분 조금 더 시간이 지난 뒤인 1933년의 일입니다.

제5화 스핀끼리의 상호작용

헬륨 스펙트럼부터 강자성까지

제4화에서 수소 분자를 둘러싼 이야기를 했습니다만, 분자의 연구라고 할만한 것은, 제1화~제3화에서 이야기한 양자역학 발전의 큰 본류와 비교하면 벼랑 가까이 움푹한 곳에서 돌고 있는 소용돌이와 같은 느낌이 듭니다. 그러나 이와 같은 소용돌이 속에서 나뭇잎 등이 빙글빙글 돌고 있다고 한 광경도 어딘지 모르게 마음을 끌어 당깁니다. 그리고 지난 시간에 이야기한 것과 같이, 벼랑의 움푹한 곳에서부터 어느 날 문득 양성자 스핀$=\frac{1}{2}$ 등과 같은 흐름이 빠져나와서 본류로 합류했다고 말한 것과 같은 일도 자주 일어나는 것입니다.

그러나 때로는 벼랑 가까운 곳의 흐름이 하나의 지류를 만들고, 그것이 더욱 넓게 유역의 물을 모아서 본류로부터 갈라져 나온 별도의 큰 강으로 성장하는 것도 적지 않습니다. 일단 양자역학의 짜임새가 완성된 1927~29년 무렵부터 이와 같은 분류로 고체물리학(이른바 물성론)이 급속하게 발전하여 하나의 큰 신천지를 열었던 것은 모두가 잘 알고 있는 대로입니다.

오늘은 역학계가 많은 전자를 포함할 때 그들 전자 스핀끼리의 상호작용을 어떻게 생각해야 하는지에 관한 문제를 이야기해 볼까 합니다. 그러면 이야기는 자연스레 고체물리의 한 가지 큰 문제(긴 시간 진정한 답을 기다리고 있었던 강자성의 문제)의 일부분을 건드리는 것이 됩니다.

*

애초에 전자의 스핀은 제1화에서 제2화에 걸쳐 이야기한 것과 같이 원자 스펙트럼의 문제로부터 발견되었습니다. 제1화, 제2화에서는 이것을 아주 간단한 알칼리류와 알칼리토류의 예에 대해서 이야기했습니다. 그 때, 알칼리원자의 경우에는 닫힌 껍질 바깥에 전자가 1개밖에 없기 때문에 그 스펙트럼의 연구로는 복

W. 하이젠베르크 (1901-1976), 1927년 경 촬영

수의 전자로 이루어진 계 특유의 문제를 해명하는 열쇠는 찾지 못했습니다. 이처럼 다전자계에서 특히 오랜 시간 수수께끼였던 이유는, 전자 스핀끼리의 상호작용을 아주 강하다고 생각해서 처음으로 설명된 현상이 몇 가지 발견되고 있었기 때문입니다. 전자는 스핀과 함께 자기모멘트를 가지고 있어서 당연히 2개의 전자 스핀은 서로 자기적인 작용을 하겠지만 실험을 보면 그것보다 4~5승 정도 큰 스핀끼리의 상호작용이 있는 것처럼 보입니다.

가장 간단한 예는 헬륨을 비롯한 알칼리토류원자의 스펙트림에서 볼 수 있습니다. 제1화에서 이야기한 것처럼, 알칼리토류의 스펙트럼 항은 1중항과 3중항의 2가지로 분류할 수 있습니다만 그림6에 또 하나 알칼리류의 대표로 Na의 준위를, 알칼리토류의 대표로 Mg의 준위를 나타내고 있으므로 그것을 보면서 이야기를 들어주십시오.

제2화에서 이야기한 것과 같이 알칼리원자의 준위가 2중으로 되어있는 것은 (S항은 예외) 닫힌 껍질의 밖에 있는 1개의 전자 스핀이 원자 내에서 2개의 방향으로 양자화되어 있기 때문이었습니다. 자세히 이야기하면, 전자의 정지계에서 볼 때 핵은 전자를 둘러싸고 운동하고, 따라서 전자가 있는 곳에 자기장이 생깁니다(이 자기장을 제2화에서는 내부자기장 $\mathring{\boldsymbol{B}}$로 불렀습니다). 그런 이유로, 전자 스핀은 이 내부자기장에 대해서 $\pm\frac{1}{2}$의 방향으로 양자화 되고, 그래서 준위가 2개로 분열한 것이었습니다. 제1화에서는 예전 속전자의 모델을 이용해서 이 분열을 생각하였고 제2화에서 속전자의 생각이 버려지고 스핀의 생각이 나타난 것을 이야기했습니다만, 그 때 양자수 j와 스핀의 관련을 구체적으로는 이야기하지 않았습니다. 또, 신양자역학의 등장으로 양자수 사용법도 약간 바뀌었기 때문에 여기서 그런 점들을 보완해가면서 이야기를 진행하도록 합시다. 그러면 그것은 다음과 같이 됩니다.

먼저 궤도의 형태나 크기는 n과 l로 정하고, 그것에 대응해서 전자의 궤도 에너지는

$$E_l = E^{(1)}(n,\ l) \tag{5-1}$$

로 주어지겠지요. 이 때 신양자역학에 의하면 궤도각운동량의 크기는 $\hbar$의 단위

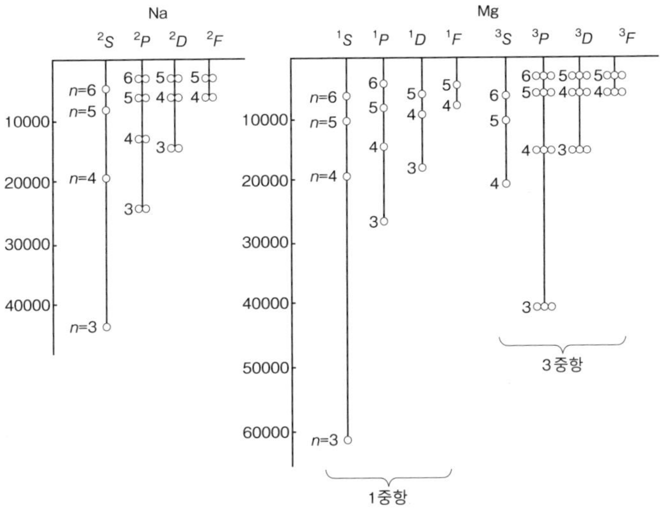

그림6 알칼리류(좌)와 알칼리토류(우)의 스펙트럼 항

로 l이 되는 것은 알고 있겠지요. 그래서 각운동량 벡터 그 자체를 $\boldsymbol{l}$로 적습니다. 다음으로 전자 스핀을 생각합니다. 그러면 스핀 각운동량은 $\boldsymbol{s}$로 적고, 크기 s는 $\frac{1}{2}$ 입니다. 이 때 벡터 $\boldsymbol{s}$는 지금 이야기한 것처럼 내부자기장에 평행 또는 역평행으로 양자화 되어 있습니다. 그런데 내부자기장의 방향은 $\boldsymbol{l}$의 방향과 일치하고 있으므로 스핀 스펙트럼 $\boldsymbol{s}$가 $\boldsymbol{l}$의 방향 또는 역방향으로 양자화되었다고 결론을 내려도 좋습니다

그러면 원자의 총각운동량을 $\boldsymbol{j}$로 쓰면, 그것은 $\boldsymbol{l}$과 $\boldsymbol{s}$의 합성이므로

$$\boldsymbol{j} = \boldsymbol{l} + \boldsymbol{s} \tag{5-2}$$

에 의해서 정의되고 $\boldsymbol{j}$의 크기 j가 가질 수 있는 값은

$$j = \begin{cases} l + \dfrac{1}{2} & \boldsymbol{s}\text{가 } \boldsymbol{l}\text{의 방향으로 향할 때} \\ l - \dfrac{1}{2} & \boldsymbol{s}\text{가 } \boldsymbol{l}\text{의 역방향으로 향할 때} \end{cases} \tag{5-3}$$

이 됩니다. 단, 이 때

$$l \neq 0 \tag{5-3'}$$

라고 가정합니다. 만약 $l=0$라면, 명확하게

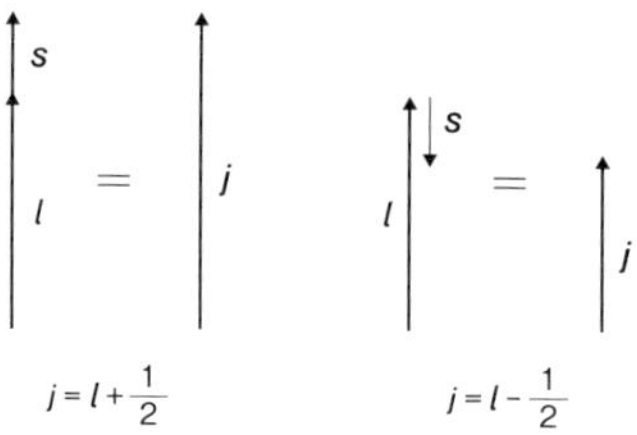

그림7 $s+l$에 의한 2중항의 설명

$$j = \frac{1}{2} \qquad (5\text{-}3'')$$

입니다. $l \neq 0$일 때 $\boldsymbol{s}$가 $\boldsymbol{l}$의 방향으로, 혹은 역방향으로 양자화 된 모습을 그림에 나타내면 그림7과 같이 됩니다.

이 때, 원자의 에너지는 어떻게 되어 있는 것일까? 그것은 궤도운동의 에너지 (5−1) 외에도 내부자기장과 자기모멘트의 상호작용 에너지가 더해집니다. 이 상호작용은 궤도운동과 스핀 사이의 에너지라고 생각할 수 있기 때문에, 그것을 $E_{s,l}$로 쓰기로 합시다. 이것은 궤도의 형태와 $\boldsymbol{l}$에 대한 $\boldsymbol{s}$의 방향, 따라서 j에 관계되며 그런 사실로부터 그것은 n, l 및 j의 함수

$$E_{s,\,l} = E_{s,\,l}(n, l\,;j) \qquad (5\text{-}4)$$

가 됩니다. 이렇게 해서 원자의 총에너지는

$$E_{총}(n, l\,;j) = E^{(1)}(n, l) + E_{s,\,l}(n, l\,;j) \qquad (5\text{-}5)$$

가 됩니다. 이 때 $l \neq 0$라면, j는 (5−3)과 같이 2종류의 값을 가지기 때문에 $E_{총}$은 2중항이 되고, $l \neq 0$라면 j는 $\frac{1}{2}$만이 되므로 $E_{총}$은 1중입니다. 이것이 제1화에서 이야기한 것의 보충입니다. 그림6의 Na준위를 봐 주십시오. 이야기한 대로 되어 있지요. 에너지 $E_{s,l}$의 구체적인 형태는 제3화의 (3−10″)의 기대값 $\langle H_2 \rangle$로 주어집니다만, 여기서는 정성적인 이야기로 충분하므로 다시 적지는 않겠습니다.

*

다음으로 알칼리토류는 어떻게 될까? 그림6의 Mg준위가 나타내는 것처럼, 또 제1화에서 이야기한 것처럼 이 때 준위는 2개로 나누어질 수 있고 그 한 쪽에서 준위는 전부 1중, 다른 한 쪽에서는 $l=0$을 제외하고 전부 3중으로 되어 있습니다. 이렇게 해서 분류한 2종류의 준위를 제1화에서 각각 1중항, 3중항으로 이름 붙였습니다.

그러면 알칼리토류에서 보이는 이 현상을 알칼리일 때와 같이 벡터 $\boldsymbol{l}$과 $\boldsymbol{s}$와 관련하여 이해할 수 있을까? 거기에 관련해서는 1926년 무렵까지 다음과 같은 것이 통설로 되어있었습니다.

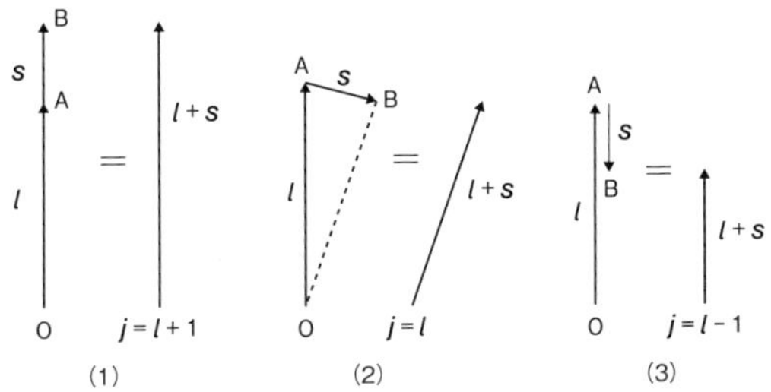

그림8 (1)은 $\boldsymbol{s}$가 $\boldsymbol{l}$에 대해서 평행, $|\boldsymbol{l}+\boldsymbol{s}|=l+1$. (3)은 $\boldsymbol{s}$가 $\boldsymbol{l}$에 대해서 역평행, $|\boldsymbol{l}+\boldsymbol{s}|=l-1$. (2)는 $\triangle$OAB 로 $\overline{OA}=\overline{OB}$ 가 되는 방향, $|\boldsymbol{l}+\boldsymbol{s}|=l$

알칼리토류의 원자에서는 닫힌 껍질 바깥에 2개의 전자가 있습니다. 그림6에 나타난 Mg의 준위에서는 그 중 1개는 껍질의 밖에 가장 낮은 상태에 있고, 또 하나의 전자만이 여러가지로 높은 상태에 있다고 생각됩니다. 그런 이유로, 그림의 준위는 높은 쪽 전자의 양자수 n과 l만으로 결정되는 것입니다. Mg의 경우, 껍질은 $n=2$로 닫히기 때문에 껍질의 밖에서 낮은 쪽 전자의 양자수는 $n=3$, $l=0$으로 높은 쪽은 $n=3, 4, 5, \cdots\cdots$, $l=0, 1, 2, 3, \cdots\cdots$이 됩니다. 이 때 $l=0, 1, 2, \cdots\cdots$에 따라서 $S, P, D, \cdots\cdots$으로 이름 붙여진 준위가 나타나게 됩니다.

자, 알칼리일 때 2중항이 나타나게 된 이유는 조금 전 설명했습니다만, 그것은 궤도각운동량 $\boldsymbol{l}$에 대해서 스핀 각운동량 $\boldsymbol{s}$가 평행 또는 역평행 방향이기 때문이었지요. 그런데 이번에는 3중항이 나타났습니다. 그것은 어떤 $|\boldsymbol{s}|=\dfrac{1}{2}$이 아닌 $|\boldsymbol{s}|=1$과 같은 각운동량이 나타나고, 그것이 각운동량 $\boldsymbol{l}$에 대해서 공간양자화 되었다는 듯이 보이는 것은 아닐까요?

제1화의 속전자 모형에서는 이 $\boldsymbol{s}$를 속전자의 각운동량으로 생각했었습니다. 그러나, 어쨌든 그 본성은 별도로 하고 $|\boldsymbol{s}|=1$일 때의 공간양자화는 그림8과 같이 일어나겠지요. 각운동량 $\boldsymbol{l}$이 0이 아닐 때에는 그림에서 알 수 있듯이 $\boldsymbol{s}$의 방향이 평행, 역평행 외에 이번에는 또 하나 옆으로 향하는 것이 가능하게 됩니다. 옆으로 향한다는 것만으로는 명료하지 않지만, 자세히 말하면 각운동량의 크기는 보통 정수 또는 반정수가 되지 않으면 안된다는 양자역학의 일반적 전제로 그 방향은 결정되는 것입니다. 우리의 경우는 $|\boldsymbol{s}|=1$이므로 그림의 (1), (2), (3)과 같은 작도법으로 알 수 있듯이,

$$\boldsymbol{l}+\boldsymbol{s}=\boldsymbol{j} \tag{5-6}$$

으로 두면, $|\boldsymbol{j}|$즉 j가

$$j=\begin{cases} l+1 & \boldsymbol{s}\text{가 } \boldsymbol{l}\text{에 대해서 평행일 때} \\ l & \boldsymbol{s}\text{가 } \boldsymbol{l}\text{에 대해서 옆으로 향할 때} \\ l-1 & \boldsymbol{s}\text{가 } \boldsymbol{l}\text{에 대해서 역평행일 때} \end{cases} \tag{5-7}$$

이 됩니다. 이렇게 해서 $\boldsymbol{l}$에 대한 $\boldsymbol{s}$의 방향이 3개로 되고, 알칼리일 때의 유추로부터, 그 방향에 의해서 준위는 3개로 분열하겠지요. 이 때 궤도각운동과 스핀 사이의 에너지를 $E_{s,l}$로 쓴다면, 그것은 (5-4)과 같은 모양으로

$$E_{s,\,l}=E_{s,\,l}(n,l\,;j) \tag{5-8}$$

의 형태로 되겠지요. 단, (5-4)와 다른 점은 j의 값이 (5-3)이 아닌 (5-7)이 되는 것입니다. 이 때 (5-7)은 $l=0$일 때는 예외적으로 성립하지 않고, $l=0$라면

$$j=1 \tag{5-7$'$}$$

가 성립합니다. 이것은 (5-3″)에 해당합니다.

그러면 $|\boldsymbol{s}|=1$인 각운동량 $\boldsymbol{s}$라는 것은 무엇인가? 방금 이야기한 것과 같이 제1화의 속전자모델에서는 이것을 속전자의 각운동량으로 생각했었습니다만, 스핀의 등장에 의해서 지금부터 이야기하는 것과 같은 생각이 통설이 되었습니다. 알칼리토류의 경우, 닫힌 껍질 바깥에 2개의 전자가 있고 그 전자는 각각 스핀을 가지고 있습니다. 그것을 $\boldsymbol{s}_1$, $\boldsymbol{s}_2$로 씁니다. 물론 $s_1=|\boldsymbol{s}_1|=\frac{1}{2}$, $s_2=|\boldsymbol{s}_2|=\frac{1}{2}$ 입니다. 우리는 여기서 이 2개의 스핀 사이에 $E_{s,l}$보다도 강한 상호작용이 있다고 가정합니다. 이 스핀끼리의 상호작용 에너지를

$$E_{s,\,s}=E_{s,\,s}(n,l\,;s) \tag{5-9}$$

로 씁니다($E_{s,s}$가 우변처럼 s의 함수가 되는 것은 조금 뒤에 알 수 있습니다). 그러면, 이 에너지가 $E_{s,l}$보다 크기 때문에 양쪽의 스핀은 $\boldsymbol{l}$의 영향보다 서로의 영향을 보다 강하게 받습니다. 따라서 $\boldsymbol{s}_1$도 $\boldsymbol{s}_2$도 $\boldsymbol{l}$에 대해서 양자화되지 않고 서로에 대해서 양자화 되는 것이 틀림없습니다. 그러면 $\boldsymbol{s}_1$과 $\boldsymbol{s}_2$는 서로 평행 또는 역평행이 될 것입니다. 따라서 합성 벡터

$$\boldsymbol{s}=\boldsymbol{s}_1+\boldsymbol{s}_2 \tag{5-10}$$

의 크기 $s=|\boldsymbol{s}_1+\boldsymbol{s}_2|$는

$$s = \begin{cases} 1 & \boldsymbol{s}_1\text{과 } \boldsymbol{s}_2\text{가 평행일 때} \\ 0 & \boldsymbol{s}_1\text{과 } \boldsymbol{s}_2\text{가 역평행일 때} \end{cases} \tag{5-11}$$

가 되겠지요. 이 (5-10)이 조금 전 생각했던 $\boldsymbol{s}$입니다. 이 $\boldsymbol{s}$는 크기 1을 가질 수 있다는 점에서, 조금 전 생각했던 $\boldsymbol{s}$라고 생각할 수 있습니다.

그런데 (5-11)을 보면 $s=0$도 가능합니다. 이 때는 합성 벡터 $\boldsymbol{s}$가 제로 벡터로 없는 것과 같습니다. 따라서 이 경우에는 $E_{s,l}$도 존재하지 않게 되고 원자의 에너지 준위는 궤도운동의 그것이 됩니다. 이 때 준위는 당연히 1중밖에 될 수 없습니다. 그런 이유로 그림6에 나타나 있는 Mg의 1중항도 확실하게 설명해 줍니다.

이리하여 알칼리토류의 에너지 준위는

$$E_{총}(n,l;s;j) = E^{(1)}(n,\ l) + E_{s,s}(n,l;s) + E_{s,l}(n,l;s;j) \tag{5-12}$$

가 되는 것입니다. 이 때 $E_{s,s}(n,l;s)$의 s는 (5-11)과 같이 1이나 0으로, $s=0$일 때 혹은 $l=0$일 때 $E_{s,l}$는 0이 되고, $s=1$일 때 $E_{s,l}(n,l;1;j)$ 중의 j는 (5-7)과 같이 $l+1$, l, $l-1$의 3개 값을 가집니다. 따라서 이 때 $E_{s,l}$는 j의 값마다 다른 값을 가집니다.

이런 생각이라면 알칼리토류의 1중항은 2개의 스핀이 반대 방향일 때 나타나고, 3중항은 그것이 같은 방향일 때 나타난다는 것이 됩니다. 그리고 이 생각으로 스펙트럼은 확실하게 설명할 수 있습니다.

*

그런데 스핀끼리의 상호작용 에너지 $E_{s,s}$는 어떤 정도의 크기를 가지는 것일까요? 이것은 그림6의 실험 데이터로 답할 수 있습니다. 즉, 그림6의 1중항의 준위와 3중항의 준위를 비교하면 됩니다. 지금 얻은 식 (5-12)를 보면, 어떤 n, l을 가진 1중항의 준위와 그와 같은 n, l을 가진 3중항의 준위 사이의 간격은 $E_{s,s}(n,\ l;0) - E_{s,s}(n,\ l;1)$이라는 것을 알 수 있습니다. 따라서 이 간격을 실험으로 알 수 있으면 $E_{s,s}$크기를 추정할 수 있는 것입니다. 그리하면 스핀끼리의 상호작용은 상당히 크다는 것을 알 수 있습니다.

그러면 문제가 되는 것은 이와 같이 큰 $E_{s,s}$의 기원은 무엇일까라는 것입니다.

확실히 스핀 $\boldsymbol{s}_1$과 $\boldsymbol{s}_2$와의 사이에는 자기적인 작용이 있습니다. 전자는 스핀의 방향으로 자기모멘트 $\dfrac{-e\hbar}{2m}$를 가지고 있기 때문에, 그 사이에는

$$E_{s,s} = \frac{\mu_0}{4\pi}\left(\frac{e\hbar}{2m}\right)^2 \left\langle \frac{1}{|\boldsymbol{x}_1 - \boldsymbol{x}_2|^3} \right\rangle \tag{5-13}$$

정도의 상호작용 에너지가 존재합니다. 그렇지만 이런 자기적 기원의 에너지라면 $E_{s,s}(n, l;0)$와 $E_{s,s}(n, l;1)$의 간격은 겨우 알칼리 2중항의 준위 간격 정도밖에 되지 않습니다.[34] 그런데 그림6을 보고도 알 수 있는 것처럼 그것은 전기적 기원의 간격 정도로 큽니다. 이것이 오랜 기간 수수께끼였던 것입니다. 그러나 무엇인가 이유는 모르는 채로 그 큰 $E_{s,s}$를 가정하면, 여러 가지로 복잡한 스펙트럼의 설명이 모두 잘 될 것입니다.

이 수수께끼의 답은 새로운 양자역학의 발견, 특히 지난 시간 이야기했던 입자의 통계와 슈뢰딩거 함수의 대칭성 사이에 관련이 있다는 것이 발견되어 겨우 알게 된 것입니다. 그것을 지금부터 설명해 보죠.

*

그러면 새로운 양자역학에서는 어떻게 생각하는가? 그 문제에 들어가기 전에 그림6에 표시된 Mg의 준위는, 예전 생각에 따르면 전부 2중항으로 겹쳐 있는 것에 주목합니다. 그것은 제1전자와 제2전자의 역할을 바꾸어서 제2전자가 가장 낮은 곳 $n=3, l=0$에 있고, 제1전자가 여러 가지 n, l 상태에 있다고 생각해도 완전히 같은 준위의 구조를 얻을 수 있기 때문입니다.

드디어 신양자역학으로 들어갑니다. 이 때 준위를 결정하는 절차를 다음과 같이 준비합니다. 즉, 먼저 단계(i)에서 스핀 자유도를 당분간 생각하지 않고서 2개의 전자 문제를 풉니다. 그것은 전자의 공간운동 자유도에 대한 슈뢰딩거 방정식을 풀어서 그 고유값과 고유해를 결정하는 것입니다. 다음의 단계(ii)에서는 공간운동의 자유도로부터 분리하고 스핀 자유도의 슈뢰딩거 방정식을 풀어서 고유값과 고유함수를 구합니다. 그리고 마지막 단계(iii)에서 공간자유도와 스핀 자유도의 상호작용을 집어 넣습니다. 그런 방식으로 진행합니다. 그러나 그 도중에 예전 양자론에서는 생각도 할 수 없었던 것이 나타납니다. 그것은 이전 시간의 이야기에서도 큰 역할을 했던 사항인 입자의 교환에 대해서 슈뢰딩거 함수가 대칭인지 반대칭인지라고 했던 사항입니다.

먼저 (i)의 단계에서 생각해 봅시다.

이 단계에서 문제가 되는 것은 슈뢰딩거 방정식

34) pp. 38-39의 (2-12), (2-11′)식을 참조, $m[\boldsymbol{r}\times\boldsymbol{v}]$가 궤도각운동량이다.

$$\left[\left\{-\frac{\hbar^2}{2m}\Delta_1 + V_{Z=2}(|\boldsymbol{x}_1|)\right\} + \left\{-\frac{\hbar^2}{2m}\Delta_2 + V_{Z=2}(|\boldsymbol{x}_2|)\right\} + \frac{1}{4\pi\varepsilon_0}\frac{e^2}{|\boldsymbol{x}_1 - \boldsymbol{x}_2|} - E^{(1)}\right]\psi(\boldsymbol{x}_1, \boldsymbol{x}_2) = 0 \tag{5-14}$$

를 푸는 것이겠지요. 그래서 이 방정식을 풀어서 그 고유값 $E^{(1)}$과 고유해 $\psi(\boldsymbol{x}_1, \boldsymbol{x}_2)$를 알았다고 합니다. 이 때 방정식 안에 있는 $\boldsymbol{x}_1$과 $\boldsymbol{x}_2$를 교환하면 [ ] 안은 변화가 없으나 $\psi(\boldsymbol{x}_1, \boldsymbol{x}_2)$는 $\psi(\boldsymbol{x}_2, \boldsymbol{x}_1)$이 됩니다. 따라서 $\psi(\boldsymbol{x}_1, \boldsymbol{x}_2)$가 고유함수라면 $\psi(\boldsymbol{x}_2, \boldsymbol{x}_1)$도 또한 고유함수라는 결론이 나옵니다. 게다가 그것은 역시 고유값 $E^{(1)}$에 속하고 있습니다. 그러면 고유값 $E^{(1)}$이 겹쳐 있지 않다면(겹쳐 있지 않은 것은 뒤에 알게 된다), $\psi(\boldsymbol{x}_2, \boldsymbol{x}_1)$은 $\psi(\boldsymbol{x}_1, \boldsymbol{x}_2)$에 무엇인가 상수를 곱한 것이 아니면 안된다는 것을 알게 됩니다. 즉

$$\psi(\boldsymbol{x}_2, \boldsymbol{x}_1) = \alpha\psi(\boldsymbol{x}_1, \boldsymbol{x}_2) \tag{5-15}$$

입니다. 그런데 $\boldsymbol{x}_1$과 $\boldsymbol{x}_2$의 교환을 2번 반복하는 것은 교환하지 않는 것과 동등하다는 사실로부터 $\alpha^2=1$이 아니면 안되고, 결국

$$\psi(\boldsymbol{x}_2, \boldsymbol{x}_1) = \psi(\boldsymbol{x}_1, \boldsymbol{x}_2) \tag{5-16$_\mathrm{s}$}$$

나

$$\psi(\boldsymbol{x}_2, \boldsymbol{x}_1) = -\psi(\boldsymbol{x}_1, \boldsymbol{x}_2) \tag{5-16$_\mathrm{a}$}$$

의 둘 중 하나가 성립하지 않으면 안됩니다. 말로 하자면 고유함수 $\psi(\boldsymbol{x}_1, \boldsymbol{x}_2)$는 $\boldsymbol{x}_1$과 $\boldsymbol{x}_2$의 교환에 대해서 대칭 혹은 반대칭, 어느 한쪽이 아니면 안됩니다.

*

그럼, (5-14)의 고유값이나 고유함수에 양자수를 붙이기 위해서는 어떻게 하면 좋을까?

그것은 다음과 같이 실행합니다. 즉 상호작용 $\frac{1}{4\pi\varepsilon_0}\frac{e^2}{|\boldsymbol{x}_1 - \boldsymbol{x}_2|}$의 분자 e를 단열적으로 0으로 했을 때, 생각하고 있는 준위 $E^{(1)}$이 어떠한 $E^{(0)}$에서 안정되는지를 보고, 그 안정되기 전의 양자수를 $E^{(1)}$의 양자수로 이용하면 됩니다. 그런 이유로 (5-14)에 있는 $\frac{e^2}{|\boldsymbol{x}_1 - \boldsymbol{x}_2|}$의 분자 e를 0으로 하면 방정식은

$$\left[\left\{-\frac{\hbar^2}{2m}\Delta_1+V_{Z=2}(|\,\boldsymbol{x}_1|)\right\}+\left\{-\frac{\hbar^2}{2m}\Delta_2+V_{Z=2}(|\,\boldsymbol{x}_2|)\right\} \right.$$
$$\left. -E^{(0)}\right]\psi^{(0)}(\boldsymbol{x}_1,\ \boldsymbol{x}_2)=0 \qquad (5\text{-}14')$$

이 됩니다만, 이것의 고유값과 고유함수는 변수분리 방법으로 푸는 것이 가능하겠지요. 즉, 1개의 전자 문제

$$\left\{-\frac{\hbar^2}{2m}\Delta_1+V_{Z=2}(|\,\boldsymbol{x}_1|)-E_{Z=2}(n_1,\ l_1)\right\}\psi_{n_1,\,l_1}(\boldsymbol{x}_1)=0 \qquad (5\text{-}17)_1$$

$$\left\{-\frac{\hbar^2}{2m}\Delta_2+V_{Z=2}(|\,\boldsymbol{x}_2|)-E_{Z=2}(n_2,\ l_2)\right\}\psi_{n_2,\,l_2}(\boldsymbol{x}_2)=0 \qquad (5\text{-}17)_2$$

의 고유값 $E_{z=2}(n_1, l_1)$, $E_{z=2}(n_2, l_2)$와 고유함수 $\psi_{n_1,l_1}(\boldsymbol{x}_1)$, $\psi_{n_2,l_2}(\boldsymbol{x}_2)$를 이용해서 (5-14′)의 고유값과 고유함수를

$$E^{(0)}(n_1,l_1;n_2,l_2)=E_{Z=2}(n_1,l_1)+E_{Z=2}(n_2,l_2) \qquad (5\text{-}18)$$

$$\psi^{(0)}_{n_1,\,l_1;\,n_2,\,l_2}(\boldsymbol{x}_1,\ \boldsymbol{x}_2)=\psi_{n_1,\,l_1}(\boldsymbol{x}_1)\cdot\psi_{n_2,\,l_2}(\boldsymbol{x}_2) \qquad (5\text{-}19)$$

로써 구할 수 있습니다. 따라서 (5-14)를 단열적으로 (5-14′)로 가져갔을 때, (5-14)의 고유값과 고유함수가 어떤 n이나 l을 가졌던 (5-18), (5-19)에서 안정되는지를 보고서 $E^{(1)}$에 대해서 양자수 $n_1, l_1;n_2, l_2$를 지정하는 것이 가능합니다.

그런데, 여기서 한가지 문제가 있습니다. 그것은 (5-14)의 고유함수는 $\boldsymbol{x}_1$과 $\boldsymbol{x}_2$의 교환에 대해서 대칭과 반대칭 중 하나라고 하면서, (5-19)는 $n_1=n_2$, $l_1=l_2$의 경우를 제외하고 대칭도 아니고 반대칭도 아닙니다. 따라서 (5-14)의 고유함수 ψ는 $n_1=n_2$, $l_1=l_2$가 아니라면, 결코 (5-19)를 안정되게 가질 수 없습니다.

이런 식으로 대칭도 반대칭도 아닌 고유해가 존재하는 것은 지난 $(5\text{-}16)_s$와 $(5\text{-}16)_a$를 유도할 때에 사용했던 전제, 즉 고유값이 겹쳐 있지 않다는 전제가 성립하지 않는 것을 의미합니다. 실제로 전자 1과 2의 역할을 바꾸었을 때 (5-18) 대신에

$$E^{(0)}(n_2,l_2;n_1,l_1)=E_{Z=2}(n_2,l_2)+E_{Z=2}(n_1,l_1) \qquad (5\text{-}18')$$

를 얻을 수 있지만, 이것은 (5-18)과 완전히 동일한 값을 가집니다. 한편, 고유함수의 경우는

$$\psi^{(0)}_{n_2, l_2; n_1, l_1}(\boldsymbol{x}_1, \boldsymbol{x}_2) = \psi_{n_2, l_2}(\boldsymbol{x}_1) \cdot \psi_{n_1, l_1}(\boldsymbol{x}_2) \qquad (5\text{-}19')$$

이어서, $n_1=n_2, l_1=l_2$의 경우를 제외하고 이것은 (5-19)와 일치하지 않습니다.

그런 이유로 (5-14)의 고유함수가 안정되는 것이 (5-19)나 (5-19′)의 어느 쪽도 될 수 없더라도 (5-19)와 (5-19′)로 만든 1차결합

$$\psi^{(0)\text{sym}}_{n_1, l_1; n_2, l_2}(\boldsymbol{x}_1, \boldsymbol{x}_2) = \psi_{n_1, l_1}(\boldsymbol{x}_1) \cdot \psi_{n_2, l_2}(\boldsymbol{x}_2) + \psi_{n_2, l_2}(\boldsymbol{x}_1) \cdot \psi_{n_1, l_1}(\boldsymbol{x}_2) \qquad (5\text{-}20)_s$$

는 대칭이고,

$$\psi^{(0)\text{ant}}_{n_1, l_1; n_2, l_2}(\boldsymbol{x}_1, \boldsymbol{x}_2) = \psi_{n_1, l_1}(\boldsymbol{x}_1) \cdot \psi_{n_2, l_2}(\boldsymbol{x}_2) - \psi_{n_2, l_2}(\boldsymbol{x}_1) \cdot \psi_{n_1, l_1}(\boldsymbol{x}_2) \qquad (5\text{-}20)_a$$

는 반대칭이기 때문에, 결국 $\psi(\boldsymbol{x}_1, \boldsymbol{x}_2)$가 대칭일 때에 안정되는 것은 $(5\text{-}20)_s$이고 그것이 반대칭일 때는 $(5\text{-}20)_a$가 됩니다. 전자 사이에 상호작용이 있을 때에는 옛 양자역학에서도 글자 그대로, 전자 1은 n_1, l_1에 있고, 전자 2는 n_2, l_2에 있다고 말할 수 없었지만, 상호작용이 0이 되면 그렇게 여길 수 있었습니다. 그러나 신양자역학에서는 상호작용이 아무리 약하더라도, 또 0이 되더라도 그럴 수 없으며 $(5\text{-}20)_s$나 $(5\text{-}20)_a$와 같이 전자는 $(n_1, l_1; n_2, l_2)$라는 상태와 $(n_2, l_2; n_1, l_1)$라는 상태가 중첩된 상태에 있다는 것입니다. 상태의 중첩이라는 개념은 신양자역학에만 있는 것으로 고전역학에서는 그와 같은 생각은 전혀 하지 않았습니다.

이와 같이 하여 상호작용을 0으로 했을 때

$$E^{(0)}(n_1, l_1; n_2, l_2) = E_{Z=2}(n_1, l_1) + E_{Z=2}(n_2, l_2) \qquad (5\text{-}20)$$

이라는 고유값은 2중으로 겹쳐 있고, 그 겹쳐진 고유값의 한 쪽에서는 고유함수가 $(5\text{-}20)_s$가 되고, 다른 한 쪽에서는 $(5\text{-}20)_a$가 되다고 생각할 수 있다는 것을 알았습니다. 그래서 이런 계에서 상호작용을 단열적으로 넣어 가면 이 $E^{(0)}$가 어떤 식으로 변해 가는지를 생각해 봅시다. 이 때 계산 없이 바로 알 수 있는 것은 $(5\text{-}20)_s$에서 ψ^{sym}은 $\boldsymbol{x}_1=\boldsymbol{x}_2$의 지점에서 일반적으로는 0이 되지 않는데 $(5\text{-}20)_a$의 ψ^{ant}는 $\boldsymbol{x}_1=\boldsymbol{x}_2$에서 반드시 0이라는 것입니다. 이런 사실로부터 대략적으로 말해서 ψ^{ant}의 상태에서는 2개의 전자가 서로 근접할 확률은 ψ^{sym}상태일 때보다 작다고 결론내릴 수 있겠지요. 그러면 2개의 전자 사이에는 척력이 작용하기 때문에

가깝지 않을수록 그만큼 에너지는 낮아집니다. 그러면 ψ^{ant}상태 쪽이 ψ^{sym}상태보다 낮은 준위가 됩니다. 이 때 두 준위의 차이는, 전자 사이의 쿨롱 에너지 차이라고 했던 전기적인 기원이므로 아주 크게 될 것입니다. 이렇게 $\frac{1}{4\pi\varepsilon_0}\frac{e^2}{|\boldsymbol{x}_1-\boldsymbol{x}_2|}$의 분자 e를 0부터 점점 크게 해서 1.602×10^{-19}C까지 가져오면 척력 포텐셜이 점점 들어오는 것으로부터, 한 쪽에서는 준위 전체가 (5-20)의 값에서 점점 치고 올라오는 것과 함께, 다른 쪽에서는 ψ가 대칭인지 반대칭인지에 따라서 준위는 2개로 나뉘고, ψ^{ant}의 준위를 아래로, ψ^{sym}의 준위를 위로 해서 점점 그 분열이 커져가는 것이겠지요. 여기서 전자 사이의 척력에 따라서 발생하는 준위나 벗어나는 것을 대칭상태에서는

$$\frac{1}{4\pi\varepsilon_0}\left\langle\frac{e^2}{|\boldsymbol{x}_1-\boldsymbol{x}_2|}\right\rangle^{sym}_{n_1,\,l_1;\,n_2,\,l_2} \tag{5-21$_s$}$$

반대칭 상태에서는

$$\frac{1}{4\pi\varepsilon_0}\left\langle\frac{e^2}{|\boldsymbol{x}_1-\boldsymbol{x}_2|}\right\rangle^{ant}_{n_1,\,l_1;\,n_2,\,l_2} \tag{5-21$_a$}$$

라고 쓰기로 합니다. 그러면 전자(前者)는 일반적으로 후자보다 크고, 따라서 (5-14)의 고유값이 일반적으로 겹쳐 있지 않습니다.

*

이것만을 논해보면, (5-14)의 고유값이나 고유함수에 양자수 $n_1, l_1; n_2, l_2$를 붙이는 방법을 알게 됩니다. 그것에는 $\frac{1}{4\pi\varepsilon_0}\frac{e^2}{|\boldsymbol{x}_1-\boldsymbol{x}_2|}$의 분자에 있는 e를 0으로 할 때 안정되기 전의 $n_1, l_1; n_2, l_2$와 ψ의 대칭성을 함께 사용하면 됩니다. 단, 이 때 n_1, l_1과 n_2, l_2의 순서에는 의미가 없다는 것을 알아야 합니다. 왜냐하면, 그것들의 안정되기 전인 (5-20) 및 $(5\text{-}20)_s$와 $(5\text{-}20)_a$에서도, 그 순서에는 의미가 없기 때문입니다. 이렇게 해서 (5-14)의 고유값은

$$E^{(1)sym}_{n_1,\,l_1;\,n_2,\,l_2},\quad E^{(1)ant}_{n_1,\,l_1;\,n_2,\,l_2} \tag{5-22}$$

로 쓸 수 있고, 고유함수는

$$\psi^{(1)sym}_{n_1,\,l_1;\,n_2,\,l_2}(\boldsymbol{x}_1,\ \boldsymbol{x}_2),\quad \psi^{(1)ant}_{n_1,\,l_1;\,n_2,\,l_2}(\boldsymbol{x}_1,\ \boldsymbol{x}_2) \tag{5-23}$$

으로 쓸 수 있습니다.

지금부터 실험과 비교에 대한 이야기로 들어갑니다만, 한 예로 그림6의 Mg준

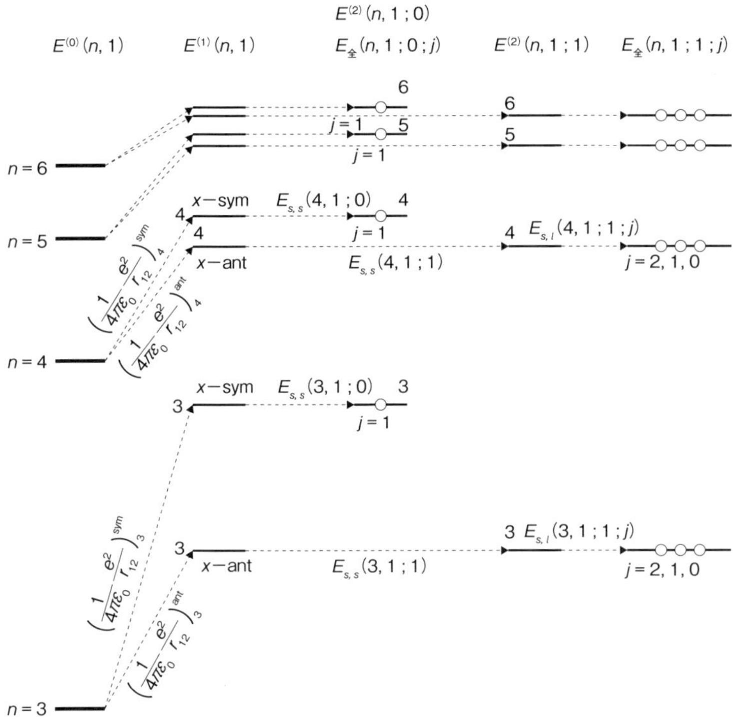

그림9 신양자역학 의한 스펙트럼 항의 해석

위 안의 ^1P와 ^3P를 취해봅시다. 그것에는 $n_1=3,\ l_1=0,\ n_2=n,\ l_2=1$로 두면 됩니다. 이것은 한쪽의 전자는 닫힌 껍질의 바깥에 최저상태로 있고, 또 하나의 전자가 여러 가지 n을 가진 P상태에 있다고 하는 것을 의미하기 때문입니다.

이런 사정을 그림9에 정리했습니다. 지금 이야기한 것과 같이 이 그림에서는 $n_1=3,\ l_1=0,\ n_2=n,\ l_2=1$의 준위만을 생각하고 있습니다. 단, 조금 전 이야기한 것처럼, 생각하고 있는 상태는 $n_1=3,\ l_1=0,\ n_2=n,\ l_2=1$과 $n_1=n,\ l_1=1,\ n_2=3,\ l_2=0$의 중첩이라고 생각해야만 합니다. 먼저 그림의 가장 왼쪽의 예에 (5-20)의 $E^{(0)}$중에서 $n_1=3,\ l_1=0,\ n_2=n,\ l_2=1$을 이용한 것을 씁니다. 이 때 준위는 n과 $l_2=1$만으로 특정되기 때문에 $n_1=3,\ l_1=0$는 적지 않았습니다. 즉, $E^{(0)}(3,0;n,1)$을 간단하게 $E^{(0)}(n,1)$로 씁니다. 다음으로 $\dfrac{1}{4\pi\varepsilon_0}\dfrac{e^2}{|\boldsymbol{x}_1-\boldsymbol{x}_2|}$를 고려하면, 조금 전 마지막으로 서술한 사정에 의해 준위는 2개로 나뉘며 반대칭준위를 아래, 대칭

준위를 위로 하고 e를 점점 크게 하면, 분열을 넓혀가면서 전체적으로 올라오고 있습니다. 준위가 $\boldsymbol{x}_1$과 $\boldsymbol{x}_2$의 교환에 대해서 대칭인지 반대칭인지를 나타내기 위해 준위의 옆에 x-sym이나 x-ant를 적어 두었습니다. 예전 생각과 같이 $E^{(0)}$의 준위는 2중으로 겹쳐 있기 때문에 두꺼운 선으로 준위를 나타내었습니다. 그러나 $E^{(1)}$에서는 그것이 x-sym이나 x-ant의 2개로 나뉘고, 그 각각은 이미 겹쳐 있지 않습니다. 따라서 $E^{(1)}$의 준위는 두껍게 적지 않습니다.

*

다음으로 (ii)의 단계에 들어갑니다. 즉, 스핀 자유도입니다. 이 때 파울리의 스핀 이론에 관련하여 제3화에서 이야기한 것과 같이 슈뢰딩거 함수의 스핀 좌표로 그것의 z성분 s_z를 이용하는 것이 편리합니다. 그런데 제1전자의 스핀 좌표를 s_{1z}, 제2전자는 s_{2z}로 하면 스핀 자유도의 슈뢰딩거함수는

$$\psi(s_{1z}, s_{2z}) \tag{5-24}$$

로 쓸 수 있습니다. 그리고 합성 스핀 $\boldsymbol{s}=\boldsymbol{s}_1+\boldsymbol{s}_2$의 값이 0 또는 1이 되는 것은 신양자역학에서도 예전처럼 성립합니다만, 예전에는 없었던 것은 좌표 s_{1z}와 s_{2z}의 교환에 대한 $\psi(s_{1z}, s_{2z})$의 대칭성 문제입니다. 그것에 대해서는 제3화에서 증명한 정리를 떠올려 주십시오. 그것은 합성스핀 $\boldsymbol{s}$의 크기를 s로해서 그것에 대응하는 ψ를 $\psi_s(s_{1z}, s_{2z})$로 쓰면

$$\psi_s(s_{1z}, s_{2z})\ \text{는}\ \begin{cases} s=1\ \text{일 때 대칭,} \\ s=0\ \text{일 때 반대칭} \end{cases} \tag{5-24′}$$

라는 정리입니다(이 정리의 역도 성립했습니다). 이 때 ψ_1과 ψ_0의 에너지에 대해서는 예전의 이론과 다르게 전자의 자기모멘트끼리의 상호작용 에너지 (5-13) 이외의 것은 생각하지 않아도 좋습니다. 그러면 이 (5-13)으로부터 나온 준위에 대한 기여는

$$E_{s,s} = \frac{\mu_0}{4\pi}\left(\frac{e\hbar}{2m}\right)^2 \left\langle \frac{1}{|\boldsymbol{x}_1 - \boldsymbol{x}_2|^3} \right\rangle_{n,l;s} \tag{5-25}$$

정도의 크기입니다. 이것은 $s=0$에 대해서도, $s=1$에 대해서도 매우 작아서 거의 문제가 되지 않습니다. 따라서 $E^{(2)}(n,l;s)$는 s의 여하에 상관 없이 거의 $E^{(1)}(n,l)$로 간주해도 좋습니다.

여기서 왜 (5-24′)의 정리를 꺼냈는지에 대한 이유는 제4화에서 이야기한 것

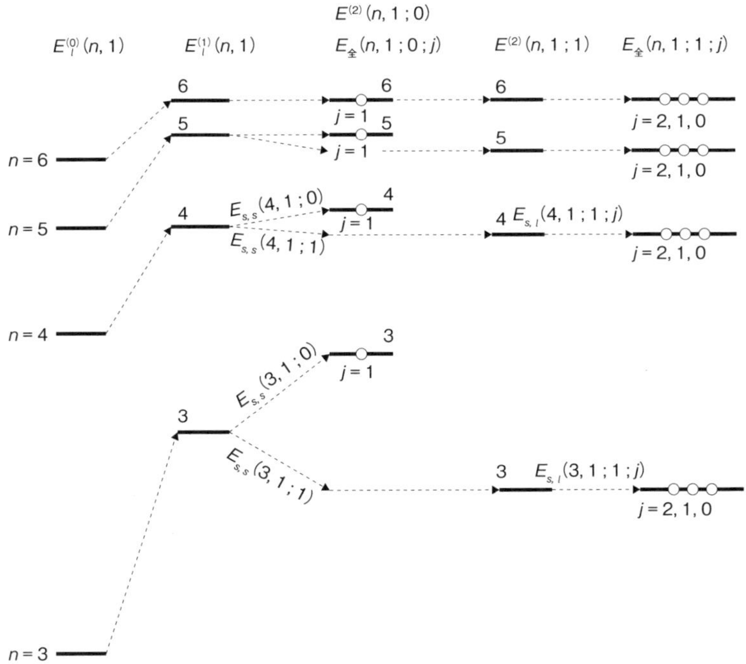

그림10 예전 이론에 의한 스펙트럼 항의 해석

과 같이, 모든 슈뢰딩거 함수의 대칭성과 입자의 통계 사이에는 특징적인 관계가 있고, 그것을 여기에 집어넣을 필요가 있기 때문입니다. 즉, 전자의 공간좌표와 스핀 좌표를 함께 포함한 총슈뢰딩거함수는 (5-23)과 같은 공간자유도 함수와 스핀 자유도 함수 (5-24′)의 곱으로 주어집니다만, 전자가 페르미온인 것으로 인해, 이 총함수는 $\boldsymbol{x}_1, s_{1z}$와 $\boldsymbol{x}_2, s_{2z}$의 교환에 대해서 반대칭이 아니면 안된다는 것입니다. 이 전제로 인해 다음과 같은 일이 일어납니다. 즉 지난 시간 (4-9)를 유도할 때와 같은 논법으로, 먼저 총함수

$$\psi^{(1)\mathrm{sym}}_{n_1, l_1; n_2, l_2}(\boldsymbol{x}_1, \boldsymbol{x}_2) \cdot \psi_0(s_{1z}, s_{2z}), \tag{5-26}$$

$$\psi^{(1)\mathrm{ant}}_{n_1, l_1; n_2, l_2}(\boldsymbol{x}_1, \boldsymbol{x}_2) \cdot \psi_1(s_{1z}, s_{2z}) \tag{5-27}$$

은, 함께 $\boldsymbol{x}_1, s_{1z}$와 $\boldsymbol{x}_2, s_{2z}$의 교환에 대해서 반대칭인 것이 표시되고, 따라서 그 상태는 실제로 나타납니다만,

$$\psi^{(1)\mathrm{ant}}_{n_1,\, l_1;\, n_2,\, l_2}(\boldsymbol{x}_1, \boldsymbol{x}_2)\cdot\psi_0(s_{1z}, s_{2z}), \tag{5-26'}$$

$$\psi^{(1)\mathrm{sym}}_{n_1,\, l_1;\, n_2,\, l_2}(\boldsymbol{x}_1, \boldsymbol{x}_2)\cdot\psi_1(s_{1z}, s_{2z}) \tag{5-27'}$$

은 함께 $\boldsymbol{x}_1, s_{1z}$와 $\boldsymbol{x}_2, s_{2z}$의 교환에 대해서 대칭이고, 따라서 그것은 실제로는 나타나지 않는 것입니다.

이것으로부터 그림9의 제2열에 있는 준위 내의 x-sym의 준위로부터는 스핀 자유도를 고려했을 때, $s=0$의 준위밖에 발생하지 않고, x-ant의 준위로부터는 $s=1$의 준위밖에 발생하지 않는 것을 알았습니다. 그런데 그림의 제3열에 $E^{(2)}(n,1;0)$의 준위를, 제4열에 $E^{(2)}(n,1;1)$의 준위를 쓰면, $E_{s,s}$가 작은 것으로부터 그림과 같이 $E^{(1)}(n,1)$의 x-sym 준위가 옆으로 미끄러져 제3열로, $E^{(1)}(n,1)$의 x-ant 준위가 옆으로 미끄러져 제4열로 가게 됩니다.

*

마지막으로 (iii)단계에 들어갑니다. 여기서 스핀·궤도 에너지 $E_{s,l}$을 더하면 에너지는 $E_{總}$이 되기 때문입니다만, 그 결과는 예전의 경우와 같이 $s=0$의 준위는 분열하지 않고 $s=1$의 준위는 3개로 분열합니다. 그것을 다시 —○—과 —○○○—라는 기호로 나타내면 그림9의 제3열, 제5열과 같이 됩니다.

이 그림9와 비교하기 위해, 예전 이론의 순서를 그림10에 나타내었습니다. 여기서 자세한 설명은 생략합니다만, 그림10에서 보는 것과 같이 1중항과 3중항의 분열이 여기서는 $E_{s,s}$를 넣는 단계에서 나타나고 있는 것이 표시되어 있습니다. 또, 예전 이론에서는 모든 준위는 2중항으로 겹쳐 있고, 따라서 그림에서 모든 준위는 두꺼운 선으로 나타내고 있습니다. 이 2개의 그림이 나타내는 것처럼 결론을 유도해 내는 도중의 사고방식은 매우 다릅니다. 즉, 예전 이론에서는 1중항과 3중항의 간격은 $E_{s,s}$를 생각할 때에 처음으로 나타난 것이었습니다만, 새로운 이론에서는 그렇지 않고 $E^{(0)}$부터 $E^{(1)}$로 이동할 때 $\left\langle \dfrac{e^2}{|\boldsymbol{x}_1-\boldsymbol{x}_2|} \right\rangle$의 기여로 그것은 이미 나타나 있습니다. 그리고 새로운 이론에서 이 분열한 준위의 한 쪽이 1중항으로, 다른 쪽이 3중항으로 이어지는 것은 전자가 페르미온이라는 것의 결과입니다. 이런 사정으로 예전 이론에서는 스핀 사이의 큰 상호작용 $E_{s,s}$를 생각하지 않으면 안 되었던 것에 반해, 새로운 이론에서는 $E_{s,s}$를 자기적인 기원의 작은 것일 뿐이라고 생각해도 충분하게 되었던 것입니다. 또 조금 전에 말한 것과 같이, 예

전 이론에서는 모든 준위가 2중항으로 겹쳐 있었습니다만 새로운 이론에서는 그렇지 않습니다. 그것은 (5-26′)과 (5-27′)의 상태가 탈락하기 때문입니다.

이리하여, 왜 전자의 스핀끼리, 자기적인 작용으로 생각할 수 없을 정도 큰 작용을 서로 미치는지에 대한 스펙트럼 항의 수수께끼에 답할 수 있었습니다. 제2화에서 이야기한 것과 같이 파울리는 속전자 모델을 부정해서 전자의 2가성의 생각을 제안할 때, 알칼리토류 스펙트럼이 어째서 1중항과 3중항이라는 2개의 계열로 나누어지는지, 그리고 그 사이의 에너지 차이가 어떻게 나오는 것인지 묻고, 나중에 그것이 설명되기를 기다렸습니다. 하지만그 질문은 슈뢰딩거 함수의 대칭성이라는, 당시 전혀 생각하지 않았던 사항이 나타나면서 여기에서 대답할 수 있게 되었습니다.

또, 여기서 우리는 ^1P항과 ^3P항을 생각했습니다만, ^1S와 ^3S항에 대해서 여러분들 한 번 생각해 보세요. 그러면 ^3S항의 안에서 $n=3$의 항이 결핍된다는 결론이 나옵니다. 이것을 파울리는 배타원리를 사용해서 설명한 것이나, 여기서는 보다 근본적으로 들어가서 배타원리의 유래가 슈뢰딩거함수의 반대칭성에 있다는 것이 이 연습문제를 하는 것으로 확실히 알 수 있습니다.

*

전자 스핀들 사이에 뚜렷한 큰 상호작용의 효과는 스펙트럼 항의 값에만 한정되지 않습니다. 예전 웨이스(P.Weiss)는 당시의 분자 자석의 생각을 바탕으로 철의 강자성을 설명하기 위해, 분자 자석끼리 큰 상호작용을 한다는 가설을 제안한 것은 알고 있으리라 생각합니다. 이 생각에서 웨이스는 강자성에 관련된 여러 가지 실험사실의 설명을 훌륭하게 전달할 수 있었습니다. 그러나 분자자석 사이에 왜 그렇게 강한 상호작용이 있는 것인지에 대한 기원에 대해서는 너무나 명확하지 않았었습니다.

거기에 나타난 것이 알칼리토류의 스펙트럼 항의 새로운 해석이었던 것입니다. 이 신해석은 1926년에 하이젠베르크가 처음으로 제시했던 것이었습니다만, 그는 다원자계에서 전자의 좌표 교환에 대한 슈뢰딩거 함수의 대칭성이 입자의 통계와 밀접한 관계를 가지는 것에 대한 발견 외에, 그것이 여러 가지 문제에서 중요한 역할을 하는 것을 발견하고, 그것을 이용해서 2전자계의 스펙트럼 항에 대한 명확한 설명을 처음으로 가능하게 했던 것입니다. 게다가 그는 그 일의 뒤

바로 그 생각을 강자성의 문제에 적용했던 것입니다.

이미 이야기가 제법 길어졌으므로 강자성의 문제에 이 이상 시간을 할애하지는 않겠습니다만, 어쨌든 강자성이라는 것은 거시적인 크기의 Fe 결정 전체에 걸쳐서 Fe 원자 외측의 전자스핀이 일정한 방향으로 정렬되기 때문에 일어나는 것입니다. 이 때 방향을 정렬하는 역할을 하는 것은 여기서 논한 것 같은 외견상의 강한 스핀·스핀의 에너지인 것입니다. 이런 이유로 전자의 스핀이라고 한 미묘한 성질이, 자석이 철을 끌어당긴다는 것처럼 일상적인 거시적 현상에 직접 나타나고 있지만, 거기에는 슈뢰딩거 함수의 대칭성이라든지, 전자가 페르미온이라든지 하는 아주 고답(高踏)적인 사항이 관여하고 있었던 것입니다. 이것은 고답적인 이론이 직접적인 일상 현상에 나타나고 있는 하나의 좋은 예입니다. 또한 강자성체 자화의 원인이 이처럼 거시적 규모에서 스핀이 방향을 정렬하는 것 때문이라면, 실험체의 총자기모멘트만이 아니라 그 총스핀각운동량도 또한 거시적인 값을 가지게 될 것입니다. 그러면, 각운동량 보존법칙을 만족하기 위해서, 자화할 때 그 실험체는 총스핀각운동량과 반대의 각운동량을 가지고서 전체적으로 회전을 시작하여, 그것이 관측에 관여할 것입니다. 사실 아인슈타인과 드하스(W. J. de Haas) 두 사람은 1915년에 이미 이것을 실험적으로 보여 주었고 그 회전으로부터 Fe의 $g\left(\frac{\text{자기 모멘트의 자기장방향성분}}{\text{각운동량의 자기장 방향성분}}\right)$을 측정하고 있습니다. 이 실험으로 그들은 g의 값을 1에 가깝게 얻었으나, 그 후 정밀도를 올린 실험을 다양한 사람들이 실시해서 Fe뿐만 아니라 Ni, Co 등에 대해서 $g=g_0=2$를 얻었습니다. 이것은 이들 강자성체 자화의 기원이 전자의 스핀에 있다는 것을 확실히 나타내고 있다고 봐도 좋겠지요. 마지막으로 하나만 덧붙이겠습니다. 알칼리토류에 관한 하인젠베르크의 논문이 나온 조금 후에 디락도 외견상의 스핀·스핀상호작용의 논문을 발표하였습니다. 이 논문에서 그는, 입자의 교환을(좀 더 일반적으로 치환을) 하나의 물리량으로 생각한다는, 조금은 범인이 생각할 수 없는 착상에서 출발해서 실제로 교묘한 방법으로 외견상의 스핀·스핀상호작용을 유도하고 있습니다. 이 이론은 디락의 교과서에 자세하게 나와 있으니 여기서 더 이상 이야기할 필요는 없겠지요.

제6화 파울리-바이스코프와 유카와 입자

자연이 스핀 0인 입자를 거부할 이유가 없다.

이번 시간부터 다시 이야기를 원래의 큰 흐름으로 돌아가도록 하겠습니다. 제3화에서 "자연은 왜 단순한 점전하에 만족하지 않는가?"라는 이야기를 했었지요. 이 질문에 대답한 것은 디락이었습니다. 부족한 사람의 억측일 수도 있으나 파울리는 디락의 이 일을 보고서 '당했다'라고 생각한 것은 아니었을까요? 어쨌든 파울리 자신은 어떻게 해서든 스핀을 양자역학에 집어 넣으려고 생각하며, 파울리 행렬 등을 꺼내 보았지만 완전한 이론은 결국 만들 수 없었습니다. 또 그는 이론을 상대론화 하는 필요성을 인정하면서도 그 역시 잘 되지 않았습니다. 파울리는 다른 사람이 한 일을 가혹하게 비평하는 완벽주의자로 알려져 있지만, 그런 이유로 만족스럽지 못한 임시 방편적인 이론 그대로 그의 이론을 발표할 수밖에 없었습니다. 한편, 디락은 생각지도 못한 곡예로 그의 이론을 만들어 내고 스핀에 관한 온갖 것을 상대론화와 함께 해결했습니다. 나는 파울리가 이런 결과를 우아하게 받아들였을 만큼 마음이 넓었으리라고는 생각하지 않습니다.

그런데 1934년이 되어 파울리는 디락에게 되갚아 줄 수 있게 되었습니다. 그것은 클라인-고든 방정식을 거부하고 자연이 만족하는 것은 디락 방정식뿐이라는 디락의 논법은 실은 성립하지 않는다는 것을 파울리가 보여주었기 때문입니다. 그에 따르면 클라인-고든 방정식도 양자역학의 틀과 아무런 모순이 없고, 따라서 스핀 0인 입자도 자연으로부터 미움 받을 이유는 없다는 것이 됩니다.

오늘은 그 경위를 이야기 하고자 합니다만, 그것을 위해서 꽤 많은 준비가 필요합니다. 하나는 파동장의 양자화라는 것, 또 하나는 디락의 음에너지 문제입니다.

*

여러분도 경험했으리라 생각하지만, 우리가 파동역학이나 파동함수를 공부

W. 파울리, 1940년 촬영

할 때 "파동"이라는 것을, 어떨 때는 우리가 살고 있는 3차원 공간의 진짜 파동인 것처럼, 또 다른 경우에는 일반화된 배위공간에서의 추상적인 파동인 것처럼 논의합니다. 대체 어느쪽인가? 곤혹스러운 기억은 없는가? 이런 개념의 혼란은 사실 양자역학의 역사 속에서도, 초기 무렵 자주 있었습니다. 실제로 슈뢰딩거 자신, 그의 「고유값 문제로서 양자화」 시리즈를 보더라도 알 수 있습니다만, 이 두 생각 사이를 왔다갔다 하고 있습니다. 그러나 어느 쪽인가 하면, 그는 예를 들어 $e\psi^*(\boldsymbol{x})\psi(\boldsymbol{x})$를 공간 내에 실재하는 전기밀도라고 생각하고, 그 밀도의 결정체가 전자라고 생각하려 하였습니다. 그러나 이 생각은 그리 잘 되지 않았습니다. 왜냐하면 $\psi^*\psi$는 시간이 지나면 퍼져나가 버려서 덩어리는 흐릿해져 버리기 때문입니다.

그런데 한편으로 양자역학이 변환이론의 형태로 완성되면서 슈뢰딩거의 ψ는 역학계 상태 벡터의 한 표현이 되었습니다. 그것은 또 확률진폭이라고도 불리고 역학계를 기술하는 일반 좌표의 함수이며, 따라서 ψ로 나타내는 파동은 추상적인 좌표공간 내의 것으로 우리의 3차원 공간 내의 파동이 아니게 됩니다. 따라서 예를 들면 2개 입자의 경우 ψ는 제1입자의 좌표 $\boldsymbol{x}_1$과 제2입자의 좌표 $\boldsymbol{x}_2$의 함수 $\psi(\boldsymbol{x}_1, \boldsymbol{x}_2)$이고, 따라서 이 파동는 6차원의 좌표공간 내의 파동이라는 것이 됩니다. 그뿐 아니라 조금 더 일반적으로 $\psi(\ )$의 괄호 안에 쓰인 변수는 공간좌표 $\boldsymbol{x}_1$, $\boldsymbol{x}_2$, ……에 한정될 필요 없이 라그랑쥬의 일반좌표인지, 해밀턴 역학에 나타나는 조금 더 추상적인 좌표여도 좋습니다.

그런 이유로 슈뢰딩거가 생각하려 했던 실재물질파론은 마무리가 지었졌던 것처럼 보였습니다. 빛의 파는 확실히 우리의 3차원 공간 속에서 실재하고 있으나 물질파는 그렇지 않다는 사고가 정론이 되는 것 같았습니다.

그런데 여기서 파동장의 양자화라는 생각이 나타나서 형세는 바뀌었습니다. 즉, 공간 내에 실재하는 물질파라는 개념이, 공간 내에 실재하는 빛의 파와 마찬가지로 타당한 개념으로 성립하는 것을 알게 되었습니다.

양자역학은 처음에 전자나 핵, 그런 물질입자를 대상으로 완성되었습니다. 그리고 원자가 빛을 방출한다거나 흡수, 산란한다는 현상은 전자의 좌표 행렬 요소가 과거의 사고에서 전자운동의 푸리에 성분에 대응한다는, 그런 대응을 단서로 고전론으로부터의 유추에 의해서 다루는 것밖에 달리 방법이 없었습니다. 그런데 양자역학이 변환이론의 형태로 완성되면서 빛의 장에 대해서 양자역학을 적용할 준비가 되었습니다. 그래서 원자와 빛의 장, 양쪽을 함께 포함한 역학계를 생각하고 장 쪽에도 양자론을 적용해서 원자와 빛의 상호작용을 일관되게 취급하려는 그런 시도가 나타났습니다. 이 생각에 도화선을 당긴 것은 디락이었고 그것은 1927년의 일이었습니다.

빛의 장을 양자론적으로 취급한다는 생각은 새로운 것은 아니었습니다. 이미 양자론의 시작에서부터 빛의 장을 평면파로 나누고, 플랑크의 조건 $E_\omega=N_\omega\hbar\omega$, $N_\omega=0, 1, 2, \cdots\cdots$가 성립하도록 그 진폭을 이산적으로 하면 플랑크 공식이 나옵니다. 그러한 디바이(P. Debye)의 생각이 있었습니다. 따라서 단순하게 플랑크 조건을 임시 방편으로 이용하는 대신에, 여기에서 파의 진폭을 행렬(또는 디락의 이른바 q-수)로 다시 생각해서 새로운 양자역학을 이용하면 자연히 $E_\omega=N_\omega\hbar\omega$이 유도되겠고, 이 때 에너지 $\hbar\omega$를 가진 광자의 개수가 N_ω라는 해석을 할 수 있겠지요. 그렇게 하여 자연스레 빛의 입자성이 나오게 됩니다. 실제로 하이젠베르크의 행렬 역학이 나왔을 때, 전자기장 $\boldsymbol{E}$나 $\boldsymbol{B}$도 행렬로 생각하자는 제안을 했던 것은 행렬 역학을 완성시킨 보른(M.Born), 요르단(P.Jordan), 하이젠베르크 그들 자신이었습니다. 〔단, 이 시대에는 아직 확률진폭이라는 개념이 나타나지 않았기 때문에, 그들은 그들의 생각을 빛의 방사, 흡수, 산란까지 적용할 수 없었습니다.〕

디락도 조금 전 이야기한 그 시도의 실마리로 디바이나 보른의 생각을 이용하고 있는 것은 말할 필요도 없습니다. 그러나 이 실마리만이라면 평범한 사람도 알아차리지 못할 것도 없지만(그것을 끝까지 해낼 수 있을지 어떨지는 별개로 해서), 그는 하나 더, 그의 독특한 사고방식을 이야기의 계기로 들고 있습니다. 그것이 어떤 것인가 하면, 훗날 「제2양자화」로 불리게 되었던 기묘한 사고방식입니다. 일단 이야기가 스핀으로부터 벗어나서 죄송합니다만, 이 생각으로부터 「물질파」가 3차원 공간 속으로 영입되게 되었던 사실과 이 기묘한 착상이 정말 디락스럽기 때문에 조금 시간을 할애하여 설명하겠습니다.

*

디락은 먼저 입자 1개의 슈뢰딩거 방정식을 생각했습니다. 그것은 알고 있는

것과 같이

$$\left\{H(\boldsymbol{x},\ \boldsymbol{p})-i\hbar\frac{\partial}{\partial t}\right\}\psi(\boldsymbol{x},\ t)=0$$
$$H(\boldsymbol{x},\ \boldsymbol{p})=\frac{1}{2m}\boldsymbol{p}^2+V(\boldsymbol{x}),\qquad \boldsymbol{p}=-i\hbar\nabla \tag{6-1}$$

이었지요. 그가 완성시킨 변환이론에 따르면, $\psi(\boldsymbol{x},t)$는 시간 t에 있는 계의 상태 벡터를 나타내었습니다. 이 때 무엇인가 하나의 역학량(디락 규칙으로 말하자면 가관측량) $G(\boldsymbol{x},\boldsymbol{p})$를 생각하고, 그것의 고유값을 g_n, 고유함수를 $\phi_n(\boldsymbol{x})$로 합니다. 여기에 $n=1, 2, 3,$ ……. 이 때 $\phi_n(\boldsymbol{x})$는 완전직교계를 만들기 때문에, $\psi(\boldsymbol{x},t)$를

$$\psi(\boldsymbol{x},\ t)=\sum_n a_n(t)\phi_n(\boldsymbol{x}) \tag{6-2}$$

와 같이 전개합니다. 그러면, 시각 t에 있어서 가관측량 $G(\boldsymbol{x},\boldsymbol{p})$를 측정하고, 값 g_n을 얻을 수 있는 확률은

$$P_n(t)=|a_n(t)|^2 \tag{6-3}$$

이 됩니다. 이것이 변환이론의 결론이었습니다. 단, ψ나 ϕ_n은 모두 1로 규격화되어있다고 합니다. 이 때 $H(\boldsymbol{x},\boldsymbol{p})$는 계의 에너지를 의미합니다만, 상태 $\psi(\boldsymbol{x},t)$에서의 그 기대값은, H의 행렬 요소

$$H_{n,n'}=\int\phi_n^*(\boldsymbol{x})H(\boldsymbol{x},\ \boldsymbol{p})\phi_{n'}(\boldsymbol{x})dv \tag{6-4}$$

를 사용해서,

$$\begin{aligned}\langle H\rangle &\equiv \int\psi^*(\boldsymbol{x},\ t)H(\boldsymbol{x},\ \boldsymbol{p})\psi(\boldsymbol{x},\ t)dv\\ &=\sum_{n,n'}a_n^*H_{n,n'}a_{n'}\end{aligned} \tag{6-5}$$

로 되는 것에 주의합니다. 이 때 ⟨H⟩가 시간과 관련 없는 값을 갖는 것도 바로 알 수 있습니다.

매트릭스 요소 (6-4)를 사용하면, (6-1)로부터 $a_n(t)$의 시간변화에 대해서

$$\frac{da_n(t)}{dt}=\frac{1}{i\hbar}\sum_{n'}H_{n,n'}a_{n'}(t) \tag{6-6}$$

이 유도됩니다. 따라서, 그 복소켤레

$$\frac{da_n^*(t)}{dt}=-\frac{1}{i\hbar}\sum_{n'}a_{n'}^*(t)H_{n',n} \tag{6-6}^*$$

도 유도됩니다.

이 (6-6)과 (6-6)*을 보면, (6-5)의 ⟨H⟩를 이용해서, 그것들을

$$\frac{da_n}{dt} = \frac{1}{i\hbar}\frac{\partial\langle H\rangle}{\partial a_n{}^*}, \qquad \frac{da_n{}^*}{dt} = -\frac{1}{i\hbar}\frac{\partial\langle H\rangle}{\partial a_n} \tag{6-7}$$

로 쓸 수 있음을 알 수 있습니다. 이것으로부터 a_n을 좌표변수로 생각하여, 그것에 켤레인 운동량을

$$\pi_n = i\hbar a_n{}^* \tag{6-8}$$

로 생각합니다. 그리고

$$\langle H\rangle = \frac{1}{i\hbar}\sum_{n,\,n'}\pi_n H_{n,\,n'}a_{n'} \tag{6-9}$$

를 해밀토니안으로 생각하면, a_n과 π_n이 캐노니컬한 운동방정식

$$\frac{da_n}{dt} = \frac{\partial\langle H\rangle}{\partial \pi_n}, \qquad \frac{d\pi_n}{dt} = -\frac{\partial\langle H\rangle}{\partial a_n} \tag{6-10}$$

을 만족하는 것이 유도됩니다.

자, 지금까지 우리는 입자 1개로 이루어진 역학계를 하나만 생각했었습니다만, 여기서 디락을 모방해서 입자 1개로 이루어진 역학계를 N개 모았던 앙상블을 생각합니다. 그러면 어떤 시각에 가관측량 G를 측정해서 값 g_n을 얻을 수 있는 것과 같은, 그런 계가 이 앙상블의 안에 몇 개 있는가? 그 개수의 기대값은, P_n의 N배

$$N_n \equiv NP_n = N|a_n|^2 \tag{6-3$'$}$$

을 얻을 수 있겠지요. 그리고

$$A_n = N^{1/2}a_n, \quad A_n{}^* = N^{1/2}a_n{}^* \tag{6-11}$$

로 두면,

$$N_n = A_n{}^* A_n \tag{6-3$''$}$$

을 얻고, 게다가 (6-8)에 대응해서

$$\Pi_n = i\hbar A_n{}^* \tag{6-8$'$}$$

로 두고, (6-9)에 대응해서

$$\overline{H} = \frac{1}{i\hbar}\sum_{n,\,n'}\Pi_n H_{n,\,n'}A_{n'} \tag{6-9$'$}$$

로 두면, (6-10)에 대응해서

$$\frac{dA_n}{dt} = \frac{\partial \overline{H}}{\partial \Pi_n}, \qquad \frac{d\Pi_n}{dt} = -\frac{\partial \overline{H}}{\partial A_n} \tag{6-10'}$$

을 얻을 수 있습니다. 이 (6-10′)을 보면, 여기서도 A_n과 Π_n을 캐노니컬한 변수로 생각할 수 있고, 그것들은 $\overline{H}$를 해밀토니안으로 하는 캐노니컬한 방정식을 만족하는 것을 알 수 있습니다.이 때 a_n에 대해서

$$\sum_n |a_n|^2 = \int \psi^*(\boldsymbol{x},\ t)\psi(\boldsymbol{x},\ t)dv = 1 \tag{6-12}$$

가 성립하는 반면, A_n에 대해서는

$$\sum_n |A_n|^2 = N \tag{6-12'}$$

가 성립합니다. 더욱이 a_n과 Π_n이 복소수라는 것이 신경 쓰이나, 그것이라면

$$A_n = N_n^{1/2} e^{i\Theta_n/\hbar}, \quad A_n^* = N_n^{1/2} e^{-i\Theta_n/\hbar} \tag{6-13}$$

에 의해서 정의된 N_n과 Θ_n을 이용하면 된다고 디락은 말합니다. 디락은 이 N_n과 Θ_n이 서로 켤레인 캐노니컬 변수인 것을 증명하고 있습니다. 그리고 이 변수를 이용할 때의 해밀토니안은

$$\overline{H} = \sum_{n,\,n'} N_n^{1/2} e^{-i\Theta_n/\hbar} H_{n,\,n'} N_{n'}^{1/2} e^{i\Theta_{n'}/\hbar} \tag{6-9''}$$

라고 생각하면 됩니다.

여기서 디락은 그 특유의 곡예를 하였습니다. 즉, 그는 N_n이나 Π_n을 통상의 수가 아닌, 양자역학적인 q-수라고 생각을 바꾼 것입니다. 즉 N_n과 Π_n의 사이에 캐노니컬한 교환관계

$$\begin{aligned} &A_n \Pi_{n'} - \Pi_{n'} A_n = i\hbar\delta_{n,\,n'}, \\ &A_n A_{n'} - A_{n'} A_n = \Pi_n \Pi_{n'} - \Pi_{n'} \Pi_n = 0 \end{aligned} \tag{6-14}$$

를 집어넣어서 문제를 양자화하고자 하는 것입니다.

이 생각을 왜 곡예라고 하는가? 애초 슈뢰딩거 방정식 (6-1)은 이미 양자화의 결과로 나타난 것입니다. 따라서 그것으로부터 얻은 (6-10)도 (6-10′)도 모두 그렇습니다. 그것을, 제2양자화라는 명칭이 나타내는 것처럼, 다시 한 번 양자화한다는 것에 대체 어떤 의미가 있는 것일까? 보통 사람들은 여기서 당황스럽지 않을 수 없습니다. 그러나 당황스러워하고만 있어도 어쩔 수 없기 때문에, 이 당황스러움의 원인이 어디에 있는지를 조금 더 밝혀내야만 합니다. 그러면, 이런 점

을 알 수 있게 됩니다.

양자역학에서 q-수를 이용해서 표현되는 것은 좌표 q로 해도, 운동량 p로 해도, 혹은 에너지 H로 해도, 조금 전 생각했던 G로 해도 모두 가관측량입니다. 가관측량이라는 개념은 디락에 의해서 도입된 것입니다만, 그것은 이미 어떤 실험에 의해서 직접 측정하여 얻은 양입니다. 그런데 (6-3)에 의해서 정의된 P_n과 같은 것은 그렇지 않습니다. 그것을 결정하기 위해서는 가관측량 G의 측정을 몇 번이고 반복해서 실행합니다. 그리고 얻어진 다수의 데이터를 집적하고, 그 안의 몇 분의 1이 g_n이었는지를 조사하지 않으면 안됩니다. 그런 이유로, P_n은 어떤 측정실험으로 직접 얻은 양이 아니고, 따라서 그것은 가관측량이 아니게 됩니다. 그렇게 하면 a_n도 a_n^*도 π_n도 모두 그렇습니다.

N_n이나 A_n이나 A_n^*이나 Π_n에 대해서도 같은 것을 말할 수 있습니다. 도대체, 조금 전 "입자 1개로 이루어진 역학계를 N개 모은 앙상블"이라고 말했을 때의 앙상블이라는 것은 어디까지나 생각 속의 앙상블로, 눈 앞에 N개의 역학계가 실제로 존재할 필요는 조금도 없습니다. 실제로 1개의 역학계를 이용하여 몇 번이나 같은 조건아래에서 G의 측정을 반복하고, 그 집적된 실험 데이터 안에 값 g_n이 몇 번이 있었는지에 대한 횟수가 N_n이었습니다. 또 예를 들면, 제1역학계는 첫 번째 날에 만들고 그것에 대해서 G를 측정하여 측정 뒤 그 계를 부수어버린다. 그리고 제2역학계는 2일 째에 만들어 그것에 대해서 G를 측정하고 그 뒤 그 계를 부수어버린다. 제3역학계는 3일 째에 만들어……라는 방법으로 하더라도 좋습니다. 그런 이유로, 여기서 생각하고 있는 앙상블은 통계로 말하는 가상의 앙상블을 의미하고 있는 것입니다. 따라서 개수 N_n이라고 하더라도, 그것이 어떤 가관측량을 측정해서 바로 얻어진 양이 아니라, 몇 번이나 반복한 가관측량 측정으로 얻은 데이터의 집적에 관련된 수치인 것입니다.

우리가 N_n이나 A_n 그리고 Π_n을 q-수라고 간주한 디락의 제2양자화의 앞에서 당황스러움을 느낀 것은 실제로 이런 점인 것입니다. 여러분들 중에는 제2양자화를 술술 받아 들이는 사람도 있을지 모르겠습니다. 만약 그런 사람이 있다면 그 사람은 디락과 같은 정도로 뛰어난 사람이든지, 또는 여러 가지를 골똘히 생각하지 않고 무엇이든 알게 된 것 같은 기분이 되어 버린 느긋한 사람 중의 하나겠지요.

*

그러면 이런 문제점에도 불구하고 디락이 N_n이나 A_n 그리고 Π_n을 굳이 양자화 한 것에 어떤 근거가 있는 것일까요? 나는 그 답을 이렇게 생각합니다.

우리는 가상의 앙상블에 대한 통계적 결론이 실제 앙상블에 대한 그것과 종종 일치한다는 사실을 알고 있습니다. 따라서 우리의 지금 문제에서도 이 일치가 성립하는 것은 있을 법한 것입니다. 만약 그렇다면 "입자 1개로 이루어진 역학계를 N개 모은 가상의 앙상블"에 대한 결론을 "상호작용이 없는 입자 N개의 역학계"라는 실제 앙상블에 적용할 수 있을 것입니다. 그런데 이 실제 앙상블에서는, 예를 들면 N_n은 가관측량이라고 생각해도 좋습니다. 왜냐하면, 입자 N개로 이루어진 역학계에서 N_n을 결정하는 것은 입자 1, 2, 3, ……, N에 대한 G, 즉 $G(\boldsymbol{x}_1, \boldsymbol{p}_1)$, $G(\boldsymbol{x}_2, \boldsymbol{p}_2)$, $G(\boldsymbol{x}_3, \boldsymbol{p}_3)$, ……, $G(\boldsymbol{x}_N, \boldsymbol{p}_N)$의 측정으로 귀착될 수 있기 때문입니다. 이때 이 N개의 G는 모두 서로 교환 가능하기때문에, 변환이론에 따르면 N개의 G는 동시에 측정할 수 있고, 그것을 1회 측정으로 간주할 수 있습니다. 게다가 가관측량 N_n이 해석함수는 아니지만 N개 가관측량 G의 함수이므로(서로 교환 가능한 N개의 G 값이 결정되면 N_n의 값은 결정되기 때문에 N_n은 N개 G의 함수입니다), 결국 N_n은 1회 측정으로 결정되는 양이 됩니다. 이런 이유로 우리의 실제 앙상블에서 N_n을 q-수라고 생각해도 좋고, 따라서 A_n도 Π_n도 그렇습니다.

이런 이유로, 디락이 실행했던 것은 q-수의 N_n과 그것에 켤레인 Θ_n, 또는 A_n과 Π_n을 이용해서 다입자계를 기술할 수 있을지, 그리고 그를 위해서는 기초방정식으로 (6-10′)을 이용하고, 또는 해밀토니안 (6-9′)를 출발점으로 할 수 있을지에 대한 질문의 답을 찾아내려는 체험적인 고찰이었습니다. 결국 그는 제2양자화를, 그런 가능성을 발견하기 위한 체험적인 방법으로서, 게다가 그 한도 내에서 이용하고 있는 것입니다.

그와 같이 제2양자화가 체험적인 이론이었다고 하면, 그것을 통해서 짐작했던 해밀토니안 (6-9′) 또는 (6-9″) (양자화할 때 (6-9″)의 안의 $\mathbf{N}^{1/2}$과 $e^{\pm i\Theta/\hbar}$의 순서가 문제가 되지만, 바른 순서는 뒤에 나오는 식 (6-17′)로 주어집니다)을 출발점으로 하는 이론이, 지금까지 알려진 통상의 방법으로 다입자계를 취급해서 얻은 결론과 같은 답을 유도하는지 어떤지를 실제로 확인하지 않으면 안 됩니다. 여기서 통상의 방법이라는 것은 좌표공간 안에 ψ를 생각하는 방법, 즉 입자가 N개일 때에 슈뢰딩거 방정식

$$\left\{H(\boldsymbol{x}_1,\ \boldsymbol{p}_1)+H(\boldsymbol{x}_2,\ \boldsymbol{p}_2)+\cdots\cdots+H(\boldsymbol{x}_N,\ \boldsymbol{p}_N)\right.$$
$$\left.-i\hbar\frac{\partial}{\partial t}\right\}\psi(\boldsymbol{x}_1,\ \boldsymbol{x}_2,\cdots\cdots,\ \boldsymbol{x}_N)=0 \tag{6-15}$$

를 푸는 방법입니다. 디락은 (6-15)의 해 $\psi(\boldsymbol{x}_1, \boldsymbol{x}_2, \cdots\cdots, \boldsymbol{x}_N)$ 중에서 입자의 교환에 대해 대칭인 것만을 가진다면, 이 일치가 확실히 성립하는 것에 대한 증명을 그의 논문에서 실제로 제시하고 있습니다. 그런 이유로, 해밀토니안으로 (6-9′)를 교환함수로서 (6-14)를 이용하여 문제를 푼다는 것은, (6-15)를 풀어서 해밀토니안

$$H=\sum_{\nu=1}^{N}H(\boldsymbol{x}_\nu,\ \boldsymbol{p}_\nu) \tag{6-16}$$

을 가진 N개의 보손계 행동을 얻는 것과 동등하다는 것이 확실해진 것입니다. 여기서 해밀토니안 (6-9′) 또는 (6-9″)를 이용할 때 나타나는 확률진폭은 그 때 이용된 좌표, 즉 A_n 또는 N_n의 함수

$$\psi(A_1,\ A_2,\ \cdots\cdots,\ A_n,\ \cdots\cdots)$$

또는 (6-17)

$$\psi(N_1,\ N_2,\ \cdots\cdots,\ N_n,\ \cdots\cdots)$$

이며, 특히 자주 사용되는 것은 후자이고 그것에 대한 슈뢰딩거 방정식은

$$\left\{\sum_{n,\,n'}N_n{}^{1/2}e^{-i\Theta_n/\hbar}H_{n,\,n'}e^{i\Theta_{n'}/\hbar}N_{n'}{}^{1/2}\right.$$
$$\left.-i\hbar\frac{\partial}{\partial t}\right\}\psi(N_1,\ N_2,\ \cdots\cdots,\ N_n,\ \cdots\cdots)=0 \tag{6-17′}$$

의 형태가 됩니다. 그리고 디락은 그것에 포함되어 있는 연산자 $e^{\pm i\Theta/\hbar}$가

$$e^{\pm i\Theta/\hbar}\psi(N)=\psi(N\pm 1)$$

이라는 성질을 가진 것을 증명했습니다. 실은 이 증명, 엄밀히 말하면 옳지 않은 것이지만, 그것은 발견론으로서는 확실히 디락다운 재미있는 것이므로 여기서 소개하도록 하겠습니다.

증명 Θ는 N에 켤레인 운동량이므로 그것을 N의 함수로 할 때에는 $-i\hbar\dfrac{\partial}{\partial N}$로 생각해도 좋고, 그리하면

$$e^{\pm i\Theta/\hbar}=e^{\pm\partial/\partial N}=1\pm\frac{\partial}{\partial N}+\frac{1}{2!}\frac{\partial^2}{\partial N^2}\pm\frac{1}{3!}\frac{\partial^3}{\partial N^3}+\cdots\cdots$$

이 됩니다. 그런데 테일러 정리에 따라서

$$\psi(N) \pm \psi'(N) + \frac{1}{2!}\,\psi''(N) \pm \frac{1}{3!}\,\psi'''(N) + \cdots = \psi(N \pm 1)$$

이므로, $e^{\pm i\Theta/\hbar}\psi(N) = \psi(N \pm 1)$이 성립합니다. Q. E. D.

이런 이유로, 사용된 발견론이 무엇이든, 그것을 통해서 발견된 이론이 보손에 대해서 바르다는 것이 확실히 증명된 이상 우리는 더 이상 어떤 망설임도 가질 필요가 없어졌습니다. 우리는 안심하고 전진할 수 있습니다. 그리고 해밀토니안 (6-9′), 운동방정식 (6-10′) 및 교환관계 (6-14) 게다가 A_n과 N의 관계 (6-12″)을 이후의 이론에 도움이 되도록 변형해 나가 봅시다. 그리고 (6-2)를 떠올리면서

$$\Psi(\boldsymbol{x}) = \sum_n A_n \phi_n(\boldsymbol{x}), \qquad \Pi(\boldsymbol{x}) = \sum_n \Pi_n \phi_n^*(\boldsymbol{x}) \tag{6-2′}$$

를 이용하여 q-수의 “파동함수” $\Psi(\boldsymbol{x})$와 그것의 “켤레운동량함수” $\Pi(\boldsymbol{x})$를 정의합니다. 그러면 (6-14)로부터 $\Psi(\boldsymbol{x})$와 $\Pi(\boldsymbol{x})$의 사이에 캐노니컬한 교환관계

$$\begin{aligned} &\Psi(\boldsymbol{x})\Pi(\boldsymbol{x}') - \Pi(\boldsymbol{x}')\Psi(\boldsymbol{x}) = i\hbar\delta(\boldsymbol{x}-\boldsymbol{x}'), \\ &\Psi(\boldsymbol{x})\Psi(\boldsymbol{x}') - \Psi(\boldsymbol{x}')\Psi(\boldsymbol{x}) = 0, \\ &\Pi(\boldsymbol{x})\Pi(\boldsymbol{x}') - \Pi(\boldsymbol{x}')\Pi(\boldsymbol{x}) = 0 \end{aligned} \tag{6-14′}$$

을 얻을 수 있고, Ψ에 대한 운동방정식으로

$$\left\{H(\boldsymbol{x},\ \boldsymbol{p}) - i\hbar\frac{\partial}{\partial t}\right\}\Psi(\boldsymbol{x},\ t) = 0 \tag{6-1′}$$

이 유도됩니다. 더욱이

$$\Pi(\boldsymbol{x}) = i\hbar\Psi^\dagger(\boldsymbol{x}) \tag{6-8″}$$

이 성립하는 것도 바로 알 수 있기 때문에, $\Pi(\boldsymbol{x})$에 대한 운동방정식은 (6-1′)의 켤레 허수임이 분명함을 알 수 있습니다(여기서 Ψ는 q-수이므로, 켤레 허수를 나타내기 위해서 기호 * 대신에 †를 이용했습니다). 더욱이 해밀토니안 (6-9′)은

$$\overline{H} = \frac{1}{i\hbar}\int \Pi(\boldsymbol{x})H(\boldsymbol{x},\ \boldsymbol{p})\Psi(\boldsymbol{x})dv = \int \Psi^\dagger(\boldsymbol{x})H(\boldsymbol{x},\ \boldsymbol{p})\Psi(\boldsymbol{x})dv \tag{6-5′}$$

이 됩니다. 이 N은 $\overline{H}$와 교환 가능하고, 따라서 시간 t와 관계 없다는 것을 알 수 있습니다.

자, 이렇게 해서 얻은 방정식 (6-1′)을 보면 그것은 입자 1개의 확률진폭에 대

한 방정식과 같은 형태를 하고 있고, 또 해밀토니안 (6-5′)을 보면 입자 1개에 대한 경우의 에너지 기대값 (6-5)와 같은 형태를 하고 있는 것을 알 수 있습니다. 그러나 형태는 같아도 이 의미는 완전히 다른 것을 잊어서는 안됩니다. 즉, (6-1′)이나 (6-5′)은 "보손 N개로 이루어진 역학계"의 가관측량에 관련된 것으로 모두 q-수 사이의 관계식이지만, (6-1)이나 (6-5)는 입자 1개의 확률진폭이나 기대값과 관련이 있는 것입니다. 이 때 주목해야만 하는 것은 (6-1′)와 (6-5′) 또한 교환관계 (6-14′)도 보손의 개수 N을 전혀 포함하지 않고 있는 것입니다. 따라서, 이들 관계식은 "임의 개수의 보손으로 이루어진 역학계"에 대한 기초적 관계라고 생각해도 좋습니다. 이리하여 파동함수 $\Psi(\boldsymbol{x})$는 좌표공간 내의 파동 ψ와 달라서 입자의 개수와 상관 없는, 항상 3차원공간 $\boldsymbol{x}$점의 함수입니다. 따라서 우리가 q-수로 간주했던 파동함수 Ψ는 우리가 살고 있는 3차원 공간에 실재하는 파동이라고 생각할 수 있습니다. 그러면 입자의 개수는 어디에 나타나는가 하면, 그것은 (6-12″)입니다. 즉, 입자의 개수는 Ψ의 진폭과 관련이 있습니다.

이렇게 해서 우리는 해밀토니안 (6-5′)을 가지고 교환관계 (6-14′)에 의해서 양자화한 파동장이, 해밀토니안 (6-16)을 가진 보손계와 동등하다는 것을 알았습니다. 사실 Ψ를 q-수로 생각했을 때, A_n을 (6-2′)으로 정의했다고 한다면,

$$N_n = A_n^{\dagger} A_n \tag{6-18}$$

으로 정의되는 q-수의 고유값은

$$N_n \text{ 의 고유치} = 0,\ 1,\ 2, \cdots\cdots \tag{6-18′}$$

이 되는 것을 알 수 있고, 확실하게 장의 입자성이 보입니다. 더욱이 $e\psi^*(\boldsymbol{x})\psi(\boldsymbol{x})$가 공간 내에 실재하는 전기밀도라는 슈뢰딩거의 생각을 적용하여

$$\rho(\boldsymbol{x}) = e\Psi^{\dagger}(\boldsymbol{x})\Psi(\boldsymbol{x}) \tag{6-19}$$

에 의해서 전기밀도라는 가관측량을 정의한다(지금까지의 이야기에서는 $-e$가 전자의 전하였으나, 오늘은 양과 음에 상관없이 입자의 전하를 e로 적습니다)면, 임의의 체적 V에 대한 적분

$$\rho_V = \int_V \rho(\boldsymbol{x})d\boldsymbol{x} \tag{6-19′}$$

의 고유값이 0, $1e$, $2e$, $3e$, ……인 것을 알 수 있습니다. 이것은 우리의 역학계가 전하 e를 가진 입자 덩어리의 성질을 가진 것을 나타내고 있습니다. 이 때 주의해

야 할 것은 슈뢰딩거의 $e\psi^*\psi$가 시간과 함께 흐릿해져 버렸던 것에 대응해서, 우리의 경우에도 $e\Psi^\dagger\Psi$의 기대값은 시간과 함께 흐릿해지고, 그 결과 ρ_V의 기대값은 정수가 아닌 값도 가지면서 점점 0에 가까워져 갑니다. 그러나 ρ_V의 고유값은 결코 0 또는 양의 정수 이외의 값을 가지지는 않습니다. 따라서 기대값은 흐릿해져 가더라도 전하의 입자성은 항상 유지되고 있는 것입니다.

*

이와 같이 해서 슈뢰딩거가 희망했으나 이루지 못했던 바람, 즉 파동 $\psi(\boldsymbol{x})$를 좌표 공간 내에 집어넣지 않고 3차원 공간 내로 영입하려고 했던 바람이, $\psi(\boldsymbol{x})$ 대신에 양자화한 $\Psi(\boldsymbol{x})$를 이용한다는 것으로 이루어지게 되었습니다. 그리고 디락은 그의 체험적 방법에 이끌려, $\Psi(\boldsymbol{x})$를 만족해야만 하는 장의 방정식이 $\psi(\boldsymbol{x})$를 만족하는 방정식과 같은 형태를 하고 있는 것을 발견했습니다. 그러나 방정식의 형태는 같더라도 ψ는 입자 1개의 확률진폭으로 c-수, Ψ는 파동장을 기술하는 q-수라고 하는 것과 같이 개념적으로는 완전히 별개인 것을 잊어서는 안됩니다. 덧붙여 바로 뒤에 이야기하겠습니다만 방정식의 형태가 일치하는 것은 입자 사이의 상호작용이 무시될 때에 한정된 것으로, 상호작용이 있으면 ψ와 Ψ는 개념적으로 다를 뿐만 아니라, 그것이 만족하는 방정식도 본질적으로 다른 수학적 성질을 가지게 됩니다. 따라서 자주 "ψ를 제2양자화 하면 Ψ를 얻을 수 있다"라는 식으로 이야기 하지만, 그것은 맞지 않습니다. 나는 오히려 양자화하지 않은 맥스웰 방정식이 존재하는 것처럼, 양자화 하지 않은 Ψ에 대해서도 그것을 만족하는 방정식이 처음부터 있어서, 그것은 상호작용이 없을 때에 한해 ψ의 방정식과 일치한다고 생각하는 편이 좋다고 생각합니다.[42)]

어쨌든 (6-5′)의 해밀토니안을 가진 역학계, 다시 말하면 장의 방정식 (6-1′)을 가진 파동장의 계와, 해밀토니안 (6-16)을 가진 역학계, 다시 말하면 입자 N개로 만들어진 입자계는, 만약 전자를 (6-14′)에 의해서 양자화하고, 후자에 대해서는 대칭적인 슈뢰딩거 함수만을 적용한다는 조작을 거치면 완전히 같은 답을 주며, 완전히 동등하다는 것을 알게 된 것은 대단한 발견이었습니다. 왜냐하면, 그것으로 양자론에서 파동 즉 입자, 입자 즉 파동이라는 니시다[#] 철학과 같은 명

42) 이 점을 지적한 것이 朝永振一郎『양자역학』II, みすず書房 (1952, 제2판 1997)의 특징 중 하나이다. 특히 §50을 보라. 단, 제2양자화에 대한 디락의 체험적인 논의는 언급하지 않고 있다. 그것이 설명되는 것은 이 책이 최초이다.

제가 아무런 모순 없이 성립하고, 그 수학적 표현을 제대로 얻을 수 있게 되었기 때문입니다.

지금까지 이야기 했던 디락의 체험적 고찰은 입자 사이에 상호작용이 있는 실제 앙상블에 대해서는 주효하지 않습니다. 왜냐하면, 그가 출발점으로 했던 가상의 앙상블에서는 입자간의 상호작용은 어떤 역할도 하고 있지 않았기 때문입니다. 애초에 그의 가상의 앙상블 내의 각 역학계는 입자 1개인 계입니다. 따라서 그 계 내부에 상호작용은 나타나지 않습니다. 또 앙상블은 가상적인 것이어서, 예를 들면 제1계는 1일 째에만 존재하고, 제2계는 2일 째에만, 제3 계는 3일째에만, …… 와 같은 것이어도 좋기 때문에, 다른 두 계 안의 입자가 상호작용을 한다고 하는 생각은 완전히 무의미하기 때문입니다. 그럼에도 불구하고 서로 작용하고 있는 입자의 실제 앙상블에 대해서도, 그것이 보손이라면 3차원 공간에 실재하는 파동장 $\Psi(\boldsymbol{x})$으로 기술할 수 있는 것을 요르단과 클라인이 나타내었습니다. 그들에 의하면 지금까지는 장의 방정식 (6-1′)의 $H(\boldsymbol{x}, \boldsymbol{p})$, 즉

$$H(\boldsymbol{x},\ \boldsymbol{p}) = \frac{1}{2m}\boldsymbol{p}^2 + V(\boldsymbol{x}) \tag{6-20}$$

의 우변에 있는 $V(\boldsymbol{x})$는 외부 장에 기인하는 포텐셜 에너지만을 생각하면 되었습니다만, 입자간에 상호작용, 예를 들면 쿨롱 척력이 존재한다면 $V(\boldsymbol{x})$에 외부 장에 의한 포텐셜 에너지 외에 파동장 자신의 전기밀도에 의해서 발생하는 포텐셜 에너지

$$V_{파}(\boldsymbol{x}) = \frac{e}{4\pi\varepsilon_0}\int\frac{e\Psi^\dagger(\boldsymbol{x}')\,\Psi(\boldsymbol{x}')}{|\,\boldsymbol{x}-\boldsymbol{x}'\,|}dv' \tag{6-21}$$

덧붙여서,

$$V'(\boldsymbol{x}) = V(\boldsymbol{x}) + V_{파}(\boldsymbol{x})$$

을 이용하지 않으면 안 된다는 것입니다. 즉 (6-1′)의 $H(\boldsymbol{x}, \boldsymbol{p})$로

$$H(\boldsymbol{x},\ \boldsymbol{p}) = \frac{1}{2m}\boldsymbol{p}^2 + V(\boldsymbol{x}) + V(\boldsymbol{x})_{파} \tag{6-20′}$$

(6-20′)을 이용한 방정식

西田 幾多郎(니시다 키타로)(1870-1945)는 일본를 대표하는 철학자로 교토 학파의 창시자이다. [역주]

$$\left\{\frac{1}{2m}\boldsymbol{p}^2+V(\boldsymbol{x})+\frac{e}{4\pi\varepsilon_0}\int\frac{e\Psi^\dagger(\boldsymbol{x}')\,\Psi(\boldsymbol{x}')}{|\,\boldsymbol{x}-\boldsymbol{x}'\,|}dv'-i\hbar\frac{\partial}{\partial t}\right\}\Psi(\boldsymbol{x},t)=0 \tag{6-22}$$

를 (6-1′)로 바꾸어서 이용한 것입니다. 그러면 이 이론과

$$H=\sum_{\nu=1}^{N}\left\{\frac{1}{2m}\boldsymbol{p}_\nu{}^2+V(\boldsymbol{x})\right\}+\sum_{\nu>\nu'}^{N}\frac{1}{4\pi\varepsilon_0}\frac{e^2}{|\,\boldsymbol{x}_\nu-\boldsymbol{x}_{\nu'}\,|} \tag{6-23}$$

인 해밀토니안을 가진 보손계의 양자론은 모든 점에서 일치하는 답을 가진다는 것을 요르단과 클라인이 발견한 것입니다.[43] 이 때 (6-23)의 $\sum_{\nu>\nu'}^{N}$……항 안에 $\nu=\nu'$의 항이 포함되어 있지 않은 것은 주목할만 합니다. 그 결과, 입자 1개의 경우에는, $V_{\text{파}}(\boldsymbol{x})$를 덧붙였던 방정식 (6-22)를 이용하여도, (6-23)의 안에 $\dfrac{e^2}{|\,\boldsymbol{x}_\nu-\boldsymbol{x}_{\nu'}\,|}$을 포함한 항은 전혀 나타나지 않게 됩니다.

이 요르단과 클라인의 사건으로부터 Ψ와 ψ의 차이는 더욱 확실하게 되었습니다. 왜냐하면 Ψ에 대한 장의 방정식 (6-22)는, 입자 1개에 대한 확률진폭을 나타내는 방정식 (6-1), 즉

$$\left\{\frac{1}{2m}\boldsymbol{p}^2+V(\boldsymbol{x})-i\hbar\frac{\partial}{\partial t}\right\}\psi(\boldsymbol{x},\ t)=0 \tag{6-22$'$}$$

과 전혀 다른 형태를 하고 있습니다. 게다가 이 차이가 본질적이라는 것은, 변환이론에 따르면 확률진폭은 중첩의 원리를 만족하지 않으면 안되고, 따라서 ψ가 만족해야만 하는 방정식은 항상 선형이어야만 하는데 (6-22)는 Ψ에 대해서 선형이 아니기 때문입니다. 따라서 장의 방정식 (6-22)는 Ψ를 q-수가 아니라고 생각하더라도, 결코 ψ의 방정식이라고는 생각할 수 없는 성질의 것입니다. "ψ를 제2양자화 하면 Ψ가 얻어진다."라는 표현이 전혀 맞지 않는 것은 이것으로 확실해진 것이겠지요.

방정식 (6-22)는 체험적인 추론만으로는 유도될 수 없었다고 하더라도, 어쨌든 입자의 상호작용을 정확하게 도입한 장의 방정식이어서, 만약 Ψ를 양자화하지 않으면 그것은 고전적인 맥스웰 방정식에 해당하는 것입니다. 그러면 (6-22) 좌변에 $\hbar$가 있는 것은 왜인지 묻는건가요? 그것 좋은 질문이네요. 쳐다보기만

43) 「어느 날, 유카와 씨가 나에게 와서 많이 흥분한 상태로 이런 논문이 있다고 했다.」 그것이 요르단과 클라인의 논문(1927)이었다. 朝永振一郎 「量子力学と私」, 『量子力学と私』 (朝永振一郎著作集 11), みすず書房 (1983), pp.6–61, 특히 pp. 12–13; 같은 『量子力学と私』, 岩波文庫 (1977), pp. 17–84, 특히 pp.24–26.

하는 사람은 할 수 없는 질문입니다. 하지만 모처럼 좋은 질문을 했으니 답은 한번 스스로 생각해 보기 바랍니다. 〔힌트: 지금까지의 논의에서 $m \to \hbar\hat{m}$, $V \to \hbar\hat{v}$, $e \to \hbar\hat{e}$, $\Psi \to \hat{\Psi}/\sqrt{\hbar}$ 라는 치환을 해 보고 그 치환의 의미를 생각해 보라.〕

*

디락의 곡예에 대한 해설이 생각지 않게 길게 되었으나, 결국 그가 나타내고 싶었던 것은 다(多)보손계와 3차원 공간 내의 파동장이 양자론에서는 동등하다는 것입니다. 그는 이 결론을 광자에 적용하여 원자에 따른 그 방사, 흡수, 산란을 양자론적으로 논하고자 한 것입니다. 그러나 지금까지의 논법을 그대로 광자에 적용하기에는, 광자 1개에 대한 확률진폭 방정식을 알고 있지 않다면 곤란하다고 생각할 지도 모르겠습니다. 그런데 광자는 상대론적인 입자로, 그것에 대해서 (6-1)을 이용할 수는 없습니다. 한편, 광자 1개의 확률진폭을 발견하려고 했던 시도는 그 무렵까지도 여러 사람이 시도했으나, 그 누구도 제대로 해내지 못했습니다(뒤에 안 사실이지만 광자뿐만 아니라 상대론적인 이론에서는 x, y, z 공간 내의 확률진폭은 존재하지 않습니다). 그러나 지금까지 했던 긴 이야기 덕분에 확실해진 것처럼, 양자화해야만 하는 방정식은, 결국 장의 방정식이지 확률진폭의 방정식은 아니었던 것입니다. 따라서 확률진폭의 방정식을 알지 못하더라도 장의 방정식을 알고 있으면 그것을 양자화하면 되지 않을까요? 우리처럼 장황한 이야기를 하지 않더라도 디락은 처음부터 그것을 알고 있었으므로, 그는 디바이선의 연장으로 빛의 장을 양자화하고, 원자에 의한 빛의 출입 혹은 산란에 대해서 명확한 답이 나오는 것을 나타내었습니다.

디락의 이 연구를 이어 받아, 양자화한 맥스웰의 장과 전자를 함께 생각하고, 원자(의 안에 있는 전자)와 전자기장의 상호작용을 논한다는 작업은 페르미(E.Fermi)나 하이젠베르크-파울리에 의해서 보다 완전한 형태로 정식화(定式化)되었습니다. 그 중에서도 하이젠베르크와 파울리는 공저인 대논문「파동장의 양자역학에 대해서」(1929년)에서, 디락이나 페르미와 다르게 전자기장만이 아니라 전자 그 자신도 양자화된 장으로 생각해서 문제를 취급하고 있습니다. 〔단, 이때 양자화를 (6-14′)에 의해서 실행할 수는 없었습니다. 왜냐하면, 그러면 전자가 보손이 되어 버리기 때문입니다. 그렇다면 어떤 양자화를 실행하는가? 그것에 대해서는 바로 뒤에 이야기하겠습니다.〕 다시 말하면, 그들은 이 논문에서 디

V. 바이스코프 (1908-2002)

락 방정식을 전자의 확률진폭에 대한 방정식으로 생각하지 않고, 전자기장에 대한 상대론적인 장의 방정식으로 간주하고 있는 것입니다.

여기까지 오면, 확률진폭의 식으로서 이용할 수 없다고 디락이 거부했던 클라인-고든 방정식도, 하나의 가능한 상대론적인 장의 방정식으로 이용하는 것에 이의는 없을 것입니다. 따라서 그것을 받아들여서 맥스웰 방정식과 함께 양자화하고, 하이젠베르크-파울리의 논법으로 취급해 보면 어떻게 될지에 대한 생각이, 어느 맑은 날에 파울리의 마음 속에 떠올랐다 하더라도 그것은 그리 뜻밖의 일은 아닐 것입니다.

이런 경위로 파울리는 조수인 바이스코프(V. Weisskopf)에게 도움을 받아, 오늘의 부제인 "자연이 스핀 0인 입자를 거부할 이유는 없다"라는 취지의 논문을 1934년에 완성했던 것입니다. 그러면 드디어 이 본제에 들어갈 준비가 된 것입니다만 그 전에 조금 전의 문제, 즉 전자기장의 양자화를 어떻게 할지에 대한 문제를 정리해 둘 필요가 있습니다.

조금 전까지의 이야기로 파동장을 양자화함으로써 나타나는 입자는 보손이라는 것을 알았습니다만, 그러면 전자와 같은 페르미온을 파동장 양자화의 방법으로 취급하는 것은 불가능한지에 대한 것이 알고 싶어졌습니다. 이것에 답을 해준 것이 하이젠베르크-파울리 사건의 한 해 전인 1928년에 나타난 요르단-위그너(E.Wigner)의 일입니다. 그들의 대답은 긍정적이었습니다. 다만 그러기 위해서는 교환관계 (6-14′)으로는 물론 안 되고, 그 대신에 (6-14′)의 좌변의 $-$를 $+$로 치환한 관계

$$\begin{aligned} \Psi(\boldsymbol{x})\Pi(\boldsymbol{x}')+\Pi(\boldsymbol{x}')\Psi(\boldsymbol{x}) &= i\hbar\delta(\boldsymbol{x}-\boldsymbol{x}') \\ \Psi(\boldsymbol{x})\Psi(\boldsymbol{x}')+\Psi(\boldsymbol{x}')\Psi(\boldsymbol{x}) &= 0 \\ \Pi(\boldsymbol{x})\Pi(\boldsymbol{x}')+\Pi(\boldsymbol{x}')\Pi(\boldsymbol{x}) &= 0 \end{aligned} \qquad (6\text{-}14')_{+}$$

를 이용하지 않으면 안 됩니다. 그런 것을 그들이 발견한 것입니다. 이 관계를 「반(反)교환관계」라고 부릅니다만, 이것이 성립하고 있으면 (6-18)로 정의된 가관측량 N_n의 고유값은

$$N_n \text{ 의 고유값} = 0,\ 1 \qquad (6\text{-}18')_+$$

인 것이 유도되며 이 입자는 n이라는 상태에 0개나 1개만 넣는 것이 되고, 따라서 파울리의 배타원리를 확실하게 만족하는 것을 알게 됩니다. 그리고 이렇게 해서 양자화된 파동장은 해밀토니안 (6-16) 또는 (6-23)을 가진 입자계에 있어서 반대칭의 슈뢰딩거 함수만을 채용한 것, 즉 페르미온계와 모든 점에서 동등하다는 것을 증명할 수 있습니다. 그런 이유로, 조금 전 말한 니시다 철학 같은 문제는 보손, 페르미온 양쪽을 통틀어 성립하게 되었습니다.

여기서 드디어 본론인 파울리-바이스코프의 이야기로 들어갑니다. 그러나, 서두가 파동 즉 입자, 입자 즉 파동이라는 큰 문제에 관련되므로 생각지도 않게 이야기가 길어져서 남은 시간이 그리 많지 않게 되었습니다. 하지만 이 런 긴 서두 덕분에 파울리-바이스코프 생각의 배경은 충분히 알았으리라 생각하므로, 남은 시간은 그들이 얻은 결과를 이야기하는 것으로 마치겠습니다.

파울리-바이스코프는 조금 전 말한 것과 같이 (6-14′)을 이용해서 클라인-고든 방정식을 맥스웰 방정식과 함께 양자화 해 보았습니다. 그랬더니 어떤 모순도 없이 양자화가 실행되었고, 클라인-고든 장과 관련해서 질량 m, 스핀 0인 보손이 나타나고, 또한 흥미롭게도 이 보손의 전하로 $\pm e$라는 양음 양 쪽 값이 모두 가능하다는 것을 알았습니다. 게다가 단순히 가능성만이 아니라 $2mc^2$보다 큰 $\hbar\omega$를 가진 광자가 존재한다면 그것의 흡수에 의해서 $+e$와 $-e$의 입자 쌍이 만들어지는 것, 또 역으로 이런 쌍이 있으면 그것이 $\hbar\omega > 2mc^2$을 방출해서 소멸하는 것 등을 계산을 통해 알았습니다.

더욱이 디락 방정식에 관해서 파울리 등은, 설사 1계일지라도 그것을 전자 1개의 상대론적 확률진폭에 대한 방정식으로 간주하는 것에 어려움을 겪고 있습니다. 그들에 따르면 디락 방정식도 어디까지나 전자에 대한 상대론적인 장의 방정식이어서, 그것을 좌표 공간 내의 확률진폭으로 생각할 수 없습니다. 즉 "1개의 입자가 공간의 $\boldsymbol{x}$점에 존재하는 확률"이라고 한 것과 같은 개념은 전자도 광자도 또 클라인-고든 입자도 포함해서, 도무지 상대론적인 입자의 경우에는 의미 없는 것, 따라서 $\psi(\boldsymbol{x})$를 그 배후에 있는 확률진폭이라고 해석하는 것도 무의미하다고 주장합니다.

이 마지막 주장의 근거 중 하나는, 디락 방정식을 전자 1개의 확률진폭 방정식이라고 하면 전자가 음의 에너지를 가진다는 그런 선뜻 이해가 가지 않는 상태가 나타나고, 게다가 양의 에너지인 전자도 전자기장과의 상호작용에 의해서 에너지를 방출하여 음의 에너지 상태로 떨어져 버린다는 점입니다. 그런 일이 일어나면, 여러 가지로 현실과 모순되는 이상한 현상이 일어나게 됩니다. 디락은 이 어려움에서 빠져나가기 위해서 1930년 경, 진공이라는 것은 모든 음의 에너지 준위를 각각 전자 1개가 차지하고 있는 상태라는 가설을 도입하였습니다. 그렇게 하면 파울리의 배타원리에 의해서 양의 에너지인 전자가 음의 에너지 준위로 떨어지는 것은 가능하지 않게 될 것이라고 합니다. 그러나 파울리는 이렇게 말할 것입니다. 음의 에너지 준위 모두가 그렇게 전자에 의해서 가득 차 있다면, 무한하게 다수의 전자가 존재하고 있으므로, 1체 문제를 이미 훨씬 벗어난 것이다.

그런 이유로 파울리는 하이젠베르크-파울리의 논문에서 실시했던 것과 같이, 디락 방정식을 확률진폭으로서가 아니라 장의 방정식으로 취급하는 편이 맞다고 생각했던 것입니다. 그러나 아무래도 디락은, 디락 방정식을 장의 방정식이라고 생각하는 파울리 체계의 방식이 마음에 들지 않았던 것 같고, 그가 1932년에 발표한, 이른바 다시간이론으로 불리게 된 다전자문제의 새로운 이론형식으로, 그는 좌표공간 내의 확률진폭 ψ(단, 상대론화하기 위해서 각각의 전자에 별개의 시간을 주어서 $\psi(\boldsymbol{x}_1 t_1, \boldsymbol{x}_2 t_2, \boldsymbol{x}_3 t_3, \cdots\cdots, \boldsymbol{x}_N t_N)$이라는 형태로 확장한 ψ)를 사용하자고 제안하고 있습니다.[44)]

*

자, 이야기를 바꾸어서 조금 전 클라인-고든장을 양자화한다면 $\pm e$인 보손이 나타난다고 말했습니다만, 실은 디락의 음에너지준위 충만가설로 인해 전자에 대해서도 일반적인 전자, 즉 음전하인 전자 외에 양전하인 전자가 존재하리라고 디락 스스로 예상하는 것처럼 되었습니다. 그것은 완전히 가득 차 있지 않아서 어딘가의 음에너지 준위에 전자가 비어 있다면, 그 공공(空孔)은 양에너지를 가진, 양전하를 가진 것처럼 행동하겠지요(음의 결여는 양을 의미한다는 것이 디락의 생각). 그런 이유로, 공공은 양전하를 가진 전자처럼 보이겠지요. 〔디락은 처음 이 공공이 양성자일 거라고 생각했습니다. 그러나 그렇게 생각하면 이 공공은 그 근방에 있는 전자로 바로 메워져 수소원자 등은 안정하게 존재할 수 없지

44) 참조: 『量子電気力学の発展』(朝永振一郎 著作集 10), みすず書房 (1983), pp. 6-8, 216-220, 232-236 ; 『量子力学と私』(주43에 나왔던 岩波文庫), pp. 55-61, 76-82. 저자는 이 다시간이론을 발전시킨 초다시간이론을 기초로 재규격화이론을 세웠으며, 1965년에 노벨상을 받았다.

않을까? 라고 오펜하이머(J.R.Oppenheimer)는 비판하였습니다. 또한 공공은 전자와 같은 질량을 가진 것처럼 행동하리라고 수학자인 바일(H.Weyl)이 지적했었습니다.]

이 생각에 따르면, $\hbar\omega > 2mc^2$인 광자가 있다면, 그 에너지를 흡수해서 음 준위의 전자가 양 준위로 여기되어, 그 결과 양 에너지의 전자와 음 준위의 공공, 바꿔 말하면 양 에너지·양전하인 전자가 만들어진 것이 됩니다. 덧붙여서 양전하인 전자는 1932년에 앤더슨(C.Anderson)에 의해서 실험적으로 발견되어 양전자(포지트론)이라고 이름 붙여졌습니다.

조금 전 클라인-고든 방정식을 양자화한다면 양음의 하전입자가 나타난다고 하는 이야기를 했었지요. 그러나 실은 양자화하지 않아도 이 방정식에는 음전하의 입자처럼 행동하는 해가 있으면, 양전하의 입자와 같이 행동하는 해도 있다는 것을, 디락은 이미 제3화에서 이야기한 1928년의 논문에서 지적하고 있었습니다(이것은 다음 다음 장에서 또 다룹니다). 그리고 이 방정식에 의해서 전자를 기술할 수 없다는 그의 주장의 이유 중 하나로, 그는 이 점을 거론한 것입니다(당시, 전자는 음전하밖에 없다고 믿고 있었습니다).

그러나 양전자가 발견되고 보니, 이 이유는 근거가 없어질 뿐만 아니라, 클라인-고든 방정식에 관련되는 보손과, 디락 방정식에 관련되는 페르미온은 모두 $\pm e$의 전하를 가진다라는 점에서 더없이 유사한 성질을 가지고 있습니다. 따라서 그런 유사성으로부터 보더라도, 클라인-고든 방정식과 디락 방정식은 어느 쪽도 우열을 가리기 어려운 존재 이유를 가졌다는 생각이 아주 당연시 되기 시작했습니다. 이런 이유로, 파울리는 자신감을 가지고 클라인-고든 장을 복권(復權)시키려는 입장에 섰던 것입니다. 게다가, 하이젠베르크-파울리 규칙으로 디락 방정식을 양자화하면, 약간의 기교를 이용해서, 음 에너지 준위의 충만이라든지 공공이라는 인위적인 가설을 도입하지 않더라도, 양전자의 존재나 전자쌍이 만들지는 것 등을 이론에 집어 넣을 수도 있습니다. 그런 점에서 볼 때, 파울리는, 디락 방정식을 장의 방정식으로 생각하는 편이 확률진폭 방정식이라고 생각하는 디락 취향의 방법보다는 훨씬 자연스럽다고 생각하고 있습니다.

이와 같이 해서 파울리-바이스코프는, 디락이 거부한 클라인-고든 방정식을 복권시켰던 것입니다. 파울리는 이 일에 매우 자신있었던 것 같고, 논문에서 디락이 그의 다른 논문에서 이용한 문구를 그대로 써서 디락을 조롱하는 듯 한 부분이 있습니다. 이 부분을 의역해서 언급해 보면 다음과 같습니다.

"우리의 이론에서 흥미 있는 주요한 점은, 아주 자동적으로(즉, 구멍 이론이라고 부르는 쓸데 없는 가설을 이용하지 않더라도) 에너지는 항상 양이 되는 것이다. 이와 같이, 상대론적 스칼라 이론(클라인-고든 장의 이론)이 어떤 가설도 이용하지 않고서 구성된 것을 눈앞에서 보면, $\pm e$인 스핀 0 보손이 존재할 것이라는 이론으로부터의 가능성이나, 또 그것들이 $\hbar\omega$에 의해서 만들어지거나 $\hbar\omega$의 방출에 의해서 소멸한다는 가능성을 자연이 왜 사용하지 않았던 것인가?라고 의심스럽게 생각할 수도 있을 것이다." 여기서 밑줄을 그은 곳은 디락이 일종의 입자(자기적 단극자) 존재를 예언하고자 발표한 논문의 문구를 그대로 이용하고 있는 것입니다. 그러고 보니, 기분 탓일까? 이 문장의 말투와 디락 방정식에 관한 논문의 서두에서 디락이 쓰고 있는 문장(그것은 제3화에서 인용했었습니다)의 표현 말투가 저에게는 완전히 똑같은 것처럼 보입니다.

그런데 이 문장에서 파울리가 말하고 싶었던 것은, 그래서 '스핀 0인 하전 소립자가 존재할 것이다'라는 것인가 하고 생각해서 읽어 나가면, 오히려 반대로 그런 것이 발견되지 않는 이유를 달리 요구하고 있는 것 같은 말투입니다. 그러나 파울리가 이 논문을 썼던 1934년에는 유카와의 머리 속에 이미 중간자의 착상이 생겨나고 있던 중이었습니다. 그리고 상대론적 스칼라 이론(정확히는 유사스칼라 이론)은 후에 중간자론에서 큰 역할을 하게 되었습니다. 따라서 자연은 역시 이 가능성을 사용한 것이고 그 결과가 π중간자였다는 것이 됩니다.[45)]

어쨌든, 파울리-바이스코프의 이 사건과 유카와의 중간자 생각은 이상하리만큼 타이밍 좋게 앞뒤로 나타났었습니다. 물리의 역사도 꽤 재미있는 이야기를 만들어 내고 있군요.

45) π중간자나 양자 등, 이른바 강한 상호작용을 하는 소립자들이 쿼크로부터 만들어지는 것을 안 오늘날에는 이것은 보다 깊은 의미를 가진 것이 되었으나. 자연이 허락한 수학적 구조(소립자의 예에서는 자연이 채용한 군(群)에 대해서, 그 기약표현)를 끝까지 이용한다는 의미에서 진리인 것처럼 보인다.

제7화 벡터도 텐서도 아닌 양

스피너 족의 발견과 물리학자의 놀람

우리는 지난 시간에 1934년까지 이야기 했는데 파울리-바이스코프의 사건이 있기 전, 1927년 무렵부터 여러 가지 연쇄적인 발견이 있었던 것을 이야기했습니다. 그 중에서, 특히 이야기의 중심이 되었던 것은 물질파를 3차원 공간 내의 파로 생각해도 된다는 발견이었습니다. 그러나 27년부터 30년대에 걸쳐서 또 한 가지 재미있는 사건이 있었습니다. 게다가 그것은 스핀과 얽혀서 나타난 것이어서 여기서 다루어야 할 것 같습니다. 따라서 이야기는 다시 한 번 1927~28년 무렵으로 돌아갑니다.

제3화에서 양자역학의 틀에 스핀을 포함한 이야기를 했었습니다. 그리고 그 시도로부터 1927년에 파울리 방정식이, 28년에 디락 방정식이 발견되었습니다. 이들 방정식에서는 2성분량이나 4성분량이 사용되고 있어서, 예를 들면 파울리 방정식에서 ψ는

$$\psi = \begin{pmatrix} \psi_1(x, y, z, t) \\ \psi_2(x, y, z, t) \end{pmatrix} \tag{7-1}$$

과 같은 형태를 하고 있었습니다. 여기서 성분 ψ_1과 ψ_2를 세로로 나열한 것은 그것이 2행 2열인 스핀 행렬의 곱셈에 편리하기 때문입니다. 그래서 제기된 문제는 이런 다성분량의 변환성에 관한 것입니다.

물리학에서 다성분량이 이용된 것은 옛날부터 드문 일은 아니었습니다. 예를 들면 역학이나 전자기학에서는 벡터나 텐서라고 불리는 3성분, 혹은 9성분의 양이 이용되고 있습니다. 특히 전자기학에서의 전기장이나 자기장은 장의 양이기 때문에 질점역학에서의 속도나 가속도와 달리 점함수이고, 따라서 당연히 x, y, z (및 t)의 함수입니다. 따라서 그런 의미로 (7-1)과 매우 비슷한 것입니다. 이런 다성분량 외에 질량이나 전하, 포텐셜이라 불리는 1성분 양도 물리에서 이용되고

그것은 스칼라라고 불립니다.

지금 이야기하고 있는 벡터나 텐서는 3차원 공간의 물리량입니다만, 잘 알고 있다시피 상대론이 나타나면서 공간에 시간을 더한 4차원의 민코프스키 세계가 물리학자의 활동 무대가 되고, 그것에 대응해서 여러 가지 양이 4원 벡터나, 4원 텐서가 되며, 텐서 산법은 상대론에서 대단히 위력을 발휘하였습니다. 그러나 오늘은 시간 사정상 4차원 세계에는 들어가지 않는 것으로 하겠습니다.

*

자, 파울리 방정식의 발견과 함께 우리에게 제기된 문제는, 바로 (7-1)과 같은 2성분량은 3차원공간 내에서의 스칼라, 벡터 혹은 텐서라는 카테고리에서 생각할 때 대체 무엇인가 하는 것입니다. 그 질문에 대답하기 위해서는 당연히 벡터나 텐서의 정의는 무엇이었는가? 그리고 물리가 그런 양을 이용하는 의미는 대체 무엇이었는가?라고 한 것을 떠올릴 필요가 있습니다.

벡터나 텐서의 정의 방법에는 여러 가지가 있습니다. 그러나 오늘의 논의에 가장 맞는 것은 공간좌표의 변환에 대한 "공변량"으로 정의하는 방법입니다. 이 "공변(共變)"이라는 개념을 단서로 하면 벡터나 텐서가 물리에서 이용하는 의미나 (7-1)과 같은 2성분량이 어떤 성질의 것인지에 대해 생각하기에 좋은 지침이 될 것입니다.

그러면 벡터나 텐서에 대한 정의에 대한 복습부터 시작합시다. 지금 3차원 공간내에 임의의 점 P가 있습니다. 그리고 공간 내에 임의의 직교좌표계 R을 생각하고, 이 계에서 P의 좌표를 x_j($j=1, 2, 3$)으로 합니다. 다음으로 R계 좌표축을 원점의 주변으로 회전시켜서 얻을 수 있는 별도의 좌표계 R'을 생각합니다. 그리고 R'계에서 점 P의 좌표를 x_k'($k=1, 2, 3$)으로 합니다. 그러면 x_j와 x_k'의 사이에

$$x_k' = \sum_{j=1,2,3} A_{k,j} x_j \qquad k = 1,2,3 \tag{7-2}$$

라는 관계가 성립하는 것은 잘 알고 계시겠지요.[46] 여기서 9개의 계수 $A_{k,j}$는 R계 좌표축과 R'계 좌표축 사이의 방향코사인이므로, $A_{k,j}$로 만든 행렬

$$A = \begin{pmatrix} A_{1,1} & A_{1,2} & A_{1,3} \\ A_{2,1} & A_{2,2} & A_{2,3} \\ A_{3,1} & A_{3,2} & A_{3,3} \end{pmatrix} \tag{7-3}$$

46) 권말부록 A.6 참조.

은 직교 행렬이 되고, 따라서 (7-2)를 풀어서

$$x_j = \sum_{k=1,2,3} x_k' A_{k,j} \qquad j = 1,2,3 \tag{7-2'}$$

을 얻을 수 있습니다. 게다가 R'계는 R계로부터 회전시켜 얻은 것이므로 R계가 오른손 좌표계라면 R'계도 그렇고, 그런 경우에는

$$\det A = +1 \tag{7-4}$$

인 것을 알고 있습니다. 조금 전에 말한 것과 같이 $A_{k,j}$는 방향코사인이므로, $\det A = \pm 1$인 것과 같은 직교 행렬 A를 주면, R계로부터 R'계로의 회전이 한가지만으로 결정되고, 또 그 역도 말할 수 있습니다. 그런 이유로 좌표계의 회전과 행렬 A 사이에는 1대1의 대응이 성립하고, 따라서 그 회전을 "회전 A"로 불러도 좋습니다.

다음으로 회전 A에 의해서 R계로부터 R'계로 이동하고, 게다가 회전 B에 의해서 R'계에서 R''계로 이동한다고 하면 P의 R계에서의 좌표 x_j와 R''계에서의 그것 x_l''의 사이에는

$$x_l'' = \sum_{j=1,2,3} C_{l,j} x_j \qquad l = 1,2,3 \tag{7-5}$$

형태의 관계가 성립합니다만, 이 때 $C_{l,j}$의 행렬

$$C = \begin{pmatrix} C_{1,1} & C_{1,2} & C_{1,3} \\ C_{2,1} & C_{2,2} & C_{2,3} \\ C_{3,1} & C_{3,2} & C_{3,3} \end{pmatrix} \tag{7-6}$$

은 행렬 A와 B로부터

$$C = B \cdot A \tag{7-7}$$

형태의 곱이 되는 것을 알 수 있습니다. 이 사실을 "회전 A를 실행하고 그 결과에 회전 B를 실행하는 것은 회전 $B \cdot A$를 실행하는 것이다."라고 표현하고 있습니다.

서두가 좀 길어졌으나, 여기서 벡터의 정의로 들어갑시다. 지금 3성분량

$$(a_1,\ a_2,\ a_3) \tag{7-8}$$

을 생각합니다. 이 때 A에 의해서 좌표계 R을 R'으로 회전할 때, 그것에 대응해서 a_1, a_2, a_3이 (7-2)의 x_1, x_2, x_3와 같은 형태의 변환

$$a_k' = \sum_{j=1,2,3} A_{k,j} a_j \qquad k = 1,2,3 \tag{7-9}$$

를 받아들인다면 3성분량 (7-8)을 벡터로 이름 붙입니다. 이것이 벡터의 정의입니다. 이 정의로부터

$$a_j = \sum_{k=1,2,3} a_k' A_{k,j} \qquad j = 1,2,3 \tag{7-9'}$$

도 당연히 성립합니다. 게다가 이 정의에 따르면 질점의 위치를 결정하는 3성분량 (x_1, x_2, x_3)은 말할 것도 없이 벡터입니다.

다음으로 텐서의 정의입니다만 그것은 다음과 같이 됩니다. 지금 9성분량

$$\begin{pmatrix} a_{11} & a_{12} & a_{13} \\ a_{21} & a_{22} & a_{23} \\ a_{31} & a_{32} & a_{33} \end{pmatrix} \tag{7-10}$$

이 있다고 합시다(여기서 a's를 방진(方陣)의 형태로 나열하였습니다만, 이것은 행렬이 아닙니다. 노파심에). 다시 일일이 방진의 형태로 쓰는 것도 귀찮으므로 (7-10)의 대신에

$$(a_{jk}), \quad j = 1,2,3;\ k = 1,2,3 \tag{7-11}$$

로 쓰도록 하겠습니다. 때로는 $j = 1, 2, 3; k = 1, 2, 3$도 생략합니다.

이와 같은 9성분량이 있다고 하고, 좌표계를 회전A에 의해서 R로부터 R'으로 변환할 때, 그것에 대응해서 (a_{jk}) 성분이

$$a_{lm}' = \sum_{j=1,2,3} \sum_{k=1,2,3} A_{l,j} A_{m,k} a_{jk} \tag{7-12}$$

에 의해서 변환된다면, 이 (a_{jk})를 2계 텐서로 이름 붙입니다. 이때 계수인 $A_{l,j}A_{m,k}$를

$$A_{l,j} A_{m,k} \equiv A_{lm,jk} \tag{7-13}$$

으로 써서, 9행 9열의 행렬

$$A^{(2)} \equiv (A_{lm,jk}) \quad l, m = 1,2,3;\ j, k = 1,2,3 \tag{7-14}$$

를 정의합니다(여기서( ) 안에는 $l, m = 1, 2, 3$에 대응해서 9개의 행이 있고, $j, k = 1, 2, 3$에 대응해서 9개의 열이 있습니다). 그러면, 이 행렬을 이용해서

(7-12)를

$$a_{lm}'=\sum_{\substack{j=1,2,3\\k=1,2,3}} A_{lm,jk}a_{jk} \tag{7-15}$$

의 형태로 쓸 수도 있습니다. 또

$$a_{jk}=\sum_{\substack{l=1,2,3\\m=1,2,3}} a_{lm}'A_{lm,jk} \tag{7-15'}$$

도 성립합니다. 이것이 벡터일 때의 (7-9)와 (7-9′)에 해당하는 관계입니다.

수학에서는 2개의 행렬 $A=(A_{l,j})$와 $B=(B_{m,k})$가 있을 때

$$A_{l,j}B_{m,k}=C_{lm,jk} \tag{7-16}$$

로 $C_{lm,jk}$를 정의하고, 그것을 이용해서 조립한 행렬

$$C=(C_{lm,jk}) \tag{7-17}$$

을 "A와 B의 직접곱"으로 이름 붙이고, 그것을

$$C=A\times B \tag{7-16'}$$

으로 씁니다. 이 용어를 사용하려면 (7-14)의 $A^{(2)}$는 A와 A의 직접곱, 즉 직접곱 의미로서의 2승

$$A^{(2)}=A\times A \tag{7-18}$$

이라고 말해도 좋습니다. 따라서 "2계 텐서라는 것은 좌표계의 회전 A에 대응해서 그 성분이 $A^{(2)}=A\times A$로 변환 되는 양이다." 라고 표현할 수 있습니다.

이 표현을 사용하면 3계 텐서, 4계 텐서, ……의 정의는 자연히 명확해집니다. 즉, 3계 텐서라는 것은 좌표계의 회전 A에 대응해서 그 성분이 $A^{(3)}=A\times A\times A$에 의해서 변환되는 3^3성분의 양이라고 할 수 있습니다. 이 정의에 따라서 벡터라는 것은, 좌표계의 회전 A에 대응해서 그 성분이 $A^{(1)}=A$에 의해서 변환되는 양이라고 말해도 좋고, 이 의미로 벡터라는 것은 1계 텐서라고 말하기도 합니다. 게다가 이 스칼라라는 것은 $A^{(0)}=1$로 변환된 것도 생각하며, 그것은 0계 텐서라고 말해도 좋습니다. 이 정의에 따르면 스칼라라는 것은 1성분 양이라고 말하는 것만으로는 충분하지 않아서, 그것은 어떤 좌표계에서도 값을 바꾸지 않는 것이 아니면 안 됩니다.

이들 정의로부터 바로 다음의 것이 유도됩니다. 첫 번째로, 몇 계 텐서라도 좋으나, 텐서 성분의 변환과 좌표계의 회전은 언제나 1대 1에 대응하고 있는 것입니다. 따라서 좌표계의 회전 A와 B와 C가 있으면 그 각각에 텐서 성분의 변환 행렬 $A^{(n)}$과 $B^{(n)}$과 $C^{(n)}$이 대응합니다. 더구나 그 때

$$C = B \cdot A$$

이 성립하면, 행렬 $\mathrm{A}^{(n)}$과 $\mathrm{B}^{(n)}$, $\mathrm{C}^{(n)}$의 사이에도

$$C^{(n)} = B^{(n)} \cdot A^{(n)}$$

이 성립하는 것을 증명할 수 있습니다. 따라서 좌표계의 회전과 임의계 텐서 성분의 변환 행렬 사이에는 단순한 1대 1의 대응만 있는 것이 아니라, "곱에는 곱이"라는 대응 방식이 존재합니다. 이런 방식의 대응이 존재하는 것을 텐서 성분의 변환과 좌표계의 회전은 「공변(共變)한다」라고 말하는 것입니다. 그리고 그 의미로 벡터나 텐서를 「공변량」이라고 부릅니다. 여러분은 군론(群論)을 알고 있겠지만, 군론이라는 단어를 사용하려면 $A^{(n)}$은 회전군의 3^n차원 표현이고, n계 텐서는 $A^{(n)}$에 의해서 변환된 성분의 양이라고 말해도 좋습니다.

이 이상 벡터론이나 텐서론에서 사용되는 여러 가지 연산으로 들어가는 것은 생략합시다. 이 연산 중에서는 벡터의 합이라든지, 벡터끼리의 곱, 혹은 텐서의 축약(contraction)이라고 하는 여러 가지가 있습니다만, 모두 벡터로부터 벡터나 스칼라를 만들거나, 텐서와 벡터로부터 벡터를 만들고, 텐서로부터 스칼라를 만든다고 하는 것과 같이 공변량으로부터 공변량을 만드는 것뿐입니다. 연산의 결과가 공변량이 아니게 되는 연산은 물리에서는 쓸모 없는 것입니다.

그러면 왜 공변량만이 물리에 도움이 되는 것일까요? 예를 들어서 그것을 설명해 봅시다. 조금 전 질점의 위치를 나타내는 좌표 (x_1, x_2, x_3)는 확실히 벡터라고 이야기 했었지요. 그러면 속도라는 3성분량 $(\dot{x}_1, \dot{x}_2, \dot{x}_3)$나 가속도라는 3성분량 $(\ddot{x}_1, \ddot{x}_2, \ddot{x}_3)$도 (7-2)의 양변을 시간으로 미분하면 알 수 있는 것처럼 확실히 벡터입니다. 그런데 우리는 뉴턴의 법칙에 의해서 힘이라는 3성분량과 가속도의 그것이

$$m\ddot{x}_1 = f_1, \quad m\ddot{x}_2 = f_2, \quad m\ddot{x}_3 = f_3 \tag{7-19}$$

의 형태인 연립방정식으로 묶여 있는 것을 알고 있습니다. 여기서 m은 질량으

로, 그것은 생각하고 있는 질점 특유의 정수입니다. 그런데 물리공간은 등방적이고, 어떤 방향을 향하고 있는 직교좌표계를 이용해도 물리법칙은 변화하지 않아야만 한다는 기본적인 전제가 있습니다. 따라서 (7-19)의 연립방정식은 어떤 좌표계에서도 항상 같은 형태로 성립하지 않으면 안됩니다. 그런데 지금 말한 것과 같이 (7-19)의 좌변에 있는 $(\ddot{x}_1, \ddot{x}_2, \ddot{x}_3)$는 벡터여서, R계로부터 R'계로 이동할 때 (7-9)로 변환됩니다. 그러면 m은 질점 특유의 정수(따라서 스칼라)이므로, 좌변의 (f_1, f_2, f_3)도 (7-9)로 변환되지 않으면 안 됩니다. 왜냐하면, 만약 그렇지 않다면 연립방정식 (7-19)는 R'계로 별도의 형태를 가지기 때문입니다. 이 예와 같이 성분 간의 연립방정식이 어떤 좌표계에서도 같은 형태를 가지는 것을 “방정식이 공변형이다”라고 말합니다(혹은 “방정식이 불변이다”라는 표현도 있습니다).

이 예는 너무나도 간단할지도 모르지만, 좀 더 복잡한 물리법칙에서도 상황은 같습니다. 여러 가지 복잡한 또는 추상적인 물리량이 법칙 속에 들어 있어도, 물리법칙이 실험적으로 검증가능하기 위해서는 그 법칙을 나타내는 방정식의 어딘가에, 예를 들면 측정기의 침에 움직이는 힘이라는 것이 있을 것이므로, 법칙 내 물리량의 얽혀있는 관계도 거기에서부터 순서대로 더듬어 가면, 결국 공변량과 공변량의 관계만이 물리법칙 속에서 나타납니다. 그런 것이 되겠지요. 그런 이유로, 물리의 방정식은 모두 공변형이 아니면 안된다고 말할 수 있습니다.

여기서, 뒤에 나올 논의와 관계 있기 때문에 2가지만 사족을 달아보겠습니다. 그것은 퍼텐셜이나 전자기장과 같이 스칼라나 벡터가 x_1, x_2, x_3의 함수로 되어 있는 경우에 대하여 주의해야 할 사항입니다. 아주 단순한 퍼텐셜을 예로 들면 R계에서 그것이

$$\phi(x_1,\ x_2,\ x_3) \tag{7-20}$$

일 때, R'계에서의 그것은 어떻게 되는가?라는 것입니다. 그에 대해서 R'계에서의 퍼텐셜은

$$\bar{\phi}(x_1',\ x_2',\ x_3') \equiv \phi\Big(\sum_k x_k' A_{k,1},\ \sum_k x_k' A_{k,2},\ \sum_k x_k' A_{k,3}\Big) \tag{7-20$'$}$$

으로 정의되는 $\bar{\phi}(x_1', x_2', x_3')$이라는 것이 답입니다. 왜냐하면, 퍼텐셜은 스칼라이기 때문에 점P에서의 퍼텐셜 값은 어떤 계를 취하더라도 같아야만 하기 때문입니다. 실제 (7-20′)의 좌변에 대해서 (7-2′)를 이용하면, 확실히

$$\bar{\phi}(x_1', x_2', x_3') = \phi(x_1, x_2, x_3) \tag{7-21}$$

이 성립합니다. 이 때, 좌변에 있는 $\bar{\phi}$와 우변에 있는 ϕ의 함수형은 다르게 되어 있는 것에 주의해야 합니다.

같은 형태로 R계에서의 벡터

$$\bigl(E_j(x_1, x_2, x_3)\bigr), \quad j=1,2,3 \tag{7-22}$$

는 R'계에서는 변환되어

$$\Bigl(\sum_j A_{k,j}\,\overline{E}_j(x_1', x_2', x_3')\Bigr), \quad k=1,2,3 \tag{7-22'}$$

가 됩니다. 단 $\overline{E}_j(x_1', x_2', x_3')$라는 함수는

$$\overline{E}_j(x_1', x_2', x_3') \equiv E_j\Bigl(\sum_k x_k' A_{k,1},\ \sum_k x_k' A_{k,2},\ \sum_k x_k' A_{k,3}\Bigr) \tag{7-23}$$

으로 정의됩니다. 변환 (7-22′)은 말하자면 최초 각각의 성분 $E_j(x_1', x_2', x_3')$를 서로 무관계한 스칼라처럼 생각하여, (7-20′)에 의해서 그것을 변환하고, 다음으로 그것이 벡터 성분인 것을 떠올려서 (7-9)를 이용한다고 말해도 좋습니다.

이들 이야기에서, 위에 선이 없는 함수 안의 독립 변수는 언제나 x_1, x_2, x_3이고, 선이 있는 함수 안의 독립변수는 언제나 x_1', x_2', x_3'이었습니다. 따라서 이후, 선이 없는 함수와 선을 그은 함수를 이용할 때 독립변수를 하나하나 적는 수고를 덜어줍니다.

만일을 위해 또 한가지 지적해 두고 싶은 것은 스칼라나 벡터가 x_1, x_2, x_3의 함수일 때, 어떤 종류의 미분연산자는 스칼라나 벡터로 간주할 수 있습니다. 예를 들자면 잘 알고 있는 $\nabla \equiv \left(\frac{\partial}{\partial x_1}, \frac{\partial}{\partial x_2}, \frac{\partial}{\partial x_3}\right)$는 벡터로 간주됩니다. 그 의미는 그것을 스칼라 ϕ에 "곱한" 것

$$\left(\frac{\partial \phi}{\partial x_1}, \frac{\partial \phi}{\partial x_2}, \frac{\partial \phi}{\partial x_3}\right) \tag{7-24}$$

를 만들어 보면,

$$\frac{\partial \bar{\phi}}{\partial x_k'} = \sum_j A_{k,j} \frac{\partial \phi}{\partial x_j} \quad k=1,2,3 \tag{7-24'}$$

가 성립합니다. 결국 ∇를 스칼라에 곱하면 벡터를 얻을 수 있기 때문에 ∇자체를 벡터라고 생각하는 것입니다. 또 하나 잘 알고 있는 $\Delta \equiv (\nabla \cdot \nabla)$를 스칼라로 간주

하는 것도 완전히 같아서, 그것을 ϕ에 곱할 때

$$\left(\frac{\partial^2}{\partial x_1'^2}+\frac{\partial^2}{\partial x_2'^2}+\frac{\partial^2}{\partial x_3'^2}\right)\bar{\phi}=\left(\frac{\partial^2}{\partial x_1{}^2}+\frac{\partial^2}{\partial x_2{}^2}+\frac{\partial^2}{\partial x_3{}^2}\right)\phi \tag{7-25}$$

가 성립하기 때문입니다.

*

생각해보면 지금까지 이야기해 왔던 것은 모두 1910년 무렵 알고 있던 것뿐이었습니다. 그래서 이야기를 한 번에 1927~28년으로 건너 뛰어 파울리 방정식으로 가 봅시다.

먼저 제3화에서 이야기한 파울리의 이론을 떠올려 주십시오. 파울리가 그 이론을 만드는데 행렬

$$\sigma_1=\begin{pmatrix}0 & 1\\ 1 & 0\end{pmatrix},\quad \sigma_2=\begin{pmatrix}0 & -i\\ i & 0\end{pmatrix},\quad \sigma_3=\begin{pmatrix}1 & 0\\ 0 & -1\end{pmatrix} \tag{7-26}$$

을 이용한 것은 앞서 이야기 했었지요. 그는 $\hbar$단위로 측정한 스핀 각운동량의 성분이 $\frac{1}{2}\sigma_1$, $\frac{1}{2}\sigma_2$, $\frac{1}{2}\sigma_3$라고 생각하고, 그것에 대응해서 전자의 스핀 자기모멘트 성분은 보어 마그네톤 단위로 측정할 때

$$\mu_j=-\sigma_j \quad j=1,2,3 \tag{7-27}$$

이라고 가정했습니다. 그리고 그는 2성분량 (7-1), 즉

$$\psi=\begin{pmatrix}\psi_1\\ \psi_2\end{pmatrix}$$

를 만족해야만 하는 파울리 방정식으로

$$\left\{H_0+H_s-i\hbar\frac{\partial}{\partial t}\right\}\psi=0 \tag{7-28}$$

을 도입하였습니다. 단, 해밀토니안 H_0와 H_s는

$$H_0=\frac{1}{2m}\sum_k p_k{}^2-\frac{1}{4\pi\varepsilon_0}\frac{Ze^2}{r}+\frac{e\hbar}{2m}\sum_k B_k l_k \qquad (7\text{-}29)_0$$

$$H_s=\frac{e\hbar}{2m}\sum_k B_k\sigma_k+\frac{1}{2}\frac{e\hbar}{2m}\sum_k \mathring{B}_k\sigma_k \qquad (7\text{-}29)_s$$

입니다. 여기서 H_0는 스핀과 관계없는 부분, H_S는 스핀과 관계있는 부분으로, $\boldsymbol{B}=(B_1, B_2, B_3)$은 바깥으로부터 걸린 자기장, $\boldsymbol{l}=(l_1, l_2, l_3)$는 궤도각운동량, $\frac{1}{2}\boldsymbol{\sigma}=\left(\frac{1}{2}\sigma_1, \frac{1}{2}\sigma_2, \frac{1}{2}\sigma_3\right)$는 스핀 각운동량입니다. H_0의 제3항은 $\boldsymbol{B}$와 궤도자기모멘트의 상호작용에너지, H_S의 제1항은 $\boldsymbol{B}$와 스핀 자기모멘트의 상호작용 에너지입니다. 게다가 H_S의 제2항 $\mathring{\boldsymbol{B}}=(\mathring{B}_1, \mathring{B}_2, \mathring{B}_3)$는 제3화에서 이야기했던 "내부자기장"(비오사바르 법칙으로부터 $\mathring{B}=\frac{\mu_0}{4\pi}\frac{1}{m}\frac{Ze}{r^3}\hbar\boldsymbol{l}$ 입니다)으로, 그 항은 $\mathring{\boldsymbol{B}}$와 스핀 자기모멘트의 상호작용 에너지입니다. 그 항의 머리에 있는 $\frac{1}{2}$은 제2화에서 이야기한 토마스인자입니다(제3화의 (3-8), (3-10), (3-10′)을 떠올려 주십시오).

그러면, 좌표계를 바꾸면 파울리 방정식 (7-28)이 어떻게 변하는지를 알아봅시다. 자세하게 이야기하면 (7-28)이 성립하는 좌표계를 R계라고 생각하고, 그 식을 R'계로 변환해 보는 것입니다. 먼저 H_0를 봅시다. 그렇게 하면 그 안의 3개 항은 모두 스칼라입니다. 따라서 해밀토니안의 이 부분은 R'계에 있어서

$$H_0'=\frac{1}{2m}\sum_k p_k'^2-\frac{1}{4\pi\varepsilon_0}\frac{Ze^2}{r}+\frac{e\hbar}{2m}\sum_k B_k' l_k' \qquad (7\text{-}29')_0$$

으로 변환됩니다. 단, H_0는 단순한 수가 아니라 함수 $\psi(x_1, x_2, x_3)$에 붙인 연산자이므로, 스칼라이기 때문이라고 해서 $H_0'=H_0$가 성립하는 것이 아니라 (7-25)와 유사한 의미, 즉

$$H_0'\bar{\psi}=H_0\psi \qquad (7\text{-}30)_0$$

가 성립하는 것입니다. 그러나 이것이 성립하게 된다면 해밀토니안 H_0에 관한한, R'계에서 파울리 방정식의 형태는 R계에서의 형태와 완전히 같게 됩니다.

다음에 H_S의 경우는 어떨까? 먼저 H_S의 2개 항을 합쳐서

$$H_S=\sum_k V_k\sigma_k \qquad (7\text{-}29)_S$$

의 형태로 정리해 두겠습니다. 여기서 $\boldsymbol{V}=(V_1, V_2, V_3)$라는 것은 $\boldsymbol{B}$와 $\boldsymbol{l}$을 조합해서 얻은 벡터입니다. 그러면 좌표계를 R로부터 R'으로 이동시켜 봅시다. 그렇게 하면, 여기에서도 H_S는 $\boldsymbol{V}$와 $\boldsymbol{\sigma}$의 스칼라 곱, 따라서 H_S는 스칼라이기 때문에 H_S'는 $(7\text{-}29)_S$와 "같은 형태"

$$H_S'=\sum_k V_k'\sigma_k' \qquad (7\text{-}29')_S$$

가 될 것입니다. 단, 여기서

$$\sigma_k{}' = \sum_j A_{k,j}\sigma_j \quad k=1,2,3 \tag{7-31}$$

인 것은 말할 필요도 없습니다. 따라서, 여기에서 역시

$$H_S'\bar{\psi} = H_S\psi \tag{7-30$_S$}$$

가 성립합니다. 그러나 H_0의 경우와 다르게 (7-30)$_S$가 성립했기 때문이라고 하더라도 2성분량에 대한 방정식이 공변형이 된다고는 말할 수 없습니다. 왜냐하면, 공변형이라는 것은, 그것을 성분 사이의 연립방정식 형태로 썼을 때, 어느 좌표계에서도 같은 형태를 얻게 됩니다. 그래서, 만약 H_S 안의 $\sigma_1, \sigma_2, \sigma_3$가 보통의 수라면 H_0의 경우와 완전히 같은 모양으로 문제는 없습니다만, 실제로는 그것은 행렬이고 게다가 $\sigma_1, \sigma_2, \sigma_3$는 (7-26)으로 주어지는데 $\sigma_1{}', \sigma_2{}', \sigma_3{}'$은 (7-31)로부터 알 수 있듯이

$$\sigma_k{}' = \begin{pmatrix} A_{k,3} & A_{k,1} - iA_{k,2} \\ A_{k,1} + iA_{k,2} & -A_{k,3} \end{pmatrix} \quad k=1,2,3 \tag{7-26$'$}$$

으로, 그 결과 $H_S\psi$의 2개 성분과 $H_S'\bar{\psi}$의 2개 성분은 서로 완전히 다른 형태가 되어버립니다. 그것이 같은 형태가 되기 위해서는 H_S'이 $\sum_k V_k'\sigma_k{}'$가 아니라 $\sum_k V_k'\sigma_k$ 이 아니면 안되는 것입니다(뒤에 나오는 (7-40), (7-40′)을 보라).

이 곤란한 점을 어떻게 해야할까? 그래서 깨달은 것은 다음과 같습니다. 지금까지의 논의에서 R계로부터 R'계로 이동할 때, ψ의 두 성분 ψ_1과 ψ_2를 각각 관계없는 스칼라라고 생각해서 다루어 왔습니다. 그러나 그것은 벡터 (7-22)를 변환할 때, 단순히 (7-23)만을 변환해서 그 뒤의 변환 (7-22′)을 잊어버린 것과 똑같은 것은 아닐까요? 만약 그렇다면 R'계의 2성분량으로서 이용해야만 하는 것은 $\begin{pmatrix}\bar{\psi}_1 \\ \bar{\psi}_2\end{pmatrix}$ 그것이 아니라, 무엇인가

$$\bar{\psi}_\beta' = \sum_{\alpha=1,2} U_{\beta,\alpha}\bar{\psi}_\alpha \quad \beta=1,2 \tag{7-32}$$

형태의 변환에 의해 얻은 $\begin{pmatrix}\bar{\psi}_1' \\ \bar{\psi}_2'\end{pmatrix}$이지 않을까? 이것을 하지 않았기 때문에 R계와 R'계에서 방정식의 형태가 달라지는 것은 아닐까?

파울리는 확실히 그렇다는 것을 보여주었습니다. 그는 먼저, (7-26)의 $\sigma_1, \sigma_2, \sigma_3$와 (7-26′)의 $\sigma_1{}', \sigma_2{}', \sigma_3{}'$이 어떤 유니타리 행렬 U를 이용해서

$$\sigma_1{}'=U^{-1}\sigma_1 U, \quad \sigma_2{}'=U^{-1}\sigma_2 U, \quad \sigma_3{}'=U^{-1}\sigma_3 U \tag{7-33}$$

의 관계로 묶여 있다는 사실에 주목했습니다. 여기서, 잘 알고 있으리라 생각합니다만 유니타리 행렬의 정의를 이야기하면, 행렬

$$U = (U_{\beta,\alpha})$$

로 두고, 그 행과 열을 바꾸고 복소수를 취해서 얻은 행렬

$$U^{\dagger} = (U_{\alpha,\beta}{}^{*})$$

을 만들 때, 그것과 U 사이에

$$U^{\dagger}U = UU^{\dagger} = 1 \tag{7-34}$$

가 성립하는 것을 'U가 유니타리다'라고 하는 것입니다. 여기서 (7-33)의 증명을 하는 것은 생략합니다만, 그것은 변환이론에서 이용했던 기본적인 정리로부터 나오는 필연적인 결론입니다.[47] 여기에서는 단지 다음 내용만을 지적하겠습니다. 그것은 U는 R계로부터 R'계로 이동하는 회전 A에 관계합니다만, x_1, x_2, x_3와는 관계없는 행렬이라는 것입니다.

그래서, 이 (7-33)을 $(7\text{-}29')_{\mathrm{S}}$의 우변에 이용해 봅니다. 그러면

$$H_{\mathrm{S}}{}'=U^{-1}\Big(\sum_k V_k{}'\sigma_k\Big)U$$

을 얻을 수 있습니다. 이것으로부터 바로

$$H_{\mathrm{S}}{}'\bar{\psi}=U^{-1}\Big(\sum_k V_k{}'\sigma_k\Big)U\bar{\psi}$$

을 얻을 수 있기 때문에, 좌변에 $(7\text{-}30)_{\mathrm{S}}$를 이용하고 양변에 U를 붙이면

$$\Big(\sum_k V_k{}'\sigma_k\Big)U\bar{\psi}=UH_{\mathrm{S}}\psi \tag{7-35}$$

가 유도됩니다. 그러므로 $\bar{\psi}'$라는 2성분량을

$$\bar{\psi}' \equiv U\bar{\psi} \tag{7-36}$$

에 의해서 도입하면,

$$\Big(\sum_k V_k{}'\sigma_k\Big)\bar{\psi}'=UH_{\mathrm{S}}\psi \tag*{$(7\text{-}37)_{\mathrm{S}}$}$$

---

47) 권말 부록 A.7 참조.

라는 관계가 나타납니다(좌변이 $\sum_k V_k'\sigma_k'$가 아닌 것에 주의).

지금까지는 H_S만을 생각해 왔습니다만, 여기서 H_0에 대해서

$$H_0'\bar{\psi}' = U H_0 \psi \tag{7-37$_0$}$$

가 성립하는 것을 나타내봅시다. 조금 전에 이야기한 것과 같이 U는 x_1, x_2, x_3와 관계없기 때문에 U는 H_0와도 H_0'과도 교환 가능합니다. 그 결과 $(7\text{-}30)_0$에 U를 붙인 관계 $UH_0'\bar{\psi} = UH_0\psi$를 $H_0'U\bar{\psi} = UH_0\psi$와 같이 쓸 수 있기 때문입니다. 그러면 좌변의 $U\bar{\psi}$에 (7-36)을 이용해서 바로 $(7\text{-}37)_0$를 얻을 수 있습니다. 이렇게 해서 $(7\text{-}37)_S$ 외에 $(7\text{-}37)_0$도 성립하면 양쪽을 더해서, 결국

$$\left(H_0' + \sum_k V_k'\sigma_k \right)\bar{\psi}' = U(H_0 + H_S)\psi \tag{7-37}$$

이 성립하는 것이 됩니다.

이것만 안다면 파울리 방정식을 논의할 준비는 갖춰졌습니다. 먼저

$$\begin{aligned} &\left(H_0' + \sum_k V_k'\sigma_k - i\hbar\frac{\partial}{\partial t} \right)\bar{\psi}' \\ &\quad = \left(H_0' + \sum_k V_k'\sigma_k \right)\bar{\psi}' - i\hbar\frac{\partial}{\partial t} U\bar{\psi} \end{aligned} \tag{7-37$'$}$$

이 성립하는 것은 명확하겠지요. 그래서 우변의 제1항을 (7-37)에 의해서 $U(H_0+H_S)\psi$로 씁니다. 다음으로 제2항은 U가 t에 관계 없으므로 $-i\hbar U\dfrac{\partial\bar{\psi}}{\partial t}$로 쓸 수 있고, 게다가 (7-21)을 떠올리면 그것은 $-i\hbar U\dfrac{\partial\psi}{\partial t}$가 됩니다. 따라서 우변 전체에 대해서

$$(7\text{-}37')\text{의 우변} = U\left\{ H_0 + \sum_k V_k\sigma_k - i\hbar\frac{\partial}{\partial t} \right\}\psi$$

가 유도됩니다. 그런데 R계에서는 파울리 방정식

$$\left\{ H_0 + \sum_k V_k\sigma_k - i\hbar\frac{\partial}{\partial t} \right\}\psi = 0 \tag{7-38}$$

이 성립하기 때문에 (7-37′)의 우변도 0이 되고, 결국

$$\left\{ H_0' + \sum_k V_k'\sigma_k - i\hbar\frac{\partial}{\partial t} \right\}\bar{\psi}' = 0 \tag{7-38$'$}$$

을 얻을 수 있습니다. 이 때, 제대로 쓴다면

$$\psi=\begin{pmatrix}\psi_1\\ \psi_2\end{pmatrix},\qquad \bar{\psi}'=\begin{pmatrix}\psi_1'\\ \bar{\psi}_2'\end{pmatrix} \tag{7-39}$$

입니다만, 이것의 제1식을 (7-38)에 이용하고, 또 σ_1, σ_2, σ_3로 (7-26)을 이용하면, R계의 파울리 방정식으로

$$\begin{cases} H_0\,\psi_1+V_3\,\psi_1+(\,V_1-i\,V_2\,)\psi_2-i\hbar\dfrac{\partial\psi_1}{\partial t}=0\\ H_0\,\psi_2+(\,V_1+i\,V_2\,)\psi_1-V_3\,\psi_2-i\hbar\dfrac{\partial\psi_2}{\partial t}=0\end{cases} \tag{7-40}$$

형태의 연립방정식을 얻을 수 있고, 한편 (7-38′)로부터도 그 { } 안의 제2항이 $\sum_k V_k'\sigma_k'$이 아니라 $\sum_k V_k'\sigma_k$로 되어 있는 것으로부터 (7-39)의 제2식을 이용하여 그것과 완전히 같은 형태의

$$\begin{cases} H_0'\,\bar{\psi}_1'+V_3'\,\bar{\psi}_1'+(\,V_1'-i\,V_2'\,)\bar{\psi}_2'-i\hbar\dfrac{\partial\bar{\psi}_1'}{\partial t}=0\\ H_0'\,\bar{\psi}_2'+(\,V_1'+i\,V_2'\,)\bar{\psi}_1'-V_3'\,\bar{\psi}_2'-i\hbar\dfrac{\partial\bar{\psi}_2'}{\partial t}=0\end{cases} \tag{7-40′}$$

이 유도됩니다. 따라서, 상황은 뉴턴 방정식 (7-19)의 경우와 같아서 좌표계에 관계 없이 방정식은 불변형이 되었습니다.

이런 이유로 (7-36)에서 이용하고 있는 유니타리 행렬 U를

$$U=\begin{pmatrix}U_{1,1} & U_{1,2}\\ U_{2,1} & U_{2,2}\end{pmatrix} \tag{7-41}$$

로 쓰는 것으로써, 결국 이 $U_{\beta,\alpha}$를 (7-32)의 $U_{\beta,\alpha}$로 이용하면 우리의 목적을 달성할 수 있습니다.

게다가 (7-34)로부터

$$U^{\dagger}=U^{-1}=\begin{pmatrix}U_{1,1}{}^{*} & U_{2,1}{}^{*}\\ U_{1,2}{}^{*} & U_{2,2}{}^{*}\end{pmatrix}$$

이므로, (7-32)를 푸는 것이 가능하고,

$$\bar{\psi}_\alpha=\sum_{\beta=1,2}\bar{\psi}_\beta'\,U_{\beta,\alpha}{}^{*}\qquad \alpha=1,2 \tag{7-32′}$$

을 얻을 수 있습니다. 또, (7-21)을 떠올리면, (7-32)나 (7-32′)는

$$\bar{\psi}_\beta' = \sum_{\alpha=1,2} U_{\beta,\alpha}\psi_\alpha \qquad \beta = 1,2 \tag{7-42}$$

$$\psi_\alpha = \sum_{\beta=1,2} \bar{\psi}_\beta' U_{\beta,\alpha}^* \qquad \alpha = 1,2 \tag{7-42'}$$

으로 쓸 수 있는 것도 알 수 있습니다.

*

이런 식으로 해서, 좌표계의 변화에 대응하여 ψ의 성분을 (7-42), (7-42′)에 의해 변환하면, 물리법칙은 어떤 계에서도 같은 형태를 하고 있다는 사실을 알았습니다. 이 변환은 성분이 2개라는 점 이외에 유니타리 변환이고, 직교변환이 아니라는 점에서 벡터 변환 (7-9), (7-9′)과 다릅니다. 그러나 어쨌든 조금 더 본질적인 차이가 U와 A의 대응관계 안에 있는 것입니다. 우리의 2성분은 어떤 의미에서는 역시 회전 A와 공변(共變)합니다만, 그 공변의 방법에 벡터나 텐서의 공변 방법과 두드러지게 다른 점이 있습니다. 그래서 짧게 남은 시간 동안, 이 점을 조금 살펴보도록 합시다.

우리의 U는 (7-33)에 의해서 정의된 것이고, 그 때 σ_1', σ_2', σ_3'는 (7-26′)과 같이 $A_{j,k}$를 포함하기 때문에, U도 또한 $A_{j,k}$에 관계합니다. 그런 이유로 A를 바꾸면 U도 변화합니다. 그러나 주의해야할 것은, A를 주더라도 (7-33)에 의해서 U는 하나만으로 결정되지 않습니다. 즉, 하나의 U가 (7-33)을 만족하는 유니타리 행렬이라고 하면, 임의의 위상인자 $e^{i\delta}$를 그것에 곱한 $e^{i\delta}U$ 역시 (7-33)을 만족하는 유니타리 행렬이 되기 때문입니다. 그래서 U의 이와 같은 다가성(多價性)을 없애기 위해서 다음과 같은 방법을 이용합니다. 먼저 (7-34)로부터

$$|\det U|^2 = 1$$

을 얻을 수 있기 때문에 $e^{i\delta}$를 적당히 골라서

$$\det U = 1 \tag{7-43}$$

으로 하는 것은 항상 가능합니다. 그래서 U에 이 조건을 더해서 그 다가성을 제한해 보도록 합시다. 원래 양자역학에서 ψ자신이 위상인자의 부정성(不定性)을 가지고 있기 때문에 조건 (7-43)을 붙여도 일반성을 잃어버릴 염려는 없습니다. 그러나 (7-43)의 조건을 붙여도, 먼저 U의 2가성(二價性)이 남습니다. 왜냐하면, U가 (7-43)을 만족한다면 $-U$도 (7-43)을 만족하기 때문입니다. 따라서 $A_{j,k}$를 주

었을 때, 또 U에는 $\pm U$라는 2개의 "값(價)"이 허락되고 그 어느 쪽을 이용하더라도 우리들의 목적을 달성할 수 있습니다.

조금 생각해 보면, 이 2개의 U 중 한 쪽만을 취하고, 다른 쪽은 버리는 방법이 있을 것 같습니다. 예를 들면 $A=1$은 좌표계가 회전하지 않은 것을 의미하며 이 A에 대해서는 당연 $\sigma_j'=\sigma_j$가 성립하고, 따라서 $U=\pm1$이 됩니다. 그러나 여기서 그것을 +1로 정한 것입니다. 그렇게 해 놓고 A를 1부터 연속적으로 변화시킬 때 U도 +1부터 연속적으로 변화해 가는 것으로 하면, 임의의 A에 대해서 U가 하나로만 정해지는 것은 아닐까요?

이런 사정을 살펴보기 위해서 너무 어려운 수학을 사용하는 것은 불편할테니 그것은 그만두고, 좌표계의 회전을 제3축 주변의 회전에 한해서 이 부분을 살펴봅시다.

어떤 이유로 R계를 제3축 주변에 각 α만큼 돌린 것을 R'계라고 생각해 봅시다. 그러면 회전 행렬 A는

$$A(\alpha)=\begin{pmatrix}\cos\alpha & \sin\alpha & 0\\ -\sin\alpha & \cos\alpha & 0\\ 0 & 0 & 1\end{pmatrix} \tag{7-44}$$

로 되기 때문에 (7-26′)의 σ_1', σ_2', σ_3'은

$$\sigma_1'=\begin{pmatrix}0 & e^{-i\alpha}\\ e^{i\alpha} & 0\end{pmatrix},\ \sigma_2'=\begin{pmatrix}0 & -ie^{-i\alpha}\\ ie^{i\alpha} & 0\end{pmatrix},\ \sigma_3'=\begin{pmatrix}1 & 0\\ 0 & -1\end{pmatrix} \tag{7-45}$$

가 되고, 조금 더 계산해서 (7-33)과 (7-43)을 만족하고 $\alpha=0$으로 +1이 되는 U는

$$U(\alpha)=\begin{pmatrix}e^{i\frac{\alpha}{2}} & 0\\ 0 & e^{-i\frac{\alpha}{2}}\end{pmatrix} \tag{7-46}$$

이 되는 것을 알 수 있습니다.

이 U를 보면 다음 2가지를 지적합니다.

(Ⅰ) 회전 $A(2\pi)$를 실행하면 $A(2\pi)=A(0)$임에도 상관없이 $U(2\pi)=U(0)$는 성립하지 않으며 $U(2\pi)=-U(0)$이다.

(Ⅱ) 회전 $A(\alpha_1)$을 실행했을 때의 U를 $U(\alpha_1)$, 회전 $A(\alpha_2)$를 실행했을 때의 U를 $U(\alpha_2)$로 하면, 회전 $A(\alpha_2)\cdot A(\alpha_1)$를 실행했을 때의 U는 $U(\alpha_2)\cdot U(\alpha_1)$이 되는 것은 아니며 경우에 따라서는, 예를 들면 $\alpha_1+\alpha_2$가 2π와 4π 사이의 값을 가

지면, 그것은 $-U(\alpha_2) \cdot U(\alpha_1)$이 된다.

이 사실로부터, $\pm U$의 한 쪽을 버리고서 A와 U의 대응관계를 1대1로 하는 것은 불가능하며, 또 "곱에는 곱이"라는 대응도 반드시 성립하지 않는다는 것을 알 수 있습니다. 그런 이유로, 2성분량 ψ의 성분 ψ_1, ψ_2를 벡터나 텐서의 성분과 같은 맥락에서 공변량이라고 생각할 수 없고, 또 U를 지금까지의 의미로 회전군의 표현이라고 생각할 수도 없다는 것이 됩니다. 그러나 (I), (II)를 보고 알 수 있는 것처럼, 다른 점은 부호만으로, 공변량이나 군(群) 표현 등의 개념을 조금 넓히면 무엇인가 될 것 같은 느낌이 듭니다.

그렇습니다. 수학적으로 이 U를 회전군의 「2가표현」으로 표현론 안으로 집어넣은 것은 가능하고, 바일이 실제로 그것을 해냈습니다. 또 물리적으로도 이 2가성에서 곤란한 부분은 아무것도 없었습니다. 왜냐하면, 양자역학에서 물리적 의미를 가진 것은 $|\psi|^2$ 형태의 양으로 ψ자신은 아니기 때문입니다. 따라서 ψ자신은 360° 회전으로 $-\psi$가 되어도, $|\psi|^2$은 확실히 원래의 값으로 돌아가며 물리적 결론 중에 ψ의 2가성은 절대로 나타나지 않습니다.[48] 그런 이유로, ψ는 충분히 공변량에 포함될 수 있는 자격을 가지고 있습니다.

이와 같은 2가성을 우리는 특별히 간단한 회전 (7-44)에 대해서 유도했었습니다만, 일반적인 A에 대해서도 완전히 같은 결론을 얻을 수 있습니다. 그리고 이 2가성이야말로, $\begin{pmatrix}\psi_1\\ \psi_2\end{pmatrix}$를 벡터나 텐서와 구별하는 본질적인 것입니다. 파울리의 이론이 나오기까지, 이와 같은 2가의 공변량이 물리에 나타난 적은 한 번도 없었습니다. 내가 생각하기에 그 이유는, 양자역학 이전의 물리에 나타난 공변량은, 모두 원리적으로는 그 자신을 측정할 수 있는 것이라고 생각했기 때문이겠지요. 그렇게 생각하면 좌표축을 360°회전해서 부호를 바꿀만한 양이 있는 것은, 분명히 곤란하기 때문입니다.

이리하여 2가성을 가진 공변량이 이론 안에서 한몫 하고 있는 것을 알았습니다만, 그 때 생각했던 좌표변환은 지금까지 3차원 공간의 회전뿐이었습니다. 그러나 이렇게 발견한 공변량은, 그대로(라는 것은 성분의 개수를 늘리거나 하지 않고) 민코프스키 세계의 로렌츠 변환에 대해서도 2가의 공변량으로 되어 있는 것을 알 수 있었습니다. 단, 그 때 $\det U = 1$은 성립하나 시간 좌표가 관여하는 변환에서는 U가 유니타리로 되지 않습니다. 그런 이유로, U에 따라서 변환되는 2

48) 권말부록 A.8 참조.

P. 에렌페스트 (1880 - 1933), 1901년 무렵 촬영.

성분량의 외에 $(U^{-1})^{\dagger}$로 변환되는 것도 고려하지 않으면 안되고, 이 두 가지를 구별하기 위해서 종종 전자를 $\begin{pmatrix}\psi_1\\ \psi_2\end{pmatrix}$로 쓰고 후자를 $\begin{pmatrix}\psi^{\dot{1}}\\ \psi^{\dot{2}}\end{pmatrix}$로 씁니다. 그리고 이런 표기 방법을 이용하면 디락 방정식을 $\begin{pmatrix}\psi_1\\ \psi_2\end{pmatrix}$과 $\begin{pmatrix}\psi^{\dot{1}}\\ \psi^{\dot{2}}\end{pmatrix}$의 연립방정식 형태로 나타낼 수도 있습니다.

에렌페스트는 공변량의 동료로 받아들여진 이 새로운 양을 「스피너」라고 이름 붙였습니다. 스피너에 대해서도 2계 스피너, 3계 스피너, ……를 정의할 수 있고, 이름을 지은 에렌페스트의 주문으로 수학자 판데르바르던 (B. L. van der Waerden)이 텐서 계산법의 방향을 잡고, 스피너 계산법이라는 체계를 만들었습니다. 주목할만한 것은 짝수 계의 스피너는 2가성을 가지지 않은 것으로, 그것이 나타나면서 짝수 계의 스피너를 이용해서 벡터나 텐서가 구성되는 것입니다. 그런 의미에서 $\begin{pmatrix}\psi_1\\ \psi_2\end{pmatrix}$나 $\begin{pmatrix}\psi^{\dot{1}}\\ \psi^{\dot{2}}\end{pmatrix}$를 「반(半)벡터」로 부르기도 합니다만, 결국 이 반벡터야말로, 그것의 변환을 이용해서 모든 공변량의 변환이 구성되는, 가장 기본적인 공변량인 것입니다.

긴 시간, 정말 긴 시간 동안, 물리학자 그 누구도 이와 같은 공변량이 존재한다고는 생각하지 않았던 것입니다. 제3화에서 잠깐 이름을 인용했던 다윈은 디락 논문의 직후에 논문을 썼고, 그 논문에서 디락 방정식을 어떻게 해서든 텐서 형태로 하려고 했던 자신의 시도가 실패했던 것을 서술하고, 계속해서 다음과 같이 적고 있습니다. "…… 전혀 과장하지 않고 텐서로 표현하기엔 아주 부자연스럽고 불편한 물리량이 존재한다. 이렇게 명백히 뭔가가 그물 사이를 빠져나가 버렸다는 걸 알게 되어 곤혹스럽다."

또 에렌페스트도 1932년에 쓴 소논문에서 다음과 같이 말하고 있습니다(원문은 독일어라서 독일어가 서투른 여러분들을 위해서 번역해 두었습니다.) "…… 등방적인 3차원 공간이나 민코프스키의 4차원 세계 속에서 신비적인 스피너족이라는 종족이 살고 있다는 그런 섬뜩한 보고가, 상대론이 세상에 나온(텐서 계산법이 태어나서) 뒤 20년이 지나서, 파울리나 디락의 사건이 나타날 때까지 이 세상 어느 누구로부터도 나오지 않았다는 것은, 아무리 생각해봐도 이상한 일이다." 라고.

오늘의 이야기는 아주 수학적이고, 수식이 많아서 미안했습니다. 그러나 무엇보다 상대는 "상대론이 나오고부터 20년"동안, 누구에게도 꼬리를 밟히지 않았던 「신비적인 종족」입니다. 따라서 그런 "섬뜩한" 방법으로 이야기를 하는 것 외에는 다른 방법이 없었습니다. 그 덕분에 오늘은 매우 지쳤네요.

제8화 소립자의 스핀과 통계

보손의 스핀은 정수, 페르미온은 반정수다

스핀이 0인 입자의 가능성에 관한 파울리-바이스코프의 사건과 디락의 구멍 이론(hole theory), 이어서 나타난 1932년의 양전자의 발견은 여러 가지 의미로 깊은 관계가 있었습니다만, 이 1932년이라는 해는 그 외에 여러 가지 발견이 잇달아 나온 대단한 해였습니다. 예를 들면 중성자도 채드윅(J. Chadwick)에 의해서 같은 해에 발견되었습니다. 그리고 이 중성자의 발견은 원자핵이 양성자와 중성자로 이루어져 있다는 하이젠베르크 이론의 계기가 되고, 그 중에서 그가 이야기했던 것, 즉 양성자와 중성자는 서로 전하를 주고받아서 전환된다는 생각은 페르미의 β방사능 이론을 나타나게 하였고, 게다가 그 두 가지 생각에서부터 유카와의 중간자론이 태어났습니다. 그리고 1936년에 유카와 입자 같은 것이 앤더슨과 네더마이어(S.H. Neddermeyer)에 의해서 실험적으로 발견되었습니다.[49]

그런 이유로 1932~36년 무렵을 경계로, 물질구조에 관한 물리학자의 생각이 크게 바뀌게 되었습니다. 즉 소립자의 세계는, 1932년 이전에 생각하던 것보다 훨씬 다양성이 풍부하다는 것입니다. 1932년 이전에 생각하던 소립자는 양성자와 전자, 광자 정도였으나 새롭게 양전자나 중성자, 중간자가 더해졌습니다. 게

49) S.H.네더마이어와 C.D.앤더슨은 1937년 3월 30일 수리된 *Phys. Rev.*의 논문에서 우주선 속에서 신입자를 발견한 것을 보고했으나「질량이 전자보다 크고 양성자보다 훨씬 작은 양·음으로 하전된 입자」라고 밖에는 말할 수 없었다. 일본의 니시나 요시오의 그룹은, 그것보다 늦었으나 같은 해 8월 28일 수리된 *Phys. Rev.*의 논문에서 신입자의 질량을 측정하고 양성자 질량의 1/10부터 1/7이라는 값을 얻었다고 보고했다. 유카와가 예언한 신입자의 질량은 거의 전자의 200배로 양성자의 1/10이었기 때문에 니시나들의 측정치는 잘 맞았었다. 니시나는 논문을 *Phys. Rev.*의 레터로 투고한 것이었으나, 너무 길다는 이유로 본논문으로 취급되어 게재도 아주 늦어져서, 1937년 12월이 되어서 유카와가 예언한 입자가 아닌 그것이 붕괴해서 생긴 μ입자이었을 것이라고 생각할 수 있게 되었다. 니시나 그룹의 발견에 대해서는 中根良平·仁科雄一郎·仁科浩二郎·矢崎裕二·江沢 洋編,『仁科芳雄往復書簡集 II』, みすず書房 (2006)을 참조.

다가 실험적으로는 그 존재가 알려져있지 않았다 하더라도, 중성미자[50]라든가 중력자라는 입자도 이론적으로는 있으리라고 생각했습니다. 그런 이유로, 지금 이후로도 어떤 소립자가 발견될지 예상 할 수 없습니다. 1936년 무렵부터 사람들의 사고방식은 그런 식으로 변해왔던 것이었습니다.

소립자의 세계가 그렇게 다양한 것이라고 한다면, 그 복잡하게 얽혀있는 속에서 그것을 관통하여 절차에 따라, 무엇인가 중요한 것, 중심 축과 같은 것이 요구되기 때문입니다. 그런 배경 속에서 나타난 것이 소립자의 통계와 스핀의 관계에 대해서 논한 파울리의 이론이었습니다. 파울리는 1940년에 발표한 이 이론에서 부제와 같이 보손은 정수값인 스핀만을 가진다는 것, 페르미온은 반정수인 스핀만을 가진다는 것을 유도한 것입니다. 이 때, 그 생각의 출발점이 되었던 것이 다름 아닌 파울리-바이스코프의 사건으로, 따라서 그들의 논문은 단순히 디락에 대한 답례라고 말한 소극적인 의미를 넘어서, 그 후 물리의 전개에 큰 방향을 잡아주었던 아주 적극적인 의미를 가지고 있었습니다.

*

오늘은 이 파울리의 일을 주제로 이야기하겠습니다. 처음에 정수 스핀 입자의 대표로 클라인-고든 입자를, 반정수 스핀의 대표로 디락 입자를 예로 해 봅시다. 제6화에서 이야기한 것을 떠올려 보면, 장을 양자화하면 그 장에 부수된 입자가 나타나지만, 양자화의 방법에 2가지가 있는데 그 하나는

$$\Psi(\boldsymbol{x})\Pi(\boldsymbol{x}')-\Pi(\boldsymbol{x}')\Psi(\boldsymbol{x}) = i\hbar\delta(\boldsymbol{x}-\boldsymbol{x}') \qquad (8\text{-}1)_-$$

을 이용한 것, 또 하나는

$$\Psi(\boldsymbol{x})\Pi(\boldsymbol{x}')+\Pi(\boldsymbol{x}')\Psi(\boldsymbol{x}) = i\hbar\delta(\boldsymbol{x}-\boldsymbol{x}') \qquad (8\text{-}1)_+$$

을 이용한 것이었습니다. 그리고 $(8-1)_-$를 이용하면 보손이 나타나고, $(8-1)_+$를 이용하면 페르미온이 나타난다는 사실도 여러분들은 기억하고 있겠지요. 그런 이유로 파울리가 나타낸 것은, 먼저 클라인-고든 장을 $(8-1)_+$로 양자화 할 수 없다는 것 및 디락 장을 $(8-1)_-$로 양자화 할 수 없다는 것입니다.

그러면 클라인-고든장으로부터 시작해봅시다. 이 장에 대한 장의 방정식은

50) 뉴트리노의 존재는 1956년에 라이네스(F. Reines)와 코완(C. Cowan)에 의해서 실증되었다. 계속해서 뉴트리노에는 ν_e, ν_μ, ν_τ의 3종류가 있는 것, 이들이 상호 전환하는 뉴트리노 진동을 하고 있는 것 등이 발견되었다. 고시바 마사토시(小柴 昌俊)는 1987년에 초신성폭발로 방출된 뉴트리노를 잡아내어 2002년 노벨상을 받았다.

$$\left\{\left(i\hbar\frac{1}{c}\frac{\partial}{\partial t}\right)^2-\sum_{r=1,2,3}\left(-i\hbar\frac{\partial}{\partial x_r}\right)^2-m^2c^2\right\}\Psi(\boldsymbol{x},\ t)=0 \qquad (8\text{-}2)$$

이었습니다(오늘의 이야기에서는 몇 개의 장이 공존하고 있는 경우는 제외하였습니다.[51] 따라서 (8-2)에서는 전자기포텐셜 A_0나 $\boldsymbol{A}$는 나타내지 않았습니다). 디락 방정식이 나오기 이전, 그리고 Ψ가 좌표공간 내의 파인지 혹은 3차원 공간 내의 파인지 아직 분명하지 않았던 1926~27년 경, 이미 많은 사람들이 (8-2)를 전자파에 대한 상대론적인 장의 방정식이라고 생각하고(따라서 3차원 방식의 생각에 계속 치우쳐 있고) 그 구조를 논한 것입니다. 이 사람들(그 중에는 고든이나 클라인 외에 3차원 방식으로 기울어져 있던 슈뢰딩거도 당연히 포함되어 있습니다)은, 상대론에서 완성되어 있던 일반적인 장 이론의 정석을 이 방정식에 적용시키는 작업을 하고 있었습니다. 그것이 어떤 것인가 하면, 장의 라그랑쥬 함수로부터 출발하여 장의 방정식을 유도해 내고, 물질장을 가진 에너지 운동량 텐서를 구한다고 했던 것입니다. 이 때 오늘 이야기에서는 생각하지 않은 전자기장도 함께 고려하면 물질장과 전자기장의 상호작용이 결정되고, 물질장에 부속하는 전기전류벡터가 구해집니다. 게다가, 이 사람들의 시대에는 그다지 필요성이 없었기 때문에 손 쓸 방도가 없었습니다만, 라그랑쥬 함수로부터 장의 (해밀턴의 의미로) 캐노니컬 변수를 유도할 수도 있습니다.

이런 고찰에 의하면, 클라인-고든 장을 가진 에너지 밀도(그것은 에너지 운동량 텐서의 시간성분입니다만)는

$$H=c^2\hbar^2\left\{\frac{1}{c^2}\left|\frac{\partial\Psi}{\partial t}\right|^2+\sum_{r=1,2,3}\left|\frac{\partial\Psi}{\partial x_r}\right|^2+\kappa^2|\Psi|^2\right\} \qquad (8\text{-}3)$$

이고, 전기밀도는 전기전류벡터의 시간성분으로 그것은

$$\rho=-i\frac{e\hbar}{2}\left(\Psi^*\frac{\partial\Psi}{\partial t}-\frac{\partial\Psi^*}{\partial t}\Psi\right) \qquad (8\text{-}4)$$

라는 것을 알았습니다. 단 (8-3)의 κ는

$$\kappa=\frac{mc}{\hbar} \qquad (8\text{-}3')$$

입니다. 게다가 Ψ와 Ψ^*를 캐노니컬한 좌표라고 생각하여, 그것에 켤레인 운동

---

51) 스핀과 통계의 관계는 어떤 의미에서, 몇 개의 장이 공존하고 상호작용하고 있는 경우로도 확장된다. 참조: R.F. Streater and A.S. Wightman, *PCT, Spin & Statistics, and All That*, W.A.Benjamine (1964).

량 Π와 Π^*를 구하면 그것은 각각

$$\Pi = \hbar^2 \frac{\partial \Psi^*}{\partial t}, \qquad \Pi^* = \hbar^2 \frac{\partial \Psi}{\partial t} \tag{8-5}$$

인 것도 알았습니다(당분간 장이 양자화되어 있지 않을 때의 고찰입니다. 노파심에).

이렇게 얻은 결과가 무엇을 의미하는지를 알아봅시다. 먼저 (8-3)으로부터 나온 결론은 H의 우변은 $|\cdots\cdots|^2$ 형태인 것의 합이므로 항상 양입니다. 따라서 에너지는 항상 양이라는 것입니다. 한편, 전기밀도는 양이 되는 것이 있으면 음이 되는 것도 있다는 결론이 나온다는 것은, Ψ를 (8-2)의 해 중의 하나로 하면, 명확하게 Ψ^*도 (8-2)를 만족합니다. 따라서 (8-4)의 Ψ 위치에 Ψ^*을 이용한 것(따라서 Ψ^*의 자리에는 $(\Psi^*)^*=\Psi$가 이용된다) 역시 가능한 전기밀도가 되고, 그 결과 ρ가 가능한 밀도라면 $-\rho$도 가능한 밀도가 됩니다. 그런 이유로 ρ는 양이 되는 것이 있으면 음으로도 된다는 결론을 얻을 수 있습니다. 〔이렇게 전하가 양도 되고 음도 되는 점이 마음에 들지 않는다고 디락이 생각했던 이야기를 지지난 시간에 했습니다만, 그가 방정식 (8-2)의 이 "결점"을 알아차린 것은 이 논법입니다.〕

그러면 디락 방정식의 경우는 어떨까요. 디락 방정식은 제3화에서 나왔던 것처럼

$$\left\{\left(i\frac{\hbar}{c}\frac{\partial}{\partial t}\right) - \sum_{r=1,2,3} \alpha_r \left(-i\hbar\frac{\partial}{\partial x_r}\right) - \alpha_0 mc\right\} \Psi(\boldsymbol{x},\ t) = 0 \tag{8-6}$$

입니다. 디락은 4개의 행렬 α_0, α_r로, 구체적으로

$$\alpha_1 = \begin{pmatrix} 0 & 0 & 0 & 1 \\ 0 & 0 & 1 & 0 \\ 0 & 1 & 0 & 0 \\ 1 & 0 & 0 & 0 \end{pmatrix}, \quad \alpha_2 = \begin{pmatrix} 0 & 0 & 0 & -i \\ 0 & 0 & i & 0 \\ 0 & -i & 0 & 0 \\ i & 0 & 0 & 0 \end{pmatrix},$$
$$\alpha_3 = \begin{pmatrix} 0 & 0 & 1 & 0 \\ 0 & 0 & 0 & -1 \\ 1 & 0 & 0 & 0 \\ 0 & -1 & 0 & 0 \end{pmatrix}, \quad \alpha_0 = \begin{pmatrix} 1 & 0 & 0 & 0 \\ 0 & 1 & 0 & 0 \\ 0 & 0 & -1 & 0 \\ 0 & 0 & 0 & -1 \end{pmatrix} \tag{8-7}$$

의 형태를 이용한 것은 앞에 이야기했던 대로입니다.

이 디락 방정식에 대해서도, 라그랑쥬 함수로부터 출발하는 장 이론의 정석을

이용하였습니다. 그것에 따르면, 장의 에너지 밀도는

$$H = -i\frac{\hbar}{2}\left(\Psi^*\frac{\partial\Psi}{\partial t} - \frac{\partial\Psi^*}{\partial t}\Psi\right) \tag{8-8}$$

이고, 전기밀도는 전자의 전하를 $-e$로 하여

$$\rho = -e\Psi^*\Psi \tag{8-9}$$

입니다. 게다가 Ψ에 대한 캐노니컬한 운동량 Π는

$$\Pi = i\hbar\Psi^* \tag{8-10}$$

이 됩니다(이 때, (8-5)와 달라서 Ψ^*를 Ψ와 독립된 좌표로 생각할 수는 없습니다. 그것은 Ψ^*가 (8-10)으로 이미 Ψ에 켤레인 운동량으로 되어 있기 때문입니다).

그러면 H나 ρ의 부호는 어떻게 되는가? 먼저 (8-6)의 안의 i를 $-i$로 바꿔봅니다. 그러면 (8-6)은

$$\left\{\left(-i\hbar\frac{1}{c}\frac{\partial}{\partial t}\right) - \sum_{r=1,2,3}\alpha_r^*\left(i\hbar\frac{\partial}{\partial x_r}\right) - \alpha_0^* mc\right\}\Psi^*(\boldsymbol{x},\ t) = 0$$

이 됩니다. 단 α^*라는 것은 α의 행렬 요소 i를 $-i$로 바꾼 행렬입니다. 그런데 (8-7)을 보면 행렬 요소가 i를 포함하는 것은 α_2뿐입니다. 따라서 이 식은

$$-\left\{\left(i\frac{\hbar}{c}\frac{\partial}{\partial t}\right) - \sum_{r=1,3}\alpha_r\left(-i\hbar\frac{\partial}{\partial x_r}\right) + \alpha_2\left(-i\hbar\frac{\partial}{\partial x_2}\right) + \alpha_0 mc\right\}\Psi^*(\boldsymbol{x},\ t) = 0 \tag{8-6*}$$

으로 쓸 수 있습니다. 이 (8-6)*의 { } 안을 보면, 그것은 (8-6)의 { } 안과 다릅니다. 따라서 클라인-고든의 경우와 달라서 Ψ^*는 디락 방정식의 해가 되지는 않습니다. 그러나 여기서

$$C \equiv \begin{pmatrix} 0 & 0 & 0 & -1 \\ 0 & 0 & 1 & 0 \\ 0 & 1 & 0 & 0 \\ -1 & 0 & 0 & 0 \end{pmatrix} \tag{8-11}$$

의 형태인 행렬 C를 도입하면, (8-7)로부터

$$C\alpha_1 = \alpha_1 C, \qquad C\alpha_3 = \alpha_3 C, \qquad C\alpha_2 = -\alpha_2 C, \qquad C\alpha_0 = -\alpha_0 C \tag{8-11′}$$

이 유도됩니다. 그리고 이 C를 (8-6)*의 { }의 좌측에 곱하고, (8-11′)을 이용해서 C를 { }의 우측으로 이동하면 (8-6)*은

$$-\left\{\left(i\frac{\hbar}{c}\frac{\partial}{\partial t}\right)-\sum_{r=1,2,3}\alpha_r\left(-i\hbar\frac{\partial}{\partial x_r}\right)-\alpha_0 mc\right\}C\Psi^*=0 \tag{8-6}^*_C$$

의 형태가 됩니다. 이것으로부터 "Ψ가 (8-6)의 해라면, $C\Psi^*$도 (8-6)의 해이다." 라는 결론이 유도됩니다.

이 결론을 H와 ρ의 부호 조사에 이용하는 것도 가능합니다. 먼저, Ψ의 성분 $\Psi_\alpha(\alpha=1, 2, 3, 4)$를 이용해서 (8-8)을 쓰면

$$H=-i\frac{\hbar}{2}\sum_a\left(\Psi_\alpha^*\frac{\partial\Psi_\alpha}{\partial t}-\frac{\partial\Psi_\alpha^*}{\partial t}\Psi_\alpha\right)$$

이 되는 것에 주의해서 Ψ_α의 자리에 $\sum_\beta C_{\alpha\beta}\Psi_\beta^*$를, 따라서 $\Psi_\alpha{}^*$의 자리에 $\sum_\beta C_{\alpha\beta}{}^*\Psi_\beta$를 이용하면 $\sum_\beta C_{\alpha\beta}{}^*C_{\alpha'\beta}=\delta_{\alpha\alpha'}$인 것에서, 바로

$$H_{\Psi\to C\Psi^*}=-H \tag{8-12}$$

를 얻을 수 있습니다. 따라서 H가 가능한 에너지 밀도라면 $-H$도 가능한 에너지 밀도입니다. 따라서 에너지는 양도 음도 된다는 결론이 나옵니다. 한편 ρ의 경우는 어떤가하면 $\Psi^*\Psi=\sum_\alpha\Psi_\alpha{}^*\Psi_\alpha$는 어떤 Ψ에 대해서도 양이므로, ρ는 항상 $-e$와 같은 부호를 가지고 있습니다. 이런 후자의 성질로부터, 양전자가 발견되기 전의 일이기도 합니다만, 디락은 이 방정식이야말로 전자를 나타내는데 잘 어울린다고 생각했던 것입니다. 그러나 그 대신에 H가 음으로도 될 수 있다는 딜레마가 나타났습니다. 덧붙여서 장이 복소수적일 때, 장 방정식의 한 가지 해 Ψ로부터, 그것에 복소켤레인 해(클라인-고든의 경우에는 Ψ^*, 디락의 경우에는 $C\Psi^*$)를 만드는 변환을「전하켤레변환」으로 이름 붙입니다. 이 변환은 뒤에 소립자물리에서 큰 역할을 하게 됩니다.

지금까지의 내용을 정리하면,

$$\left\{\begin{array}{l}\text{클라인-고든 장에서는}\\ \quad \text{(i) 에너지는 항상 양이고,}\\ \quad \text{(ii) 전하는 양도 음도 되며,}\\ \text{디락 장에서는}\\ \quad \text{(i) 전하는 항상 양}\times(-e)\text{이고,}\\ \quad \text{(ii) 에너지는 양도 음도 된다,}\end{array}\right. \tag{8-13}$$

라는, 서로 "보색적(補色的)"이라고도 해야 할만한 결론이 나왔습니다.

지금까지의 이야기에서 장을 양자화하지 않았습니다. 장을 양자화할 때 문제가 되는 것은 양자화 방법입니다. 조금 전에도 이야기한 것과 같이, 양자화하는 데에는 보손 체계와 페르미온 체계의 두 종류가 있습니다. 그래서 문제가 되는 것은 클라인-고든 장 또는 디락 장, 이 중 어느 쪽으로 양자화를 실행해야하는지에 관한 것입니다. 지지난 시간에 이야기한 것처럼, 디락은 음 에너지의 곤란함을 벗어나기 위해, 파울리의 배타원리에 도움을 요청했었습니다. 따라서 디락 장을 보손 체계로 양자화한 것에서는, 넌센스한 결과밖에 얻을 수 없었습니다. 한편 파울리-바이스코프는 클라인-고든 장을 보손 체계로 양자화해서 어떤 모순도 나오지 않는 것을 나타내었으나, 동시에 그것을 페르미온 체계로 양자화 하면 모순이 나타나는 것도 지적하였습니다. 따라서 결론을 정리하면

$$\left\{\begin{array}{l}\text{클라인-고든 장에서는}\\ \quad \text{(i) 보손 체계 O.K.,}\\ \quad \text{(ii) 페르미온 체계는 안 되고,}\\ \text{디락 장에서는}\\ \quad \text{(i) 페르미온 체계 O.K.,}\\ \quad \text{(ii) 보손류 체계는 안 된다,}\end{array}\right. \tag{8-14}$$

가 됩니다. 이 관계도 "보색적"입니다.

여기서 이 (8-14)의 증명은 생략합니다. 왜냐하면, 조금 더 일반적으로

$$\left\{\begin{array}{l}\text{텐서 장에서는}\\ \quad\text{(i) 보손 체계 O.K.,}\\ \quad\text{(ii) 페르미온 체계는 안 되고,}\\ \text{스피너 장에서는}\\ \quad\text{(i) 페르미온 체계 O.K.,}\\ \quad\text{(ii) 보손 체계는 안 된다,}\end{array}\right. \tag{8-14$'$}$$

를 유도한 파울리의 일에 관한 이야기를 뒤에 할 것이기 때문입니다. 게다가 (8-13)의 일반화로

$$\left\{\begin{array}{l}\text{텐서 장에서는}\\ \quad\text{(i) 에너지는 항상 양이고,}\\ \quad\text{(ii) 전기밀도는 양도 음도 되고,}\\ \text{스피너 장에서는}\\ \quad\text{(i) 전하는 항상 양}\times(-e)\text{이고,}\\ \quad\text{(ii) 에너지 밀도는 양도 음도 된다,}\end{array}\right. \tag{8-13$'$}$$

을 말할 수 있을지 어떨지에 대해서는 (ii)가 항상 성립하는 것을 증명하였습니다. 그리고 (i)의 경우는 그의 조수인 피에르츠(M. Fierz)가 논하였고, 그에 따르면 (i)는 일반적으로는 성립하지 않으나, 스핀 0, $\frac{1}{2}$, 1일 때에는 성립한다는 것입니다. 그래서 양자화의 이야기는 뒤로 미루고, 그런 것이 어떤 식으로 유도되었는지에 대한 이야기부터 시작해봅시다.

*

파울리는 이 (8-13′)의 관계를 매우 일반적인 사고방식으로 유도하였습니다. 즉, 그는

(a) 장의 양은 텐서 또는 스피너이다.

(b) 장의 방정식은 (x, y, z, ct)에 관한 공변형의 선형동차미분방정식이다.

(c) 이 방정식의 일반해는 평면파 $e^{i(\boldsymbol{kx}-ck_0t)}$의 중첩으로 나타내는 것이 가능하다. 단 $k_0=\pm\sqrt{\boldsymbol{k}^2+\kappa^2}$.

이라는 3개의 가정만으로 결론을 도출하고 있습니다. 그리고 뒤에 알 수 있듯이,

결론은 (8-13′)보다 더욱 일반적인 것입니다.

그러면, 장의 양이 텐서인 경우에 대해서 파울리의 사고방식을 소개해 봅시다. 먼저 텐서 U를 짝수계와 홀수계로 분류하고 짝수계 텐서를 총괄적으로 U^e, 홀수계 텐서를 총괄적으로 U^o로 씁니다. 그것에 대해서 총괄적이 아니라 개개의 짝수계 텐서를 나타내기 위해서는 U^e_1, U^e_2, ……라는 식으로 첨자를 가진 U^e를 사용합니다. 같은 식으로 개개의 홀수계 텐서를 U^o_1, U^o_2, ……와 같이 씁니다. 이들 U는 실수라도 좋고 복소수라도 좋으며, 또 후자의 경우 장의 기술에는 보통 U와 U^*가 동반되어 이용됩니다만, 그것을 가정할 필요도 없습니다. 다음으로 2개의 텐서 곱(직적(直積), 그것에 수를 곱한 것 혹은 그것에 대해서 축약·대칭화·반대칭화 등을 임의 횟수만큼 실행한 것을 총괄해서 "곱"으로 부르기로 합니다)을 기호 ×를 이용해서 $U\times U$와 같이 씁니다. 그러면 짝수계 텐서 끼리의 곱은 항상 짝수계, 홀수계 텐서 끼리의 곱도 항상 짝수계, 짝수계 텐서와 홀수계 텐서의 곱은 홀수계가 됩니다. 그래서 이 관계를

$$U^e\times U^e=U^e,\quad U^o\times U^o=U^e,\quad U^e\times U^o=U^o \tag{8-15}$$

로 쓰는 것으로 합니다.

다음으로 미분연산

$$\nabla^o\equiv\frac{1}{i}\left(\frac{\partial}{\partial x},\ \frac{\partial}{\partial y},\ \frac{\partial}{\partial z},\ \frac{1}{c}\frac{\partial}{\partial t}\right) \tag{8-16}$$

을 하나의 벡터라고 생각해도 좋다는 것을 떠올려 주십시오. 여기서 ∇ 위에 첨자 ^{o}를 붙인 것은 벡터가 홀수계 텐서이기 때문입니다. 그러면 $\nabla^o\times\nabla^o$, $\nabla^o\times\nabla^o\times\nabla^o$, ……등에 의해서 여러 가지 텐서적 미분연산이 만들어집니다만, 그렇게 해서 만들어진 텐서를 총괄해서 D로 쓰도록 합시다. 그러면 (8-15)로부터 $\nabla^o=D^o$, $\nabla^o\times\nabla^o=D^e$, $\nabla^o\times\nabla^o\times\nabla^o=D^o$, ……라는 식으로 됩니다. 그리고 D^e나 D^o를 임의의 텐서에 실행한 것에 대해서

$$\begin{aligned} D^eU^e&=U^e, & D^oU^o&=U^e,\\ D^eU^o&=U^o, & D^oU^e&=U^o \end{aligned} \tag{8-16′}$$

가 성립합니다.

지금까지는 장의 방정식을 생각하지 않았기 때문에, (8-15)나 (8-16′)은 모든 U에 대해서 성립하는 관계입니다. 여기서 장의 방정식을 고려하면 어떤 것이 나올 것인가? 이 때, 장의 방정식은 (b)와 (c)를 만족하는 것 이외에 어떤 가정도 필

요하지 않습니다. 예를 들면 장이 1개의 텐서만으로 기술된다는 가정도 필요없고, 또 방정식이 1계라는 가정도 필요없습니다(1계가 아니더라도 좋다고 일부러 말하고 있을 때, 파울리는 디락을 의식하고 있는 것 같네요). 그리고 U^e_1, U^e_2, ……, U^e_M 이라는 M개의 U^e와 U^o_1, U^o_2, ……, U^o_N이라는 N개의 U^o로 장이 기술되는 것으로 합니다. 그러면 장의 방정식은 $M+N$ 연립 미분방정식이어야 하며, 그들이 공변형이라는 요구 (b)를 만족하는 이상, 각각의 방정식은 (8–16′)에 근거해서

$$\begin{aligned}\sum_{m=1}^{M} D^e{}_m U^e{}_m &= \sum_{n=1}^{N} D^o{}_n U^o{}_n, \\ \sum_{m=1}^{M} D^o{}_m U^e{}_m &= \sum_{n=1}^{N} D^e{}_n U^o{}_n\end{aligned} \tag{8-17}$$

의 형태를 하고 있지 않으면 안됩니다. 더욱이 (c)에 의해서, 해는

$$\begin{aligned}U^e{}_m &= \overline{U}^e{}_m(K) e^{i(\boldsymbol{kx} - ck_0 t)} \\ U^o{}_n &= \overline{U}^o{}_n(K) e^{i(\boldsymbol{kx} - ck_0 t)}\end{aligned} \tag{8-18}$$

의 형태를 하고 있기 때문에, 이것을 (8–17)에 대입해서

$$\begin{aligned}\sum_{m=1}^{M} K^e{}_m \overline{U}^e{}_m(K) &= \sum_{n=1}^{N} K^o{}_n \overline{U}^o{}_n(K) \\ \sum_{m=1}^{M} K^o{}_m \overline{U}^e{}_m(K) &= \sum_{n=1}^{N} K^e{}_n \overline{U}^o{}_n(K)\end{aligned} \tag{8-17'}$$

이 유도됩니다. 단 (8–18)에서 $\overline{U}^e_m(K)$나 $\overline{U}^o_n(K)$로 쓴 것은, 그들이 전파벡터

$$K \equiv (k_x, k_y, k_z, k_0) \tag{8-19}$$

를 가진 평면파의 진폭이라는 것을 명시하기 위해서입니다. 또 (8–17′)에서 K^e_m, K^e_n으로 쓴 것은 어떤 것도 벡터 (8–19)로부터 $K\times K$, $K\times K\times K\times K$, ……로 만들어진 짝수계 텐서이며 K^o_m, K^o_n으로 쓴 것은 K, $K\times K\times K$, ……으로 만들어진 홀수계의 텐서입니다. 일반적으로 K^e는 k_x, k_y, k_z, k_0에 대한 우함수($k_x \to -k_x$, $k_y \to -k_y$, $k_z \to -k_z$, $k_0 \to -k_0$의 치환에 의해서 값을 바꿀 수 없는 함수)이고, K^0는 k_x, k_y, k_z, k_0에 대한 기함수(값의 부호가 바뀌는 함수)인 것도 주의합시다.

이렇게 해서 파의 진폭의 짝 $\overline{U}^e_m(K)$($m=1, 2,$ ……, M)과 $\overline{U}^o_n(K)$($n=1, 2,$ ……, N)에 대한 연립방정식으로 (8–17′) 형태의 대수방정식을 $M+N$개 얻을 수 있습니다. 그리고 그것을 푸는 것으로 가능한 진폭의 짝을 얻을 수 있습니다만, 일반적

으로 해답은 여러 개일 것이므로, 따라서 장의 방정식을 만족하는 평면파의 짝도 여러 개일겁니다(그 때 어떤 짝에서는 $k_0 = +\sqrt{\boldsymbol{k}^2 + \kappa^2} > 0$이고, 어떤 짝에서는 $k_0 = -\sqrt{\boldsymbol{k}^2 + \kappa^2} < 0$이겠지요). 이 때, 조금 전 주의했던 사실, 즉 K^e가 $\boldsymbol{k}, k_0$의 우함수, K^o가 그것들의 기함수라는 것에서 다음과 같은 중요한 결론이 나옵니다.

전파벡터의 값을 K로 할 때, 해의 한 짝 $\overline{U}^e_m(K)(m=1, 2, \cdots\cdots, M)$과 $\overline{U}^o_n(K)$ $(m=1, 2, \cdots\cdots, N)$을 얻었다고 합니다. 그러면,

$$\begin{aligned} \overline{U}^e{}_m(-K) &= \overline{U}^e{}_m(K), \\ \overline{U}^o{}_n(-K) &= -\overline{U}^o{}_n(K) \end{aligned} \tag{8-20}$$

으로 얻은 부분의 $\overline{U}^e_m(-K), \overline{U}^o_n(-K)$의 짝이, $-K$라는 전파벡터에 대한 해의 짝 중 하나가 된다는 것이 그것입니다. 이것은 (8-17′)의 K를 $-K$로 하고 (8-20)의 $\overline{U}^e_m(-K), \overline{U}^o_n(-K)$를 대입해 보면 바로 알 수 있습니다. 이 때, 원래의 평면파 (8-18)이 $k_0>0$ (or $k_0<0$)의 짝에 속해 있다면 (8-20)에서 만든 평면파, 즉

$$\begin{aligned} &\overline{U}^e{}_m(K)e^{i\{(-\boldsymbol{k})\boldsymbol{x}-c(-k_0)t\}} \\ -&\overline{U}^o{}_n(K)e^{i\{(-\boldsymbol{k})\boldsymbol{x}-c(-k_0)t\}} \end{aligned} \tag{8-18′}$$

은 $k_0<0$ (or $k_0>0$)의 짝에 속하게 됩니다. 그런 이유로, (8-20)은 $k_0>0$ 짝에서 $k_0<0$ 짝으로의, 혹은 $k_0<0$ 짝에서 $k_0>0$ 짝으로의 변환을 의미한다고 생각해도 좋습니다. 그 때 (8-20)이 K와 $-K$에 대해서 대칭인 것으로부터, 이 변환에 의해서 양 짝의 “구성원” 사이에는 1대 1 대응이 이루어진다는 것입니다(따라서 $k_0>0$인 짝과 $k_0<0$인 짝은 같은 개수가 존재하는 것이 됩니다). 파울리는 이 변환을

$$K \to -K, \qquad U^e \to U^e, \qquad U^o \to -U^o \tag{8-21}$$

이라는 기호로 나타내고 있습니다.

지금까지 평면파 해에 대해서 논해 왔습니다만, (c)의 가정으로부터 그것의 중첩에 의해서 일반해를 만들 수 있습니다. 구체적으로 말하면, 먼저 각각의 짝에서, 임의의 계수 $\alpha(\boldsymbol{k})$를 이용해서 평면파 (8-18)을 중첩시켜, 파속

$$\begin{aligned} \Psi^e{}_m(\boldsymbol{x}, t) &= \sum_{\boldsymbol{k}} \overline{U}^e{}_m(K)\alpha(\boldsymbol{k})e^{i(\boldsymbol{kx}-ck_0t)} \\ & \qquad\qquad m=1,2,\cdots\cdots,M \\ \Psi^o{}_n(\boldsymbol{x}, t) &= \sum_{\boldsymbol{k}} \overline{U}^o{}_n(K)\alpha(\boldsymbol{k})e^{i(\boldsymbol{kx}-ck_0t)} \\ & \qquad\qquad n=1,2,\cdots\cdots,N \end{aligned} \tag{8-22}$$

을 만듭니다. (이 때 짝마다 $\alpha(\boldsymbol{k})$는 달라도 괜찮다). 다음으로 각각의 짝에서 만든 그 파속을 모든 짝에 대해서 더합니다. 그러면 그 합으로 얻은 파속

$$
\begin{aligned}
U^e{}_m(\boldsymbol{x},\ t) &= \sum_{\text{짝}} \Psi^e{}_m(\boldsymbol{x},\ t) \qquad & m=1,2,\cdots\cdots,M \\
U^o{}_n(\boldsymbol{x},\ t) &= \sum_{\text{짝}} \Psi^o{}_n(\boldsymbol{x},\ t) \qquad & n=1,2,\cdots\cdots,N
\end{aligned}
\tag{8-23}
$$

이 구하는 일반해가 됩니다.

여기서, 뒤에 하게 될 논의 준비로 다음 사항을 다루어 보겠습니다. 먼저 (8-18)로부터 파울리 변환에 의해서 (8-18′)을 만듭니다. 그러면 (8-18′)이 장의 방정식을 만족하는 것으로, 파속

$$
\begin{aligned}
\Psi'^e{}_m(\boldsymbol{x},\ t) &= \sum_{\boldsymbol{k}} \overline{U}^e{}_m(K)\alpha(\boldsymbol{k})e^{i\{(-\boldsymbol{k})\boldsymbol{x}-c(-k_0)t\}} \\
\Psi'^o{}_n(\boldsymbol{x},\ t) &= -\sum_{\boldsymbol{k}} \overline{U}^o{}_n(K)\alpha(\boldsymbol{k})e^{i\{(-\boldsymbol{k})\boldsymbol{x}-c(-k_0)t\}}
\end{aligned}
\tag{8-22′}
$$

도 장의 방정식을 만족하고, 따라서 그것을 이용해서 만든 파속

$$
\begin{aligned}
U'^e{}_m(\boldsymbol{x},\ t) &= \sum_{\text{짝}} \Psi'^e{}_m(\boldsymbol{x},\ t) \\
U'^o{}_n(\boldsymbol{x},\ t) &= \sum_{\text{짝}} \Psi'^o{}_n(\boldsymbol{x},\ t)
\end{aligned}
\tag{8-23′}
$$

도 당연히 장의 방정식을 만족합니다. 이 때 U로부터 U'을 만든 변환을, 전과 같이 파울리 변환이라고 부르도록 합시다.

*

상대론적인 장 이론에서는, 장의 양과 그것을 미분한 것으로 만든 공변적인 2차 형식 또는 쌍1차형식이 중요한 역할을 합니다. 예를 들면 에너지 운동량 텐서가 좋은 예입니다. 또 장이 전자기장과 작용하는 성질을 가지고 있다면, 전기전류 벡터도 그 예가 됩니다. 그리고 처음에 말한 것과 같이 에너지 운동량 텐서는 2계 텐서로 그 시간 성분이 에너지 밀도를 주며, 전기전류 벡터는 1계 텐서로 그것의 시간성분이 전기밀도가 됩니다. 그리고 장을 기술하는 양 $\overline{U}^e_m$, $\overline{U}^o_n$ 및 그것들의 미분으로 구성된 1계 및 2계 텐서의 성질에 대해서, 지금까지 이야기한 극히 일반적인 논의로부터 얼마만큼을 이야기할 수 있을지 그것을 조사해 봅시다.

먼저 1계 텐서로부터 시작합니다. 1계 텐서는 홀수계 텐서이므로 (8-15)에 따라서 그것은 $U^e \times U^o$의 형태입니다. 다음으로 (8-16′)을 이용한 것입니다만 지

금부터 할 논의에서는 텐서가 짝인지, 홀인지 구별만 확실히 하면 충분하므로, (8-16′)에서 D^e는 어떤 역할도 하지 않는 것에 주목합니다. 그렇다고 하는 것은 D^e를 U^e로 실시하더라도, U^o로 실시하더라도, (8-16′)을 보면 그 홀짝을 조금도 바꿀 수 없습니다. 따라서, U의 홀짝만을 문제로 한다면 모든 D^e를 총괄적으로 1로 나타내도 좋습니다. 또 같은 논법으로 U의 홀짝만을 문제로 하면, 모든 D^o를 총괄적으로 ∇^o로 나타낼 수 있습니다. 그런 의미에서 (8-16′)을

$$1U^e = U^e, \quad \nabla^o U^o = U^e, \quad 1U^o = U^o, \quad \nabla^o U^e = U^o \tag{8-16″}$$

으로 쓰기로 합니다. 이렇게 쓴다면 좌측의 2개는 크게 중요하지 않으므로 쓸 필요도 없습니다.

이런 부분을 주의해서 1계 텐서의(혹은 일반적으로 홀수계 텐서의) 이야기로 돌아갑니다. 조금 전 말한 것과 같이 그것은 $U^e \times U^o$의 형태를 하고 있고, 따라서 (8-16″)을 이용해서 그 형태는 $U^e \times \nabla^o U^e$, $\nabla^o U^o \times U^o$, $U^e \times U^o$ 중 하나입니다. 이때 곱셈의 순서는 홀짝에 어떤 영향도 없으므로, 이하 ×을 생략해서 그것들을 $U^e \nabla^o U^e$, $\nabla^o U^o U^o$, $U^e U^o$ 으로 쓰기로 합니다. 그러면 2개의 U 혹은 그 미분으로 만들어진 1계 텐서의 가장 일반적인 형태는

$$S = U^e \nabla^o U^e + U^o \nabla^o U^o + U^e U^o \tag{8-24}$$

인 것을 알 수 있습니다.

그리고 우변의 U^e나 U^o에 대해서 (8-23)을 이용합니다. 그러면

$$S = \sum_{짝} \sum_{짝'} \Big\{ \sum_{m,\,m'} \Psi^e{}_m \nabla^o \Psi^e{}_{m'} + \sum_{n,\,n'} \Psi^o{}_n \nabla^o \Psi^o{}_{n'} + \sum_{m,\,n'} \Psi^e{}_m \Psi^o{}_{n'} \tag{8-25}$$

를 얻을 수 있습니다. 여기서 $\sum_{짝}\sum_{짝'}$의 의미는 굳이 설명하지 않더라도 알 것이라 생각합니다. 단 우변에서 $\Psi^e{}_m$과 $\Psi^o{}_n$은 동일한 짝에 속해있고 $\Psi^e{}_{m'}$과 $\Psi^o{}_{n'}$도 그렇습니다만, $\Psi^e{}_m$과 $\Psi^e{}_{m'}$은 별도의 짝에 속해도 좋고, $\Psi^o{}_n$과 $\Psi^o{}_{n'}$도 그렇다는 것에 주의해 주십시오.

드디어, S의 부호에 대한 논의에 들어가 봅시다. 그것을 하기 위해서 (8-25) 우변의 Ψ로 (8-22)의 대신에 (8-22′)를 이용해 봅니다. 그리고 그 때의 S와 (8-22)를 이용할 때의 S를 비교한 것입니다. 먼저,

$$\overline{U}^e{}_m(K)\alpha(\boldsymbol{k}) \equiv A^e{}_m(K),$$
$$\overline{U}^o{}_n(K)\alpha(\boldsymbol{k}) \equiv A^o{}_n(K) \tag{8-26}$$

로 두고, (8-22)를 이용할 때의 S를 쓰면

$$S(\boldsymbol{x},\ t) = \sum\sum{}' \{A^e{}_m(K)K'A^e{}_{m'}(K') + A^o{}_n(K)K'A^o{}_{n'}(K') + A^e{}_m(K)A^o{}_{n'}(K')\} \cdot e^{i\{(\boldsymbol{k}+\boldsymbol{k}')\boldsymbol{x} - c(k_0+k_0')t\}} \tag{8-27}$$

의 형태가 됩니다만, 다른 쪽 (8-22′)를 이용한 S는

$$S'(\boldsymbol{x},\ t) = -\sum\sum{}' \{A^e{}_m(K)K'A^e{}_{m'}(K') + A^o{}_n(K)K'A^o{}_{n'}(K') + A^e{}_m(K)A^o{}_{n'}(K')\} \cdot e^{i\{(-\boldsymbol{k}-\boldsymbol{k}')\boldsymbol{x} - c(-k_0-k_0')t\}} \tag{8-27'}$$

이 되는 것을 바로 알 수 있습니다. 단, 여기서 $\sum$라는 것은 $\sum_{짝}$, $\sum_m$(or $\sum_n$), $\sum_{\boldsymbol{k}}$를 통틀어 놓은 것이고, $\sum'$라는 것은 $\sum_{짝'}$, $\sum_{m'}$(or $\sum_{n'}$), $\sum_{\boldsymbol{k}'}$를 통틀어 놓은 것입니다. 여기서

$$e^{i\{(-\boldsymbol{k}-\boldsymbol{k}')\boldsymbol{x} - c(-k_0-k_0')t\}} = e^{i\{(\boldsymbol{k}+\boldsymbol{k}')(-\boldsymbol{x}) - c(k_0+k_0')(-t)\}}$$

인 것에 주의하면, (8-27)과 (8-27′)으로부터 다음과 같은 결론이 나옵니다. 그것은 "파속 (8-23)을 이용한 S의 $(\boldsymbol{x}, t)$에서 값이 양(또는 음)이라면 파속 (8-23′)을 이용한 S의 $(-\boldsymbol{x}, -t)$의 값은 음 (또는 양)이다"라는 결론입니다. 그렇게 되면 S가 양의 값만을 가진다던가, 음의 값만을 가진다던가 하는 것은 텐서 장의 경우에는 일어날 수 없다는 결론이 어쩔수 없이 나오게 됩니다.

이런 결론이 1계 텐서에 대해서 유도되었습니다만, 그 특별한 경우로 전기전류 벡터에 대해서도 당연히 이것이 딱 들어맞습니다. 그와 같이 해서, 텐서 장에서 전기밀도의 부호가 정해지지 않았던 것에 대한 결론이 났습니다.

다음으로 에너지 운동량 텐서의 경우는 어떤가? 이 때는 2계 텐서가 문제가 되므로, 그 가장 일반적인 형태는

$$T = U^e U^e + U^o U^o + U^e \nabla^o U^o \tag{8-28}$$

인 것으로 결론이 납니다. 그리고 S의 경우와 같은 추론으로

$$T(\boldsymbol{x},\ t) = \sum\sum{}' \{A^e{}_m(K)A^e{}_{m'}(K') + A^o{}_n(K)A^o{}_{n'}(K') + A^e{}_m(K)K'A^o{}_{n'}(K')\} \cdot e^{i\{(\boldsymbol{k}+\boldsymbol{k}')\boldsymbol{x} - c(k_0+k_0')t\}} \tag{8-29}$$

및

$$(\boldsymbol{x},\ t)=\sum\sum{}'\{A^e{}_m(K)A^e{}_{m'}(K')+A^o{}_n(K)A^o{}_{n'}(K') \\ +A^e{}_m(K)K'A^o{}_{n'}(K')\}\cdot e^{i\{(\boldsymbol{k}+\boldsymbol{k}')(-\boldsymbol{x})-c(k_0+k_0')(-t)\}} \quad (8\text{-}29')$$

을 얻을 수 있고, “파속 (8-23)을 이용한 T의 $(\boldsymbol{x}, t)$에서의 값과 파속 (8-23′)을 이용한 T의 $(-\boldsymbol{x}, -t)$에서의 값은 같다”라는 결론이 나옵니다. 그러나 이것으로부터, T는 항상 양이라는 결론이 반드시 나오지는 않습니다. 그러나 적어도 그런 가능성을 배제할 수는 없습니다.

다음으로 스피너 장의 경우는 어떻게 되는가? 아쉽지만 그 이야기를 할 시간도 없고, 또 그 논의를 할 정도로 스피너 계산법에 대해서 자세히 이야기를 하고 있지 않습니다. 따라서 여기서는 결론만으로 만족해 주시기 바랍니다. 스피너 장에 대해서는, T는 부호가 정해지지 않는 성질의 것이라는 결론이 나옵니다. 또 S에 대해서는, S가 항상 양이라는 결론이 반드시 나오는 것은 아니나, 적어도 그 가능성을 배제할 수는 없습니다. 이 사실로, 스피너 장에서는 에너지 밀도는 양이 되면 음도 되고, 그것의 공간적분인 에너지도 또한 양이 되면 음도 됩니다.

이것이 (8-13′)의 (ii)를 유도한 파울리의 논법입니다. 클라인-고든 장과 디락 장에 대해서 조금 전 (8-13)을 유도하였습니다만, 그 때에는 전하 켤레변환을 이용하였습니다. 그러나 파울리의 일반론에서는 그것을 이용하지 않고, 그 대신 파울리 변환 (8-21)이 이용되고 있는 것이 특징적입니다. 그 결과, 파울리가 전기전류 벡터에 대해서 얻은 결론은 조금 더 일반적으로 모든 홀수계 텐서에 대해서 타당하고, 에너지 운동량 텐서에 대해서 얻은 결론은 모든 짝수계 텐서에 대해서 타당하며, 또 실수장에 대해서도 성립합니다. 그 대신 텐서장일 때의 T, 스피너 장일 때의 S가 항상 양이라는 것은 파울리의 논의만으로는 나타나지 않습니다. 사실, 조금 전에도 말한 것과 같이, 그것을 말하는 것은 스핀이 0, $\frac{1}{2}$, 1일 때만이라는 것을 피어츠는 나타내고 있습니다. 그러나 어쨌든 “물리량은 공변량이다”라는 가정만으로 이렇게 의미 깊은 결론이 유도된 것, 그 때 텐서 계산법이나 스피너 계산법이 위력을 발휘한 것, 그런 것을 아는 것은 매우 교육적입니다.

*

그러면 여기서 이야기를 양자화로 옮겨봅시다. 그리하면 여기에서도 또 공변성이라는 개념이 한 몫 하고 있는 것을 보게 될 겁니다. 그러나 이 논의를 할 때

보통의 형태 교환(or 반교환) 관계에는 난처한 점이 있습니다. 예를 들어 (8-1)_를 보면 좌변에는 $\Psi(\boldsymbol{x})$와 $\Pi(\boldsymbol{x}')$가 있습니다만, 이것은 장소는 다르나 같은 시각에서의 Ψ와 Π를 의미하고, 정확하게는 $\Psi(\boldsymbol{x}, t)$, $\Pi(\boldsymbol{x}', t)$로 써야만 합니다. 이런 식으로 공간변수와 시간변수가 다르게 취급되고 있는 것은 상대론적이 아니며, 따라서 이 형태에서는 4차원의 공변성을 사용해서 어떠한 결론을 낸다는 것이 불가능합니다. 따라서 우리의 논의를 위해서는 다른 장소, 다른 시각에서의 장과 관련 짓는 교환관계, 즉

$$\Psi(\boldsymbol{x}, t)\Pi(\boldsymbol{x}', t') - \Pi(\boldsymbol{x}', t')\Psi(\boldsymbol{x}, t) = F(\boldsymbol{x}-\boldsymbol{x}', t-t')$$

의 형태인 관계를 찾아내지 않으면 안됩니다. 그리고 이 때 좌변과 우변이 같은 공변성을 가지고 있지 않으면 안됩니다.

이와 같은 F가 과연 존재하는가? 존재한다면 어떤 성질의 것인가? 그것을 알아보기 위해서는, 가장 간단한 클라인-고든 장이 단서가 되겠지요. 따라서, 그것을 해 보도록 합시다.

먼저, 클라인-고든장에 대한 캐노니컬한 교환관계는 (6-14′)의 안에 (8-5)를 이용해서

$$\begin{aligned}\Psi(\boldsymbol{x},\ t)\frac{\partial\Psi^\dagger(\boldsymbol{x}',\ t)}{\partial t} - \frac{\partial\Psi^\dagger(\boldsymbol{x}',\ t)}{\partial t}\Psi(\boldsymbol{x},\ t) &= \frac{i}{\hbar}\delta(\boldsymbol{x}-\boldsymbol{x}') \\ \Psi^\dagger(\boldsymbol{x},\ t)\frac{\partial\Psi(\boldsymbol{x}',\ t)}{\partial t} - \frac{\partial\Psi(\boldsymbol{x}',\ t)}{\partial t}\Psi^\dagger(\boldsymbol{x},\ t) &= \frac{i}{\hbar}\delta(\boldsymbol{x}-\boldsymbol{x}')\end{aligned} \tag{8-30}$$

(여기서 Ψ는 q-수이므로, Ψ^*대신에 $\Psi^\dagger$를 이용합니다)

이 되는 것을 지적해 봅시다. 이 외에 Ψ나 $\Psi^\dagger$, $\dfrac{\partial\Psi}{\partial t}$나 $\dfrac{\partial\Psi^\dagger}{\partial t}$, $\dfrac{\partial\Psi}{\partial t}$나, $\dfrac{\partial\Psi^\dagger}{\partial t}$나 $\Psi^\dagger$와 교환한다는 관계가 더해집니다. 이들 교환 관계에서 만족스럽지 못한 부분은 조금 전 말한 것과 같이 Ψ의 t와 $\Psi^\dagger$의 t가 같은 값입니다만, 여기서 주의해야 하는 것은 (8-30)과 그것에 덧붙인 관계를 알고 있기 때문에 Ψ나 $\Psi^\dagger$가 (8-2)를 만족하면서 시간변화를 한다는 사실을 이용해서 (8-30)이나 그들의 관계로부터

$$\Psi(\boldsymbol{x},\ t)\Psi^\dagger(\boldsymbol{x}',\ t') - \Psi^\dagger(\boldsymbol{x}',\ t')\Psi(\boldsymbol{x},\ t)$$

이라고 했던 형태의 것이 계산됩니다. 즉, 예를 들면

$$\Psi(\boldsymbol{x},\ t)\,\Psi^{\dagger}(\boldsymbol{x}',\ t') - \Psi^{\dagger}(\boldsymbol{x}',\ t')\,\Psi(\boldsymbol{x},\ t) \equiv \frac{i}{\hbar}\,\Delta(\boldsymbol{x}-\boldsymbol{x}',\ t-t') \tag{8-31}$$

로 두면

(I) 우변의 $\Psi(\boldsymbol{x},t)$가 클라인-고든 방정식을 만족하므로, 우변의 $\Delta(\boldsymbol{x}-\boldsymbol{x}',t-t')$도 그렇다.

(II) $t=t'$에서 Ψ와 $\Psi^{\dagger}$는 교환 가능하기 때문에 우변의 $\Delta(\boldsymbol{x}-\boldsymbol{x}',t-t')$는 $t'=t$에서 0이다.

(III) $t'=t$에서 (8-30)이 성립하므로 $\left.\dfrac{\partial\Delta(\boldsymbol{x}-\boldsymbol{x}',\ t-t')}{\partial t}\right|_{t'=t} = \delta(\boldsymbol{x}-\boldsymbol{x}')$ 이다.

라는 것을 알 수 있습니다. 따라서, $\Delta(\boldsymbol{x}-\boldsymbol{x}',t-t')$라는 함수는 (II)와 (III)을 기대 조건으로 클라인-고든 방정식을 풀면 얻을 수 있습니다. 그러면 Δ는 하나로 정해집니다.

우리의 목적을 위해서는 Δ의 함수형을 자세하게 써 놓을 필요는 없습니다. 단, 그렇게해서 얻은 Δ에 대해서 다음의 성질만을 지적해 둡니다. 그것은 다음의 세 가지입니다.

(A) Δ는 $\boldsymbol{x}^2-c^2t^2$의 함수로 실수값을 가진다.

(B) $\Delta(\boldsymbol{x}-\boldsymbol{x}',t-t')$는 공간변수 $\boldsymbol{x}$와 $\boldsymbol{x}'$의 교환에 대해서 대칭, 시간변수 t와 t'의 교환에 대해서는 반대칭.

(C) $\Delta(\boldsymbol{x}-\boldsymbol{x}',t-t')$는 $-|\boldsymbol{x}-\boldsymbol{x}'|<c(t-t')$에서 0.

게다가 (8-30)의 좌변이 스칼라이기 때문에 Δ도 당연히 스칼라가 됩니다만, (A)로부터 Δ는 단순히 스칼라일 뿐만 아니라 불변인 스칼라 함수라는 결론이 나옵니다. 여기서 $f(x, y, z, ct)$가 불변인 스칼라 함수라는 의미는 로렌츠 변환에 의해서

$$x,\ y,\ z,\ ct \longrightarrow x',\ y',\ z',\ ct'$$

인 치환을 실행할 때, 단순히

$$f(x,\ y,\ z,\ ct) = \bar{f}(x',\ y',\ z',\ ct')$$

이 성립하는 뿐만 아니라, f와 $\bar{f}$의 함수형이 완전히 같다는 것입니다($\bar{f}$라는 기호의 의미는 지난 시간 이야기 했었습니다. (7-20′)을 보기 바랍니다). 그런 이유로 교환관계 (8-31)의 우변은, 어떤 로렌츠계에서도 같은 형태를 하고 있는 것을 알았습니다. 여기서 마지막에 말했던 것은 본질적입니다. 만약 그것이 성립하지

않았다라면 모든 로렌츠계가 평등이라는 전제를 만족하지 않은 것이 되어 버립니다.

교환관계 (8-31) 외에 $\dfrac{\partial \Psi(t)}{\partial t}$와 $\Psi(t)$, $\dfrac{\partial \Psi^{\dagger}(t)}{\partial t}$와 $\Psi^{\dagger}(t)$가 교환 가능한 것을 이용하면, 같은 형태로 생각해서

$$\begin{aligned}\Psi(\boldsymbol{x},\ t)\,\Psi(\boldsymbol{x}',\ t')-\Psi(\boldsymbol{x}',\ t')\,\Psi(\boldsymbol{x},\ t)=0\\ \Psi^{\dagger}(\boldsymbol{x},\ t)\,\Psi^{\dagger}(\boldsymbol{x}',\ t')-\Psi^{\dagger}(\boldsymbol{x}',\ t')\,\Psi^{\dagger}(\boldsymbol{x},\ t)=0\end{aligned} \qquad (8\text{-}31')$$

을 유도할 수 있습니다. 이렇게 해서 상대론적으로 만족하는 교환관계를 모두 얻었습니다.

조금 더 복잡한 텐서 장이나 스피너 장에 대해서도 그것이 캐노니컬한 형태로 기술할 수 있는 것이라면, 그리고 장의 성분이 클라인-고든 방정식을 만족할 것 같다면, 그 장에 대해서 지금 이야기한 방법은 그대로 적용할 수 있어서, 캐노니컬한 교환 관계로부터 상대론적인 교환관계를 유도할 수 있습니다(성분이 클라인-고든 방정식을 만족한다는 것은 장이 드브로이-아인슈타인 관계를 만족한다는 것이서 장의 방정식이 반드시 클라인-고든 방정식이라는 것은 아닙니다. 노파심에. —— 디락 방정식이 그 좋은 예입니다). 단 스칼라 장 이외일 때에는 교환관계의 우변은 스칼라가 아니라 일반적으로 텐서 또는 스피너입니다. 따라서 우변도 지금 얻은 Δ함수라고 했던 스칼라 그 자체는 있을 수 없습니다. 그러나 그런 경우에도 항상 우변에는 Δ에 무엇인가 좌변과 같은 변환성을 가졌던 미분연산(0계 미분도 포함해서)을 실시한 것이 나타납니다. 예를 들면, 벡터 장에서는 장의 양이 $\Psi_1, \Psi_2, \Psi_3, \Psi_0$라는 4원 벡터로 기술되었습니다만, 그것들의 교환관계로

$$\begin{aligned}&\Psi_{\mu}(\boldsymbol{x},\ t)\,\Psi^{\dagger}{}_{\nu}(\boldsymbol{x}',\ t')-\Psi^{\dagger}{}_{\nu}(\boldsymbol{x}',\ t')\,\Psi_{\mu}(\boldsymbol{x},\ t)\\ &\quad=\frac{i}{\hbar}\left(g_{\mu\nu}+\frac{1}{\kappa^2}\nabla^{o}{}_{\mu}\,\nabla^{o}{}_{\nu}\right)\Delta(\boldsymbol{x}-\boldsymbol{x}',\ t-t') \qquad (8\text{-}32)\\ &\qquad\qquad\qquad \mu,\nu=1,2,3,0\end{aligned}$$

가 나옵니다. 단 여기서 우변의 ∇^{o}_{μ}는 (8-16)에서 정의된 미분 벡터 ∇^{o}의 μ성분으로, $g_{\mu\nu}$는 계량 텐서의 (μ, ν)성분입니다. 이 때 좌변은 벡터×벡터 형태, 따라서 그것은 2계 텐서입니다만 우변도 2계 텐서로 되어 있는 것에 주목하시기 바랍니다. 이 외에 $\Psi_{\mu}(\boldsymbol{x}, t)$와 $\Psi_{\nu}(\boldsymbol{x}', t')$이 교환하고, $\Psi^{\dagger}{}_{\mu}(\boldsymbol{x}, t)$와 $\Psi^{\dagger}{}_{\nu}(\boldsymbol{x}', t')$가 교환한다는 관계가 추가됩니다. 예를 들지는 않겠지만 스피너장에서도 비슷한 사정이 나타납니다.

이렇게 해서 캐노니컬한 교환관계로부터 유도된 상대론적인 교환관계는 텐서장에서도 스피너장에서도, 좌변과 우변은 동일한 변환성을 가지고 있는 것뿐만 아니라, 우변은 항상 Δ에 어떤 공변적 미분연산을 실행한 것이 됩니다. 이 마지막 부분은 본질적인 의미를 가진 것으로, 그렇기 때문에 교환관계는 모든 로렌츠계에서 같은 형태를 가지게 되는 것입니다. 그런데 한편으로 불변인 형태를 가진 스칼라 함수에서 쓸모있게 되는 것은, 이 Δ 외에 존재하지 않는 것이 증명되었습니다. 〔$t=t'$으로 할 때 캐노니컬한 교환관계가 된다는 기대조건 (II)와 (III)을 버린다면, 불변 스칼라 함수는 Δ 이외에 하나만 더 Δ_1이라는 것이 존재합니다. 그러나 이것은 조금 전 언급했던 (C)의 성질을 가지지 않고, 따라서 $t'=t$로 할 때 다른 장소에서의 물리량이 교환 가능하지 않게 되는 것입니다. 이 사실로부터 다른 장소에서의 물리량을 동시에 측정할 수 없다는 곤란한 사태가 발생하고, Δ_1은 쓸모 없는 것이 되는 것입니다.〕

사정이 그렇다고 한다면 어떤 장에 대해서도(라는 것은 캐노니컬한 기술 불가능으로, 따라서 캐노니컬한 교환관계로부터 출발할 수 없는 경우에도), 모든 로렌츠계에서 같은 형태를 유지해야 한다고 전제하면, 교환관계는

$$\Psi_\mu(\boldsymbol{x},\ t)\,\Psi^\dagger_\nu(\boldsymbol{x}',\ t') - \Psi^\dagger_\nu(\boldsymbol{x}',\ t')\,\Psi_\mu(\boldsymbol{x},\ t) = i\alpha D_{\mu\nu}\cdot\Delta(\boldsymbol{x}-\boldsymbol{x}',\ t-t') \tag{8-33$_-$}$$

의 형태 이외에는 있을 수 없다는 것이 됩니다. 단 우변의 α는 지금 이야기한 전제만으로는 결정되지 않는 실수인 정수이며, $D_{\mu\nu}$라는 것은 좌변과 같은 공변성을 가진 미분연산을 의미합니다. 게다가 원래 캐노니컬한 이론과의 연결이 그정도 필연적이지 않았던 반교환관계도, 모두 로렌츠계에서 같은 형태를 가져야만 한다는 전제로부터

$$\Psi_\mu(\boldsymbol{x},\ t)\,\Psi^\dagger_\nu(\boldsymbol{x}',\ t') + \Psi^\dagger_\nu(\boldsymbol{x}',\ t')\,\Psi_\mu(\boldsymbol{x},\ t) = i\alpha D_{\mu\nu}\cdot\Delta(\boldsymbol{x}-\boldsymbol{x}',\ t-t') \tag{8-33$_+$}$$

이외에 없게 됩니다. 〔반교환관계에서는 $\Psi(\boldsymbol{x},t)$와 $\Psi(\boldsymbol{x}',t)$, $\Psi^\dagger(\boldsymbol{x},t)$와 $\Psi^\dagger(\boldsymbol{x}',t)$ 등, 모두 교환하지 않기 때문에 다른 장소에서 장의 양 모두가 동시에 측정할 수 없게 되어 곤란하지 않을지에 대한 질문에는 바로 뒤에 답을 하겠습니다.〕

지금까지의 논의에서는 장이 텐서이든지 스피너이든지 상관없었습니다만,

여기서 다른 점이 나타납니다. 텐서장일 때에는 교환관계의 좌변은 반드시 짝수계 텐서입니다. 따라서 $D_{\mu\nu}$는 짝수계의 미분으로 되어 있지 않으면 안됩니다. 그리고

$$X \equiv \{\Psi_\mu(\boldsymbol{x},\ t)\,\Psi^\dagger{}_\nu(\boldsymbol{x}',\ t') \mp \Psi^\dagger{}_\nu(\boldsymbol{x}',\ t')\,\Psi_\mu(\boldsymbol{x},\ t)\}$$
$$+\{\Psi_\mu(\boldsymbol{x}',\ t')\,\Psi^\dagger{}_\nu(\boldsymbol{x},\ t) \mp \Psi^\dagger{}_\nu(\boldsymbol{x},\ t)\,\Psi_\mu(\boldsymbol{x}',\ t')\}$$
$$= i\alpha\left\{D_{\mu\nu}\cdot\Delta(\boldsymbol{x}-\boldsymbol{x}',\ t-t') + \begin{bmatrix}\text{왼쪽 항의 } (\boldsymbol{x},\ t) \text{ 와 } (\boldsymbol{x}',\ t') \\ \text{을 교환한 것}\end{bmatrix}\right\} \tag{8-34}$$

를 생각하면 우변의 $D_{\mu\nu}$는 짝수계 미분이므로, 어떤 함수에 그것을 실시해도 함수의 대칭성에는 변화가 없습니다. 따라서 우변은

$$\Delta(\boldsymbol{x}-\boldsymbol{x}',\ t-t') + \Delta(\boldsymbol{x}'-\boldsymbol{x},\ t'-t)$$

과 같은 대칭성을 가지고 있을 것입니다. 다시 말하면, 조금 전의 (B)에 의해서 $\boldsymbol{x}$와 $\boldsymbol{x}'$의 교환에 대해 대칭, t와 t'의 교환에 대해 반대칭이라는 것이 됩니다. 그런데 한편으로 좌변은 $(\boldsymbol{x},t)$와 $(\boldsymbol{x}',t')$의 교환에 대해서 대칭이므로 $\boldsymbol{x}$와 $\boldsymbol{x}'$의 교환에 대해서 대칭이라면, t와 t'의 교환에 대해서도 대칭이 아니면 안 됩니다. 그런 이유로, 우변과 좌변의 대칭성이 다르게 되어 있다는 결론이 됩니다. 이것으로부터

$$X(\boldsymbol{x}-\boldsymbol{x}',\ t-t') = 0 \tag{8-34$'$}$$

가 아니면 안 되는 것이 유도됩니다.

이것은 (8-34)의 좌변에서 - 부호를 이용할 때는 그다지 곤란한 점은 없습니다. 실제로 클라인-고든일 때 그랬었습니다. 그러나 + 부호일 때에 모순이 발생합니다. 왜냐하면, 그 때에 $\boldsymbol{x}=\boldsymbol{x}'$, $t=t'$, $\mu=\nu$로 두면

$$X = 2\{\Psi_\mu(\boldsymbol{x},\ t)\,\Psi^\dagger{}_\mu(\boldsymbol{x},\ t) + \Psi^\dagger{}_\mu(\boldsymbol{x},\ t)\,\Psi_\mu(\boldsymbol{x},\ t)\} = 0$$

을 얻을 수 있습니다만, 이 때 $\Psi\Psi^\dagger$에 대해서도 $\Psi^\dagger\Psi$에 대해서도, 그 고유값은 결코 음이 되지 않기 때문에, $X=0$라면 $\Psi=0$, $\Psi^\dagger=0$이 아니면 안 됩니다. 그런 이유로 텐서장에 대해서 반교환관계를 이용하는 것은 불가능하다는 결론이 나옵니다. 따라서 텐서 장에 부수하는 입자는 필연적으로 보손이라는 것이 됩니다. 지금까지 우리는 장이 복소수적으로 Ψ와 $\Psi^\dagger$로 기술된다고 논해 왔습니다만, 실수적인 Ψ의 경우에도 같은 결론이 나옵니다.

다음으로 스피너장에서는 어떨까? 여기에서도 또 스피너 계산법의 지식 부족을 한탄하게 되지만, 그 때 $D_{\mu\nu}$는 홀수계의 미분인 것을 알았습니다. 그렇게 하면 (8-34)의 X는 0이 될 필요는 없고, 그 결과 반교환관계를 이용하더라도 $\Psi=\Psi^{\dagger}$가 될 걱정은 없습니다. 그런 이유로 반교환관계, 교환관계 어느 쪽도 모순 없이 성립할 수 있게 됩니다. 그러나 (8-13′)과 같이, 스피너장에서는 음 에너지가 나오기 때문에, 그 곤란함을 피하기 위해서 입자는 페르미온이 아니면 안되고, 따라서 반교환관계를 이용하지 않으면 곤란한 일이 일어납니다.

이렇게 해서 얻은 결론을 정리하면, 결국 (8-14′)를 얻을 수 있습니다. 이 때 반교환관계가 스피너 장에 한해서 가능한 것은 큰 의미가 있습니다. 조금 전 반교환관계의 경우에는, 같은 시각에서 다른 장소의 Ψ나 $\Psi^{\dagger}$가 교환 가능이 아니고, 따라서 다른 장소의 장을 동시에 측정할 수 없게 되는 것을 이야기했습니다. 그러나 이 때 Ψ나 $\Psi^{\dagger}$는 스피너로, 따라서 지난 회에 이야기한 것과 같이 물리적으로 의미 있는 것은 Ψ나 $\Psi^{\dagger}$ 자신이 아니라, 그것은 짝수 개의 Ψ나 $\Psi^{\dagger}$로 구성된 텐서가 아니면 안됩니다. 주목해야만 할 것은, 그런 것은 좌표축을 360° 회전해서 부호가 바뀌는 것이 아니라는 것 외에, 같은 시각, 다른 장소에서 항상 교환 가능하게 되는 것입니다.

이것으로 긴 이야기를 마칠까 합니다만 이야기가 표제에 연결되기에는 아직 한 가지 논리적 비약이 있습니다. 즉, 텐서장은 정수 스핀, 스피너장은 반정수 스핀이라는 것은 아직 증명 되지 않았습니다. 그러나 그것을 하기위해서는, 스피너 계산법 외에 각운동량에 관한 귀찮은 수학이 필요하므로 여기에서는 아쉽지만 할 수 없습니다. 그러나 대략적으로 다음과 같이 말할 수 있겠지요. 짝수 개의 $\frac{1}{2}$ 스핀을 합성하면 합은 정수각운동량이 되지만, 홀수 개의 그것을 합성하면 반정수 각운동량밖에 얻을 수 없다는 사실과 관련해서 그 일이 나타나는 것입니다.

그러나 어쨌든, 로렌츠 변환에 대한 공변성이 성립하지 않으면 안된다든지, 드브로이-아인슈타인 관계가 성립하지 않으면 안된다든지 하는 가장 기본적인 전제만으로, 스핀과 통계의 관계라고 말한 중요한 사항이 유도되는 것은 실로 흥미로운 것입니다. 이 긴 이야기의 마무리로 파울리가 논문 마지막에 말하고 있는 것을 인용해 보도록 하겠습니다. "……우리의 의견으로는 스핀과 통계법 사이의 관계는 특수 상대성 이론이 적용된 가장 중요한 결과다."

오늘 이야기의 시작에서 말한 것처럼, 파울리는 이 논문을 1940년에 발표하였으나, 이 사건에서 파울리가 이용한 4차원적인 교환관계는 1927년 그와 요르단의 공저 논문에서 전자기장과 관련해서 논하고 있던 것에 주의합니다. 이 논문의 안에서 $\boldsymbol{E}(\boldsymbol{x},t)$나 $\boldsymbol{B}(\boldsymbol{x},t)$ 사이의 4차원적인 교환관계의 좌변과 우변이 같은 공변성을 가지는 것, 우변은 불변 스칼라 함수 Δ에 공변형의 미분연산을 실시한 것으로 되는 것을, 이미 이 때 지적했던 것입니다.

마지막으로 다음 사항을 지적하겠습니다. 여기서 논한 스핀과 통계의 관계는 소립자에 관한 것입니다. 그러나 복합입자(예를 들면 원자나 분자, 혹은 일반 원자핵)에 대해서도 완전히 같은 결론을 얻을 수 있습니다. 그것에 대해서는 다음 시간에 다루도록 합시다.

제9화 발견의 해 "1932년"

중성자의 발견과 그것이 가져온 새로운 전개

한동안 수식이 많은 이야기가 계속되었기 때문에 오늘은 수식을 빼고 이야기 해 봅시다. 지난 시간, 소립자의 스핀과 통계에 대해서 이야기했었습니다만, 그 때 파울리가 이 문제를 씨름한 배경도 조금 다루었었지요. 그것은 1932년에 나타난 중성자의 발견과 그것에 자극받아 나온 몇 가지 이론적 발전(하이젠베르크의 핵구조 이론, 페르미의 β붕괴 이론 및 유카와의 중간자론 등), 실험면에서는 앤더슨-네더마이어의 신입자 발견 등이었습니다.[52] 오늘은 다시 한 번 1932년으로 돌아가서 그 언저리에 일어났던 일을 조금 더 자세하게 이야기 해 봅시다.

이 1932년이라는 해는, 지난 시간에도 이야기했던 것처럼 정말로 대단한 해였습니다. 앤더슨이 양전자를 발견한 것도, 채드윅이 중성자를 발견한 것도 모두 이 해였습니다. 그 외에 화학자 유리(H. Urey)는 원자량 2인 수소, 이른바 중수소를 이 해에 발견하였고,[53] 콕크로프트(J. Cockcroft)와 월턴(E. Walton)은 입자를 가속하는 아주 훌륭한 장치를 만들어, 양성자를 탄환으로 하여 리튬 핵을 부수어 보였습니다.[54] 게다가 이들 여러 가지 발견이 매우 타이밍 좋게 나타났기 때문에, 그것들이 서로 엮여 큰 상승효과를 가져왔던 것입니다. 한 예를 들면, 직접 측정하는 것이 어려운 중성자의 스핀이나 자기모멘트는, 간접적으로 중수소핵의 자기모멘트를 측정하여 결정하는 것입니다. 또 유리의 발견에 대해서는, 타이밍 좋게 1973년의『자연』2, 3월호에 실렸던 오누마 나오키(小沼 直樹) 선생의 이야기가 있습니다. 이것은 우리의 이야기와도 관련이 있고 매우 흥미롭기 때문에 한 번 읽어 보기 바랍니다.

모든 발견이 그렇듯이 지금 이야기한 발견에 대해서도 여러 가지 일화가 있습

52) 주49를 참조. 이 해의 4월말(정식으로는 9월), 저자는 이화학연구소에 들어가 연구생활을 시작했다.

53) 참조: M.보른『現代物理学』鈴木良治·金関義則 역, みすず書房 (1964).

니다. 어느 학자는 발견 바로 직전까지 가서 아쉽게도 그것을 놓쳐 버리고, 어느 학자는 나중에 보면 콜럼버스의 달걀과 같은 방법으로 사람들이 놓쳐버린 것을 훌륭하게 잡아냈습니다. 또 어느 학자는 전혀 노리지 않았던 것을 우연히 발견했습니다. 예를 들면 앤더슨의 양전자 발견만 하더라도, 그가 처음부터 그것을 노린 것은 아니었습니다. 그는 우주선 내의 하전입자가 어떤 에너지를 가지고 있는지를 결정하려고, 강한 자기장을 걸어 놓은 윌슨 안개상자로 입자의 비적(飛跡) 사진을 찍고 있던 중에 많은 사진 속에서 양전자의 비적을 발견했던 것입니다.

그런데 그 당시 같은 실험을 하고 있었던 학자는 앤더슨 외에도 있었을 겁니다.[55] 그럼에도 불구하고, 그 사람들이 왜 양전자를 발견하지 못했던 것일까요? 그 이유는, 물론 그 중 하나는 그들이 앤더슨만큼 방대하게 실험을 하지 않았던 것도 있습니다만, 결정적인 것은 그 사람들은 입자가 어느 쪽을 향해서 달려가는가를 끝까지 알려고 하지 않았던 점이었습니다. 그런데 앤더슨은 납 판 한 장을 안개상자 속에 넣어두는 것만으로 그 방향을 조사하고 있었습니다. 판을 통과할 때 입자는 에너지를 잃을지언정 결코 얻는 일은 없습니다. 따라서 판의 양측에서

---

54) J.D. Cockcroft and E.T.S. Walton, Exeriments with High Velocity Positive Ions - (I) Further Development in the Method of Obtaining High Velocity Positive Ions, *Proc. Roy. Soc.* A136 (1932) 610-630. 이 발명에 대한 보고가 일본의 연구자에게 준 충격에 대해서, 朝永振一郎「原子核物理における日英の交流」,『量子電気力学の発展』(朝永振一郎著作集 10) 수록, みすず書房 (1983), pp.170-189, 특히 pp.171-175 또는『量子力学と私』, 岩波文庫 (1997), pp. 88-91을 보라. 콕크로프트의 가속기에 대해서는 伏見康治『ろば電子』(伏見康治著作集 4), みすず書房 (1987), pp. 112-126, 특히 pp. 123-124; 동『時代の証言』, 同文書院 (1989), pp. 61-66. 콕크로프트의 장치가 양성자를 고속으로 했다고 하더라도 0.07 MeV에서 0.25 MeV로 한 것에 지나지 않는다(J.D. Cockcroft and E.T.S. Walton, *ibid.* II, *Proc. Roy. Soc.* A137 (1932) 229-242). 1 MeV 이하의 양성자로 때려 원자핵이 부서졌다고 듣고서 놀랐다고 토모나가는 이야기하고 있다. (「仁科先生と核物理の発展」,『開かれた研究所と指導者たち』(朝永振一郎著作集 6) 수록, みすず書房 (1982), p.107). 콕크로프트는 일찍부터 예비실험을 하고 있었다(J.D. Cockcroft and E.T.S. Walton,Experiments with High Velocity Positive Ions, *Proc. Roy. Soc.* A129 (1930) 477-489).

55) 양전자의 존재를 나타낸 확실한 실험적 증거를 얻은 최초의 사람은 P.M.S 블래킷이나, 그는 너무 신중해서 논문을 쓰지 않았다고 한다. (P.A.M. Dirac, *The Development of Quantum Theory*, J.Robert Oppenheimer Memorial Prize Acceptance Speech, Gordon and Breach (1971). pp. 59-60을 보라. 일본에서도, 건판으로 촬영한 우주선 사진 속에 「직선의 비적이 화면 중앙을 상하로 지나가고, 그 하단이 안개상자의 유리판에 부딪힌 곳으로부터 좌우에 작은 원형의 비적이 나오고 있는」 것이 있었다. 어째서 전자가 2개로 대칭적으로 찍혀 있는지 알지 못했다. 전자 쌍생성의 사진이라고는 누구도 생각하지 못했던 것이다 (竹内 柾「霧箱による宇宙線の研究」, 玉木英彦·江沢 洋 편저『仁科芳雄』수록, みすず書房 (1991), pp. 104-111. 座談会「仁科先生と核物理の発展」,『開かれた研究所と指導者たち』(주54에 나왔음), pp. 99-100).

비적의 곡률을 측정하여 어느 쪽에서 입자가 큰 에너지를 가지고 있었는지를 조사하면, 입자가 판의 어느 쪽에서 날아 왔는지를 결정할 수가 있을 것입니다. 이렇게 해서 방향이 결정되면 비적이 자기장에서 오른쪽으로 휘어졌는지, 왼쪽으로 휘어졌는지를 봐서 전하의 양음을 결정할 수 있습니다.

J.채드윅(1891-1974)

W.보테(1891-1957)

*

이야기는 1930년무렵으로 돌아갑니다. 이 무렵 보테(W. Bothe)와 베커(H. Becker)는 폴로늄의 α선을 여러 가지 원자핵에 부딪혀 그곳에서 나오는 γ선의 연구를 하고 있었습니다. 일련의 실험에서 그들이 발견한 것은 베릴륨 핵에서 특히 강한 "γ선"이 나오는 것입니다. 〔보테는 헬륨에서 나오는 것을 다른 핵종에서 나오는 것과 같은 γ선이라고 생각했었으나, 그 부분에는 아직 명확하지 않은 점이 있어서 "γ선"이라고 써 두었습니다. 뒤에 안 일이지만, 베릴륨에서는 "γ선"도 나오고 있었느나, 그것과 완전히 다른 것도 나오고 있었습니다.〕게다가 이 "γ선"은 투과성이 아주 강한 특성이 있고, 이 점이 많은 사람들의 주목을 끌었습니다.

이 현상에 흥미를 가졌던 사람들 중에서 이렌 퀴리(I. Joliot-Curie)와 졸리오(F. Joliot) 부부가 있었습니다. 이 두사람은 퀴리 가(家)의 위력을 발휘하여 다른 곳에서는 생각지도 못할 정도 대량의 폴로늄을 사용해서, 보테의 실험을 다시 하여 확인 해 보았습니다. 그리고 그들은 기묘한 것을 발견했던 것입니다.

퀴리 부부는 다양한 물질을 통과할 때 이 "γ선"의 흡수를 조사하기 위해서 "γ선"을 측정할 전리상자(입사 방사선이 상자 안의 가스를 이온화시킨다. 그 이온의 양으로 선의 세기를 조사하는 장치)의 창에 여러 가지 물질로 된 판을 두고, 그것을 뚫고 나와서 전리상자에 들어가는 "γ선"의 효과를 조사해 보았던 것입니다. 그렇게 했더니 납이나 구리, 탄소 등의 판을 이용할 때에는 판의 유무는 거의

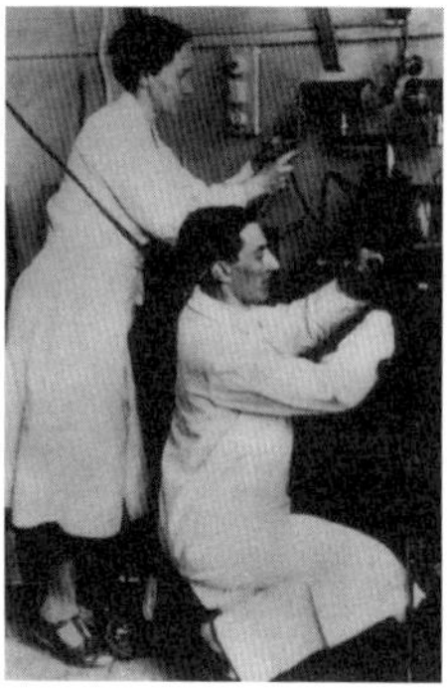
프레데리크·졸리오(1900-1958)와 이렌·졸리오(1897-1956) 퀴리 부부

측정값에 영향을 주지 않았으나 물이나 파라핀 등 수소를 많이 포함한 실험체를 사용하면, 전리상자의 안에 매우 많은 이온이 만들어지는 것을 발견하였습니다. 그런 현상은 지금까지의 γ선에서는 한 번도 관찰된 적이 없었습니다.

퀴리 부부는 이 의외의 현상을 해석하기 위해서 더욱 다양한 실험을 하여 다음과 같은 결론에 도달했습니다. 여러분은 X선이나 γ선이 물질을 통과할 때, $\hbar\omega$의 에너지에 의해 원자로부터 전자가 산란된다는 것을 알고 있을 것입니다. 이 전자가 컴프턴 효과에서 관찰되는 산란전자입니다. 만약 $\hbar\omega$가 아주 크다면 전자 뿐 아니라 수소 핵과 같이 가벼운 핵도 산란시킬 수 있을 거라고 퀴리 부부는 생각했습니다. 그리고 그들은 γ선의 $\hbar\omega$가 50MeV정도가 되면 실제 그런 현상이 가능한 것을 계산으로 확인하였습니다. 그런 이유로 물이나 파라핀 안을 그런 큰 $\hbar\omega$의 γ선이 통과하면, 그곳에서 많은 수소핵이 튀어나와 전리상자에 날아 들겠지요. 그러면 그 수소핵에 의해서 상자의 안의 가스는 직접 γ선이 들어올 때보다 강하게 이온화될 것입니다. 왜냐하면, 하전입자는 γ선보다 훨씬 큰 이온화 능력을 자지고 있기 때문입니다. 이리하여 퀴리부부는 베릴륨으로부터 나오는 "γ선"이 물이나 파라핀으로부터 많은 양성자를 산란시키는 것을 발견한 것입니다. 이 현상은 1931년 무렵 발견되었습니다.

이 정보는 바로 채드윅에게 전해진 것은 말할 필요도 없습니다. 그도 퀴리 부부와 같이, 보테-베커의 "γ선"에 흥미를 가지고 있었고 여러 가지 실험을 하고 있었습니다. 그리고 확실히 산란된 양성자가 존재하는 것, 더욱이 그것이 3×10^7m/s정도의 속도를 가지고 날고 있는 것 등을 정리하였습니다. 그런 이유로 산란된 양성자가 물이나 파라핀으로부터 나온다는 퀴리 부부의 결론이 완벽하게 맞다는 것을 그도 다시 확인한 것입니다.

그렇기는 하지만, 그는 그 현상에 대한 퀴리부부의 해석, 즉 그것이 γ선에 의한 것이라는 해석에는 의심을 품고 있었습니다. 채드윅은 생각했습니다. 만약 퀴리 부부와 같이 이 3×10^7m/s의 산란된 양성자가 50MeV인 $\hbar\omega$로 만들어진 것이라면, 그 $\hbar\omega$가 질소원자 안에서 질소핵을 날려보낼 때, 어느 정도의 속도로 산란된 질소핵이 튀어나오는가? 그리고 그 질소핵이 전리 상자 안에 어느 정도의 이온을 만드는가? 채드윅은 그렇게 생각하면서 이것을 계산해 보고, 게다가 그 계산 값을 질소를 이용한 실험으로 체크해 보았던 것입니다. 그랬더니 실험에서 계산 값보다 훨씬 많은 이온이 나오는 것을 발견했습니다. 또, 그가 지적한 퀴리부부 생각의 치명적인 결점은, 50MeV라는 터무니 없는 에너지를 가진 $\hbar\omega$가 베릴륨으로부터 나오는 것은 도무지 상상할 수 없다는 점입니다. 즉, 이용한 폴로늄 α의 에너지는 알고 있고, 헬륨의 mc^2이나 그것에 α가 날아 들어올 수 있는 탄소의 mc^2도 알고 있습니다. 그러면 그 탄소로부터 나온 $\hbar\omega$의 크기는 에너지 밸런스의 계산으로 구할 수 있으나, 그 계산을 해 보면 $\hbar\omega$는 고작 10MeV 정도밖에 되지 않습니다.

그래서 채드윅은 퀴리 부부와 다르게 헬륨으로부터 나오는 “γ선”은 γ선이 아니라고 생각하여, 그것은 양성자와 같은 정도의 질량을 가지면서 전기를 띄지 않은 입자가 아닐까라고 생각했었습니다. 채드윅이 왜 그렇게 생각했는가 하면, 양성자와 같은 정도의 질량을 가진 입자라면 50MeV라는 큰 에너지를 가지고 있지 않더라도 양성자를 산란시킬 수 있기 때문입니다. 여러분은 콤프턴 효과의 경우, 광자의 $\hbar\omega$ 중 극히 일부분만이 산란된 전자로 옮겨간다는 것을 배웠었지요. 이 사실은 산란된 양성자의 경우에도 성립합니다. 그렇게 때문에 지금의 경우, $\hbar\omega$로 50MeV와 같은 큰 것이 필요했습니다. 그러나 채드윅이 생각한 것처럼 양성자와 같은 정도의 질량을 가진 입자라면, 충돌할 때에 자신이 가진 에너지를 전부 산란된 양성자에게 줄 수도 있습니다. 〔100원 동전에 100원 동전을 부딪혀 보십시오. 정면충돌일 때에는 부딪히는 100원 동전은 멈춰버리고 부딪힌 100원 동전이 전부 에너지를 받아서 튀어나갑니다.〕 채드윅은 더욱 여러 가지 계산이나 실험을 실행하고(그 중에는 조금 전 이야기한 산란된 질소의 문제도 포함되어 있습니다), 헬륨으로부터 나오는 것은 양성자와 같은 질량의 중성입자라는 것에 대한 방증을 차곡차곡 쌓아서, 결국 1932년 2월에 신입자의 발견을 공표하게 되었습니다. 이 입자를 “neutron”(중성자)이라고 이름 붙였습니다.

이런 이유로, 아쉽게도 퀴리나 졸리오 같은 거물들도 중성자의 발견을 놓쳐 버렸습니다. 그들은 “γ선”은 γ선이라는 일종의 선입견을 계속 가지고 있었기 때문에 그렇게 된 것입니다. 한편 채드윅은, 노벨상 강연에서 말했던 것처럼, 그의 스승인 러더퍼드(E. Rutherford)의 영향을 받았는데, 러더퍼드는 1920년 무렵에 전하가 없고, 양성자와 거의 같은 질량을 가진 입자의 존재를 예상한 적이 있던 것입니다. 그렇기 때문에 채드윅의 머릿속에 그 생각이 자리잡고 있었던 것은 확실합니다. 그는 그의 강연에서 러더퍼드의 말을 인용하였기에, 여기서 그 내용을 다시 한 번 인용하겠습니다.

"어떤 조건에서는 전자가 수소 원자핵과 훨씬 가까이 결합해서 일종의 중성 이중 상태를 만들 수도 있을 것이다.…… 그러면 바깥에서 보아 실제로 전기장이 없는 상태가 되어 물질 속을 자유로이 움직일 수도 있을 것이다."

스승에게 충실했던 채드윅은 이런 스승의 말을 마음에 깊이 새기고 있던 것뿐만 아니라, 실제로 이 중성입자를 발견하려고 여러 가지 실험을 이미 시험하고 있었던 것입니다. 따라서 퀴리부부가 산란된 양성자를 발견했을 때, 어쩌면 채드윅은 곧바로 스승이 말한 중성입자를 떠올렸었던 것인지도 모르겠습니다.

실은 채드윅보다 앞서, "γ선"은 중성입자일지도 모른다는 생각을 염두에 두면서 실험을 한 사람이 한명 더 있었습니다. 그것은 웹스터(H.C. Webster)라는 사람입니다. 그러나 그가 선택한 실험 방법에는 여러 가지 불행한 선택이 있었던 것 같았고, 결국 중성자를 발견하지 못했습니다. 여기서는 시간 부족하니 생략합니다만, 운 좋게 중성자 발견을 둘러싼 이야기는 키무라 모토하루(木村一治), 타마키 히데히코(玉木英彦) 두 선생님의 명저『중성자의 발견과 연구(中性子の発見と研究)』에 자세하게 실려 있으므로 그것을 읽어 주시기 바랍니다. 이것은 아주 좋은 책으로, 지금하고 있는 나의 이야깃거리도 이 책에 힘입은 바가 큽니다. 이 자리를 빌어 키무라, 타마키 두 선생님께 감사의 뜻을 표합니다.

*

중성자가 발견되고 즉시 문제가 되는 것은 그 정확한 질량, 스핀, 통계, 자기모멘트 등입니다. 그런데 중성자가 중성이므로 그것들을 결정하는 것에 다른 원자핵에 이용했던 방법은 사용할 수 없습니다. 그러나 여기서 다행인 것은, 조금 전 말했던 것처럼 타이밍 좋게 중수소가 발견되었던 것입니다. 즉, 중수소핵은 양성자와 중성자의 결합물이라는 것을 알고 있었으므로, 그것을 이용해서 간접적으로 중성자에 관한 여러 가지 내용을 얻을 수 있었던 것입니다. 지금부터 그 이야기로 들어가 봅시다.

중수소 핵의 질량수가 2이고 전하가 1인 것으로부터, 그것이 중성자와 양성자의 결합물일 것이라는 것은 상상할 수 있습니다. 실험적으로는 중수소가 발견되고 2년 후인 1934년에 채드윅과 골드하버(M. Goldhaber)가 γ선을 중수소핵에 부딪혀서 그것을 양성자와 중성자로 분해했을 때, 그 사실이 확실해졌습니다. 그리고 이 실험에 의해서 중성자의 질량이 결정되었습니다. 그렇다는 것은 양성자나 중수소핵의 질량은 이미 알려져 있었고, 이 실험에서 이용한 γ선의 에너지도 알려져 있었으며, 게다가 분해해서 나온 양성자의 운동 에너지도 측정할 수 있습니다. 따라서 이들 데이터를 조합하면, 에너지와 운동량 보존법칙을 이용해서 중성자의 질량을 정밀하게 산출할 수 있습니다. 이리하여 1.0085을 얻었습니다.[56] 양성자의 경우 1.00807이므로 중성자가 양성자보다 조금 무겁습니다.

다음으로 스핀과 통계입니다만, 조금 전 말한 것처럼 직접 그것을 결정하기는 곤란합니다. 따라서 중수소 핵을 통해서 결정하지 않으면 안됩니다. 중수소 핵의 스핀과 통계는 1934년에 중수소 분자의 밴드 스펙트럼의 해석으로 구했습니다(제4화를 떠올려 주십시오). 이 업적은 머피(G.M. Murphy)와 존스톤(H. Johnston)이 이루었으며, 그들은 그 실험으로 중수소 핵이 보스 통계에 따르며 그 스핀이 1인 것을 발견하였습니다. 이렇게 해서 중수소 핵의 스핀을 알면 각운동량의 합성법칙(제5화에서 이야기 했습니다.)과 양성자 스핀이 $\frac{1}{2}$인 것으로 중성자의 스핀은 $\frac{1}{2}$, $\frac{3}{2}$, …… 이라는 반정수가 아니면 안 됩니다. 한편 통계에서는, 뒤에 이야기 할 에렌페스트-오펜하이머의 규칙(의 역)에 의해서, 중수소 핵이 보스 통계에 따르는 것, 양성자가 페르미온인 것으로부터 중성자는 페르미온이 아니면 안된다는 결론이 나오게 됩니다.

이 마지막 결론은 주목할만 합니다. 왜냐하면 러더퍼드의 중성자는 양성자와 전자가 결합한 것이므로 그 스핀은 정수값이고, 그 통계는 에렌페스트-오펜하이머 규칙에 의해서 보스 통계가 아니면 안됩니다. 따라서 채드윅이 발견한 중성자는 러더포드가 생각한 것과는 별개라는 것이 됩니다. 따라서 채드윅은 스승에게 충실했으나, 중성자 자신은 자신의 존재를 예언한 대 선각자에 대해서 그다지 충실하지 않았습니다. 덧붙여서 중성자 스핀이 $\frac{3}{2}$, $\frac{5}{2}$, …… 라는 식으로 $\frac{1}{2}$이외의 값이 될 가능성은 여러 가지 관점에서 배제 되었습니다.

다음으로 중성자의 자기모멘트입니다만, 이것 역시 직접 결정하는 것은 곤란

56) 단위는 원자질량단위 u. 1 u = 1.660539×10^{-27}kg.
오늘날의 질량 값 : 중성자 1.00867u, 양성자 1.00728u.

해서 양성자와 중수소 핵의 자기모멘트로부터, 계산에 의해 결정하는 방법 이외에는 없습니다. 그런데 새로운 발견인 중수소 핵이라면 그렇다 치더라도, 아주 오래전부터 존재하고 있던 양성자의 자기모멘트를 1932년 경에도 아직 모르고 있었다는 거짓말 같은 이야기가 있습니다. 그러나 그것은 사실이므로 양성자의 자기 모멘트가 슈테른과 에스터만(I. Estermann)에 의해서 처음으로 측정된 것은 1933년의 일이었습니다. 제4화의 마지막에 이야기한 것처럼, 슈테른은 그들이 특기인 분자선을 불균일한 자기장에서 휘어지게 하는 방법으로 측정하여, 양성자의 자기모멘트가 $2.5\dfrac{e\hbar}{2m_{\mathrm{p}}}$인 것을 발견했습니다(여기서 m_{p}는 양성자의 질량으로 $\dfrac{e\hbar}{2m}$를 보어 마그네톤이라 부르는 것으로부터 $\dfrac{e\hbar}{2m_{\mathrm{p}}}$를 핵 마그네톤이라고 이름 붙였습니다). 게다가 라비(I, Rabi)와 그 공동연구자는 1934년에 더욱 정밀한 실험을 실시하여 그 값으로 $3.25\dfrac{e\hbar}{2m_{\mathrm{p}}}$를 얻고, 또 동시에 그들은 측정을 통해 $0.75\dfrac{e\hbar}{2m_{\mathrm{p}}}$인 중수소핵의 자기모멘트 값도 얻었습니다. 그들은 그와 함께 자기모멘트의 방향이, 양성자와 중수소핵의 경우에도 그 스핀의 방향과 같은 것을 확인하였습니다.[57]

이와 같이 양성자와 중수소 핵의 자기모멘트 크기와 방향을 알면 중성자의 자기모멘트는

$$\mu_{\text{중수소}} = \mu_{\text{양성자}} + \mu_{\text{중성자}} \tag{9-1}$$

이라는 관계로부터 계산됩니다(여기에서는 핵 마그네톤 단위로 측정한 자기모멘트를 μ로 썼습니다.) 그렇게 하면 $\mu_{\text{중성자}} = -2.50$이 얻어집니다.[57] 여기에서 우변의 부호는 자기모멘트가 스핀과 역방향인 것을 나태내고 있습니다. 이 때 (9-1)과 같이 중수소핵의 자기모멘트가 양성자와 중성자 자기모멘트의 합이 된다는 것은, 양성자 스핀 $\frac{1}{2}$과 중성자 스핀 $\frac{1}{2}$이 평행이어서 중수소핵의 스핀 1을 만들고 있다고 암묵적으로 가정하고 있습니다. 다시 말하면 중수소핵에 대해서, 그것을 구성하고 있는 양성자·중성자의 궤도각운동량은 0이라고 가정하고 있습니다. 또 바꿔 말하면 중수소핵은 S상태라고 가정합니다. 그러나 이 가정은 이론적으로 인정되었습니다. 즉, 중수소핵의 결합 에너지가 매우 작기 때문에, S이외의 상태로 양성자와 중성자가 결합할 가능성은 계산에 의해서 배제되었습니다.[58]

양성자는 스핀 $\frac{1}{2}$인 페르미온이어서 자기모멘트가 측정되기까지, 많은 사람

57) 자기모멘트의 2008년 CODATA 값, 유효숫자 7자리까지 (핵 마그네톤 5.050783×10^{-27}J/T를 단위로): 양성자 2.792847, 중수소핵 0.8574322, 중성자 −1.913043.

들은 양성자는 디락 방정식을 따른다고 생각하고 있었습니다. 그런데 만약 그렇다면, 그 자기모멘트는 $\frac{e\hbar}{2m_{\mathrm{p}}}$일텐데 실제로 측정된 값은 그것의 3.25배로 되어 있습니다. 이런 것을 양성자가 이상 자기모멘트를 가진다고 말합니다. 중성자도 이처럼 이상 자기모멘트를 가지고 있는 것입니다. 이 이상성의 설명은 정성적이기는 하지만 유카와의 중간자론과의 관계에서 처음으로 언급되었습니다. 그 이야기는 나중에 하도록 하고, 여기서는 이 이상성에 얽힌 에피소드를 하나 이야기해 봅시다.

조금 전, 슈테른이 양성자의 자기모멘트를 측정한 이야기를 했었지요. 그런데 그 무렵의 어느 날, 파울리가 슈테른의 연구실을 방문한 적이 있었다고 합니다. 그 때 파울리는 슈테른을 향해서 지금 어떤 것을 하고 있는지 물었던 것 같습니다. 그리고 슈테른은 지금 양성자의 자기모멘트를 측정하고 있다고 대답했었습니다. 그랬더니 파울리가 말하길, 지금 그런 일을 하더라도 의미 없는 것 아닌가? 당신은 디락의 이론을 모르는가? 디락 방정식으로부터 그것은 $\frac{e\hbar}{2m_{\mathrm{p}}}$가 되는 것으로 정해져 있다고. 디락 방정식이 파울리에게 준 충격은 그렇게도 강렬했다는 것이었을까요. 〔이 에피소드는 옌젠(J.H.D. Jensen)이 한 해 전(1927년) 일본에 왔을 때, 도쿄대에서 했던 이야기라고 합니다. 저는 옌젠이 한 이 이야기를 동경교육대의 후지타 쥰이치(藤田純一)군에게서 들었고, 그것을 여기에서 이야기하고 있는 것입니다.〕

*

중성자가 발견되고, 얼마 지나지 않아 원자핵은 양성자와 중성자로 만들어져 있다는 생각이 몇몇 사람의 마음에 생겨났습니다. 그 중에 하이젠베르크도 있었습니다만, 그는 채드윅의 발견에 관한 정보를 듣자마자, 곧바로 이 생각에 근거하여 핵의 성질에 대해서 아주 명확한 설명을 제시하는 획기적인 일을 개시하였습니다. 그는 1932년에, 이 생각으로부터 핵의 구조를 논한 논문을 3개나 발표하였으며 그 논문 모두 실로 시사하는 바가 많았기 때문에, 전에도 말한 것처럼 그의 이 사건로부터 여러 사람의 사건이 차례차례로 유발되었습니다. 그러나 그 이

58) 당시는 중수소핵의 파동함수가 S파뿐이라고 생각하고 있었습니다만, D파와 중첩되어 있는 것, 중수소핵이 전기4중극 모멘트를 가진 것이 발견되면서 알려졌다(J.B. Kellog, I.I. Rabi, N.F. Ramsay and J.R. Zacharias, An Electrical Quadrupole Moment of Deuteron, *Phys. Rev.* 57 (1940) 677-678). W. 라리타와 J. 슈윙거는 1941년에 핵력이 핵자의 스핀에 의한 부분을 가진다고 하여 D파의 존재를 유도했다(W. Rarita and J. Schwinger, On the Neutron-Proton Interaction, *Phys. Rev.* 59 (1941) 436-452).

야기를 하기 전에, 중성자 발견 이전에 사람들의 사고방식이 어떠했는지 알아둘 필요가 있습니다.

중성자가 발견되기 전에는 원자핵은 아마 양성자와 전자로 만들어져 있을 것이라는 생각이 지배적이었습니다.[59] 그 하나의 예로 에렌페스트와 오펜하이머의 논문을 인용할 수 있습니다. 이 두 사람의 저명한 학자는 1930년에 「Note on the Statistics of Nuclei」이라는 논문을 썼으며, 그 논문에서 핵의 통계에 대하여 다음과 같은 규칙이 성립해야만 하는 것을 이론적으로 증명하고 있습니다.[60]

규칙: 만약 2개의 핵이 있고, 그 각각이 n개의 전자와 m개의 양성자로 되어 있다면 (If we have two nuclei, each built up of n electrons and m protons, ……), $n+m$이 $\left\{\begin{matrix}\text{짝수}\\ \text{홀수}\end{matrix}\right.$일 때, 모든 계의 파동함수가 핵의 좌표 교환에 대해서 $\left\{\begin{matrix}\text{값을 바꾸지 않는}\\ \text{부호를 바꾸는}\end{matrix}\right.$ 것 같은, 그런 상태만이 실제로 나타난다. 〔이것은 제4화에서 이야기한 2원자 분자를 염두에 두고 읽어 주십시오.〕

이 문장을 읽으면, 그들은 일단 핵이 전자와 양성자로 되어 있다고 생각하고 있는 것은 명확합니다. 그들이 제시한 이 규칙을 증명하는 요점을 이야기하자면 이렇습니다. 전자도 양성자도 페르미온이다. 따라서 전자 끼리 혹은 양성자 끼리의 좌표를 한 번 바꿔 넣을 때마다 전체의 파동함수의 부호가 바뀐다. 그런데 한편으로 핵의 좌표를 바꿔 넣는 것은, 전자 끼리 n번 바꿔 넣고 양성자 끼리 m번 바꿔 넣기를 실행한 것을 의미하므로, $n+m$이 $\left\{\begin{matrix}\text{짝수}\\ \text{홀수}\end{matrix}\right.$라면 전체 파동함수의 부호 변화가 $\left\{\begin{matrix}\text{짝수 번}\\ \text{홀수 번}\end{matrix}\right.$ 실행되는 것이 되므로, 따라서 파동함수는 핵의 좌표를 바꿔 넣을 때 $\left\{\begin{matrix}\text{값을 바꾸지 않는}\\ \text{부호를 바꾸는}\end{matrix}\right.$ 것 같은 상태만이 실제로 나타난다. 이것이 증명의 핵심입니다. 여기에서 파동함수의 대칭성과 통계의 관계에 대한 제4화의 이야기를 떠

59) 참고: N. 보어 「원자의 안정성과 보존법칙」 (1931년 10월 로마의 원자핵 국제회의에서 했던 강연), 그 §3가 「핵 내 전자의 문제」를 논하고 있다. 『量子力学の誕生』 (ニールス·ボーア論文集 2) 山本義隆 編訳, 岩波文庫 (2000). pp. 167−187.

60) J.R 오펜하이머와 P. 에렌페스트는 기묘한 조합이라는 느낌도 있다. 오펜하이머는 1928년의 2번 째 외유에서, 에렌페스트가 있는 라이덴을 선택했다. 업적에 감명을 받았기 때문이다. 그러나 제대로 되지 않은 논의는 이해할 수 없는 에렌페스트에게, 오펜하이머는 골칫거리였다. 그래서 그를 파울리에게 보냈다. 그들이 두 번째로 만난 것은 에렌페스트가 1930년 미시간 대학의 여름 학교에 와서, 버클리에 들렀을 때였다. 미시간에서는 질소 핵의 통계성이 문제가 되고 있던 때로(본문 p.184), 페르미 입자가 짝수 개 모인 계는 보스 통계에 따르고, 홀수 개라면 페르미 통계에 따르는 것을 어떻게 증명할 것인지 화제가 되고 있었다. 그들은 그 증명에 성공했다. 완성한 것은 오펜하이머였다고 한다. 그것이 저자가 여기에서 기술하고 있는 논문이다. 1930년 12월에 수리되었다. 참고: A. Pais, *J. Robert Oppenheimer, A Life*, Oxford(2006).

올려 보면, 이 결론을 "$n+m$이 짝수일 때는 보스 통계에 따르고, 그것이 홀수일 때 핵은 페르미온 통계에 따른다."라고 말할 수 있습니다. 〔실은, 지금 증명의 요점으로 이야기한 것은 거의 자명한 것이어서, 어떤 것도 이 저명한 저자들이 논문에 쓸만 한 내용이 아닙니다. 그런데 이 두 사람이 문제로 삼고 싶었던 것이 무엇인가 하면, 증명을 조금 더 엄밀하게 실행해서 이 규칙의 타당한 한계를 확실하게 조사해 두자는 것이었다고 합니다. 그들이 내린 결론은 두 개의 "핵"이 매우 근접하거나 무엇인가를 하여, 서로 강한 영향을 받게 되어 그들을 각각의 닫힌 계라고 볼 수 없게 되면, 이 규칙은 적어 놓은 것처럼 사용할 수 없다는 것이었습니다. 게다가 그들의 증명을 보면, 실은 핵이 전자와 양성자로 되어 있다는 사실은 어디에서도 사용하고 있지 않으므로, 핵이 두 종류의 페르미온으로 되어 있다면 이 규칙은 성립하는 것을 알 수 있습니다. 조금 더 일반적으로, 두 종류로 한정하지 않고 몇 종류의 페르미온과 몇 종류의 보손으로 구성된 닫힌 입자 집단을 생각할 때(그 집단은 핵이 아니라도 좋다), 페르미온의 총 개수가 $\left\{\begin{matrix}\text{짝수}\\ \text{홀수}\end{matrix}\right.$라면, 그 집단은 $\left\{\begin{matrix}\text{보스 통계}\\ \text{페르미 통계}\end{matrix}\right.$에 따른다는 것도 알 수 있습니다. 또 이 규칙의 역도 성립하는 것을 알 수 있습니다.〕

그러면, 이 규칙을 실제의 핵에 적용시켜보면 어떻게 될런지 알아봅시다.

핵이 n개의 전자와 m개의 양성자로 구성되어 있다면 핵의 질량수 A와 전하 Z는 당연히

$$A=m, \quad Z=m-n \tag{9-2}$$

이기 때문에,

$$n+m=2A-Z \tag{9-3}$$

이 되고, 따라서 에렌페스트-오펜하이머의 규칙은, $2A-Z$가 $\left\{\begin{matrix}\text{짝수}\\ \text{홀수}\end{matrix}\right.$라면 핵은 $\left\{\begin{matrix}\text{보스 통계}\\ \text{페르미 통계}\end{matrix}\right.$에 따른다는 식으로 바꿔 말할 수 있습니다. 한편, 제4화에서 이야기한 것과 같이 밴드 스펙트럼의 실험으로부터 핵의 통계(와 스핀)를 실험적으로 결정할 수 있습니다. 따라서 이 마지막 형태로 정리한 규칙이 맞는지 어떤지를 실험적으로 체크하는 것이 가능합니다.

그래서 그것을 해 보면 H_2, O_2, He_2 등의 밴드로부터 H핵은 페르미 통계에, O핵은 보스 통계에, He핵은 보스 통계에 따르는 것을 알 수 있으며, 모두 이 규칙대로 만사 OK입니다. 그러나 N_2의 밴드를 살펴보면 실험적으로는 N핵이 보스 통

계에 따른다는 결론이 나옵니다.[61] 그런데 N핵에서는 $Z=7, A=14$로, 따라서 $2A-Z=21=$홀수, 따라서 에렌페스트-오펜하이머의 규칙으로부터는 N핵은 페르미 통계에 따른다는 것이 되고 여기서 규칙은 깨지게 됩니다. 〔하는 김에 지적해 둡니다만, 중수소 핵도 $A=2, Z=1$, 따라서 $2A-Z=3=$홀수, 따라서 이 규칙에 의하면 중수소 핵은 페르미 통계에 따를 것입니다. 그런데도 한편으로 머피의 실험에 의하면 그것은 보스 통계에 따르는 것이 발견되었습니다.〕

N핵에서 이런 곤란한 부분은 이미 훨씬 전부터 알려져 있었고, 에렌페스트-오펜하이머도 그 부분을 물론 잘 알고 있었으며 실제로 그들은 논문에서 그 사항을 확실히 지적하고 있습니다. 그와 같이 그들은 그들의 규칙이 깨진 예를 알고 있었다고 한다면, 그들이 이 논문을 발표할 때 이 깨짐을 어떻게 생각하고 있었던 것일까요? 그들은 핵이 전자와 양성자로 되어 있다는 통설을 타파해야만 한다고 생각하고 있었던 것인지, 아니면 그것을 일단 인정하고 있는 것인지 그 어느 것도 확실하지 않습니다. 그런데 생각해 볼 수 있는 것은 1930년 무렵, 보어를 비롯한 적지 않은 거물의 머릿속에는 핵 안에서 양자역학은 성립하지 않는다는 일종의 신앙이 있었던 것입니다.[59]

그런 이유로, 만약 에렌페스트와 오펜하이머가 이 신앙을 가지고 있었다고 한다면 그들의 규칙이 깨진다는 사실이 있더라도, 그 사실로부터 곧장 핵이 전자와 양성자로 이루어져 있다는 생각을 버려야만 한다는 결론은 나오지 않습니다. N핵의 모순은 그들이 규칙을 유도할 때 이용한 양자역학이, 실은 핵 내에서 성립하고 있지 않았던 것을 나타낸다고 생각할 수도 있기 때문입니다. 그러나 그들이 '핵$=n$전자$+m$양성자'라는 생각을 인정하는 것과 상관없이, 당시 그런 생각이 널리 퍼져 있었기 때문에 그들은 그들의 규칙을 그와 같은 형태로 표현했다고 볼 수 있겠지요.

*

핵 내에서 양자역학이 성립하지 않는다는 생각으로 발뺌하고 있던 현상이 또 하나 있습니다. 그것은 β붕괴가 일어날 때 나오는 β선이 연속 스펙트럼을 가진다는 사실입니다. 지금 A라는 핵이 β선을 내어 B라는 핵이 된다고 해 봅시다. 이

61) 이것은 W.하이틀러와 G.헤르츠베르크가 F.라세티의 회전 라만효과의 관측 (F. Rasetti, On the Raman Effect in Diatomic Gases, II, *Proc. N at. Acad. Sci. USA* 15 (1929) 515-519)에 근거해서 지적했다(W. Heitler u. G. Herzberg, Gehorchen die Stickstoffkerne der Boseschen Statistik? *Naturwiss*. 17 (1929) 673-674).

때 A와 B의 질량은 확실히 결정되어 있습니다. 따라서 에너지 보존법칙에 의해서 그 mc^2의 차이가 β선의 에너지가 될 것입니다. 그렇다면 β선의 에너지는 당연히 제대로 된 값을 가질 것이고, 따라서 그곳에서는 선 스펙트럼이 관찰될 것입니다. 그런데 실제로는 연속스펙트럼이 관찰됩니다. 보어는 이 곤란한 부분도 핵 내에서 양자역학은 성립하지 않으며, 따라서 에너지 보존법칙도 성립하지 않기 때문이라고 생각했습니다.[62] 보어가 말하기를, 컴프턴 파장 10^{-13}m를 가지고 있는 전자가 10^{-15}m라던 좁은 핵 속에 답답하게 갇힌 결과, 전자의 individuality를 핵 내에서는 잃어버리게 되어 버렸기 때문이라고. 〔보어이기 때문에, 이런 유치한 표현은 쓰지 않고 있습니다. 그는 클라인 패러독스[63] 등을 염두에 두고 있었다고 합니다.〕 결국 보어의 생각은 핵 안은 양자역학으로 공격할 수 없는, 이른바 성역입니다.

1930년 무렵, 이 핵 내 성역론에 반대하는 생각도 있기는 있었습니다. 예를 들면 파울리의 생각입니다. 그것은 이렇습니다. 원자핵 안에는 "중성자"라는 전기적으로 중성이고 전자 정도의 질량 혹은 거의 질량이 0인 입자가 존재하고 있어서 핵이 β붕괴할 때, 전자는 그 "중성자"를 동반해서 튀어나간다는 생각이었습니다. 이렇게 생각하면 전자의 에너지와 그 중성입자의 에너지 합은 정확히 보존법칙으로 결정되어 있으나, 전자 자체의 에너지 혹은 중성입자 자체의 에너지는 연속 스펙트럼이 되어 있어도 이상하지 않다는 것이 파울리의 생각입니다. 파울리는 이 생각으로 N핵의 곤란한 점도 해결할 수 있다고 생각하였습니다. 그리고 그는 그 일을 보어에게 이야기 했던 것 같습니다. 하지만 아무래도 보어를 납득시키지 못했던 것 같습니다. 그뿐 아니라, 그의 친구인 하이젠베르크도 납득시키지 못했던 것 같습니다.

파울리는 예의 완벽주의 때문인지, 혹은 그런 입자가 발견되지 않았기 때문이라는 염려 때문인지, 그 생각을 논문의 형태로 발표하지 않고, 단지 1930년 경 친구들에게 편지로 그 제안을 하였습니다. 그 내용의 원문은 독일어이나 다행히도

62) N. 보어 「화학과 원자구조의 양자론」 (1930년 5월 8일 영국에서 열린 패러데이 강연에서 구한 것. 1932년에 인쇄되었다)에 적혀있다. 『量子力学の誕生』 (ニールス·ボーア論文集 2) (주 59에 나옴), pp. 99-166. 특히 p.164. 동일한 생각은, 주 59에 언급한 논문의 p.187에도 반복해서 서술하고 있다.

63) 클라인 패러독스: 퍼텐셜 장벽이 $V>E+m_0c^2$일 때, $0<E-m_0c^2<V-2m_0c^2$인 에너지 E(정지에너지 m_0c^2을 포함)를 가지고 퍼텐셜 장벽에 입사한 디락 전자는, 음의 운동에너지 $E-V-m_0c^2<-2m_0c^2$를 가지고 장벽 속을 나아가게 된다.

영어 번역본이 있으므로 그것을 인용하도록 하겠습니다.[64)]

"나는 무모한 결론에 다다랐습니다. 원자핵 안에는 '중성자'라고 불러야 할 전기적으로 중성인 입자가 있다는 것입니다. 베타붕괴가 일어날 때 전자와 중성자가 함께 나온다고 하면 베타붕괴의 스펙트럼이 연속인 것을 이해할 수 있게 됩니다."

이것을 쓴 것은 1930년이므로, 채드윅이 중성자를 발견한 것보다 이전입니다. 단, 파울리의 "중성자"는 질량이라는 부분에서 채드윅의 중성자와는 별개의 것입니다. 이런 파울리의 생각은 4년 후에 페르미에 의해서 거론되어 β선 문제는 해결되었습니다만, 그 때 페르미는 파울리 중성자와 채드윅 중성자를 구별하기 위해서 전자(前者)를 "neutrino"(중성미자)라고 부르기로 하였습니다.

파울리가 자신의 생각을 정식으로 발표하지 않고, 또 지금의 편지에서도 무모한 결론(desperate conclusion) 등으로 말하고 있는 것은, 양성자나 전자 이외의 새로운 물질입자의 존재를 생각하는 것을 당시 사람들이 얼마나 겁 내고 있었는지를 나타내는 것은 아닐까요. 조금 전 이야기한 것과 같이 러더퍼드는 1920년 무렵 중성자의 존재를 생각하고 있었습니다만, 전혀 다른 새로운 입자라기보다 차라리 양성자와 전자의 결합물이라고 생각하고 있었습니다.

그러나 채드윅의 중성자 발견을 계기로 해서 사태는 크게 달라지기 시작했습니다. 조금 전 이야기한 것처럼, 하이젠베르크는 채드윅의 발견을 알자마자 핵내에 전자 등의 존재를 생각할 필요는 없고, 핵은 양성자와 중성자로 구성되어 있는 것이라는 생각을 내놓았습니다. 그리고 그는 이 생각에 근거한다면 핵 내 문제의 대부분은 양자역학적으로 설명할 수 있는 것을 보여주어, 핵 내 성역의 생각을 처음으로 타파하였습니다. 그러나 그의 생각에서 β선에 관여하는 현상은 또 성역 내에 있는 것이 되어, 그는 그것과 마주치지 않으려 하고 있습니다.[65)] 어느 쪽인가하면 조심스러운 하이젠베르크의 이 사고방식을 부순 것이 페르미여서, 1934년에 페르미는 그 때까지 누구도 언급하지 않았던 파울리의 중성미자 생각을 이용하여, β붕괴를 양자역학적으로 다루는 것을 보여 주었던 것입니다. 그

64) 다음 파울리의 추억 이야기에는 전문이 인용되어 있다 : 「ニュートリノの新しい話, 古い話」 W. 파울리 『物理と認識』 수록. 藤田純一 訳, 講談社 (1975), pp. 80-107. 파울리의 공개서한은 p.84에 있다. 이 서한에 대한 반응으로 H. 가이거가 L. 마이트너와 논의하여 긍적적으로 격려한 편지를 주었다고 파울리는 쓰고 있다. 1931년 로마의 핵물리국제회의에서 파울리가 강연할 때에는 E. 페르미가 매우 흥미를 보였다. 보어는 완전히 반대의 입장을 취했다 (주 59, 62를 참조).

65) pp. 189-191, pp. 205-213을 참조.

러나, 또 다른 성역 안이었기에 하이젠베르크가 손을 대지 않았던 것, 즉 그의 핵구조론에서 중요한 역할을 하고 있는 중성자와 양성자 사이에 작용하는 교환력의 기원에 대해서는, 페르미의 성공에도 상관없이 여전히 당분간 그 누구도 손을 댈 수 없었습니다. 그런 상태를 「중간자」라는 신입자를 도입하여 타개하고, 그 성역에 양자역학과 함께 발을 들인 것이 다름 아닌 유카와였던 것입니다. 그것은 1934년 무렵의 일이었습니다.

이런 식으로 1932년은, 중성자 발견 이후의 역사는 양자역학으로는 공격할 수 없다고 생각하던 핵 내 성역의 벽을 하나씩 하나씩 걷어내는 역사가 되었습니다.

오늘은 이 역사적 전개의 끝까지 이야기를 끌고 갈 생각이었습니다만, 벌써 마칠 시간이 다 되었습니다. 그러나 이 부분은 제2차 세계대전이 일어나기 전, 최후의 클라이맥스이기 때문에 이야기를 적당히 줄이기보다 다음 시간으로 미뤄서, 그 때 충분히 이야기하는 것이 좋겠습니다. 그 이야기 속에서 이른바 「하전스핀」이라는 중요한 개념이 나타났습니다. 이것은 각운동량 스핀과는 별개의 것이나, 수학적으로는 스핀과 꼭 닮은 성질을 가지며 소립자론에서 큰 역할을 하게 되었던 것입니다. 그것에 대해서도 다음 시간에 충분히 이야기하도록 합시다.

제10화 핵력과 하전 스핀

하이젠베르크에게서 페르미로 페르미에게서 유카와로

오늘은 지난 시간 약속한대로 하이젠베르크의 핵구조론에서 페르미로, 유카와로, 점점 핵 내 성역의 벽이 걷히고 있었던 이야기를 해 봅시다. 그리고 그 과정에서 스핀의 의형제 「하전 스핀」이라는 개념이 태어난 과정을 이야기해 보도록 하겠습니다. 이 개념은 뒤에 원자핵 이론이나 소립자론에서 본질적인 역할을 하게 되었습니니다.

하이젠베르크의 핵구조론은 1932년 6월, 그가 그 제1논문을 *Zeitschrift für Physik*에 투고했을 때 시작되었습니다. 채드윅이 중성자 발견에 대한 보고를 *Nature*지에 투고한 것은 같은 해 2월이었기 때문에, 하이젠베르크의 머리가 얼마나 빠륵 움직였는지 잘 알 수 있습니다. 게다가 이 논문은 단순히 원자핵이 중성자와 양성자로 구성되어 있다는 생각뿐만 아니라, 그 논문에는 중성자·양성자 사이에 작용하는 힘이 교환력이라는 생각, 그것을 기술하기 위해서 지금 이야기한 「하전스핀」이라는 중요한 개념이 처음으로 등장한다는 점이 아주 획기적이었습니다.[66] 게다가 그는 그 다음 달인 7월에 제II논문을, 12월에 제III논문을 쓰고, 핵의 여러 가지 성질에 대해서 실로 명쾌하게 이론적으로 설명하였습니다. 이렇게해서 그 때까지 성역으로 생각하고 있었던 핵의 내부에 처음으로 양자역학의 메스를 들이대었던 것입니다.

그는 그의 논문을 다음과 같은 의미있는 문장으로 시작하고 있습니다. 퀴리-졸리오 부부의 연구과 채드윅에 의한 그 해석으로, 원자핵에서 중성자라는 새로운 입자가 한 몫하고 있는 것을 알았다. 이 발견으로 원자핵이 중성자와 양성자로 되어 있고, 전자는 구성요소가 아니다는 사고방식이 암시된다. 만약 이 가설이 맞다면, 그것은 원자핵 이론의 큰 단순화를 의미한다. 지금까지 사람들을 고

66) 참고: W.하이젠베르크『部分と全体』, 山崎和夫 訳, みすず書房 (1974), pp. 212-214, 250-256.

W. 하이젠베르크, 1931년 촬영

민하게 했던 기본적인 문제, 즉 β선이 왜 연속 스펙트럼을 나타내는지, 질소 핵이 왜 보스 통계에 따르는지와 같은 어려운 문제가, 중성자가 양성자와 전자로 붕괴할 때 어떤 법칙에 지배되는지, 중성자가 왜 페르미 통계에 따르는지(그는 중성자가 페르미온이라는 것을 가장 먼저 전제하고 있는 것입니다)와 같은, 보다 기본적인 문제로 환원되어, 양자역학으로 중성자와 양성자 사이에 작용하는 힘을 논할 수 있다. 이것이 하이젠베르크의 사고방식의 근본입니다.

지금도 잠깐 언급한 것처럼, 이 논문에서 가장 번지 진제되고 있는 것은, 중성자가 페르미온이며 스핀이 $\frac{1}{2}$이라는 것입니다. 그는 질소 핵의 통계와 스핀의 실험결과를 설명하기 위하여 이 가정이 필요해서, 이 전제를 실행했던 것입니다(그 무렵 아직 머피의 실험은 실시되지 않았고, 따라서 중성자의 통계와 스핀에 대해서는 어떤 것도 알려져 있지 않았습니다). 사실, 지난 시간 이야기한 에렌페스트-오펜하이머의 규칙은 그 때 주의했던 것처럼 핵이 페르미온으로 되어 있다면 역시 성립하고, 따라서 중성자가 페르미온이라면 이 규칙은 그들이 전자라고 말한 점을 중성자라고 바꿔 말해도 성립하고, 그렇게 하면 규칙을 적용하는데 있어서는 (9-2)의 대신에

$$A=m+n,\quad Z=m$$

이 이용되기 때문에, 결국 짝수 A를 가진 질소 핵은 보스 통계에 따르게 됩니다. 그래서 밴드 스펙트럼의 실험이 규칙에 맞게 됩니다. 스핀의 경우는 스핀 합성의 법칙으로부터 A가 짝수일 때 그것은 정수값으로, 그것도 실험과 맞습니다.

그런 이유로, 하이젠베르크는 중성자를 페르미온이라고 생각하였습니다만, 왜 그런지에 대해서는 다루고 있지 않습니다. 어쨌든, 그는 중성자가 양성자와 전자로 되어 있다는 생각은 유효하지 않다고 말하고, 게다가 중성자를 양성자와 같이 하나의 소립자로 생각하며, 단 상태에 따라서는 중성자가 양성자와 전자로 나누어지는 것도 있다고 가정하자, 그리고 이 분할이 일어날 때에는 어쩌면 양자역학은 성립하지 않고 에너지·운동량의 보존은 깨질 것이라고 그는 말하고 있습니다.[67] 이 마지막 부분에서, 그가 지난 시간에 이야기한 보어의 입장에 가담하고 있기 때문에, 확실히 파울리 입장에는 반대인 것을 알 수 있습니다.

이에 따라 하이젠베르크는 보존법칙이 깨지고 양자역학이 성립하지 않는 성역을 남겨두었지만, 성역을 건드리지 않고도 핵물리학을 어느 정도 탐구할 수 있었습니다. 이것이 하이젠베르크의 핵구조론입니다.

*

핵 안으로 양자역학을 가져가기 위해서는, 그 구성요소인 중성자나 양성자의 문제에 어떤 힘이 작용하는지를 알지 않으면 안 됩니다. 이 힘은 몇 개의 중성자나 양성자를 핵 크기 정도의 덩어리에 강하게 결합하는 힘이므로, 그것은 강한 인력이겠지요. 하지만 핵에 의한 양성자의 산란 실험으로 그런 힘이 먼 거리까지 도달한다고는 생각할 수 없습니다. 따라서 이 힘은 입자가 핵의 반경 정도(10^{-15}m 정도)로 가까워졌을 때에 처음으로 작용하겠지요. 이 힘을 핵력이라고 부르기로 합니다. 이 때 중성자와 중성자 사이의 핵력, 양성자와 양성자 사이의 핵력, 중성자와 양성자 사이의 핵력이라는 3종류의 핵력을 생각할 수 있습니다만, 그 중 어떤 것이 가장 중요한 역할을 하는지에 대해서 그는 다음과 같이 생각했습니다.

원자번호 Z가 그다지 크지 않고, 따라서 전하 Ze가 그다지 크지 않은 핵에서는 질량수를 A로 할 때, 거의 $Z=\frac{A}{2}$가 성립하는 핵이 많다는 실험적 사실이 있습니다. 이것은 중성자의 개수와 양성자의 개수가 거의 동일한 핵이 가장 안정한 것을 나타냅니다. 이 사실로부터, 그는 핵의 덩어리 안에서 중성자와 양성자 사이의 인력이 가장 큰 역할을 하고 있다고 결론지었습니다. 왜냐하면, 중성자끼리의 인력이 가장 강하다면 중성자만으로 된 핵이 더 안정하고, 따라서 그런 핵이 가장 많이 존재해야 할 것입니다. 그러나 이것은 사실과 다릅니다. 같은 내용을 양

67) 하이젠베르크는 『部分と全体(부분과 전체)』(주 66에 나옴), p.213에서는 「두, 세명의 내 친구는 그것에 대해서 나를 매우 심하게 비판하며 '그러나 방사성 β붕괴가 일어날 때에는 전자가 원자핵을 떠나는 것이 확실히 보이는 것이 아닌가?'라고 그들은 말하고 있다.」라고 서술하고 「나는 그것에 대해서 중성자는 양성자와 전자가 결합한 것이라고 생각하며, 그렇게 구성된 물질인 중성자가 지금은 이해할 수 없는 이유로 양성자와 꼭 같은 크기어야만 한다고 생각하고 있었다.」라고 쓰고 있다. 그러나 1932년의 논문 「원자핵의 구조에 대해서 I」에서는 다음과 같이 쓰고 있다 : 「이하의 고찰에서는 중성자는 페르미 통계 규칙에 따르고 스핀 $\hbar/2$를 가진다고 가정한다. 이들 가정은 실제 핵의 통계 설명에 필요하고, 핵의 각운동량에 관한 경험에도 대응한다. 중성자를 양성자와 전자로 되어 있다고 생각하고자 한다면, 전자는 보스 통계에 따르고 스핀은 0이라고 하지 않으면 안 된다. 이와 같은 모습을 추구하는 것은 유효하지 않다. 아마, 중성자는 그것 자체가 독자적인 존재의 보존은 성립하지 않는다고 추정된다.」 (여기서 p.185의 주62에 언급한 보어의 「패러데이 강연」을 인용하고 있다.)

성자끼리의 인력이 가장 강할 때에도 말할 수 있을테니, 그렇다면 양성자만의 핵이 다수 존재하고 있어야 할 것입니다(이 때, Z가 커져서 쿨롱 척력이 강하게 작용할 때 이야기는 달라집니다). 그런 이유로 그는 일단 중성자·양성자 사이의 힘만을 도입하기로 했습니다.

다음으로 하이젠베르크가 주목한 것은 원자핵의 결합 에너지가 거의 질량수 A(즉, 핵 내 입자의 개수)에 비례하고 있다는 실험사실입니다. 이것으로 그는 핵력이 통상의 인력이 아니고 교환력이라는 사고를 도입했습니다(교환력의 의미는 조금 뒤에 설명합니다). 그는 생각했습니다. 만약 중성자·양성자 사이에 작용하는 힘이 통상의 두 입자간의 힘이라면, K번째 중성자와 L번째 양성자 사이의 퍼텐셜을 $V_{K,L}$로 쓰고, 중성자의 개수를 N, 양성자의 개수를 P로 쓰면 그것들 사이의 전체 퍼텐셜은 $\frac{1}{2}\sum_{K=1}^{N}\sum_{L=1}^{P}V_{K,L}$이고, 전체 결합에너지는 대략적으로 (K, L)이라는 쌍의 가능한 조합 수 $N \cdot P \simeq \frac{A^2}{4}$에 비례하겠지요. 그런데 실제로 그것은 A(의 1승)에 비례할 뿐입니다.

이 사실로부터 하이젠베르크는 핵력의 본질을 정확히 꿰뚫어 보고서 그것은 「교환력」이 틀림없다고 생각했던 것입니다. 교환력이라는 것은 화학의 분야에서 나온 것으로, 예를 들면 두 개의 수소원자가 결합해서 수소분자를 만든다, 그 때 원자끼리를 강하게 묶는 힘, 그것이 교환력입니다. 이 힘의 특성은, 이렇게 해서 H_2분자가 만들어지면, 그 근처에 제3의 H원자가 가까이 오더라도, H_2분자내의 H원자가 그 제3의 H원자를 더 이상 실질적으로 끌어당기지 않는다는 점입니다. 따라서 H원자가 많이 모여서 액체 수소의 방울을 만들었을 때, 그 방울의 결합 에너지는 실질적으로는 H_2분자의 결합 에너지의 합에 불과합니다. 따라서 그것은 방울 안의 H원자의 개수(의 1승)에 비례할 뿐입니다.

그렇다면, 두 개의 H원자가 서로 끌어당겨서 H_2분자로 묶일 때, 어떤 과정이 일어나고 있는 것일까? 그 때 나타나는 힘을 왜 교환력이라고 부르는 것일까? 그것을 이야기해 봅시다. H_2분자의 경우보다도 더 간단하고, 게다가 중성자·양성자의 경우에 보다 가까운 것은 H_2^+이온일 경우이므로, 그것에 대해서 이야기를 진행해 봅시다.

*

H_2^+이온이라는 것은 2개의 수소핵과 1개의 전자로 되어 있는 역학계입니다. 간단히 하기 위해서 2개의 수소핵이 움직이지 않고 공간의 어딘가에 고정되어

있다고 생각해 봅시다. 이 2개의 핵을 각각 핵 I 및 II라고 부르겠습니다. 먼저 처음에, 2개의 핵이 무한하게 멀리 떨어져 있는 경우를 생각합니다. 그러면 이 경우, 다음의 2가지 상태를 생각할 수 있습니다. 그 첫 번째는 핵 I과 전자가 H원자를 만들고 있고 핵II는 알몸으로 있는 상태, 두 번째는 핵 I이 알몸으로 핵 II와 전자가 H원자를 만들고 있는 상태, 이 두 가지입니다. 그러면 전자의 좌표를 x로 쓰고, 이 두 상태에 대한 슈뢰딩거 함수를 각각 $\psi_{\mathrm{I}}(x)$ 및 $\psi_{\mathrm{II}}(x)$로 하면 $\psi_{\mathrm{I}}(x)$는 핵 I만이 존재하고 있다고 생각할 때의 수소원자 슈뢰딩거 함수이고, $\psi_{\mathrm{II}}(x)$는 핵 II만이 존재하고 있다고 생각할 때의 그것인 것은 명확하겠지요. 이 때, 그것들의 수소원자는 모두 바닥상태에 있는 것으로 합니다.

하지만 실제로는 핵 I만, 혹은 핵 II만이 독립적으로 존재할리는 없고 2개의 핵이 유한한 거리에 존재하고 있을 것입니다. 그러나 그 거리가 또한 크다면 $\psi_{\mathrm{I}}(x)$ 혹은 $\psi_{\mathrm{II}}(x)$의 각각이 제0근사로 모든 계의 고유함수라고 생각할 수도 있습니다. 그리고 또 제0근사로 그것들은 동일한 고유값에 속해 있다고 생각해도 좋겠지요. 따라서 계의 상태는 제0근사에서 2중으로 겹쳐있는 것으로, 그 때는 $\psi_{\mathrm{I}}(x)$과 $\psi_{\mathrm{II}}(x)$의 1차 결합

$$\phi(\boldsymbol{x}) = C_1\psi_{\mathrm{I}}(\boldsymbol{x}) + C_2\psi_{\mathrm{II}}(\boldsymbol{x}) \tag{10-1}$$

이 제0근사에서 모든 계의 고유함수라고 생각할 수도 있습니다.

그러나 핵 사이의 거리가 커서 ψ_{I}이나 ψ_{II}가 더욱 좋은 근사이더라도, 거리가 유한하다면, 고유값 쪽은 방금 이야기한 2중 겹쳐짐이 일반적으로 깨져서 준위는 2개로 분리될 것입니다. 그리고 그 때, 그 각각의 고유값마다 C_1과 C_2가 한 가지로(공통의 인자를 제외해서) 결정될 것입니다. 이 C_1과 C_2 값의 결정은 겹쳐진 준위에 대한 섭동론을 이용해도 좋으나, 우리의 경우 다른 방법을 이용하는 편이 편리합니다.

여기서 나쁜 버릇이긴 합니다만 수식을 조금 사용하겠습니다. 지금 2개의 핵이 각각 x축의 위의 점 $-\frac{r}{2}$와 $\frac{r}{2}$에 있다고 합시다($\pm\frac{r}{2}$이라는 것은 말할 것도 없이 성분 $(\pm\frac{r}{2}, 0, 0)$를 가진 벡터로, 이 때 핵 사이의 거리는 r입니다). 그렇게 하면, 우리 계의 슈뢰딩거 방정식은

$$\left\{\frac{1}{2m}\boldsymbol{p}^2 - \frac{1}{4\pi\varepsilon_0}\left(\frac{e^2}{\left|\boldsymbol{x}+\frac{\boldsymbol{r}}{2}\right|} + \frac{e^2}{\left|\boldsymbol{x}-\frac{\boldsymbol{r}}{2}\right|}\right) - E\right\}\phi(\boldsymbol{x}) = 0 \tag{10-2}$$

입니다. 그러면 이 방정식의 안에 $x \to -x$의 치환을 하면 $\phi(-x)$에 대한 방정식이 얻어집니다만, 이 치환으로 (10-2)의 { }의 안은 형태를 바꿀 수 없습니다. 따라서 $\phi(x)$가 (10-2)의 해라면 $\phi(-x)$도 그렇다는 결론을 유도할 수 있습니다. 그러면 제5화에서 (5-14)로부터 $(5-16)_s$와 $(5-16)_a$를 유도할 때의 이야기를 떠올려 주십시오. 그렇게 하면, (10-2)의 고유함수에 대해서

$$\phi(\boldsymbol{x}) = \phi(-\boldsymbol{x}) \equiv \phi_s(\boldsymbol{x}) \qquad (10\text{-}3)_s$$

나, 혹은

$$\phi(\boldsymbol{x}) = -\phi(-\boldsymbol{x}) \equiv \phi_a(\boldsymbol{x}) \qquad (10\text{-}3)_a$$

중 하나가 성립하지 않으면 안되는 것이 유도됩니다. 말로 하면 (10-2)의 고유함수는 $x \rightleftarrows -x$의 변환에 대해서 대칭인 함수나 혹은 반대칭인 함수 중 어느 하나가 되는 것입니다.

이렇게 해서 얻은 $(10-3)_s$와 $(10-3)_a$의 관계는 핵간 거리 r이 크던 작던 성립하는 것입니다. 그러나 우리는 r이 충분히 커서 (10-1) 형태의 $\phi(x)$가 또한 좋은 근사일 경우로 이야기를 한정해 봅시다. 그런 경우에는 $(10-3)_s$와 $(10-3)_a$의 관계는 (10-1)의 우변에서 각각 $C_1=C_2$나 혹은 $C_1=-C_2$를 이용할 때, 그 때에 한해서 성립하는 것을 알았습니다. 즉, 이 때 원점에 놓여진 수소원자의 바닥상태에서 슈뢰딩거 함수를 생각하면, 그것은 $\psi(|x|)$의 형태를 하고 있고, 그것을 이용해서 ψ_I과 ψ_{II}를 나타내면

$$\begin{aligned} \psi_I(\boldsymbol{x}) &= \psi\left(\left|\boldsymbol{x} + \frac{\boldsymbol{r}}{2}\right|\right), \\ \psi_{II}(\boldsymbol{x}) &= \psi\left(\left|\boldsymbol{x} - \frac{\boldsymbol{r}}{2}\right|\right) \end{aligned} \qquad (10\text{-}4)$$

이고, 따라서 이 식으로부터 $x \rightleftarrows -x$의 변환은 I $\rightleftarrows$ II 의 변환과 동등하다는 것을 알 수 있으며, 결국

$$\phi_s(\boldsymbol{x}) = \frac{1}{\sqrt{2}}\{\psi_I(\boldsymbol{x}) + \psi_{II}(\boldsymbol{x})\} \qquad (10\text{-}4)_s$$

$$\phi_a(\boldsymbol{x}) = \frac{1}{\sqrt{2}}\{\psi_I(\boldsymbol{x}) - \psi_{II}(\boldsymbol{x})\} \qquad (10\text{-}4)_a$$

가 각각 $(10-3)_s$와 $(10-3)_a$를 만족하는 것이 유도됩니다.

다음으로 (10-2)의 고유값은 어떻게 될까요. 먼저 주의할 것은 (10-2)의 안에 r

이 파라미터로 포함되어 있는 결과, 고유값도 $E(r)$이라고 한 것과 같이 r의 함수가 되는 것입니다. 그리고 조금 전 말한 것처럼 2개 핵의 거리가 유한할 때에는 고유값이 2개로 분리됩니다. 따라서 $\phi_s(r)$과 $\phi_a(r)$에 대해서 각각 고유값 $E_s(r)$과 $E_a(r)$이 정해집니다. 이 때, 이 2개의 고유값에 양 쪽 수소핵 사이의 쿨롱 에너지 $\frac{1}{4\pi\varepsilon_0}\frac{e^2}{r}$ 을 붙인 것, 즉

$$\begin{aligned} J_s(r) &= E_s(r) + \frac{1}{4\pi\varepsilon_0}\frac{e^2}{r} \\ J_a(r) &= E_a(r) + \frac{1}{4\pi\varepsilon_0}\frac{e^2}{r} \end{aligned} \qquad (10\text{-}5)$$

가 각각 $\phi_s(x)$ 상태와 $\phi_a(x)$ 상태에서의 모든 에너지가 되고, 따라서 그것이 각각의 상태에서 핵 I과 핵 II의 사이에 작용하는 힘의 퍼텐셜이 되는 것입니다. 이 때 r이 크든 작든 일반적으로

$$J_s(r) < J_a(r)$$

이 성립하는 것이 증명되었습니다만, 더욱이 $(10-4)_s$와 $(10-4)_a$가 좋은 근사로 되어 있는 것과 같은 큰 r에 대해서는 $J_s(r)$은 음이고 또한 $-J_s(r)=J_s(r)$이 성립하고 있는 것을 알 수 있습니다. 따라서

$$\begin{aligned} J_s(r) &= -J(r), \\ J_a(r) &= J(r) \end{aligned} \qquad (10\text{-}5')$$

라고 쓰는 것이 가능하고, 이 때 $J(r)>0$이고, r을 크게 하면 $J(r)$은 단조 감소해서 $J(\infty)=0$이 되는 것도 알 수 있습니다. 그런 이유로 핵I과 핵II의 사이에는 대칭상태에서 인력이 작용하고, 반대칭 상태에서는 척력이 작용하는 것을 알 수 있습니다. 따라서 대칭상태에서는 안정한 H_2^+가 가능하지만, 반대칭 상태에서는 가능하지 않게 됩니다.

이와 같이 해서, 쿨롱 반발력에도 상관없이 H_2^+의 안에 2개의 수소핵이 안정하게 묶여 있을 수 있는 것은 2개의 핵을 둘러싼 전자 덕분인 것을 알 수 있습니다. 우리의 고유함수 $(10-4)_s$ 혹은 $(10-4)_a$가 나타내는 것처럼, 2개의 핵이 아무리 떨어져 있더라도 $\psi_I(x)$ 혹은 $\psi_{II}(x)$는 단독으로 바른 해는 되지 않고, 핵이 아무리 떨어져 있어도 전자는 양쪽의 핵을 똑같이 방문하고 있으며, 방문하는 방법이 대칭적일 때에는 두 핵 사이에 인력이, 반대칭일 때에는 척력이 나타납니다. 이것이 우리의 결론입니다.

조금 전, 2개의 핵이 무한히 멀리 떨어졌을 때 $\psi_{\mathrm{I}}(x)$ 혹은 $\psi_{\mathrm{II}}(x)$가 각각 단독으로 고유함수가 될 것이라고 상식적으로 생각했습니다만, 그것과 전자가 양쪽의 핵을 똑같이 방문하는 것과는 모순된 것처럼 보입니다. 이 점은 어떻게 해석하면 좋을까? 그것은 다음과 같이 생각하면 신경쓰지 않아도 됩니다.

지금 $(10-4)_{\mathrm{s}}$와 $(10-4)_{\mathrm{a}}$에서 주어진 고유함수 $\phi_{\mathrm{s}}(x)$와 $\phi_{\mathrm{a}}(x)$를 이용해서

$$\phi_{\pm}(\boldsymbol{x},\ t)=\phi_{\mathrm{s}}(\boldsymbol{x})e^{-iJ_{\mathrm{s}}(r)t/\hbar}\pm\phi_{\mathrm{a}}(\boldsymbol{x})e^{-iJ_{\mathrm{a}}(r)t/\hbar} \tag{10-6}$$

이라는 파속(波束)을 만들어 봅시다. 그렇게 하면 이것은 확실히 시간을 포함하는 슈뢰딩거 방정식의 해가 되고, 따라서 그것은 우리 역학계의 가능한 상태입니다. 그러면 (10-6)의 우변의 $\phi_{\mathrm{s}}(x)$와 $\phi_{\mathrm{a}}(x)$에 $(10-4)_{\mathrm{s}}$와 $(10-4)_{\mathrm{a}}$를 대입하고 양변의 설대값을 제곱합니다. 그렇게 하면 곧바로

$$\begin{aligned}|\phi_{\pm}(\boldsymbol{x},\ t)|^2=|\psi_{\mathrm{I}}(\boldsymbol{x})|^2&\left\{1\pm\cos\frac{J_{\mathrm{a}}-J_{\mathrm{s}}}{\hbar}t\right\}\\+|\psi_{\mathrm{II}}(\boldsymbol{x})|^2&\left\{1\mp\cos\frac{J_{\mathrm{a}}-J_{\mathrm{s}}}{\hbar}t\right\}+\cdots\end{aligned} \tag{10-6'}$$

을 얻을 수 있습니다. 단, 생략한 항은 $\psi_{\mathrm{I}}^{*}(x)\psi_{\mathrm{II}}(x)$, $\psi_{\mathrm{I}}(x)\psi_{\mathrm{II}}^{*}(x)$를 포함한 항으로, 이것은 $r\to\infty$일 때 0이 되고, 또한 r이 충분히 크다면 무시해도 좋을 정도로 작습니다. 그러면 이 항을 무시하면 (10-6′)의 우변은 $|\psi_{\mathrm{I}}(x)|^2$의 계수와 $|\psi_{\mathrm{II}}(x)|^2$의 계수가,

$$\omega\equiv\frac{1}{\hbar}\{J_{\mathrm{a}}(r)-J_{\mathrm{s}}(r)\}=\frac{2}{\hbar}J(r) \tag{10-7}$$

의 각진동수로 번갈아 커지거나 작아지는 것을 나타내고 있습니다.

이것은 전자가 각진동수 ω에서 I에서 II로, II에서 I로 오가고 있는 것을 의미합니다. 이 때, 조금 전 말한 관계 $J(\infty)=0$으로부터 이 진동수는 $r\to\infty$에서 0이 되는 것을 유도할 수 있습니다. 따라서 이 극한에서는 ϕ_{+}쪽은 영원히 ψ_{I}이고, ϕ_{-}쪽은 영원히 ψ_{II}인 것을 알 수 있습니다. 이것으로 조금 전에 말한 모순이 해소된 것을 아시겠지요. 그것과 동시에 2개의 핵 사이에 작용하는 힘의 퍼텐셜 $\pm J(r)$과 전자의 왕래 각진동수 ω가 (10-7)과 같이 밀접한 관계가 있는 것을 알았습니다. 만약 이 왕래가 일어나지 않는다면 진동은 0이므로 $J(r)$도 0이 되는 것입니다.

이와 같은 순서로 교환력의 기원은 전자의 왕래에 있다고 말할 수 있는 것을 알았습니다만, 이 전자의 왕래를 다른 말로 해서 제I핵과 제II핵이 교대로 전자의

옷을 입었다가 벗었다가 하고 있다고 생각해도 좋습니다. 혹은 $-\frac{r}{2}$에 있는 입자와 $+\frac{r}{2}$에 있는 입자가 교대로 중성원자가 되었다가 양이온이 되었다가 하고 있다고 해도 좋습니다. 이와 같은 교대가 교환력의 특징인 것입니다.

*

하이젠베르크는 이와 닮은 현상이 핵내의 중성자와 양성자의 사이에도 일어난다고 생각했습니다. 즉, 핵 내의 중성자와 양성자 사이에도 양쪽의 입자가 교대로 전하를 얻거나 잃거나 하고, 중성자가 양성자로 변하거나, 양성자가 중성자로 변하거나, 그런 과정이 끊임없이 반복되고 있다. 이것이 하이젠베르크의 생각입니다. 그리고 이 전하의 주고받음이 빈도 ω로 반복된다면 그것에 따라서 (10-7)로 주어지는 $\pm J(r)$의 퍼텐셜이 나타난다고 그는 생각한 것입니다.

이 때 H_2^+와 유사하다는 말을 문자 그대로 받아들일 수 없음은 명백합니다. 왜냐하면 H_2^+의 경우에는 전자를 주고 받는 것으로, 수소 원자가 수소 이온으로 변하거나 수소 이온이 수소원자로 변하거나 한다면, 동시에 수소원자는 에렌페스트-오펜하이머의 규칙에 의해서 보스 입자, 수소 이온은 페르미 입자이므로, 통계가 보스로부터 페르미로, 페르미로부터 보스로, 라는 방식으로 교대로 변합니다. 그런데 중성자와 양성자의 경우는 둘 다 페르미온으로, 따라서 통계는 일정불변입니다. 그러나 만일, 어떤 스핀 0인 보손 전자라고 할 만한 입자와 양성자로 중성자가 만들어진다고 생각한다면(이것은 러더포드의 중성자 버전의 한 종류입니다), 그 보손 전자가 중성자와 양성자의 사이를 왕래한다는 구체적인 묘사를 생각하는 것도 불가능하지는 않습니다. 하이젠베르크도 일단 이런 것을 말하고 있습니다. 그러나 결국 이런 사고방식을 하더라도 그 왕래에 양자역학이 사용되는지 어떤지 알 수 없다는 이유때문일까요, 그는 그런 사고방식을 하지 않고 중성자도 양성자와 동등한 하나의 소립자라고 생각하고, 그 때 $\frac{2}{\hbar}J(r)$의 빈도로 중성자가 양성자로, 양성자가 중성자로 교대로 바뀐다는 것은 이들 입자가 가지고 태어난 성질이어서, 그 배후에 보손 전자의 존재 등 생각하지 않는 편이 맞겠지라고 결론지었습니다.[68)]

그러면 보손 전자 등을 도입하지 않고 교환력을 수학적으로 정식화(定式化)하는 것은 어떻게 하면 좋을까? H_2^+의 경우에는 교환력의 퍼텐셜 $-J(r)$이 되는지, $+J(r)$이 되는지는 교환 $x \to -x$에 대해서 슈뢰딩거 함수가 대칭인지, 반대칭인지에 의해서 결정되었던 것이었지요. 그러나 이 때 x는 전자(혹은 보손 전자)의 좌표였습니다. 따라서 교환력의 배후에 전자(혹은 보손전자)를 생각하지 않는 다면 이 식은 사용할 수 없는 것입니다. 그러면 어떻게 할까요? 하이젠베르크는 여기서 스핀으로부터의 유추로 「하전 스핀」의 개념에 도달해, x를 사용하지 않고 교환력을 정식화하는 방법을 확립하였습니다.

제5화에서 스핀·스핀 사이에 나타나는 외견상의 강한 상호작용을 이야기하였습니다. 조금 전 H_2^+의 이야기를 했을 때 제5화의 (5-14), $(5-16)_s$, $(5-16)_a$를 떠올려 보았습니다만, 거기에서도 H_2^+의 문제와 같이 대칭상태와 반대칭상태가 나타나고, 그 중 어느 쪽인가에서 에너지 차이가 나타나는 것을 알았습니다. 그리고 이 차이가 외견상의 스핀·스핀 상호작용으로 생각되었넌 것입니다. 제5화에서는 교환력이라는 단어를 사용하지 않았습니다만, 이 외견상의 힘은 바로 교환력이었던 것입니다. 이 교환력은 전자의 궤도운동을 기원으로 하고 있는 것임에도 불구하고, 마치 그것이 2개의 스핀 방향을 잡는 방식에 관계하는 스핀 사이의 상호작용처럼 간주하였습니다.

제5화에서도 이야기한 것처럼 스핀·스핀 상호작용의 논의에서 주역을 맡고 있는 것은 하이젠베르크입니다. 따라서 핵 내의 교환력을, 그 배후에 보손전자가 있든 없든, 어떤 스핀 행렬과 닮은 것을 이용해서 정식화할 수 있다고 그가 생각한 것은 아주 납득할만한 것입니다. 그러면 하전 스핀의 이야기로 들어가 봅시다.

*

조금 전 H_2^+의 문제에 대해서 이야기 했을 때, $-\frac{\boldsymbol{r}}{2}$에 있는 입자와 $\frac{\boldsymbol{r}}{2}$에 있는 입자가 교대로 중성원자가 되었다가 양이온이 되었다가 하는 이야기를 했었지요. 이 때, $-\frac{\boldsymbol{r}}{2}$에 있는 입자가 중성원자이고 $\frac{\boldsymbol{r}}{2}$에 있는 입자가 양이온이 되어 있는 상태가 $\psi_I(x)$이고, $-\frac{\boldsymbol{r}}{2}$에 있는 입자가 양이온이고 $\frac{\boldsymbol{r}}{2}$에 있는 입자가 중성원자로 되어 있는 상태가 $\psi_{II}(x)$였습니다. 그러면 $(10-4)_s$의 ϕ_s는 중성원자를 양이온으로 바꾸고 양이온을 중성원자로 바꿀 때 변화하지 않는다는 성질을 가지고 있고, $(10-4)_a$의 ϕ_a는 그 때 부호를 바꾼다는 성질을 가지고 있는 것이 됩니다. 이

68) 하이젠베르크가 1932년에 쓴 논문 Über den Bau der Atomkerne I (원자핵의 구조에 대해서 I)에 있는 것을 번역하면 다음과 같다 : 「교환력을, 스핀을 가지지 않는 보스통계에 따르는 전자의 묘사로 직관적으로 할 수도 있다. 그러나 어쩌면 교환력은 전자의 운동에 귀착하는 것이 아니고, 양성자와 중성자 쌍의 기본적인 성질로 보는 편이 보다 맞을 것이다.」

것을 "중성원자를 양이온으로 바꾸고 양이온을 중성원자로 바꾸는 변화에 대해서 ϕ_s는 대칭이고 ϕ_a는 반대칭이다."라고 말할 수 있습니다. 그리고 전자(前者)의 경우에는 인력 $-J(r)$이, 후자의 경우에는 척력 $+J(r)$이 나타나는 것을 우리는 배웠습니다. 이 마지막 부분이 교환력과 보통의 힘을 구별하는 점으로, 보통의 힘이라면 ϕ의 대칭성에 관계없이 동일한 퍼텐셜이 나타나는 것입니다.

지금까지는 H_2^+의 이야기였습니다만, 이와 같은 표현으로 교환력의 특징을 나타낸다면, 거기에서는 이미 전자의 좌표 x는 그림자를 지우고 있기 때문에, 그것을 중성자·양성자 사이의 교환력이 가진 특징으로 간주할 수 있습니다. 그것에는 H_2^+의 경우에 "중성원자"라고 말한 부분을 "중성자"로 바꾸고, "양이온"이라고 말한 부분을 "양성자"로 바꾸면 됩니다. 이것이 하이젠베르크의 생각입니다.

그러면 중성자를 양성자로 바꾸고 양성자를 중성자로 바꾼다는 것을 수학적으로 어떻게 표현하면 좋을까? 그 점입니다, 하이젠베르크가 하전 스핀을 이용한 것은. 그 목적을 위해서 그는 먼저 중성자와 양성자를 다른 소립자라고 생각하는 대신에, 그것을 동일한 소립자의 다른 상태라고 생각한 것입니다. 이 소립자는 나중에 "nucleon"(핵자)라고 불리게 되었습니다만, 이 용어를 이용한다면 중성자 상태와 양성자 상태라는 2개의 상태를 가지는, 핵자라는 소립자가 원자핵의 구성요소라고 말할 수 있습니다. 그리고 중성자가 스핀 $\frac{1}{2}$인 페르미온이라고 한 것으로부터, 핵자는 2개 상태 모두에서 스핀 $\frac{1}{2}$인 페르미온, 따라서 핵자 자체가 스핀 $\frac{1}{2}$인 페르미온이라고 생각할 수 있습니다. 이 때, 핵자가 2개의 상태를 가질 수 있다면, 필연적으로 그것은 x, y, z와 스핀 자유도 외에 제5자유도를 가진다고 생각하지 않으면 안됩니다.

이 제5자유도는 2개 상태만을 가진다는 점에서 스핀 자유도와 닮았습니다. 그러면 하이젠베르크는 이 자유도를 기술하는 것으로

$$\rho^{\xi} = \begin{pmatrix} 0 & 1 \\ 1 & 0 \end{pmatrix}, \quad \rho^{\eta} = \begin{pmatrix} 0 & -i \\ i & 0 \end{pmatrix}, \quad \rho^{\zeta} = \begin{pmatrix} 1 & 0 \\ 0 & -1 \end{pmatrix} \qquad (10\text{–}8)$$

이라는 2행 2열의 행렬을 도입하였습니다. 보시다시피, 이것은 스핀의 경우일 때 파울리 행렬과 같은 형태입니다. 그리고 하이젠베르크는 스핀의 경우에 스핀 위쪽 방향의 상태를 σ_z=+1로, 아래 방향의 상태를 σ_z=−1로나타낸 것에서 유추한 것으로, ρ^{ζ}의 고유상태에서 고유값 +1에 속하는 것을 중성자 상태, 고유값 −1에

속하는 것을 양성자 상태라고 약속하였습니다.[69] 그렇게 하면, ρ에 대한 슈뢰딩거 함수(그것은 2개의 성분을 가진 양입니다.)를

$$\alpha = \begin{pmatrix} \alpha_1 \\ \alpha_2 \end{pmatrix} \tag{10-9}$$

라고 썼을 때,

$$\alpha^{\mathrm{n}} \equiv \begin{pmatrix} 1 \\ 0 \end{pmatrix}, \qquad \alpha^{\mathrm{p}} \equiv \begin{pmatrix} 0 \\ 1 \end{pmatrix} \tag{10-9'}$$

이 각각 중성자 상태, 양성자 상태를 나타내는 고유함수가 되는 것을 바로 알 수 있습니다. 이 때, 스핀의 경우와 같이

$$\begin{aligned} \rho^{\xi}\alpha^{\mathrm{n}} &= \alpha^{\mathrm{p}}, & \rho^{\xi}\alpha^{\mathrm{p}} &= \alpha^{\mathrm{n}}, \\ \rho^{\eta}\alpha^{\mathrm{n}} &= i\alpha^{\mathrm{p}}, & \rho^{\eta}\alpha^{\mathrm{p}} &= -i\alpha^{\mathrm{n}}, \\ \rho^{\zeta}\alpha^{\mathrm{n}} &= \alpha^{\mathrm{n}}, & \rho^{\zeta}\alpha^{\mathrm{p}} &= -\alpha^{\mathrm{p}}, \end{aligned} \tag{10-10}$$

이 성립합니다.

그러면 2개의 핵자가 있다고 하고, 각각의 핵자를 I, II 라는 첨자로 구별합시다. 그러면 핵자 I이 중성자이고 핵자 II가 양성자라는 상태의 슈뢰딩거 함수는, 그것을 $\alpha^{\mathrm{n,\,p}}$로 쓰기로 하면,

$$\alpha^{\mathrm{n,\,p}} = \alpha_{\mathrm{I}}{}^{\mathrm{n}}\alpha_{\mathrm{II}}{}^{\mathrm{p}} \tag*{(10-11)$_{\mathrm{n,\,p}}$}$$

과 같이 $\alpha_{\mathrm{I}}{}^{\mathrm{n}}$, $\alpha_{\mathrm{II}}{}^{\mathrm{p}}$ 라는 함수의 곱으로 주어지고, 핵자 I이 양성자, 핵자 II가 중성자라는 상태의 슈뢰딩거 함수는

$$\alpha^{\mathrm{p,\,n}} = \alpha_{\mathrm{I}}{}^{\mathrm{p}}\alpha_{\mathrm{II}}{}^{\mathrm{n}} \tag*{(10-11)$_{\mathrm{p,\,n}}$}$$

이 됩니다. 조금 전의 $H_2{}^+$의 유추로 진행하면, $\alpha^{\mathrm{n,\,p}}$가 ψ_{I}에, $\alpha^{\mathrm{p,\,n}}$이 ψ_{II}에 대응하는 것입니다. 여기까지 오면 "중성자를 양성자로 바꾸고, 양성자를 중성자로 바꾼다."라는 변환은 n을 p로 바꾸고, p를 n으로 바꾸는 것일 뿐이라는 것을 알 수 있습니다. 다음으로 $H_2{}^+$ 경우의 ϕ_{s}나 ϕ_{a}에 해당하는 것을 만들면, 그것은

$$\alpha^{\mathrm{s}} = \alpha_{\mathrm{I}}{}^{\mathrm{n}}\alpha_{\mathrm{II}}{}^{\mathrm{p}} + \alpha_{\mathrm{I}}{}^{\mathrm{p}}\alpha_{\mathrm{II}}{}^{\mathrm{n}} \tag*{(10-12)$_{\mathrm{s}}$}$$

와

69) 오늘은 $\rho^{\zeta}=1$을 양성자, $\rho^{\zeta}=-1$을 중성자로 한다. $\rho^{\zeta}/2=T_3$로 쓰고, 중입자수 N_B와 합해서 전하를 $Q=T_3+N_B/2$로 나타낸다. 스트레인지니스 S까지 넣으면 $Q=T_3+N_B/2+S/2$가 된다.

$$\alpha^{\mathrm{a}} = \alpha_{\mathrm{I}}^{\mathrm{n}}\alpha_{\mathrm{II}}^{\mathrm{p}} - \alpha_{\mathrm{I}}^{\mathrm{p}}\alpha_{\mathrm{II}}^{\mathrm{n}} \qquad (10\text{-}12)_{\mathrm{a}}$$

가 됩니다. 여기서 α^{s}는 n을 p로, p를 n으로 바꾸는 변환에 대해서 대칭, α^{a}는 그것에 대해서 반대칭이 되는 것을 바로 알 수 있습니다.

여기까지 오면, 대칭상태로 $-J(r)$, 반대칭 상태로 $+J(r)$이 되는 것과 같은 행렬을 바로 만들 수 있습니다. 즉

$$-\frac{1}{2}(\rho_{\mathrm{I}}{}^{\xi}\rho_{\mathrm{II}}{}^{\xi} + \rho_{\mathrm{I}}{}^{\eta}\rho_{\mathrm{II}}{}^{\eta})J(r) \qquad (10\text{-}13)$$

이 그런 성질을 가지고 있습니다. 단, 지금 말한 요구뿐이라면 ( )의 내부은 $\rho_{\mathrm{I}}{}^{\xi}\rho_{\mathrm{II}}{}^{\xi}$만이라도, $\rho_{\mathrm{I}}{}^{\xi\eta}\rho_{\mathrm{II}}{}^{\xi}$만이라도 좋습니다만, 하이젠베르크는 양성자끼리 혹은 중성자끼리의 사이에 핵력은 없다고 생각했기 때문에, 핵자 2개 모두가 중성자 상태일 때 혹은 2개 모두 양성자 상태일 때에는 핵력이 작용하지 않도록 하고자 하므로 (10-13)을 이용하고 있습니다. 이 때,

$$\begin{aligned}
&\frac{1}{2}(\rho_{\mathrm{I}}{}^{\xi}\rho_{\mathrm{II}}{}^{\xi} + \rho_{\mathrm{I}}{}^{\eta}\rho_{\mathrm{II}}{}^{\eta})\alpha^{\mathrm{s}} = \alpha^{\mathrm{s}} \\
&\frac{1}{2}(\rho_{\mathrm{I}}{}^{\xi}\rho_{\mathrm{II}}{}^{\xi} + \rho_{\mathrm{I}}{}^{\eta}\rho_{\mathrm{II}}{}^{\eta})\alpha^{\mathrm{a}} = -\alpha^{\mathrm{a}} \\
&\frac{1}{2}(\rho_{\mathrm{I}}{}^{\xi}\rho_{\mathrm{II}}{}^{\xi} + \rho_{\mathrm{I}}{}^{\eta}\rho_{\mathrm{II}}{}^{\eta})\alpha_{\mathrm{I}}^{\mathrm{n}}\alpha_{\mathrm{II}}^{\mathrm{n}} = 0 \\
&\frac{1}{2}(\rho_{\mathrm{I}}{}^{\xi}\rho_{\mathrm{II}}{}^{\xi} + \rho_{\mathrm{I}}{}^{\eta}\rho_{\mathrm{II}}{}^{\eta})\alpha_{\mathrm{I}}^{\mathrm{p}}\alpha_{\mathrm{II}}^{\mathrm{p}} = 0
\end{aligned} \qquad (10\text{-}14)$$

가 성립하는 것은 (10-10)을 이용해서 바로 증명됩니다. 이 (10-14) 처음의 두 식으로부터 상태 α^{s}에서 (10-13)은 $-J(r)$의 값을 가지며 상태 α^{a}에서 그것은 $+J(r)$의 값을 가지는 것을 알 수 있고, 뒤의 두 식으로부터는 핵자가 2개 모두 중성자이거나 양성자이면 힘이 작용하지 않는 것으로 결론이 납니다. 더욱이 여기서 "파속"

$$\alpha^{\mathrm{s}}e^{-iJ_{\mathrm{s}}(r)t/\hbar} \pm \alpha^{\mathrm{a}}e^{-iJ_{\mathrm{a}}(r)t/\hbar}$$

을 만드는 것에 의해서 중성자에서 양성자로, 양성자에서 중성자로, 라는 바뀜이 $\omega = 2J(r)/\hbar$의 각진동수로 일어나는 것을 확인할 수 있습니다.

지금까지는 2개의 핵자만을 생각했었습니다만, 일반적으로 N개의 핵자가 존재한다면, 결국 교환력의 총합을 나타내는 행렬로

$$-\frac{1}{2}\sum_{K>L}^{N}(\rho_K{}^{\xi}\rho_L{}^{\xi} + \rho_K{}^{\eta}\rho_L{}^{\eta})J(r_{KL}) \qquad (10\text{-}15)$$

를 얻을 수 있습니다. 이 교환력 외에 양성자 사이에는 쿨롱 힘도 작용하기 때문에 그것의 퍼텐셜을 고려하면, 더욱이

$$+\frac{1}{4}\sum_{K>L}^{N}(1-\rho_K{}^{\zeta})(1-\rho_L{}^{\zeta})\frac{1}{4\pi\varepsilon_0}\frac{e^2}{r_{KL}} \qquad (10\text{-}15')$$

를 덧붙여도 좋습니다. 이와 같이 해서 핵의 총해밀토니안으로는

$$\begin{aligned} = \frac{1}{2m}\sum_{K}^{N}\boldsymbol{p}_K{}^2 - \frac{1}{2}\sum_{K>L}^{N}(\rho_K{}^{\xi}\rho_L{}^{\xi}+\rho_K{}^{\eta}\rho_L{}^{\eta})J(r_{KL}) \\ +\frac{1}{4}\sum_{K>L}^{N}(1-\rho_K{}^{\zeta})(1-\rho_L{}^{\zeta})\frac{1}{4\pi\varepsilon_0}\frac{e^2}{r_{KL}} \end{aligned} \qquad (10\text{-}16)$$

을 이용하면 괜찮도록 되었습니다. 이것이 하이젠베르크의 생각입니다. 이 때 핵자의 질량이 큰 결과, 핵 내에서 핵자의 속도는 작고, 따라서 해밀토니안은 비상대론적이어도 괜찮습니다.

이 해밀토니안 (10–16)으로부터 하이젠베르크는 여러 가지 결론을 이끌어내고 있습니다. 또 가장 간단한 중수소핵에서는 문제가 2체 문제이므로 수학적으로 매우 명료하게 다룰 수 있습니다. 그것을 해 보면, (10–16)의 해밀토니안에 몇 가지를 정정해야만 하는 부분이 발견됩니다. 그 중 하나는 (10–16) 안에서 $J(r)$의 부호를 바꾸지 않으면 안 되는 것입니다. 왜냐하면, 원래대로라면 중수소핵의 스핀이 0이 되기 때문입니다(그가 이 논문을 썼을 때는 아직 머피의 실험에 대한 것은 발표되지 않았었습니다). 게다가 또 한 가지는 그의 해밀토니안에서는 헬륨 핵의 큰 안정성을 설명할 수 없는 것 및 중수소핵의 ϕ_s상태에서 척력($J(r)$의 부호를 바꾸었기 때문에 이것은 척력입니다)이 너무 강해져서 중성자·양성자의 충돌문제에서 실험과 맞지 않게 됩니다. 그러나 이 부분은 교환력에 거듭 $(\boldsymbol{\sigma}_K\cdot\boldsymbol{\sigma}_L)$이라는 스핀을 포함한 것을 덧붙이면 개량할 수 있습니다(이 $(\boldsymbol{\sigma}_K\cdot\boldsymbol{\sigma}_L)$를 포함한 핵력을 제안자의 이름을 따서 마요나라 힘이라고 합니다).[70)]

또 1936년 경이 되면, 양성자·양성자 사이에도 쿨롱 힘 이외에 핵력이 작용하며, 게다가 그것이 ϕ_s상태에서 중성자·양성자 사이의 핵력과 같다는 주목할만한

70) 이 문제에 관한 저자 자신의 연구에 대해서 : 朝永振一郎「量子力学と私」,『量子力学と私』(朝永振一郎 著作集11) (p. 124의 주43에 나옴), pp. 6–61, 특히 pp. 32–33; 동『量子力学と私』(注43, 岩波文庫), pp. 15–84, 특히 pp. 48–50. 저자가 자신의 계산결과를 유카와 히데키에게 알렸던 1933년의 편지가『仁科芳雄往復書簡集 I』, 中根良平·仁科雄一郎·仁科浩二郎·矢崎裕二·江沢 洋編, みすず書房 (2006)에 편지 310으로 수록되어 있다. 그 중에 나중에 유카와 퍼텐셜이라 불리게 되는 $e^{-\lambda r}/r$을 이용하고 있는 것을 주목(G Wentzel이 1926년에 먼저 이용하고 있었으나).

것이 실험에 나타났었습니다. 그러면 중성자·중성자 사이에도 역시 같은 핵력이 작용한다고 하면, 그 주목할만한 사실은 (10-15)에 이용되었던 인자 $(\rho_K{}^\xi\rho_L{}^\xi+\rho_K{}^\eta\rho_L{}^\eta)$의 위치에

$$(\rho_K{}^\xi\rho_L{}^\xi+\rho_K{}^\eta\rho_L{}^\eta+\rho_K{}^\zeta\rho_L{}^\zeta)=(\boldsymbol{\rho}_K\cdot\boldsymbol{\rho}_L)$$

을 이용한 것에 의해서 이론 속으로 집어 넣을 수 있습니다. 여기서 ρ라고 쓴 것은 $(\rho^\xi,\rho^\eta,\rho^\zeta)$를 $\xi\eta\zeta$ 공간의 벡터로 생각한 것을 의미합니다만, 핵력의 표식(表式) 중에서 ρ^ξ, ρ^η, ρ^ζ이 $(\boldsymbol{\rho}_K\cdot\boldsymbol{\rho}_L)$의 형태로 나타나는 것은 스핀 성분 $\sigma^x, \sigma^y, \sigma^z$가 그 안에서 정의된 장소의 xyz 공간과 같이, 공간이 핵력에 관한한 등방적인 것을 의미합니다. 그런 점에서 보면 $\boldsymbol{\rho}$는 단순히 핵력을 정식화하기 위한 편리한 도구였던 것뿐만 아니라, $\boldsymbol{\sigma}$와 같이 아주 기본적인 물리량인 것을 알았습니다. 그런 이유로, $\frac{1}{2}\boldsymbol{\sigma}$가 스핀이었던 것과 관련하여 $\frac{1}{2}\boldsymbol{\rho}$를 「하전 스핀」이라 부르게 되었습니다. 이 사고방식대로라면 $J_s(r)$과 $J_a(r)$ 2종류의 퍼텐셜이 나타나는 것은, 핵자 I과 II의 하전 스핀이 평행한 방향으로 향하고 있는지, 역평행 방향으로 향하고 있는지에 따른다고 할 수 있습니다.

E. 마요라나 (1906-1938).

여기서, 하전 스핀의 사고가 한 몫을 하는 예를 하나만 들어 보도록 합시다. 하이젠베르크의 생각, 즉 중성자와 양성자는 별개의 소립자가 아니라 동일한 소립자의, 즉 핵자의 다른 상태라는 생각을 연장하면, 예를 들면 C^{14}, N^{14}, O^{14} 라는 3가지 핵종은 동일한 핵의 다른 상태라고 생각할 수 있습니다. 왜냐하면, 이들 모두가 14개의 핵자로 되어 있기 때문입니다. 그리고 그 때 쿨롱 상호작용을 무시한 근사에서는 모든 하전 스핀과 그 ζ성분은 해밀토니안과 교환 가능하고, 따라서

$$\left(\sum_{K=1}^{N}\frac{1}{2}\boldsymbol{\rho}_K\right)^2=T(T+1),\qquad \sum_{K=1}^{N}\frac{1}{2}\rho_K{}^\zeta=T^\zeta$$

은 보존되는 양으로, 그들의 고유값에 관련한 수 T와 T^ζ를 핵의 상태를 나타내는 양자수로 이용할 수 있습니다. 이것은 분광학에서 원자의 준위를 나타내는 것에 $\left(\sum_K\frac{1}{2}\boldsymbol{\sigma}_K\right)^2=s(s+1)$의 s와, $\sum_K\frac{1}{2}\sigma_K{}^z=s^z$를 이용한 것과 같습니다.

그러면 C^{14}, N^{14}, O^{14}의 경우에 이 생각을 적용하면, 여러 가지 실험으로부터 N^{14}의 바닥상태는 $T=0$, $T^\zeta=0$의 상태이고, C^{14}의 바닥상태와 N^{14}의 제1 들뜬상태와 O^{14}의 바닥상태의 3가지가 $T=1$의 상태인 것을 알 수 있습니다. 그리고 이 3개

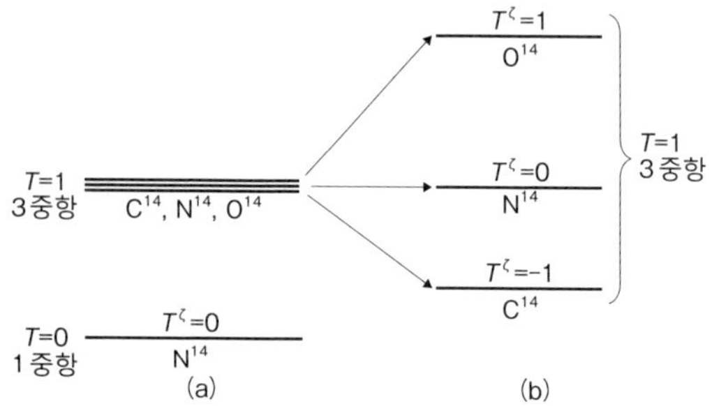

그림11 C14, N14, O14 핵의 에너지 준위. (a)는 쿨롱 에너지를 무시할 때, (b)는 쿨롱 에너지를고려할 때 3중항의 분리를 나타낸다.

의 상태 중 C^{14}의 것은 $T^{\zeta}=-1$, N^{14}의 것은 $T^{\zeta}=0$, O^{14}의 것은 $T^{\zeta}=+1$의 상태로 되어 있습니다. 따라서 분광학의 용어를 사용하면 N^{14}의 바닥상태는 1중항이고, 뒤의 3개 상태는 3중항이라는 것이 됩니다. 이 3중항의 3개 준위는 양성자 사이의 쿨롱 힘을 고려하지 않으면 겹쳐져 있습니다만, 그것을 고려하면 분광학에서 3중항이 내부 자기장에서 3개로 나누어진 것처럼 그것이 3개의 준위로 나누어집니다. 그리고 그 나누어지는 방식이 계산과 실험에서 매우 잘 맞는 것입니다.[71] 그런 상황을 그림11에 나타내 둡시다. 어쨌든 이 예에서 알 수 있듯이 하전 스핀을 사용해서, 서로 동중원소(Isobar)가 되어 있는 핵종(核種) 에너지 준위를 분광학에서 다중항의 취급과 같은 방법으로 서로 관련지을 수 있었던 것입니다. 그런 의미에서 영어로는 하전 스핀을 isobaric spin[72]이라고 합니다. (그것을 isotopic spin으로 부르는 사람도 있으나, 나는 그것이 그다지 좋은 방식은 아니라고 생각한다.)

하전 스핀의 개념은 이와 같은 핵의 "분광학"에서 중요한 역할을 하는 것뿐만 아니라, 나중에 이야기하겠지만 페르미 이론과 유카와 이론에서도 한 몫을 하고 있습니다. 이처럼 이 개념이 처음에 예상치 못했던 의미를 가지고 있었다는 사실은, 하이젠베르크의 예측이 얼마나 정확한 것이었는지를 말해주고 있습니다. 그는 하전 스핀의 생각을 스핀으로부터의 유추에 의해서 얻었습니다만, 그의 사고방식의 큰 특징 중 하나는 이런 종류의 유추에 있다고 저는 생각합니다. 게다가

71) E.P. 위그너의 이른바 초다중구조 이론이다. 다음의 주 72의 논문을 보라.

72) 그렇게 명명한 것은 위그너이다(E. P. Wigner, On the Consequences of the Symmetry of the Nuclear Hamiltonian on the Spectroscopy of Nuclei, *Phys. Rev.* 51 (1937) 106-119).

그의 유추는 단순한 현상론적 방법일뿐만 아니라, 매우 많은 경우에서 본질적인 것으로 이어지는 것입니다. 디락의 곡예, 파울리의 정공법 그리고 하이젠베르크의 유추법, 모두 각각 강한 개성을 나타내고 있기 때문에 우리는 그들의 업적을 더듬어 보는 동안, 그것에 대해 싫증을 느끼지 않는 것입니다.

*

하이젠베르크 이론으로부터 핵 내의 문제에 양자역학을 이용하는 길이 열렸기 때문에, 지난 시간 이야기 한 것처럼 중성자의 통계나 스핀, 자기모멘트가 중수소핵의 그것을 통해서 얻을 수 있었습니다. 그것이 가능할 수 있었던 것은 중수소핵에 대해서 양자역학을 이용하는 것이 허락되었기 때문이었습니다. 또 핵의 통계에 대해서는 에렌페스트-오펜하이머의 규칙을 이용해서, A가 $\left\{\begin{matrix}\text{짝수}\\\text{홀수}\end{matrix}\right.$라면 핵은 $\left\{\begin{matrix}\text{보스 통계}\\\text{페르미 통계}\end{matrix}\right.$에 따른다는 결론이 유도됩니다만, 한편 스핀에 대해서는 각운동량의 합성법칙에 의해서 스핀 $\frac{1}{2}$의 입자가 $\left\{\begin{matrix}\text{짝수 개}\\\text{홀수 개}\end{matrix}\right.$ 있으면, 그들 입자의 합성각운동량은 $\left\{\begin{matrix}\text{정수 값}\\\text{반정수 값}\end{matrix}\right.$이 된다는 결론이 나옵니다. 그래서 이 2개의 결론을 정리하면, 결국 스핀이 $\left\{\begin{matrix}\text{정수 값}\\\text{반정수 값}\end{matrix}\right.$ 일 때 핵은 $\left\{\begin{matrix}\text{보스 통계}\\\text{페르미 통계}\end{matrix}\right.$에 따른다는 결론이 나옵니다. 이것은 제8화에서 이야기했던 파울리의 관계가 복합입자에 대해서도 성립하고 있는 것을 의미합니다. 또 이들 규칙의 스핀을 하전 스핀으로 치환할 수도 있습니다. 조금 전의 C^{14}, N^{14}, O^{14}에서는 1중항과 3중항이 나타나고 있습니다만, 이것은 합성된 하전 스핀이 정수 값인 것을 의미하며, 제대로 규칙을 따르고 있습니다. 이런 결론은, 모두 핵 내에 양자역학이 성립했기 때문에 나올 수 있었던 것입니다.

그러나 그 대단한 하이젠베르크도 보어의 영향력을 넘어 설 수 없었기 때문인지, β붕괴에 관해서는 양자역학이 성립하지 않는다고 생각하고 그것은 감히 다루지 않았었습니다. 이 보어 체계의 생각을 멀리하고 파울리의 중성미자를 받아들여, β붕괴까지 양자역학의 범위 안으로 들여 놓은 것이 바로 페르미였습니다. 그 일은 1934년에 나타났습니다.

페르미는 핵 내에 전자 등이 존재하지 않고, $\rho^{\xi}=\pm1$이라는 제5자유도를 가지는 몇 개의 핵자만이 존재하고 있다는 하이젠베르크의 사고방식으로부터 출발하였습니다. 지금 질량수 A의 핵을 생각해 봅시다. 이것은 A개의 핵자로 되어 있는 역학계입니다. 그 때 여러가지 원자 번호의 핵종이 동중원소로 존재하고 있었

E. 페르미(좌, 1901-1954)와 N. 보어 (1885-1962). 1931년 촬영.

겠습니다만, 그 중에 가장 에너지가 낮은 것의 Z를 Z_0로 합니다. 그렇게 하면, 동중원소 중에서 $Z \geqq Z_0+1$인은 핵종이나, $Z \leqq Z_0-1$인 핵종은 우리 핵자계의 들뜬상태로 생각할 수 있습니다(조금 전의 14개 핵자계의 이야기에서 C^{14}와 O^{14}의 바닥상태는 N^{14}의 바닥상태에 대해서 들뜬상태라고 생각하였습니다). 그리고 $Z=Z_0-1$의 핵을 생각하면, 이 핵에서는 중성자 상태의 핵자가 Z_0 핵의 핵자보다 1개 많고, 양성자 상태의 핵자가 그것보다 1개 적게 되어 있는 셈이지요. 이 때 여기 에너지가 전자의 정지 에너지 mc^2보다 크면 핵 안의 중성자 상태 핵자 중의 어떤 것인가가 전자와 파울리의 중성미자를 방출하고(단, 중성미자의 질량을 0으로 해서), 핵은 바닥상태 Z_0로 천이합니다. 그런 일이 일어나겠지요. 그것이 β 붕괴라고 페르미는 생각하였습니다.

그의 이 생각을 어떤 식으로 양자역학에 도입할 것인가? 그것에 답하기 위해서는, 이미 잘 알려진 여기한 원자가 광자를 방출해서 바닥상태로 천이한다는 과정이 본보기가 됩니다. 이 문제를 다루기위해서는 제6화에서 이야기한 것과 같이 먼저 빛의 장을 양자화하고, 그 양자화한 장과 원자 내 전자의 상호작용 에너지를 해밀토니안의 안으로 집어넣은 뒤, 슈뢰딩거 방정식을 세워서 그것을 풀면 되었습니다. 페르미가 했던 것은 실제 이 방법의 연장이었습니다.

페르미는 먼저 전자장과 중성미자의 장을 양자화 하였습니다. 전자장의 양자화에 대해서는 이미 알고 있었습니다만, 중성미자장에 대해서는 먼저 그것이 보손인지 페르미온인지를 결정하지 않으면 안됩니다. 그러나 중성자도 양성자도 함께 $\frac{1}{2}$의 스핀을 가지고 있는 것으로부터, 중성자 상태로부터 양성자 상태로의 천이에서 각운동량의 크기는 정수값만큼 변화합니다. 이것으로부터 그 때 발생하는 전자와 중성미자의 각운동량 합성 값은 각운동량 보존법칙에 의해 역시 정수가 아니면 안되고, 따라서 전자 각운동량과 합해서 정수값을 만들기 위해서는 중성미자의 스핀이 반정수인 것이 요구되었습니다. 그래서 페르미온은 가장 간단한 것으로, 중성미자의 스핀은 $\frac{1}{2}$이라고 가정하였습니다. 그렇게 하면 중성미자는 디락 방정식을 만족하게 되고, 음 에너지의 곤란함으로부터 벗어나기 위해서는 그것이 페르미온이라고 하지 않으면 안됩니다.

이와 같이 중성미자를 만족해야만하는 방정식과 통계를 알면 그 장의 양자화는 바로 가능합니다. 또 전자·중성미자장과 핵자의 상호작용 에너지의 형태도 공변성의 전제와 전하보존의 전제로부터, 그런 괜한 가능성이 없다는 것을 알 수 있습니다. 이 때, 그 상호작용 에너지는 하전 스핀 $\rho^{\xi}=\begin{pmatrix}0&1\\1&0\end{pmatrix}$ 이나 $\rho^{\eta}=\begin{pmatrix}0&-i\\i&0\end{pmatrix}$ 를 포함할 필요가 있습니다. 왜냐하면, 그렇지 않다면 상호작용 에너지의 행렬 요소 중, 중성자 상태와 양성자 상태를 묶는 것이 0이 되며 중성자상태⇄양성자상태라는 천이는 일어날 수 없게 되기 때문입니다. 이와 같은 조건을 만족하는 가장 간단한 상호작용 에너지로 페르미가 어떤 것을 사용했는지 한 번 써보면, 그것은

$$g\sum_{K}V(\boldsymbol{x}_K) \tag{10-17}$$
$$=g\sum_{K}\left\{\frac{1}{2}(\rho_K{}^{\xi}-i\rho_K{}^{\eta})\,\Psi^{\dagger}(\boldsymbol{x}_K)\,\Phi(\boldsymbol{x}_K)+\frac{1}{2}(\rho_K{}^{\xi}+i\rho_K{}^{\eta})\,\Phi^{\dagger}(\boldsymbol{x}_K)\,\Psi(\boldsymbol{x}_K)\right\}$$

입니다. 단 $\Psi(x)$는 양자화한 전자의 파동함수, $\Phi(x)$는 양자화한 반중성미자의 파동함수로 모두 디락 방정식을 만족하는 4개의 성분을 가지고 있습니다. 그리고 $\Psi^{\dagger}(x_K)\Phi(x_K)$나 $\Phi^{\dagger}(x_K)\Psi(x_K)$를 쓴 것은, 그것은 각각 $\sum_{\alpha=1}^{4}\Psi^{\dagger}{}_{\alpha}(x_K)\Phi_{\alpha}(x_K)$나 $\sum_{\alpha=1}^{4}\Phi^{\dagger}{}_{\alpha}(x_K)\Psi_{\alpha}(x_K)$로, x_K, $\rho_K{}^{\xi}$, $\rho_K{}^{\eta}$는 말할 것도 없이 핵자 K의 공간좌표와 하전 스핀을 의미하고, g는 상호작용상수입니다.

페르미가 (10-17)을 상호작용 에너지로 했던 것의 배후에는 빛의 장으로부터의 유추가 있었던 것입니다. 하전입자와 빛의 장의 경우, 빛의 장을 기술하는 전기장의 퍼텐셜을 $V(x)$로 할 때, 입자의 속도가 광속 c와 비교해서 작으면 입자와 장의 상호작용은 $e\sum_{K}V(x_K)$로 괜찮았습니다. 이것을 우리의 경우에 적용할 수 있도록 일반화한 것이 페르미의 (10-17)입니다. 즉, (10-17)을 보면 하전입자와 빛의 장일 때 $V(x_K)$가 이용되고 있었던 곳에 $\Psi^{\dagger}(x_K)\Phi(x_K)$나 $\Phi^{\dagger}(x_K)\Psi(x_K)$라는 곱이 이용되고 있었습니다만, 그것은, 빛의 장일 때는 광자라는 단 1종류의 입자만이 관여하고 있었던 반면, β붕괴에 있어서는 전자, 중성미자라는 2종류의 입자가 관여하고 있기 때문입니다. 더욱이 (10-17)은 $\frac{1}{2}(\rho_K{}^{\xi}-i\rho_K{}^{\eta})$나 $\frac{1}{2}(\rho_K{}^{\xi}+i\rho_K{}^{\eta})$라는 것을 사용하고 있습니다만, 그것은 중성자⇄양성자의 천이가 일어나는 것에 대응하고 있습니다. 실제 (10-8)로부터 $\frac{1}{2}(\rho_K{}^{\xi}-i\rho_K{}^{\eta})=\begin{pmatrix}0&0\\1&0\end{pmatrix}_K$ 및 $\frac{1}{2}(\rho_K{}^{\xi}+i\rho_K{}^{\eta})=\begin{pmatrix}0&1\\0&0\end{pmatrix}_K$

를 알았습니다만, 그것들은 각각 중성자→양성자 및 양성자→중성자 라는 천이에 관여하는 행렬인 것입니다.

또, 우리는 예로 $Z=Z_0-1$의 경우를 생각했었습니다만, $Z=Z_0+1$의 경우에도 에너지 관계가 허락된다면 역시 β붕괴는 가능합니다. 단, 이 때는 양전자와 반중성미자가 방출됩니다. 사실, 조금 전의 C^{14}, N^{14}, O^{14}의 경우에는 $C^{14}\rightarrow N^{14}$,와 $O^{14}\rightarrow N^{14}$ 2종류의 β붕괴가 관찰되고 있고, 전자의 경우에는 전자가, 후자의 경우에는 양전자가 나오고 있습니다.

이리하여, 페르미는 β붕괴를 양자역학의 틀 안에 집어넣는 것을 성공하였습니다. 시대의 흐름에 비해 너무나도 빨랐던 파울리의 중성미자라는 생각은 채드윅의 발견과 하이젠베르크의 이론이 계기가 되어, 4년 후에 페르미가 받아들였던 것입니다. 따라서 파울리가 말한 desperate conclusion은, 실은 promising conclusion이었던 것이지요.

*

페르미 이론이 성공하면서 사람들 사이에는 이 페르미 체계의 방법에서, 하이젠베르크가 피해다녔던 사항, 즉 교환력의 배후에 무엇인가 입자의 왕래가 있다고 한 묘사를 보손 전자 대신에 전자·중성미자의 왕래로 구체화할 수 없을까?라는 생각이 나타났습니다. 그러나 이 시도가 모두 실패했다는 것은, 이 생각으로는 실험으로부터 기대하고 있는 것과 같은 강한 핵력은 결코 나오지 않기 때문입니다. 조금 더 자세하게 말하면, 교환력의 세기는 입자가 왕래하는 빈도에 비례합니다. 따라서 강한 교환력을 얻기 위해서는 전자·중성미자의 왕래가 아주 빈번하게 일어나지 않으면 안 되고, 그러면 그 과정의 도중에 전자·중성미자가 핵밖으로 빠져나오는 기회도 그것에 대응해서 커지지 않으면 안되고, 그렇게 된다면 핵의 β붕괴에 대한 수명은 실험으로 발견된 값보다 현격하게 짧아져 버렸던 것입니다.

그래서 유카와는 "heavy quantum"이라는 발견하지 못한 전하 보손이 존재하고 있어서, 이 하전입자가 중성자와 양성자의 사이를 왕래하고 있다고 생각하였습니다. 그리고 그는 이 입자가 전자의 100배 정도의 질량이라면 핵력의 도달거리가 10^{-15}m정도 되는 것으로 결론을 내렸었습니다. 그는 하전입자 사이에 작용하는 힘이 전자기장을 매개로 나타난다고 하는 것으로부터 유추하여, 핵력도 어떤 핵력장이라고 불러야 할 미지의 장을 매개로 나타난다고 생각했습니다. 그리고 이 장의 방정식으로 클라인-고든 장을 채택한다면, 전자기장일 때의 쿨롱 장을 나타내는 해 $\frac{1}{4\pi\varepsilon_0}\frac{e^2}{r}$에 해당해서 $\frac{g^2}{r}e^{-\kappa r}$이 나타나는 것, 그리고 또 드브로이-아인슈타인의 관계에서 그 장을 양자화할 때 전기장에서는 질량 제로의 보손(광자)이 나타나는 것에, 핵력장에서는 질량 $\frac{\kappa\hbar}{c}$의 보손이 나타나는 것을 그는 상기시켰던 것입니다. 그리고 $\frac{1}{4\pi\varepsilon_0}\frac{e^2}{r}$이 쿨롱 힘의 퍼텐셜이었던 것과 같이 $g^2\frac{e^{-\kappa r}}{r}$이 핵력의 퍼텐셜이 되겠지라는 생각으로부터, 이 퍼텐셜의 도달거리 $\approx\frac{1}{\kappa}$에 대해서, $\frac{1}{\kappa}\simeq 10^{-15}$m로 두고서 핵력 보손의 질량을 계산하고, 조금 전 말한 100×양자질량을 얻은 것입니다.[73] 이렇게 해서, 이 보손은 양성자보다는 가벼우나 전자보다는 무겁고, 광양자보다는 매우 무겁습니다. 그래서 그는 light quantum에 빗대어 이것을 heavy quantum이라고 이름 붙였던 것입니다. 유카와도 때로는 재치있게 말할 때도 있는 것 같네요.

더욱이 유카와는 핵력 보손은 10^{-6}s정도의 수명으로 전자(혹은 양전자)와 중성미자로 붕괴한다고 생각하고, 원자핵의 β붕괴를 다음과 같이 생각하였습니다. 즉, 페르미 이론에서는 중간자⇄양성자의 과정으로 직접 전자·중성미자가 나온다고 생각합니다. 따라서 이 빈도가 크게 되면 핵의 수명이 짧아져서 곤란하지만, 유카와의 생각으로는 핵 내에서 중성자⇄양성자의 과정은 핵력 보손의 왕래에 의해서 일어나고, 핵의 β붕괴는 이 왕래 과정의 어딘가에서 그 보손이 "우연히" 전자와 중성미자로 붕괴할 때 처음으로 일어나는 것입니다. 따라서 이 "우연히"가 좀처럼 일어나지 않으면 β붕괴도 좀처럼 일어나지 않고, 따라서 핵의 수명이 짧아질 걱정은 없습니다.

그러나 여러분들은 다음 사항을 걱정할지도 모르겠습니다. 즉, 큰 핵력을 설명할 정도의 큰 빈도로 핵력 보손이 핵자 사이를 왕래하고 있다면, 그 과정의 도중에 그 보손 자신이 핵의 밖으로 빠져 나가는 기회도 커지게 되고, 핵이 이 보손을 방출해서 붕괴하는 것이 관찰되는 것은 아닐까?라고. 그러나 이것에 대한 답은 간단합니다. 즉, 이 보손은 전자의 100배나 되는 질량을 가지고 있고, 따라서 그 mc^2은 10^8eV나 됩니다. 따라서 이 큰 에너지의 공급이 없는 이상, 보손은 핵 밖으

73) 유카와는, 핵력이 단거리력인 것을 잘 나타내는 $U(r)=e^{-\kappa r}/r$이 클라인-고든 방정식

$$\left[\frac{1}{c^2}\frac{\partial^2}{\partial t^2}-\left(\frac{\partial^2}{\partial x^2}+\frac{\partial^2}{\partial y^2}+\frac{\partial^2}{\partial z^2}\right)+\kappa^2\right]U(r)=0 \quad (r>0)$$

을 만족하고, 이 사실로부터 힘의 도달거리 $1/\kappa$가 중간자의 질량 m과 $1/\kappa=\hbar/mc$의 관계로 묶일 수 있다는 것을 깨달았던 것입니다.

로 나올 수 없습니다. 그런데 이렇게 높게 여기된 핵은 자연적으로는 존재하지 않고, 또 그렇게 고 에너지의 가속기도 당시에 만들어지지 않았었습다.

그러나 우주선 중에서는 10^8eV 정도의 운동에너지를 가진 입자는 많이 존재하고 있습니다. 따라서 그런 입자가 원자핵에 충돌하면 핵력 보손이 원자핵으로부터 튀어 나올 가능성도 있습니다. 그런 이유로, 유카와는 우주선 중에 이 입자가 발견될지도 모른다고 말했습니다. 그런데 유카와의 논문이 나온 다음 해, 즉 1936년에 앤더슨과 네더마이어가 함께 한 실험에서 그럴듯한 입자를 우주선 중에서 발견하였습니다.[74] 그리고 이 입자에는 meson(중간자)라는 이름을 붙였습니다.

지금 기회가 좋으니, 유카와 이론에 있어서 하전 스핀이 중요한 역할을 하고 있는 것을 이야기 해 봅시다. 유카와는 페르미의 (10-17)로부터 알게되어, 핵자와 핵력장의 상호작용 에너지로

$$g\sum_K\left\{\frac{1}{2}(\rho_K{}^\xi-i\rho_K{}^\eta)U^\dagger(\boldsymbol{x}_K)+\frac{1}{2}(\rho_K{}^\xi+i\rho_K{}^\eta)U(\boldsymbol{x}_K)\right\}\qquad(10\text{-}18)$$

형태의 식을 이용하였습니다. 단, 여기서 $U(x)$는 양자화한 핵력장으로, 그것은 제6화에서 이야기한 파울리-바이스코프의 $\Psi(x)$와 같고, 클라인-고든 방정식을 만족하는 복소수적인 파동입니다. 이 때 2개의 실수적인 장 U^ξ과 U^η을 도입해서,

$$U=\frac{1}{2}(U^\xi-iU^\eta),\quad U^\dagger=\frac{1}{2}(U^\xi+iU^\eta)\qquad(10\text{-}19)$$

로 두면, (10-18)은

$$g\sum_K\frac{1}{2}\left\{\rho_K{}^\xi U^\xi(\boldsymbol{x}_K)+\rho_K{}^\eta U^\eta(\boldsymbol{x}_K)\right\}\qquad(10\text{-}18')$$

의 형태로 쓸 수 있으나, 보시다시피 (10-18), (10-18′)의 모든 쪽에서 하전 스핀이 한 몫 하고 있겠지요. 더욱이, 조금 전 이야기한 것과 같이 양성자·양성자 사이 및 중성자·중간자 사이에도 교환력이 작용하기 때문에 그것을 설명하기 위해서 전기적으로 중성인 중간자의 존재도 생각할 필요가 생겼습니다. 이 때, 이 교환력이 ϕ_s상태에서의 중간자·양성자 사이의 교환력과 동일하게 되기 위해서는 중성중간자의 장을 $U^\zeta(x)$로 쓸 때, (10-18′)의 대신에

---

74) p. 151의 주49를 참조.

$$g\sum_K \frac{1}{2}\Big\{\rho_K{}^{\xi} U^{\xi}(\boldsymbol{x}_K) + \rho_K{}^{\eta} U^{\eta}(\boldsymbol{x}_K) + \rho_K{}^{\zeta} U^{\zeta}(\boldsymbol{x}_K)\Big\} = g\sum_K \frac{1}{2}\boldsymbol{\rho}_K \cdot \boldsymbol{U}(x_K) \qquad (10\text{-}18'')$$

H. 유카와(1907-1981) 1957년 촬영.

을 이용해야 한다는 것을 알 수 있습니다(이 때, 입자가 중성이 되기 위해서는 $U^{\zeta}(x)$는 실수입니다). 이 최후의 형태에서는 U가 $\xi\eta\zeta$ 공간의 벡터라고 생각하고 있었으나, 이것은 핵자의 제5자유도에 상당하는 새로운 자유도를 핵력 보손도 가지고 있다는 해석을 가능하게 합니다. 이 해석을 채택한다면 핵자의 하전 스핀이 $\frac{1}{2}$인 것에 대해서, 핵력 보손의 하전 스핀은 1이라는 것이 됩니다. 그리고 이 때, 이 하전 스핀의 ζ성분은 +1, 0, -1 이라는 3개의 값을 가집니다만, 그것이 +1일 때 핵력 보손은 양중간자, 0일 때 중성중간자, -1일 때 음중간자의 상태에 있다는 것이 됩니다. 이것은 핵자의 경우, 전하 스핀의 ζ성분이 $+\frac{1}{2}$일 때 그것은 중성자 상태에 있고, $-\frac{1}{2}$일 때 양성자 상태에 있다는 것에 해당합니다. 더욱이 (10-18″)을 보면 알 수 있는 것과 같이, 중간자론에 있어서도 $\xi\eta\zeta$ 공간은 완전히 등방적으로 되어 있습니다. 그런 의미에서, 이 공간이나 그 안에서 정의된 하전 스핀은, 점점 기본적인 의미를 가진 것이 되었던 것입니다.

유카와가 핵력의 기원에 관한 그의 생각을 논문의 형태로 발표한 것은 1935년이었습니다만, 그것은 한동안 사람들의 주목을 끌지 못했었습니다. 게다가 앤더슨의 발견이 있었던 뒤에도, 예를 들면 오펜하이머는 유카와의 견해에 찬성하지 않았었습니다. 그러나 유카와의 그룹은 그 사이에도 유카와의 생각을 정비하고 확충하여 스칼라 장을 이용한 처음의 생각에서 벡터 장을 생각한 것으로, 핵력 중의 $(\boldsymbol{\sigma}_K \cdot \boldsymbol{\sigma}_L)$을 포함한 항의 설명이나 핵자의 이상 자기 모멘트 기원의 설명(이것들은 스칼라 장에서는 설명할 수 없었습니다)을 시험하거나 정성적으로 그 설명이 가능한 것을 나타내고 있습니다.

그러는 동안, 한편 유럽에서도 앤더슨이 발견한 입자와 핵력을 묶으려고 하는, 유카와와 같은 생각이 여러 사람들의 마음 속에 생겨나고, 그 사람들은 유카와가 했던 것과 같은 것이라고는 알지 못하고 시작하였던 것입니다.[75] 그리고 그들은 유카와가 훨씬 전에 그 생각을 발표하고, 그리고 그들이 하고 있는 것을 유카와가 이미 같은 무렵에 하고 있었다는 것을 알고서 놀랐던 것입니다. 그들에게 있어서는 유카와를 발견했다는 사실이 중간자를 발견했다는 사실보다 더욱 놀라웠던 것 같습니다.

나는 1937년부터 1939년에 걸쳐서 독일의 라이프치히 대학(여기에 하이젠베르크와 훈트가 있었습니다.)에 있었습니다만, 그 때까지 일본에서 기증 받았던 *Proceedings of the Physico-Mathematical Society of Japan*은 도착하자마자 서고에 정리되어 아무도 읽지 않았다고 합니다. 그런데 유카와의 논문이 나오기 시작했을 무렵부터 그것은 당당히 물리교실의 도서실에 진열되어, 유카와의 논문이 실려 있는 페이지는 많은 사람의 손을 타서 누렇게 되어 있었습니다.

유카와의 heavy quantum의 생각이 사람들의 주목을 끌지 못했던 것은 이와 같이 잡지가 사람들의 눈에 띄지 않았던 탓도 있었겠지만, 파울리의 중성미자 생각처럼 유카와의 생각이 너무나도 시대를 앞섰던 탓이었겠지요. 실제로 보어는 1937년에 일본을 방문하였으나, 그 때 유카와의 연구에 대해서 듣고 있었으면서도 그것에 그다지 흥미를 보이지 않았다고 합니다. 또 하이젠베르크는 그의 논문에서 교환력의 배후에 스핀 0의 보손 전자가 왕래하고 있다는 생각을 언급하면서, 그는 오히려 그 생각에 등을 돌리는 방향으로 나아가 버렸습니다. 이래저래 생각해 보면, 그 이유는 하나하나 그 벽이 허물어져 갔음에도 불구하고 핵 내에 성역이 있다는 사고가 사람들의 생각 속에 깊이 자리잡고 있었고, 또 한편으로 여러가지 발견에도 상관없이 신입자 알레르기가 사람들 사이에 뿌리 깊게 자리 잡고 있었기 때문이었겠지요. 여기서 깨달은 것은 성역의 벽을 차례차례 무너뜨리고 있었던 하이젠베르크, 페르미, 유카와가 활동하고 있던 장소가 보어가 있던 코펜하겐으로부터 차례차례 멀리 떨어져 있는 곳입니다. 그것은 먼 곳으로 갈수록 보어의 영향이 약해지고 있다는 것을 의미하는 것이 아닐까요?

그렇지만 하이젠베르크에서 페르미로, 페르미에서 유카와로 진행되었던 것

---

75) 취리히의 E.C.G. 슈티켈버그는 유카와와 같은 생각을 내 놓았으나, 동료인 파울리에게 각하되었다고 한다(R.P. 크리스·C.C. 만『セカンド·クリエイション』上, 鎮目恭夫·小原洋二訳, 早川書房 (1991), p. 232). 유카와의 논문은 1935년에 나왔으나, 슈티켈버그는 1936년에 그것을 알지 못하고 같은 논문을 발표했다. 그는 1937년 6월에 유카와의 논문을 알고서, 니시나에게 편지로 유카와에게서 공부하고 싶다고 말해 왔다. (p. 151의 주 49에 언급한『仁科芳雄往復書簡集 II』에 수록된 슈티켈버그의 서한 600).

영국의 N. 켐머, H. 프뢸리히, B. 하이틀러, H. J. 바바 등도 중간자론을 다루었으나 그 시작은 1938년으로 유카와의 논문을 본 뒤의 일이었다. 하이젠베르크도 1938년에 유카와의 논문을 인용해서 논문을 썼다.

으로 핵 내의 성역이 없어졌다고는 아직 말할 수 없습니다. 아직 남아있는 성역이 있습니다. 핵 안 뿐 아니라 바깥에도 관계되어 기본입자에서 나타나는 발산 문제가 그것입니다. 그 성역의 벽은 무한히 높이 가로막고 있어서, 오늘도 사람들의 출입을 계속 거부하고 있는 것입니다.[76)]

*

파울리의 스핀과 통계 이론의 배경에는 이런 전개가 있었습니다.

오늘의 이야기로 1930년 무렵 사람들의 사고방식이 1932년 무렵에서 크게 변하기 시작하여, 1940년에 걸쳐서 물리학자가 활동하는 세계는 원자·분자에서 원자핵으로, 더욱이 소립자로 점점 확대되어 자연의 심오한 곳까지 나아가는 기초가 만들어지고 있었습니다. 그런 과정을 여러분들이 알아준다면 저는 행복합니다. 1940년으로 말하자면, 그 한 해 전인 1939년에는 유럽에서 제2차 세계대전의 포문이 이미 터져버렸고, 일본도 1941년에 결국 전쟁 속으로 몸을 던지고 말았습니다. 그런 이유로, 1940년 무렵부터 각 나라의 물리학자들도 당분간은 고난의 길을 걸어야 했고, 전쟁이 일어나기 전에 정비되었던 이런 기초 속에서 소립자론이 싹이 트고 잎과 가지를 키워서, 마침내 다채롭게 꽃이 피게 되는 데는 또 몇 년이라는 시간 동안 전쟁이 끝나기를 기다려야만 했었습니다.

76) 발산의 곤람함은, 최초로 양자전기역학에서 토모나가·J. 슈윙거·R.P. 파인만의 재규격화이론으로 피할 수 있었다. 당시는 쓰레기를 양탄자 아래에 쓸어 넣는 것과 같은 것이라고 하였으나, 월등히 실험과 잘 일치했으며, 또 재규격화 가능성은 소립자 표준이론에 도달한 이론 구축의 지도원리가 되었다. 그 기초는 재규격화 군의 관점에서 재검토 되고 있다.

제11화 다시 토마스 인자에 대해서

이상 자기 모멘트에 대해서 토마스 이론은 유효한가?

지난 시간의 이야기에서, 1940년 무렵 물리의 역사는 전쟁 전 최후의 클라이맥스로 치닫았던 것을 알게 되었으리라 생각합니다. 이 클라이맥스에서 저의 긴 이야기를 끝내도 좋겠지만, 한 해 전(1972년) 일본에 온 옌젠이 나에게 숙제를 남겨두었는데, 그 이야기를 오늘 해야 겠습니다.

제9화에서 이야기한 것처럼, 양성자의 이상자기모멘트가 1933년에 발견되고, 중성자의 그것도 그 다음해에 결정되었습니다. 그러면 오늘 이야기할 것은 이런 이상자기모멘트에 대해서 토마스 인자는 어떻게 되는가? 라는 문제입니다. 제2화에서 토마스의 사고방식을 대강 이야기했었습니다만, 한 해 전의 어느 날 옌젠이 불쑥 나의 집에 찾아와서(불쑥이라는 것은, 넥타이도 하지 않고 샌들을 끌고 온 그의 모습을 형용한 것입니다), 물리의 역사에 대한 이야기를 해도 좋겠느냐고 말을 하길래, 내가 그러시라고 말하니, 토마스 인자라는 것을 알고 있겠지라며 이야기가 시작되었습니다. 옌젠이 말하기를, 토마스 이론은 유럽에서 대단한 센세이션을 불러 일으켰고 그 찬반을 둘러싼 떠들썩한 논의가 있었다고 했습니다. 그러나, 어쨌든 그의 이론으로 실험이 요구하는 인자 $\frac{1}{2}$이 제대로 나오는 것은 확실합니다. 따라서 이 $\frac{1}{2}$이 토마스 이론의 옳음을 입증하는 것인지, 혹은 단순히 행복한 우연의 일치에 지나지 않는 것인지, 그 점을 명확히 할 필요가 있습니다. 그러면 이상자기모멘트에 토마스의 생각을 적용해 보는 것, 또 그것에 새로운 양자역학을 적용해 보는 것, 그리고 그 2개의 결과를 비교해 보는 것, 그렇게 하면 토마스의 생각이 옳은 것이었는지 어떤지 알 수 있을 것입니다. 옌젠이 우리 집에 왔을 때, 그는 이런 고민을 하고 있었던 것입니다.

덧붙여서 이상자기모멘트에 양자역학을 적용하기 위한 밑바탕은, 1933년에 이미 파울리가 준비하고 있었습니다. 1933년이라면, 슈테른이 양성자의 이상자

L. H. 토마스 (1903-1992)

기모멘트를 측정한 해이고, 라비가 그것을 더욱 정밀하게 측정한 것은 그 다음 해인 1934년의 일이었습니다. 제9화에서 이야기한 것과 같이, 파울리는 슈테른의 실험실을 방문했을 때 양성자의 자기모멘트는 정상값인 $\dfrac{e\hbar}{2m_{\mathrm{p}}}$라고 굳게 믿고 있었고, 그래서 뒤에 이야기하겠지만, 파울리가 자신이 믿지도 않는 이상값 문제를 공격하는데 필요한 도구에 대한 논문을 이미 발표했다는 것이 조금 이상하게 들리기도 합니다. 하지만 이것 또한 어찌 보면 파울리다운 일이기도 합니다.

토마스 인자의 이야기를 한 것이 이미 반년도 더 지났기에, 여러분들은 잊었을 지도 모르니 간단하게 복습하도록 합시다. 문제는 알칼리 2중항의 설명입니다만, 그것을 하기 위해서는 전자가 핵의 주변을 돌고 있다고 생각하는 대신에 전자가 꼼짝 하지 않고 핵이 전자 주변을 돌고 있는 좌표계를 생각합니다(이것을 전자의 정지계라고 부릅니다). 그러면 전자 주변을 운행하는 핵에 의해서 자기장이 전자에 만들어지고, 전자의 자기모멘트는 당연히 그것과 상호작용하기 때문에, 그로 인해 준위는 2개로 나뉩니다. 이것이 알칼리 2중항의 설명이었습니다. 그런데 제2화의 이야기와 같이, 그렇다고 한다면 2중항의 간격이 실험의 2배가 되어 버립니다.

이 곤란한 점을 해결한 것이 토마스로, 그에 의하면 전자가 정지하고 있어서 핵이 돌고 있는 좌표계라는 것이, 실은 생각만큼 간단하지 않았던 것이었습니다. 그는 여기에서 상대론, 특히 로렌츠 변환의 특수한 성질을 충분히 주의해서 고려해야할 필요성을 깨달았습니다. 그 때, 전자가 등속운동을 하고 있다면 간단하게 로렌츠 변환에 의해서 전자의 정지계가 바로 결정되었습니다. 그러나 입자가 가속도를 가지고 있다면, 여러 가지를 고려하지 않으면 안 됩니다. 이것이 토마스 생각의 중심입니다. 제2화에서는 "너무 깊다"라는 이유로 토마스의 계산에 대한 자세한 이야기를 생략했었습니다만, 그것을 빼고서는 엔젠의 숙제에 대답할 수 없으므로, 조금 까다롭지만 오랜만에 상대론의 복습을 하는 것도 나쁘지 않겠지 정도로 생각하고 이야기를 들어 주시기 바랍니다.

*

로렌츠 변환이라는 것은 무엇인가? 여러분들은 잘 알고 있으리라 생각하지만 순서대로 그것부터 시작합시다.

지금 임의의 2개의 관성계 I와 I'을 생각하고 I계 위에 고정해서 한 개의 교차좌표계 S를, I'계 위에 고정해서 1개의 직교좌표계 S'을 생각하고, S의 원점을 O, 좌표축을 X, Y, Z축으로 하고, S'의 원점을 O′, 좌표축을 X', Y', Z'축으로 합니다. 다음으로, 이 2개의 관성계로부터 어떤 사건을 보았을 때, I계에서는 그것이 점(x, y, z)로 시각 t에 일어났다고 관측하고, I'계에서는 그것이 점 (x', y', z')에서 시각 t'에 일어났던 것으로 관측했다고 합시다. 그 때, I계에서도 I'계에서도 좌표원점이나 시간의 영점은 어디에서라도 좋으므로, $t=t'=0$라는 시각에서 O와 O′이 한 순간 겹쳐지도록 하는 것이 편리합니다. 그렇게 하면, 변수의 쌍 $\{x, y, z, t\}$와 $\{x', y', z', t'\}$의 사이에

$$x^2+y^2+z^2-c^2t^2 = x'^2+y'^2+z'^2-c^2t'^2 \tag{11-1}$$

을 만족하는 제1차 관계가 성립합니다. 이 (11-1)은 상대론의 전제에서 나온 기본적인 관계입니다만, $\{x, y, z, t\}$와 $\{x', y', z', t'\}$의 사이에 (11-1)을 만족하는 부분의 관계가 성립할 때, 이 변수 2쌍은 서로 로렌츠 변환에 의해서 묶여있다는 것입니다. 이 때 (x, y, z)와 (x', y', z')은 사건이 일어났던 장소의 "공간좌표"입니다만, 그것에 대해서 사건이 일어났던 시각을 포함하여 생각한 $\{x, y, z, t\}$와 $\{x', y', z', t'\}$를, 그 사건 각각 관성계에서의 "시공좌표"로 부릅니다.

관성계 I계 위와 I'계 위에 잡은 좌표계 S와 S'을 잡는 방식은 여러 가지 있습니다만, 그것에 따라서 여러 가지 형태의 로렌츠 변환이 나타납니다. 그런데 그것을 비회전성인 것과 회전성인 것으로 나누는 것이 편리합니다.

비회전성 로렌츠 변환 중에서도 가장 간단한 형태를 하고 있는 것은 알고 있는 것처럼

$$x' = \frac{x-vt}{\sqrt{1-v^2/c^2}}, \quad y'=y, \quad z'=z, \quad t' = \frac{t-\dfrac{v}{c^2}x}{\sqrt{1-v^2/c^2}} \tag{11-2}$$

입니다. 이것을 풀면, 역변환

$$x = \frac{x'+vt'}{\sqrt{1-v^2/c^2}}, \quad y=y', \quad z=z', \quad t = \frac{t'+\dfrac{v}{c^2}x'}{\sqrt{1-v^2/c^2}} \tag{11-2'}$$

을 얻을 수 있습니다. 이 변환의 물리적 의미를 생각하기 위해서, I'계 위에 고정

한 점 P′을 생각하고, S'계에 기준해서 그 좌표를 $\{x'_{P'}, y'_{P'}, z'_{P'}, t'_{P'}\}$으로 합니다. 그러면 I계로부터 본 그 점의 좌표는 S계에 기준할 때

$$x_{P'} - vt = \sqrt{1-v^2/c^2}\, x'_{P'}, \quad y_{P'} = y'_{P'}, \quad z_{P'} = z'_{P'}$$

이 되는 것을 (11-2)로부터 알 수 있습니다. 이 관계는

$$x_{P'} = \sqrt{1-v^2/c^2}\, x'_{P'} + vt, \quad y_{P'} = y'_{P'}, \quad z_{P'} = z'_{P'}$$

으로 쓸 수 있습니다만, 이것으로부터 알 수 있는 것과 같이 I계로부터 점 P′을 보면, 그것은 시각 t에서

$$(x_{P'},\ y_{P'},\ z_{P'}) = \left(\sqrt{1-v^2/c^2}\, x'_{P'} + vt,\ y'_{P'},\ z'_{P'}\right) \qquad (11\text{-}3)$$

이라는 장소에 있는 것을 알 수 있습니다. 따라서 I계로부터 보면 P′점은 속도 $\boldsymbol{v}_P = (v, 0, 0)$로 X축 방향으로 움직이고 있고, 그 x좌표에 대해서는 $\sqrt{1-v^2/c^2}$ 이라는 인자로 로렌츠 수축이 일어나고 있는 것을 알 수 있습니다. 특별한 경우로 P′이 S'계의 원점이라고 하면, 그것을 I계로부터 볼 때의 좌표는

$$(x_{O'},\ y_{O'},\ z_{O'}) = (vt, 0, 0) \qquad (11\text{-}4)$$

따라서, 이것 또한 속도

$$\boldsymbol{v}_{O'} = \boldsymbol{v}_{P'} = (v, 0, 0) \qquad (11\text{-}5)$$

로 X축 방향으로 움직이고 있고, 또 벡터 O′P′를 생각하면 I계의 S좌표에서의 그 성분

$$(x_{P'} - x_{O'},\ y_{P'} - y_{O'},\ z_{P'} - z_{O'})$$

은 S'계의 그것과

$$\begin{aligned} x_{P'} - x_{O'} &= \sqrt{1-v^2/c^2}\,(x'_{P'} - x'_{O'}), \\ y_{P'} - y_{O'} &= y'_{P'} - y'_{O'}, \\ z_{P'} - z_{O'} &= z'_{P'} - z'_{O'} \end{aligned} \qquad (11\text{-}6)$$

으로 묶여 있는 것을 알았습니다. 여기에서도 x성분이 로렌츠 수축을 받고 있습니다.

다음으로 (11-3)에서 점 P′로 해서 X'축 상의 점을 잡아 봅니다. 그렇게 하면, 이 점에 대해서는 $y'_{P'} = z'_{P'} = 0$ 이므로, $y_{P'} = z_{P'} = 0$ 이 되고, 따라서 I'계의 X'축을 I

계로부터 보면, 그것은 X축에 평행인 것을 알 수 있습니다. 같은 모양으로 I'계의 Y'축을 I계로부터 보면 그것은 Y축에 평행하고, I'계의 Z'축을 I계로부터 보면 그것은 Z축에 평행하게 되어 있습니다.

지금까지는 I'계 위에 고정된 점, 벡터, 좌표축을 I계로부터 보면 어떻게 보이는지 알아보았습니다. 역으로 I계 위에 고정된 점, 벡터, 좌표축을 I'계로부터 보면 어떻게 보일까? 그것은 (11-2′)을 이용해서 같은 형태로 알아볼 수 있습니다. 결론은 I계 위에 고정된 점을 I'계로부터 보면 그것은 모두 속도 $-v$로 X'축 방향으로 달리고 있고, 동일하게 I계 위에 고정된 벡터는 모두 속도 $-v$로 X'축 방향으로 평행이동해 있으며, 이 때 x'성분은 로렌츠 수축 $\sqrt{1-v^2/c^2}$을 받습니다. 게다가 I계의 좌표축 X, Y, Z는 I'계로부터 보면, 각각 X'축, Y'축, Z'축에 평행입니다. 이것을 식으로 쓰면 (11-3)에 대해서

$$(x'_{\mathrm{p}},\ y'_{\mathrm{p}},\ z'_{\mathrm{p}}) = \left(\sqrt{1-v^2/c^2}\,x_{\mathrm{p}} - vt',\ y_{\mathrm{p}},\ z_{\mathrm{p}}\right) \tag{11-3′}$$

이 성립하고, (11-4)에 대해서

$$(x'_{\mathrm{o}},\ y'_{\mathrm{o}},\ z'_{\mathrm{o}}) = (-vt', 0, 0) \tag{11-4′}$$

이 성립하고, (11-5)에 대해서

$$\boldsymbol{v}'_{\mathrm{o}} = \boldsymbol{v}'_{\mathrm{p}} = (-v, 0, 0) \tag{11-5′}$$

이 성립하고, (11-6)에 대해서

$$\begin{aligned} x'_{\mathrm{p}} - x'_{\mathrm{o}} &= \sqrt{1-v^2/c^2}\,(x_{\mathrm{p}} - x_{\mathrm{o}}), \\ y'_{\mathrm{p}} - y'_{\mathrm{o}} &= y_{\mathrm{p}} - y_{\mathrm{o}}, \\ z'_{\mathrm{p}} - z'_{\mathrm{o}} &= z_{\mathrm{p}} - z_{\mathrm{o}} \end{aligned} \tag{11-6′}$$

이 성립하고 있다는 것이 됩니다.

이와 같이 해서, (11-2) 혹은 (11-2′) 형태의 로렌츠 변환에서는 양쪽 계의 3개 좌표축이 각각 평행하게 되어 있습니다. 〔이 표현은 조금 모호해서, 한 쪽 계로부터 다른 쪽 좌표축을 볼 때, 그것이 자신의 좌표축에 평행하다는 것이 진짜 의미입니다. 그러나 모호한 편이 보통 편리합니다.〕 그런 의미에서 이 변환은 확실히 좌표축의 회전을 포함하지 않고, 따라서 비회전성의 변환입니다. 좌표축이 평행하게 되어있는 변환은 (11-2) 이외에 그 식의 x, y, z를 주기적으로 바꾸었던 변환도 같은 성질을 가지고 있습니다. 그리고 이 변환들은 가장 간단한 형태를 하고

있는 특수한 것이므로, 종종 특수 로렌츠 변환이라 불리고 있습니다.

특수 로렌츠 변환에서는 X축과 X'축이, Y축과 Y'축이, Z축과 Z'축이 평행으로 되어 있기 때문에, 조금 생각하면 S계에서의 성분이 (a_x, a_y, a_z)인 것과 같은 I계 내의 벡터 $\boldsymbol{a}$와, S'계에서의 성분이 (a'_x, a'_y, a'_z)인 것과 같은 I'계 내의 벡터 $\boldsymbol{a}'$이 있었을 때, 그 성분 간에 $a_x:a_y:a_z=a'_x:a'_y:a'_z$의 관계가 있다면, $\boldsymbol{a}$와 $\boldsymbol{a}'$은 평행이라고(이것도 모호한 표현입니다만) 말할 것 같습니다. 그러나 그것은 성립하지 않습니다. 왜냐하면 (11-6′)에서 명확하게 나타나듯이 $\boldsymbol{a}$를 I'계로부터 보면, 그 성분은 $(\sqrt{1-v^2/c^2}\,a_x, a_y, a_z)$이이서, $a'_x:a'_y:a'_z=a_x:a_y:a_z$를 만족하는 I'계의 벡터 $(a'_x:a'_y:a'_z)$와 이 벡터는 $a_x=a'_x=0$일 때나, $a_y=a'_y=a_z=a'_z=0$일 때 이외에는 결코 평행이 되지 않습니다. 그러나 좌표축 S와 S'이 평행일 때, $a_x:a_y:a_z=a'_x:a'_y:a'_z$가 성립하는 I계의 벡터 $\boldsymbol{a}$와 I'계의 벡터 $\boldsymbol{a}'$이 종종 나타나고, 그것이 특별한 역할을 하는 부분이 있으므로 그와 같은 $\boldsymbol{a}$와 $\boldsymbol{a}'$은 서로 "준평행(準平行)"이라는 표현을 하는 것이 편리합니다. 일반적으로 로렌츠 변환은 $\sqrt{1-v^2/c^2}$을 1로 두어도 좋은 극한에서는 갈릴레이 변환이 됩니다만, 그런 극한에서는 준평행은 확실히 평행이 됩니다.

조금 전 특수 로렌츠변환은 비회전성이라고 말하였습니다만, 좀 더 일반적인 비회전성 변환으로 나아가 봅시다. 그것이 어떤 것인가 하면, I계와 I'계 상에서 잡았던 지금까지의 직교좌표계 S와 S'의 대신에(그것은 X축과 X'이 평행, Y축과 Y'축이 평행, Z축과 Z'축이 평행인 그런 좌표계였습니다.), 새로운 직교좌표계 $\bar{S}$와 $\bar{S}'$을, $\bar{X}$축과 $\bar{X}'$축이 준평행, $\bar{Y}$축과 $\bar{Y}'$축이 준평행, $\bar{Z}$축과 $\bar{Z}'$축이 준평행이 되도록 잡은 것입니다. 조금 전 말한 준평행의 정의에 따르면, $\bar{X}$축과 $\bar{X}'$축이 준평행이라는 것으로부터 축의 X, Y, Z축에 대한 방향코사인과 축의 X', Y', Z'축에 대한 방향코사인은 서로 같고, 그와 같은 것이 $\bar{Y}$축과 $\bar{Y}'$축, $\bar{Z}$축과 $\bar{Z}'$축의 사이에도 성립하고 있습니다. 따라서, 결국 S계 축과 S'계 축이 동일한 회전을 하는 것으로 $\bar{Y}$계 축과 $\bar{Y}'$계 축을 얻을 수 있게 됩니다. 이 때, 어떤 사건의 시공좌표를 $\bar{S}$계에서 $\{\bar{x}, \bar{y}, \bar{z}, \bar{t}\}$, $\bar{S}'$계에서 $\{\bar{x}', \bar{y}', \bar{z}', \bar{t}'\}$으로 했을 때, $\{\bar{x}, \bar{y}, \bar{z}, \bar{t}\} \rightleftarrows \{\bar{x}', \bar{y}', \bar{z}', \bar{t}'\}$ 변환을 비회전성 로렌츠 변환이라 부릅니다. 이 경우에는 $\bar{S}$계의 $\bar{X}, \bar{Y}, \bar{Z}$축과 $\bar{S}'$계의 $\bar{X}', \bar{Y}', \bar{Z}'$축은 준평행이고, 그 의미로 $\bar{S}$와 $\bar{S}'$은 비회전 관계에 있다고 생각해도 좋습니다. $\sqrt{1-v^2/c^2}$를 1로 간주해도 좋은 극한에서는 말할 것도 없이 $\bar{S}$와 $\bar{S}'$의 좌표축은 당연히 평행입니다.

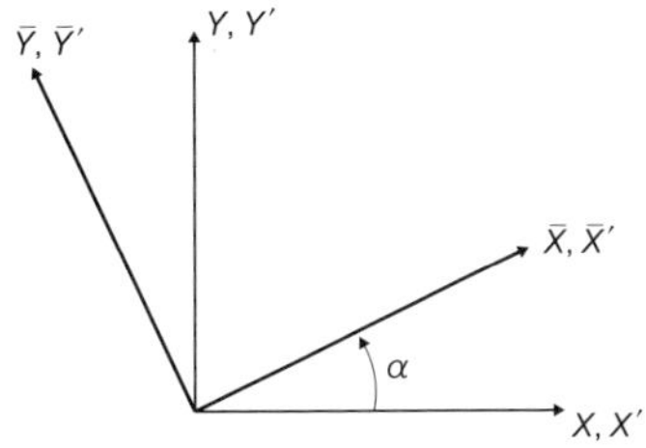

그림12

또, $\bar{S}$계와 $\bar{S}'$계의 축이 준평행일 경우, $\bar{S}$계의 벡터 $\bar{\boldsymbol{a}}=(\bar{a}_x, \bar{a}_y, \bar{a}_z)$와 $\bar{S}'$계의 벡터 $\bar{\boldsymbol{a}}'=(\bar{a}'_x, \bar{a}'_y, \bar{a}'_z)$에서 $\bar{a}_x:\bar{a}_y:\bar{a}_z=\bar{a}'_x:\bar{a}'_y:\bar{a}'_z$가 성립한다면 $\bar{\boldsymbol{a}}$와 $\bar{\boldsymbol{a}}'$는 준평행입니다. 증명은 필요없으니 생략합니다. 그런 이유로, 벡터 $\boldsymbol{a}$와 $\boldsymbol{a}'$이 준평행이라는 것은 반드시 평행한 축을 가진 좌표계를 이용하지 않아도 정의할 수 있고, 또한 그것은 $\bar{S}$계와 $\bar{S}'$계의 취하는 방식과 관계 없는 개념, 따라서 그것은 공간좌표의 변환에 대해서 불변인 의미를 가지는 것입니다.

그러면 비회전성 로렌츠변환의 일반형은 어떤 것일까요? 하지만 너무 일반적으로 하면 이야기가 길고 복잡해지고, 오히려 문제의 본질을 잃어버리기 때문에, 여기에서는 뒤의 논의에 필요한 정도의 일반형만 해 봅시다. 지금 말한 것과 같이, $\bar{S}$계 축과 $\bar{S}'$계의 축은 (11-2), (11-2′)일 때 이용하고 있던 좌표계 S와 S'의 축을 동일하게 회전한 것으로 얻을 수 있습니다. 그러면 그 회전으로 Z축 및 Z'축의 주변에 각 α만큼 X축, Y축 및 X'축, Y'축을 회전시킨 것을 생각하고, 그것을 각각 $\bar{S}$계 및 $\bar{S}'$계로 합니다. 그림12를 보십시오. 그러면 S계에서 좌표가 (x, y, z)였던 점은 $\bar{S}$계에서는

$$\begin{aligned} \bar{x} &= x\cos\alpha + y\sin\alpha, \\ \bar{y} &= -x\sin\alpha + y\cos\alpha, \\ \bar{z} &= z \end{aligned} \tag{11-7}$$

로 주어지는 점의 $(\bar{x}, \bar{y}, \bar{z})$라는 좌표를 가지고, S′계에서의 좌표가 (x', y', z')이었던 점은, 계에서는

$$\begin{aligned} \bar{x}' &= x'\cos\alpha + y'\sin\alpha, \\ \bar{y}' &= -x'\sin\alpha + y'\cos\alpha, \\ \bar{z}' &= z' \end{aligned} \tag{11-7′}$$

로 주어지는 점의 $(\bar{x}', \bar{y}', \bar{z}')$라는 좌표를 가지고 있는 것이 됩니다(이 때 말할 것

도 없이 $\bar{t}=t$, $\bar{t}'=t'$입니다). 그런데 한편으로 (x, y, z)와 (x', y', z')은 (11-2) 혹은 (11-2′)으로 묶여 있기 때문에 약간의 계산 뒤

$$\bar{x}' = \left\{\frac{1}{\sqrt{1-v^2/c^2}}\cos^2\alpha + \sin^2\alpha\right\}\cdot\bar{x} - \left\{\frac{1}{\sqrt{1-v^2/c^2}} - 1\right\}\sin\alpha\cos\alpha\cdot\bar{y} - \frac{v\cos\alpha}{\sqrt{1-v^2/c^2}}\cdot t,$$

$$\bar{y}' = -\left\{\frac{1}{\sqrt{1-v^2/c^2}} - 1\right\}\sin\alpha\cos\alpha\cdot\bar{x} + \left\{\frac{1}{\sqrt{1-v^2/c^2}}\sin^2\alpha + \cos^2\alpha\right\}\cdot\bar{y} + \frac{v\sin\alpha}{\sqrt{1-v^2/c^2}}\cdot t, \qquad (11\text{-}8)$$

$$\bar{z}' = z' = \bar{z},$$

$$\bar{t}' = t' = \frac{t}{\sqrt{1-v^2/c^2}} - \frac{\frac{v}{c^2}\{\cos\alpha\cdot\bar{x} - \sin\alpha\cdot\bar{y}\}}{\sqrt{1-v^2/c^2}}$$

을 얻을 수 있습니다. 이것의 역관계, 즉 $\bar{x}, \bar{y}, \bar{z}$를 $\bar{x}', \bar{y}', \bar{z}'$로 하는 식은, 위의 식의 $\bar{x}'$와 $\bar{x}$를 치환, $\bar{y}'$와 $\bar{y}$를 치환, $\bar{z}'$와 $\bar{z}$를 치환, 거기에 v를 $-v$로 치환하면 얻을 수 있습니다.

변환 (11-8) 혹은 그 역변환으로부터 바로 알 수 있는 것은, $\bar{S}$계로부터 본 O′좌표는 (O′이라는 것은 S'계의 좌표원점입니다만, 그것은 동시에 $\bar{S}'$계의 원점 $\bar{\mathrm{O}}'$이기도 합니다.)

$$\bar{x}_{\mathrm{O}'} = v\cos\alpha\cdot t, \quad \bar{y}_{\mathrm{O}'} = -v\sin\alpha\cdot t, \quad \bar{z}_{\mathrm{O}'} = 0 \qquad (11\text{-}9)$$

이고, $\bar{S}'$계로부터 본 O의 좌표는

$$\bar{x}'_{\mathrm{O}} = -v\cos\alpha\cdot t', \quad \bar{y}'_{\mathrm{O}} = v\sin\alpha\cdot t', \quad \bar{z}'_{\mathrm{O}} = 0 \qquad (11\text{-}9')$$

인 것입니다. 따라서 $\bar{S}'$계로부터 본 O′의 속도는

$$\bar{\boldsymbol{v}}_{\mathrm{O}'} = (v\cos\alpha,\ -v\sin\alpha,\ 0) \qquad (11\text{-}10)$$

이고, $\bar{S}'$계로부터 본 O의 속도는

$$\bar{\boldsymbol{v}}'_{\mathrm{O}} = (-v\cos\alpha,\ v\sin\alpha,\ 0) \qquad (11\text{-}10')$$

이 됩니다. 그러면 결국

$$\bar{\boldsymbol{v}}_{\mathrm{O}'} = -\bar{\boldsymbol{v}}'_{\mathrm{O}} \qquad (11\text{-}11)$$

이고, 또

$$|\bar{\boldsymbol{v}}_{O'}| = |\bar{\boldsymbol{v}}'_O| = |v| \qquad (11\text{-}11')$$

이 유도됩니다. 이와 같이 $\bar{\boldsymbol{v}}_{O'}$과 $\bar{\boldsymbol{v}}'_O$가 역방향이 되어 있는 것은 비회전성 로렌츠 변환의 특성입니다. 〔특수 로렌츠 변환에서는, 그와 함께 $\bar{\boldsymbol{v}}_{O'}$이 X, Y, Z축 중의 한 방향으로, $\bar{\boldsymbol{v}}'_O$가 그 역방향으로 향하고 있었습니다.〕

마지막으로 가장 일반적인 로렌츠 변환, 즉 회전성 로렌츠변환을 문제로 다루어 봅시다. 회전성의 로렌츠 변환이라는 것은, I계 위에 잡은 좌표계 축과 I'계 위에 잡은 좌표계의 축이 준평행이 아닌 경우입니다. 그 좌표계를 각각 $\bar{\bar{S}}, \bar{\bar{S}}'$로 합시다. 이 때 일반성을 잃지 않고 $\bar{\bar{S}}=\bar{S}$로 해도 좋은 것은 명확하므로, 그렇게 하기로 합니다. 그렇게 하면 $\bar{\bar{S}}$계의 좌표축은 조금 전 잡은 $\bar{X}, \bar{Y}, \bar{Z}$축으로도 좋겠지만, $\bar{\bar{S}}'$계의 좌표축은 $\bar{S}'$계의 좌표축 $\bar{X}', \bar{Y}', \bar{Z}'$에 어떤 회전을 시킨 것으로 되어 있을 것입니다. 여기서 이전과 같이, 그 회전은 $\bar{S}'$계를 $\bar{Z}'$축의 주변으로 각도 β만큼 돌린 것으로 한정합시다. 그렇게 하면, $\bar{S}'$에서 좌표 $(\bar{x}', \bar{y}', \bar{z}')$을 가지고 있던 점의 좌표는, $\bar{S}'$계 에서는

$$\begin{aligned} \bar{\bar{x}}' &= \cos\beta \cdot \bar{x}' + \sin\beta \cdot \bar{y}', \\ \bar{\bar{y}}' &= -\sin\beta \cdot \bar{x}' + \cos\beta \cdot \bar{y}', \\ \bar{\bar{z}}' &= \bar{z}' \end{aligned} \qquad (11\text{-}12)$$

로 주어지는 $(\bar{\bar{x}}', \bar{\bar{y}}', \bar{\bar{z}}')$이 되지요. 이 때

$$\bar{\bar{t}}' = \bar{t}' \qquad (11\text{-}13)$$

은 명확합니다. 그러면 (11-12)과 (11-8)로부터 $\bar{x}', \bar{y}', \bar{z}', \bar{t}'$을 소거하면, $\{\bar{\bar{x}}', \bar{\bar{y}}', \bar{\bar{z}}', \bar{\bar{t}}'\}$을 $\{\bar{x}', \bar{y}', \bar{z}', \bar{t}'\}$로 나타나는 식과 그 역이 얻어집니다. 그러나 그 식을 공식적으로 사용할 일은 없으므로 여기에 그것을 쓰지 않겠습니다. 실제 이 식을 이용하지 않더라도 $\bar{S}$계의 원점 O를 $\bar{\bar{S}}'$계로부터 볼 때의 좌표나, $\bar{\bar{S}}'$계의 원점 O′(그것은 $\bar{S}'$계의 원점과 같습니다)을 $\bar{S}$계로부터 볼 때의 좌표 등을 구할 수 있습니다. 예를 들면 $\bar{S}'$계부터 봤을 때의 O의 좌표는 이미 (11-9′)에 주어져 있으므로 그것을 (11-12)에 대입해서, 바로

$$\begin{aligned} \bar{\bar{x}}'_O &= -v\cos(\alpha+\beta)\cdot t', \\ \bar{\bar{y}}'_O &= v\sin(\alpha+\beta)\cdot t', \\ \bar{\bar{z}}'_O &= 0 \end{aligned} \qquad (11\text{-}14)$$

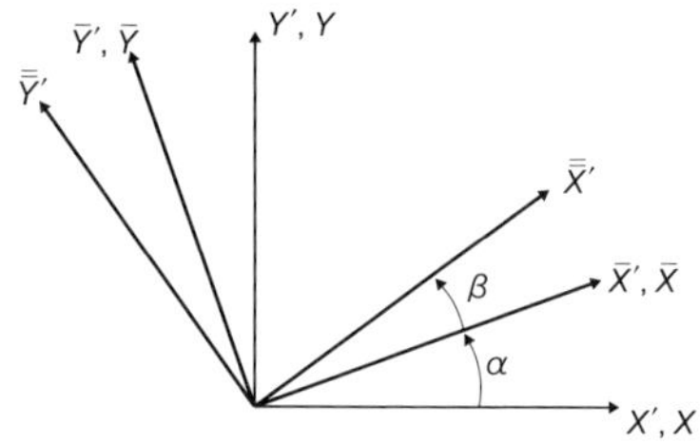

그림13

를 얻을 수 있고 따라서 O를 $\bar{\bar{S}}'$계로부터 봤을 때는, 그것은

$$\bar{\bar{\boldsymbol{v}}}'_{\mathrm{O}}=(-v\cos(\alpha+\beta),\quad v\sin(\alpha+\beta),\quad 0) \qquad (11\text{-}14')$$

의 속도로 달리고 있는 것을 알 수 있습니다. 이 때 각도 $\alpha+\beta$가 나타내는 것은, 그림13을 보면 명확하겠지요. 게다가 $\bar{\bar{S}}'$계의 원점 O′에 대해서는, 그것을 $\bar{S}$계로부터 봤을 때 (11-9)나 (11-10)이 그대로 이용되고,

$$\bar{x}_{\mathrm{O}'}=v\cos\alpha\cdot t,\quad \bar{y}_{\mathrm{O}'}=-v\sin\alpha\cdot t,\quad \bar{z}_{\mathrm{O}'}=0 \qquad (11\text{-}15)$$

가 성립하고, 그리고 또 그것은

$$\bar{\boldsymbol{v}}_{\mathrm{O}'}=(v\cos\alpha,\quad -v\sin\alpha,\quad 0) \qquad (11\text{-}15')$$

의 속도로 달리고 있는 것을 알 수 있습니다. 이 때

$$\bar{\boldsymbol{v}}_{\mathrm{O}'}\neq-\bar{\bar{\boldsymbol{v}}}'_{\mathrm{O}} \qquad (11\text{-}16)$$

에 주의해 주십시오. 그리고 (11-14′)와 (11-15′)를 비교하면,

$$\begin{aligned}-\bar{\bar{v}}'_{\mathrm{O}x} &= \cos\beta\cdot\bar{v}_{\mathrm{O}'x}+\sin\beta\cdot\bar{v}_{\mathrm{O}'y}\\ -\bar{\bar{v}}'_{\mathrm{O}y} &= -\sin\beta\cdot\bar{v}_{\mathrm{O}'x}+\cos\beta\cdot\bar{v}_{\mathrm{O}'y}\end{aligned} \qquad (11\text{-}17)$$

이 성립하고 있는 것을 알 수 있습니다. 이것은 $\bar{\bar{S}}'$계의 좌표축이 $\bar{S}$계의 그것을 각도 β만큼 돌려서 얻었던 것으로부터 당연히 예기된 결과입니다. 이 때 $\bar{\boldsymbol{v}}_{\mathrm{O}'}=-\bar{\bar{\boldsymbol{v}}}'_{\mathrm{O}}$는 성립하지 않더라도,

$$|\bar{\boldsymbol{v}}_{\mathrm{O}'}|=|\bar{\bar{\boldsymbol{v}}}'_{\mathrm{O}}|=|v| \qquad (11\text{-}17')$$

은 성립하고 있습니다.

이렇게 해서 특수 로렌츠 변환, 비회전성 로렌츠 변환, 회전성 로렌츠 변환의 3종류를 얻었습니다. 여기서 우리는 Z축(및 Z'축) 주변의 회전밖에 생각하지 않

았지만 만약 좌표축의 회전을 모두 포함하면, 그래서 이른바 로렌츠 변환이 포함된 것이 증명됩니다. 조금 전, 회전성 변환에서는 (11-16)이 특징적이고, 비회전성의 그것은 (11-11)이 특징적이다고 말했었습니다만, 회전을 Z축(및 Z'축) 주변의 것으로 한정하는 경우에는, 역으로 (11-11)이 성립하면 그 변환은 비회전성이 되는 것이 확인됩니다. 그러나 일반적인 회전의 경우에는 (11-11)이 성립하고 있어도 변환이 회전성이 되는 것도 있습니다. 이 문제를 여기에서 논하는 것은 생략하도록 합시다.

*

로렌츠 변환의 복습에 제법 시간을 썼습니다만, 그것은 로렌츠 변환이 가지고 있는 성질 중에 토마스 인자를 발생시킨 중요한 점을, 그만큼의 준비도 하지 않고는 어떻게 하더라도 이해할 수 없다고 생각했기 때문입니다. 자, 그러면 토마스 인자를 발생시킨 것은 무엇일까요?

지금 3개의 관성계, I와 I'와 I''을 생각하고 I의 위에 좌표계 S를, I'의 위에 S'을, I''의 위에 S''을 생각합시다. 그리고 그 때 S의 축과 S'의 축이 준평행, S'의 축과 S''의 축도 준평행, 이런 식으로 하고 있는 것으로 합니다. 〔여기서 좌표계를 S나 S', S'' 같이 위에 줄을 긋지 않은 표기법을 이용하고 있습니다만, 이것은 반드시 S와 S', 혹은 S'과 S''이 특수 로렌츠 변환으로 묶여 있는 것이라고만은 할 수 없는 것에 주의해야 합니다. 노파심에.〕 그런 경우, S의 좌표축과 S''의 좌표축은 준평행이 되는지 어떤지. 이 문제의 답은 갈릴레이 변환일 때는 "당연하다"입니다. 그러나 로렌츠 변환일 때는 "반드시 옳은 것은 아니다"입니다. 바꿔 말하면 $\{x, y, z, t\} \rightleftarrows \{x', y', z', t'\}$ 변환이 비회전성, $\{x', y', z', t'\} \rightleftarrows \{x'', y'', z'', t''\}$이 비회전성이더라도, $\{x, y, z, t\} \rightleftarrows \{x'', y'', z'', t''\}$의 변환은 특별한 경우를 제외하고 일반적으로는 회전성이 되는 것입니다.

논의를 일반적으로 하면 어수선해지기만 하므로, 다음과 같은 간단한 예에 대해서 이것을 나타냅시다. 먼저 $\{x, y, z, t\} \rightleftarrows \{x', y', z', t'\}$ 변환이

$$x' = \frac{x - ut}{\sqrt{1 - u^2/c^2}}, \quad y' = y, \quad z' = z$$
$$t' = \frac{t - \dfrac{u}{c^2}x}{\sqrt{1 - u^2/c^2}} \tag{11-18}$$

이라고 합니다. 이 때 S계의 좌표축과 S'의 그것은 준평행이기는 커녕 평행입니다. 다음으로 $\{x', y', z', t'\} \rightleftarrows \{x'', y'', z'', t''\}$이

$$x'' = x', \quad y'' = \frac{y' - vt'}{\sqrt{1 - v^2/c^2}}, \quad z'' = z',$$

$$t'' = \frac{t' - \frac{v}{c^2} y'}{\sqrt{1 - v^2/c^2}} \tag{11-19}$$

라고 합니다. 이 때 S'계의 축과 S''계의 축은 이것 또한 준평행이기는 커녕 평행으로 되어 있습니다. 그러면 (11-18)과 (11-19)로부터 $\{x', y', z', t'\}$을 소거해 보면, 바로 알 수 있는 것처럼 $\{x, y, z, t\} \rightleftarrows \{x', y', z', t'\}$은

$$x'' = \frac{x - ut}{\sqrt{1 - u^2/c^2}}, \qquad y'' = \frac{\sqrt{1 - u^2/c^2} \cdot y + \frac{uv}{c^2} x - vt}{\sqrt{1 - u^2/c^2}\sqrt{1 - v^2/c^2}}, \qquad z'' = z,$$

$$t'' = \frac{t - \frac{u}{c^2} x - \frac{v}{c^2}\sqrt{1 - u^2/c^2} \cdot y}{\sqrt{1 - u^2/c^2}\sqrt{1 - v^2/c^2}} \tag{11-20}$$

이 됩니다. 이 (11-20)으로부터, S''계의 원점 O″을 S계로부터 봤을 때의 좌표를 $(x_{O''}, y_{O''}, z_{O''})$로 하면, 그것은

$$x_{O''} = ut, \quad y_{O''} = \sqrt{1 - u^2/c^2}\, vt, \quad z_{O''} = 0 \tag{11-21}$$

이고, S계의 원점 O를 S''계로부터 봤을 때의 좌표를 (x''_O, y''_O, z''_O)로 하면 그것은

$$x''_O = -\sqrt{1 - v^2/c^2}\, ut'', \quad y''_O = -vt'', \quad z''_O = 0 \tag{11-21'}$$

인 것을 바로 알 수 있습니다. 따라서, O″을 S계로부터 본 속도를 $\boldsymbol{\omega}_{O''}$로 하고, O를 S''계로부터 본 속도를 $\boldsymbol{\omega}''_O$로 하면,

$$\boldsymbol{w}_{O''} = (u,\ \sqrt{1 - u^2/c^2}\, v,\ 0) \tag{11-22}$$

$$\boldsymbol{w}''_O = (-\sqrt{1 - v^2/c^2}\, u,\ -v,\ 0) \tag{11-22'}$$

인 것을 알 수 있습니다. 따라서 명확하게 $\boldsymbol{\omega}_{O''} \neq -\boldsymbol{\omega}''_O$입니다. 그러나 $\boldsymbol{\omega}_{O''}$와 $\boldsymbol{\omega}''_O$의 크기는 같아서

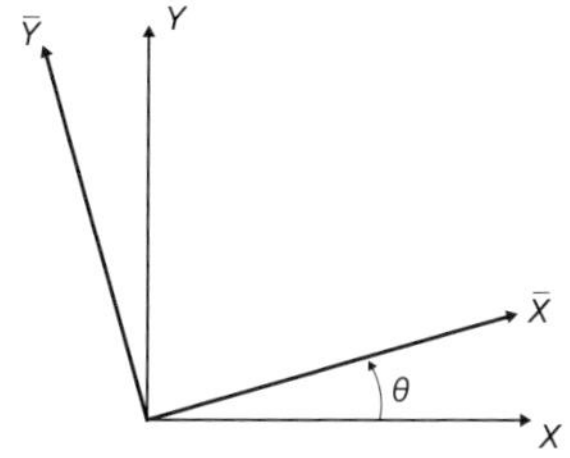

그림14

$$|\boldsymbol{w}_{O''}|=|\boldsymbol{w}''_{O}|=\sqrt{u^2-\frac{u^2v^2}{c^2}+v^2} \quad (11\text{-}23)$$

이 성립하는 것을 알 수 있습니다. 조금 전에도 말한 것과 같이 $\boldsymbol{\omega}_{O''}\neq-\boldsymbol{\omega}''_{O}$인 것은 $\{x, y, z, t\}\rightleftarrows\{x'', y'', z'', t''\}$의 변환이 회전성인 것을 명확하게 나타내고 있습니다.

그러면, 그 회전이라는 것은 어떤 것인가? 즉, S''계의 좌표축은 S계의 좌표축을 어느 정도 회전한 것인가? 혹은 모호하지 않게 말하면, S''계의 X''축에 준평행인 $\bar{X}$축을 I계 내에 있다고 설정하고, 똑같이 Y''축에 준평행한 $\bar{Y}$축을 I계 내에 있다고 설정할 때, $\bar{X}$축, $\bar{Y}$축과 Z축으로 만들어진 I계 내의 좌표계 $\bar{S}$는, 원래의 S계를 얼마만큼 회전한 것으로 되어 있는가? 이 질문에 답하기 위해서는 다음과 같이 생각하면 됩니다.

먼저 I계 내에 있다고 설정된 $\bar{S}$계의 축은 S″ 계의 그것과 준평행이므로, $\{\bar{x}, \bar{y}, \bar{z}, \bar{t}\}\rightleftarrows\{x'', y'', z'', t''\}$라는 변환은 비회전성입니다(이 때, (11-20)에 의해서 $z=z''$). 따라서, 이 때 $\bar{S}$로부터 본 O″의 속도와 S″으로부터 본 O의 속도의 사이에는 (11-11)이 성립합니다. 따라서, $\bar{S}$로부터 본 O″의 속도를 $\bar{\boldsymbol{\omega}}_{O''}$로 하면,

$$\bar{\boldsymbol{w}}_{O''}=-\boldsymbol{w}''_{O} \quad (11\text{-}24)$$

가 성립하고 있습니다. 한편 그림14에 나타낸 것과 같이 $\bar{S}$계가 S계를 각도 θ만큼 회전한 것으로 되어 있다면(우리의 경우 $z=z''$이 성립하고 있으므로, Z축 주변의 회전만을 생각하면 그것으로 충분합니다), $\bar{\boldsymbol{\omega}}_{O''}$의 성분 $\bar{\omega}_{O''x}$, $\bar{\omega}_{O''y}$와 $\boldsymbol{\omega}''$의 성분 $\omega_{O''x}, \omega_{O''y}$의 사이에는

$$\begin{aligned}\bar{w}_{O''x}&=w_{O''x}\cos\theta+w_{O''y}\sin\theta\\ \bar{w}_{O''y}&=-w_{O''x}\sin\theta+w_{O''y}\cos\theta\end{aligned} \quad (11\text{-}25)$$

가 성립합니다. 따라서, 여기서 (11-24)를 이용해서 좌변을 $\boldsymbol{\omega}''_{O}$의 성분으로 나타

내고, (11-22)와 (11-22′)를 이용하면,

$$\begin{aligned} \sqrt{1-v^2/c^2}\,u &= u\cos\theta + \sqrt{1-u^2/c^2}\,v\sin\theta \\ v &= -u\sin\theta + \sqrt{1-u^2/c^2}\,v\cos\theta \end{aligned} \tag{11-26}$$

를 얻을 수 있습니다. 이 방정식으로부터 바로

$$\begin{aligned} \cos\theta &= \frac{\sqrt{1-v^2/c^2}\cdot u^2 + \sqrt{1-u^2/c^2}\cdot v^2}{u^2 - \dfrac{u^2v^2}{c^2} + v^2} \\ \sin\theta &= \frac{uv\{\sqrt{1-u^2/c^2}\sqrt{1-v^2/c^2} - 1\}}{u^2 - \dfrac{u^2v^2}{c^2} + v^2} \end{aligned} \tag{11-27}$$

이 유도됩니다. 따라서, 결국 S''계의 좌표축은 S계의 좌표축을(정확히는 S''계의 축에 준평행인 $\bar{S}$계의 좌표축은 S계의 그것을) Z축(=Z''축)의 주위로 (11-27)의 각도 θ만큼 회전시킨 것이라는 결론이 납니다. 그런 이유로, 비회전성 변환을 2번 실행하면 결과가 회전성이 되는 것을 알 수 있었습니다. 이런 사정인 것입니다, 토마스가 주목한 것은.

*

그러면 토마스의 이론으로 들어갑시다. 토마스는 여기서 「입자의 고유좌표축」이라는 개념을 도입하였습니다. 오늘 이야기의 제일 처음에 "전자가 가만히 있고 핵이 돌고 있는 좌표계"라는 것을 말했었습니다만, 그와 같이 입자가 원점에서 정지하고 있는 것처럼 보이는 좌표계를 생각하고, 그것을 그 입자의 정지계로 부릅시다. 일반적으로 입자가 등속운동을 하고 있다면 그런 정지계로는 입자와 함께 등속으로 이동해 가는 관성계를 생각하고, 그 계 위에 입자가 있는 장소를 원점으로 하는 좌표축을 생각하면 그것으로 좋고, 그곳에는 어떤 문제도 없습니다. 그러나 입자의 속도가 일정하지 않고 시시각각 변화해 가는 경우에는, 먼저 각각의 순간마다에 그 순간에서의 입자속도로 움직이고 있는 관성계를 생각해야만 하겠지요. 거기까지는 좋다고 하고, 그 관성계 위의 좌표축은 어떻게 잡으면 좋을까? 먼저 순간마다 입자의 위치를 좌표원점으로 생각해야만 하는 것은 명확합니다. 그러나 다음으로 좌표축이 향하는 형태를 어떻게 정해야만 하는가? 그것에 조금 까다로운 문제가 나타납니다. 좌표축의 방향을 순간마다에 마음대로 잡고 있었다는 것은, 아주 제대로 된 이론으로도 설명될 리 없습니다. 그래서 토마스는 다음과 같은 방법을 제안하였습니다.

먼저 임의의 순간의 정지계와, 그 순간으로부터 무한히 짧은 시간 후 다음 순간의 정지계를 생각합니다. 그 때 후자의 축을 전자의 축과 준평행이 되도록 잡자는 것이 토마스의 생각입니다. 그리고 어떤 순간에서도, 그 순간에서의 정지계 축이 무한히 짧은 시간 전의 정지계에서의 축과 준평행이 되도록 차례차례로 축을 잡아 갑니다. 그와 같이 하면, 입자의 운동이 주어져 있다면 출발 순간에서의 축 방향을 정하면, 그 후의 모든 순간에서의 축 방향은 차례차례로 유일하게 정해집니다. 이와 같은 방법으로 각각의 순간마다에 정지계의 좌표축을 정했을 때, 그것을 입자의 고유좌표축이라고 부릅니다.

이런 사항을 일반적으로는 논하는 것은 매우 성가신 일이므로 여기에서는 (11-18)과 (11-19), 그로부터 유도된 여러 가지 관계를 사용할 수 있도록 간단한 경우에 대해서 생각해 봅시다. 실험실계를 I계로 하고 그 위에 고정된 좌표계 S를 생각합니다. 이 때 시간 $t=0$에 입자가 한 순간 좌표원점 O에 있다고 합니다. 또한 이 시각에서 입자의 속도를 $\boldsymbol{u}$로 할 때, X축을 $\boldsymbol{u}$의 방향으로 잡도록 합니다. Y축과 Z축은 마음대로 잡아도 좋습니다. 그러면 이 실험실계와 로렌츠 변환 (11-18) 즉

$$x' = \frac{x-ut}{\sqrt{1-u^2/c^2}}, \quad y' = y, \quad z' = z, \quad t' = \frac{t - \dfrac{u}{c^2}x}{\sqrt{1-u^2/c^2}} \qquad (11\text{-}28)$$

으로 묶여 있는 S'계를 생각합니다. 그렇게 하면, 이 계의 원점 O′은 $t=0$에서 O와 겹쳐져 있고, 또 S계에서 이 순간에 속도 $\boldsymbol{u}=(u, 0, 0)$로 움직이고 있던 입자는 S'계에서는 원점 O′에 이 순간 정지하고 있습니다. 따라서 S'계는 $t=0$에서 명확하게 입자의 정지계로 되어있습니다. 그리고 그것은 X'축, Y'축, Z'축이 각각 X축, Y축, Z축에 대해서 평행하게 되어 있는 정지계입니다.

다음으로, 의미는 뒤에 이야기 하도록 하고, 여쨌든 I''계라는 관성계와 그 위에 고정된 좌표계 S''을 생각하고, S''계와 S'사이의 변환이 (11-19)가 되는 것입니다. 단, 이 때 이후의 편의를 위해, v를 Δv로 씁니다. 따라서 변환은

$$x'' = x', \quad y'' = \frac{y' - \Delta v \cdot t'}{\sqrt{1-(\Delta v)^2/c^2}}, \quad z'' = z'$$

$$t'' = \frac{t' - \dfrac{\Delta v}{c^2} y'}{\sqrt{1-(\Delta v)^2/c^2}} \tag{11-29}$$

의 형태입니다. 그래서 우리는 실험실계로부터 보면 $t=\Delta t$ 순간에서는 입자가 S'' 계의 원점 O″과 겹치면서 움직이고 있는 것이라고 생각합니다. 그것은 S''계가 $t=\Delta t$의 순간에서 입자의 정지계인 것을 의미합니다. 우리는 이와 같이 하여, 우선 S''에 의미를 부여했습니다. 그러면 그런 입자의 운동은 어떤 것인가? 다시 말하면, 실험실로부터 보면 $t=\Delta t$에서 입자는 어디에 있고, 어떤 속도로 움직이고 있는가? 그런데 입자는 O″과 겹치면서 움직이고 있다고 생각한 것이므로, 그것은 실험실계 S로부터 본 O″의 위치와 속도가 틀림없습니다.

그리고 (11-21)을 떠올려 주십시오. 즉 S계로부터 본 O″의 좌표 $(x_{O''}, y_{O''}, z_{O''})$는 (11-21)가 됩니다. 단 우리의 경우 t로 Δt를 이용할 필요가 있습니다. 그렇게 하면, 입자의 좌표는 이 순간에

$$\boldsymbol{x} = (u\Delta t,\ \sqrt{1-u^2/c^2}\,\Delta v \cdot \Delta t,\ 0) \tag{11-30}$$

이 되는 것을 알 수 있습니다. 입자의 속도는 어떤가라고 하면 (11-2)를 떠올리면 알 수 있듯이, 그것은

$$\boldsymbol{w} = (u,\ \sqrt{1-u^2/c^2}\,\Delta v,\ 0) \tag{11-31}$$

입니다. 그러면 $t=0$일 때의 입자 속도가 $\boldsymbol{u}=(u, 0, 0)$인 것을 떠올리면, 입자는 Δt라는 시간 사이에 $\boldsymbol{u}$에 직각인 속도변화$(0, \sqrt{1-v^2/c^2}\cdot\Delta v, 0)$를 한 것이 됩니다. 그리고 Δt를 무한히 작게 하면, 입자가 가진 가속도를 $\boldsymbol{a}$로 할 때, 그것은

$$\boldsymbol{a} = (0, a, 0), \quad a = \sqrt{1-u^2/c^2}\,\frac{\Delta v}{\Delta t}, \qquad \boldsymbol{a} \perp \boldsymbol{u} \tag{11-32}$$

인 것을 알 수 있습니다. 더욱이 Δt가 무한히 작다면 Δv는 무한히 작기 때문에, (11-23)의 안에 v^2의 항은 무시할 수 있으므로

$$|\boldsymbol{w}| = |\boldsymbol{u}| = |u| \tag{11-33}$$

을 알 수 있습니다. 따라서 $t=0$와 $t=\Delta t$에서 입자 속도의 방향은 바뀌지만, 그 크

기는 같습니다.

다음으로 S'계에서 S''계로 변환은 비회전성입니다(우리의 경우, S'계의 좌표축과 S''계의 좌표축은 준평행이기는커녕 평행이었습니다). 따라서 S''계는 $t=\Delta t$의 순간에 입자의 정지계가 되어 있는 것뿐만 아니라, 그 축은 입자의 고유좌표축으로 되어 있습니다. 그러면 이 S''계의 고유좌표축이 실험실계 S의 축을 어느 정도 회전시킨 것으로 되어 있는가? 그 답은 (11-27)이 됩니다. 단, v를 Δv로 쓰고 그것에 대응해서 θ를 $\Delta\theta$로 쓰는 것으로 합니다. 더욱이 Δv는 무한히 작기 때문에 그 식 안에 $(\Delta v)^2$의 항은 무시해도 좋습니다. 그렇게 하면 (11-27)로부터

$$\Delta\theta = \frac{\Delta v}{u}\{\sqrt{1-u^2/c^2}-1\} \tag{11-34}$$

를 얻고, 여기서 (11-32)를 이용하면

$$\Omega \equiv \frac{\Delta\theta}{\Delta t} = -\left\{\frac{1}{\sqrt{1-u^2/c^2}}-1\right\}\frac{a}{u} \tag{11-35}$$

를 얻을 수 있습니다. 이 결론을 말로 하면, S''계의 좌표축, 즉 입자의 고유좌표축은 이 Ω라는 각속도로 Z축의 주변을 회전하고 있다는 것이 됩니다.

우리는 이 결론을 유도할 때, 최초 순간 $t=0$에서의 정지계 S' 좌표축으로, 실험실계 S 축과 평행한 것을 이용하였습니다(변환 (11-28)은 특수한 로렌츠 변환이었습니다). 그러나 좌표축으로 S' 대신에, 그것을 Z축의 주변으로 각 α만큼 회전해서 얻은 $\overline{S}'$의 그것을 이용해서 출발하더라도, 얻은 결론은 변하지 않습니다. 왜냐하면, 그 경우 $t=\Delta t$의 순간에 이용해야만 하는 $\overline{S}''$계의 고유좌표축은 $\overline{S}'$계의 그것에 준평행, 따라서 그것은 S''계의 축으로부터 같은 각도 α만큼 회전시켜 얻을 수 있고, 따라서 S계로부터 볼 때 $\overline{S}'$축과 $\overline{S}''$축의 상대적인 관계(예를 들면, 그 사이의 각도 $\Delta\theta$)는 S'축과 S''축 사이의 그것과 완전히 동일하게 되기 때문입니다. 그런 이유로 고유좌표축의 회전속도는 최초의 순간에 잡았던 좌표축과 관계없고, 따라서 고유좌표축의 회전속도는 입자의 속도와 가속도만으로 결정되며 좌표축에 의존하지 않는 불변적인 의미를 가지는 양이라고 생각할 수 있습니다. 바꿔 말하면, 그것은 입자의 운동에 내재하는 양입니다.

지금까지의 고찰에서는 $t=0$와 $t=\Delta t$라는 2개의 순간만을 문제로 했었습니다만, 같은 것을 $t=\Delta t$와 $t=2\Delta t$의 순간, $t=2\Delta t$와 $t=3\Delta t$의 순간, ……에 대해서 논할 수 있습니다. 이 때, 어느 순간에서도 가속도 $\boldsymbol{a}$가 속도 $\boldsymbol{u}$에 직각으로, 게다가

$|\boldsymbol{a}|$의 값이 일정하도록 하면, 차례차례로 정해지는 고유좌표축은 (11-35)에서 주어진 회전을 계속해 나가는 것이겠지요. 그런 이유로, 고유좌표축은 하나의 순간과 다음의 순간에서 항상 준평행으로 잡혀 있는 것에도 상관없이, 그것은 실험실계로부터 보면 (11-35)의 각속도로 계속 회전하고 있는 것입니다. 사실을 말하면, (11-35)의 회전은 실험실계로부터 본 고유좌표축 그것의 회전이 아니라, 고유좌표축에 준평행인 3개의 벡터를 실험실계 내에 설정할 때 그것의 회전인 것입니다. 그러나 원자의 안의 전자와 같이 $u^2/c^2 \ll 1$의 경우에는 (11-35)를 고유좌표축 그것의 회전으로 간주해도 좋은 것을 증명할 수 있습니다(증명은 생략합니다만).

또한 이 근사에서는 (11-35)의 안에서

$$\frac{1}{\sqrt{1-u^2/c^2}} \approx 1+\frac{u^2}{2c^2}$$

으로 두는 것이 가능하고, 그렇게 하면

$$\Omega = -\frac{ua}{2c^2} \tag{11-35'}$$

을 얻을 수 있습니다. 말할 필요도 없는 것이긴 하지만, 모든 순간에서 $\boldsymbol{a} \perp \boldsymbol{u}$, a=일정인 입자의 운동은 등속원운동이고, 그 각속도는

$$\omega = \frac{a}{u}, \tag{11-36}$$

그 원의 반경은

$$r = \frac{u^2}{a} \tag{11-37}$$

입니다. 이 ω와 비교하면

$$\Omega = -\frac{1}{2}\frac{u^2}{c^2}\omega \tag{11-35''}$$

가 되고, 따라서 고유좌표축의 회전은 확실히 상대론 표현입니다.

이상의 이야기에서, 우리는 간단히 하기 위해 입자가 등속원운동을 하고 있다고 가정하였습니다. 그러나 그렇지 않은 일반적인 경우에서도, 입자의 속도와 가속도가 주어지면 고유좌표축의 회전각속도는 정확하게 결정되는 것을 알 수 있습니다. 토마스의 계산에 따르면 속도를 $\boldsymbol{u}$로하고 가속도를 $\boldsymbol{a}$로 하면, 구하는 각속도는

$$\boldsymbol{\Omega}=\frac{-1}{2c^2}[\boldsymbol{u}\times\boldsymbol{a}] \tag{11-38}$$

이 됩니다. 우리의 (11-35′)은 이것의 특별한 경우입니다만, 이것으로부터 뒤의 논의에서는 일반식 (11-38)을 사용하는 편이 편리합니다(제2화의 (2-14)는 다름 아닌 (11-38)입니다).

*

그러면, 드디어 스핀의 이야기로 들어갑시다. 먼저, 보통의 역학을 따르는 팽이의 운동으로부터 출발합시다. 구체적으로는 자이로 컴퍼스를 싣고 항해하고 있는 배를 생각합시다. 그러면 자이로 안의 팽이에 토크가 작용하지 않는다면, 배가 어떤 가속도로 운동하고 있어도 이 팽이의 회전축은 공간 내에서 언제나 일정한 방향을 가리키고 있습니다. 여기서, 공간 내에서 일정한 방향이라고 말한 것은, 명확하게는 항성계에 고정된 좌표축에 대해서라고 말해야만 하는 것이었습니다. 게다가 이 팽이에 토크가 작용하면, 팽이는 세차운동#을 하는 것도 알고 있겠지요.

이 사실로부터 유추하여 입자의 스핀을 생각해 봅시다. 게다가 상대론적으로입니다. 그런데 상대론을 집어넣게 되면 고전론처럼 항성계에 고정된 좌표축의 절대성을 인정할 수 없습니다. 그러면 어떻게 할까? 토마스는 여기서 그가 도입한 고유좌표축을 취해야만 한다고 생각했었습니다. 그는 먼저 스핀을 가진 입자는 팽이와 같이 자전하고 있다고 일단 생각합니다. 그 때, 입자의 운동은 조금 전 이야기한 자이로컴퍼스를 태운 배와 같이, 실험실 계에서 가속도를 가지고 있어도 좋습니다. 그러나 이 입자의 회전축에 외부로부터 토크가 작용하지 않는다면, 입자의 스핀(즉 회전축)은 고유좌표축에 대해서 항상 일정한 방향을 유지하고 있습니다. 이것이 토마스의 가정입니다. 이 생각은 보통의 팽이로부터 유추하여서 대단히 자연스러운 것으로, 그것은 뉴턴역학에서 절대시간의 역할은 상대론에서는 입자의 운동에 내재한 고유시간이, 항성계에 조정한 좌표축의 역할은 입자의 운동에 내재하는 고유좌표축이 하도록 한다는 그런 상상인 것입니다.

이 사고방식으로부터 어떤 결론이 유도되었을까? 토마스의 생각에 따르면 입

\# 원문에서는 세차운동 대신 首ふり運動(목 흔들기 운동)이라고 쓰고 있다. 일본에서는 세차운동의 별칭으로 首ふり運動을 사용하고 있으나, 저자는 원문에서 首ふり運動보다 首まわし運動(목 돌리기 운동)으로 표현하는 편이 좋다고 말하고 있다. [역주]

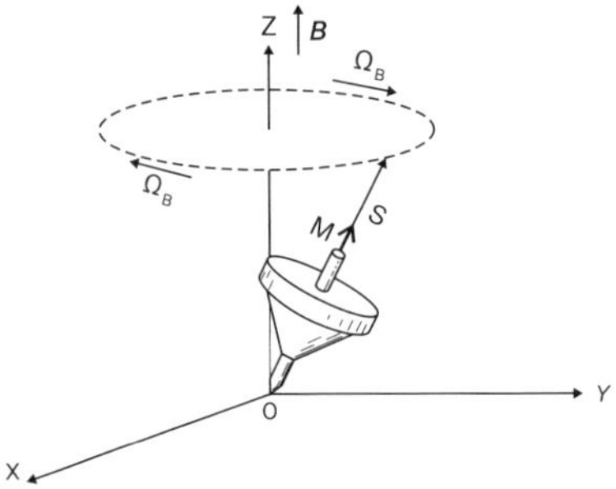

그림15

자에 토크가 작용하지 않고, 따라서 그 스핀이 고유좌표축에 대해서 일정한 방향을 계속 가지고 있다면, 그것은 실험실 계로부터 볼 때 (11-38)의 각속도를 가지고 세차운동을 하고 있는 것이 됩니다. 이 세차운동#은 토크가 작용하지 않더라도 일어나는 것입니다. 이것이 토마스가 얻은 결론으로, 따라서 그것은 종종 「토마스 세차운동」이라고 불립니다.

그러면 토크가 작용하면 어떻게 될까? 고전적인 팽이의 경우, 그것의 축을 자기모멘트 M의 막대자석으로 만들고(여기서는 자기모멘트를 보통의 단위로 측정합니다), 팽이를 자기장 $\boldsymbol{B}$ 안에서 회전시키면, 그런 토크를 구체화하는 것이 가능합니다. 이 때, 토크가 그다지 크지 않다면 팽이의 회전축은 자기장 방향의 주변에서 천천히 세차운동을 시작합니다. 그림15를 봐 주십시오. 팽이의 고전역학에 의하면 이 세차운동의 각속도 $\boldsymbol{\Omega}_B$는,

$$S\boldsymbol{\Omega}_B = -MB \qquad (11\text{-}39)$$

가 됩니다. 여기서 S는 팽이의 자전 각운동량입니다(단, 이 S는 보통의 단위로 측정합니다).

자, 이 고전적인 결론을 스핀 $\frac{1}{2}$의 입자에 집어넣기 위해서는, S와 M에 대해서

$$S = \frac{1}{2}\hbar, \qquad M = \frac{-e}{2m}gS \qquad (11\text{-}40)$$

을 이용하면 됩니다. 여기서 전자의 경우에는 $g = g_0 = 2$이나, 양성자의 경우에는 $g \neq g_0$로 종종 디락의 이론값

$$M_{\mathrm{D}} = \frac{-e}{2m}g_0 S \qquad (11\text{-}40')$$

을 정상인 스핀 자기모멘트라고 부릅니다만, $g \neq g_0$의 경우의 M을

$$M = M_{\mathrm{D}} + M' \qquad (11\text{-}41)$$

\# 이후에 나오는 세차운동을 원문에서는 presession의 일본어 표기인 プリセッション으로 표기하고 있다. [역주]

과 같이, 정상인 부분과 비정상인 부분으로 나누어서 쓰는 것이 편리합니다(중성자의 경우 M_D는 0입니다). 말할 것도 없이, 양성자의 경우에는 (11-40)의 제2식 우변의 m으로 양성자의 질량 m_P를 이용하지 않으면 안 되고, 또 e의 부호를 바꾸면 안됩니다. 그러나 오늘의 이야기에서는 어느 쪽의 질량도 구별 없이 m으로 쓰기로 하고, 같은 방식으로 양성자의 전하도 항상 $-e$로 쓰기로 합니다.

이와 같이 스핀에 대해서 고전적인 팽이 모델을 적용한다고 해도, 그 경우에 (11-39)가 성립하는 것은 입자의 정지계에서이며, 또 그 고유좌표축에 대한 것임을 잊어서는 안됩니다. 그 때 고유좌표축 자신이 (11-38)에서 회전하고 있기 때문에, (11-39)를 이용해서 계산된 세차운동이 그대로 실험실계로부터 본 세차운동은 되지 않습니다. 즉, 고유좌표축의 회전 $\boldsymbol{\Omega}$의 결과로 그 축에 대해서 각속도 $\boldsymbol{\Omega}_B$로 돌고 있는 세차운동은 실험실계로부터 보면

$$\boldsymbol{\Omega}_{\text{lab}} = \boldsymbol{\Omega}_B + \boldsymbol{\Omega} \tag{11-42}$$

의 각속도로 세차운동을 하고 있는 것이 됩니다. 게다가 또 하나 고려하지 않으면 안되는 것은, 정지계에서의 자기장은, 실험실에서 외부로부터 걸려 있는 자기장 $\boldsymbol{B}$ 외에 비오사바르 법칙에서 주어지는 내부 자기장 $\mathring{\boldsymbol{B}}$가 더해져 있는 것입니다. 따라서 (11-39)는

$$S\boldsymbol{\Omega}_B = -M(\boldsymbol{B} + \mathring{\boldsymbol{B}}) \tag{11-43}$$

의 형태로 이용하면 안되고, 따라서 (11-42)로부터는

$$S\boldsymbol{\Omega}_{\text{lab}} = -M(\boldsymbol{B} + \mathring{\boldsymbol{B}}) + S\boldsymbol{\Omega} \tag{11-44}$$

를 유도할 수 있습니다.

그런데 원자 내 전자의 가속도에 대해서는

$$\boldsymbol{a} = \frac{-e}{m}\boldsymbol{E}, \tag{11-45}$$

가 성립하고 있을 것입니다. 〔중성자에 대해서 $e=0$이기 때문에,

$$\boldsymbol{a} = 0 \qquad (11\text{-}45)_{\text{중성자}}$$

로, 이것은 뒤에 별도로 논합니다.〕

그래서 (11-45)를 (11-38)에 이용하면,

$$\boldsymbol{\Omega} = \frac{-e}{2mc^2}[\boldsymbol{E} \times \boldsymbol{u}] \tag{11-46}$$

이 유도됩니다. 한편, 제2화에서 이야기한 것과 같이 $\mathring{\boldsymbol{B}}$는

$$\mathring{\boldsymbol{B}} = \frac{1}{c^2}[\boldsymbol{E} \times \boldsymbol{u}] \tag{11-47}$$

로 주어지므로(제2화의 (2-11)을 보라), (11-46)의 $\boldsymbol{\Omega}$를 ($g_0=2$로 두었던 (11-40′)을 참조하면서)

$$\boldsymbol{\Omega} = \frac{-e}{2m}\mathring{\boldsymbol{B}} = \frac{1}{2S}M_{\mathrm{D}}\mathring{\boldsymbol{B}} \tag{11-46′}$$

으로 쓸 수 있고, 이것을 (11-44)에 대입하면

$$S\boldsymbol{\Omega}_{\mathrm{lab}} = -M\boldsymbol{B} - \left(M - \frac{1}{2}M_{\mathrm{D}}\right)\mathring{\boldsymbol{B}} \tag{11-48}$$

을 얻을 수 있습니다.

이 최종결과로부터, 다음과 같은 결론을 내릴 수 있습니다.

먼저 전자에 대해서는, $M=M_{\mathrm{D}}$이므로,

$$S\boldsymbol{\Omega}_{\mathrm{lab}} = -M_{\mathrm{D}}\boldsymbol{B} - \frac{1}{2}M_{\mathrm{D}}\mathring{\boldsymbol{B}} \qquad (11\text{-}48)_{\text{전자}}$$

를 유도할 수 있습니다. 보세요. 우변의 제2항에는 제대로 $\frac{1}{2}$이 나타나 있습니다. 이것은 외부자기장 $\boldsymbol{B}$에 대해서 자기모멘트는 M_{D}로 작용함에도 불구하고, 내부자기장 $\mathring{\boldsymbol{B}}$에 대해서는, 그것은 외견상 $\frac{1}{2}M_{\mathrm{D}}$와 같이만 작용한다는 것을 의미합니다. 따라서 이 $\frac{1}{2}$은 확실히 토마스 인자입니다. 이 때 "외견 상"의 $\frac{1}{2}$이 나온 이유는, 원래 입자의 속도와 가속도로 결정된 운동학적인 양 $\boldsymbol{\Omega}$가, 쿨롱 장 안에서 운동하는 입자의 경우에는, (11-46′)과 같이 외견상 마치 M_{D}와 $\mathring{\boldsymbol{B}}$의 상호작용으로 나오는지와 같이 나타내기 때문입니다.

다음으로 양성자에 대해서는 (11-41)을 이용해서,

$$S\boldsymbol{\Omega}_{\mathrm{lab}} = -(M_{\mathrm{D}} + M')\boldsymbol{B} - \left(\frac{1}{2}M_{\mathrm{D}} + M'\right)\mathring{\boldsymbol{B}} \qquad (11\text{-}48)_{\text{양성자}}$$

를 얻을 수 있습니다. 즉, M의 정상부분 M_{D}에 대해서는 토마스 인자 $\frac{1}{2}$이 나타납니다만, 비정상부분 M'에 대해서는 나타나지 않습니다.

마지막으로 중성자에 대해서는 $\alpha=0$이므로, $\boldsymbol{\Omega}=0$, 그리고 $M_{\mathrm{D}}=0$으로, 따라서 (11-48)과 (11-41)을 이용해서,

$$S\boldsymbol{\Omega}_{\mathrm{lab}} = S\boldsymbol{\Omega} = -M'\boldsymbol{B} - M'\mathring{\boldsymbol{B}} \qquad (11\text{-}48)_{\text{중성자}}$$

가 됩니다. 따라서 이 때 토마스 인자는 전혀 나타나지 않습니다. 덧붙여서 임의

의 M에 대해서 성립하는 (11-48)의 관계는 이미 토마스의 논문에 나와있습니다. 따라서 그는 이상자기모멘트에 대한 결론도 이미 내놓았던 것입니다. 또, 조금 전의 (11-44)는 (11-46)과 (11-40)을 이용해서,

$$\boldsymbol{\Omega}_{\text{lab}} = \frac{e}{2m}\, g\boldsymbol{B} + \frac{e}{2m}\,(g-1)\mathring{\boldsymbol{B}}$$

으로도 쓸 수 있으나, 여기서 $g=g_0$로 두면 $(11\text{-}48)_{\text{전자}}$는

$$\boldsymbol{\Omega}_{\text{lab}} = \frac{e}{2m}\, g\boldsymbol{B} + \frac{e}{2m}\,(g-1)\mathring{\boldsymbol{B}}$$

으로 쓸 수 있는 것을 알 수 있습니다. 이것이 제2화의 (2-18′)입니다.

제법 긴 시간 스핀의 고전론을 다루었습니다만, 이쯤에서 양자론으로 넘어가지 않으면 안 됩니다.

*

오늘의 이야기의 시작에, 이상자기모멘트의 양자역학적 취급법은 1933년 경 이미 파울리에 의해서 준비되어 있었다고 이야기했었습니다. 그 경위는 이렇습니다. 제3화에서 이야기한 것과 같이, 전자가 왜 스핀 각운동량 $\frac{1}{2}\hbar$를 가지며 자기모멘트 $\frac{-e\hbar}{2m}$을 가지는지에 대한 것은 디락 방정식의 발견에 의해서 답이 나왔습니다만, 1933년에 *Handbuch der Physik*의 제2판이 나왔을 때, 파울리가 분담 집필한 「파동역학의 일반원리」에서, 그는 디락 방정식에 대해서 논하고 있습니다. 그 때, 상대론 그 외의 전제를 만족하는 1계 방정식은 디락방정식만이 아닌 것을 지적했었습니다. 즉, 그는 제3화에 나왔던 디락 방정식에, 훗날 「파울리 항」으로 불리게 된 항 하나를 덧붙여도, 그 방정식은 필요한 모든 전제를 만족하는 것에 일단 주의하라고 합니다. 그러나 이 항을 덧붙이면 입자의 자기모멘트가 $\frac{-e\hbar}{2m}$과 달라지게 되므로, 그는 다음과 같이 말하면서 그 항에 대한 논의를 그만두었습니다. 그의 말을 의역해서 인용하면, "…… 그러나 이 항을 덧붙이지 않고도 자기모멘트 $\frac{-e\hbar}{2m}$도 포함해서, 전자의(혹은 양성자의) 스핀이 자동적으로 나타난다. 따라서 이하의 논의는 이 항 없이 한다."라고 말합니다. 이 "혹은 양성자"라

O. 슈테른 (1888-1969)

고 말하고 있는 점을 보면 파울리가 *Handbuch*의 원고를 썼던 것은 슈테른의 실험결과가 나오기 전이어서, 그가 쓴 것과 슈테른과 만났었을 때 했던 말은 정확히 앞뒤가 맞네요.

입자의 전하를 $-e$로 했을 때의 디락 방정식은 제3화의 식 (3-20)입니다만, 그것은

$$\left\{\left(\frac{W}{c}+eA_0\right)-\sum_{r=1,2,3}\alpha_r\left(-i\hbar\frac{\partial}{\partial x_r}+eA_r\right)-\alpha_0 mc\right\}\phi=0 \qquad (11\text{-}49)_{\mathrm{D}}$$

이었지요. 단, 여기에서는 $\psi=e^{-iWt/\hbar}\phi$로 두고, 정상상태의 고유함수 ϕ를 문제로 하기로 하였습니다. 잘 알고 있는 것처럼, 그렇게 하면 W는 이 상태에서의 에너지입니다. 이 때 $\alpha_1, \alpha_2, \alpha_3, \alpha_0$는 제3화의 (3-23)에 나왔던 4행4열의 행렬입니다만, 지금부터의 논의를 하기 위해서는 거기에서도 말했던 것처럼

$$\sigma_1=\begin{pmatrix}0 & 1\\ 1 & 0\end{pmatrix},\quad \sigma_2=\begin{pmatrix}0 & -i\\ i & 0\end{pmatrix},\quad \sigma_3=\begin{pmatrix}1 & 0\\ 0 & -1\end{pmatrix} \qquad (11\text{-}50)$$

이라는 2행2열의 파울리 행렬과

$$1=\begin{pmatrix}1 & 0\\ 0 & 1\end{pmatrix},\quad 0=\begin{pmatrix}0 & 0\\ 0 & 0\end{pmatrix} \qquad (11\text{-}51)$$

이라는 2행2열 행렬을 이용해서,

$$\begin{aligned}\alpha_1&=\begin{pmatrix}0 & \sigma_1\\ \sigma_1 & 0\end{pmatrix},\quad \alpha_2=\begin{pmatrix}0 & \sigma_2\\ \sigma_2 & 0\end{pmatrix},\\ \alpha_3&=\begin{pmatrix}0 & \sigma_3\\ \sigma_3 & 0\end{pmatrix},\quad \alpha_0=\begin{pmatrix}1 & 0\\ 0 & -1\end{pmatrix}\end{aligned} \qquad (11\text{-}52)$$

와 같이 쓰는 것이 편리합니다. 또, 그것에 대응해서 4성분의 ϕ를

$$\phi^+=\begin{pmatrix}\phi_1\\ \phi_2\end{pmatrix},\quad \phi^-=\begin{pmatrix}\phi_3\\ \phi_4\end{pmatrix}$$

과 같이 2개의 2성분량으로 나누는 것이 편리합니다.

그러면 디락방정식 $(11\text{-}49)_{\mathrm{D}}$는

$$\{W+ceA_0-mc^2\}\phi^+=c\sum_{r=1,2,3}\sigma_r\left(-i\hbar\frac{\partial}{\partial x_r}+eA_r\right)\phi^- \qquad (11\text{-}53)_{\mathrm{D}_1}$$

$$\{W+ceA_0+mc^2\}\phi^-=c\sum_{r=1,2,3}\sigma_r\left(-i\hbar\frac{\partial}{\partial x_r}+eA_r\right)\phi^+ \qquad (11\text{-}53)_{\mathrm{D}_2}$$

와 같은 연립방정식의 형태로 쓸 수 있습니다.

그런데 파울리는 $(11-49)_{\mathrm{D}}$의 { } 안에, 게다가

$$-M'\left\{\frac{1}{i}\sum_{\text{cyclic}}\alpha_0\alpha_2\alpha_3B_1-i\frac{1}{c}\sum_r\alpha_0\alpha_rE_r\right\} \qquad (11\text{-}49)_{\mathrm{P}}$$

의 형태의 항을 덧붙여도, 방정식은 상대론 그 외의 전제를 만족하고 있는 것을 지적하였습니다. 단, 여기서 (B_1, B_2, B_3)는 입자에 작용하는 자기장 $\boldsymbol{B}$의 성분, (E_1, E_2, E_3)은 동일한 전기장 $\boldsymbol{E}$의 성분이고, $\sum\limits_{\text{cyclic}}$ 이라는 것은 첨자 (1, 2, 3)의 항과 첨자 (2, 3, 1) 및 (3, 1, 2)의 항을 서로 합한 것을 의미합니다. 이 때 $(11-49)_{\mathrm{P}}$ 안의 행렬은 제3화의 마지막에서 이야기한 6원 벡터로, 구체적으로는

$$\begin{aligned}
{}'_0\alpha_2\alpha_3 &= \begin{pmatrix}\sigma_1 & 0\\ 0 & -\sigma_1\end{pmatrix}, & \frac{1}{i}\alpha_0\alpha_3\alpha_1 &= \begin{pmatrix}\sigma_2 & 0\\ 0 & -\sigma_2\end{pmatrix},\\
{}'_0\alpha_1\alpha_2 &= \begin{pmatrix}\sigma_3 & 0\\ 0 & -\sigma_3\end{pmatrix}, & i\,\alpha_0\alpha_1 &= \begin{pmatrix}0 & i\sigma_1\\ -i\sigma_1 & 0\end{pmatrix}, \qquad (11\text{-}54)\\
i\,\alpha_0\alpha_2 &= \begin{pmatrix}0 & i\sigma_2\\ -i\sigma_2 & 0\end{pmatrix}, & i\,\alpha_0\alpha_3 &= \begin{pmatrix}0 & i\sigma_3\\ -i\sigma_3 & 0\end{pmatrix}
\end{aligned}$$

입니다. 더욱이 $(11-49)_{\mathrm{P}}$의 앞부분에 있는 계수 M'은 자기모멘트의 차원을 가진 상수입니다.

자, 조금 전에도 말한 것처럼 디락 방정식 $(11-53)_{\mathrm{D}}$로부터 전자스핀 $\frac{1}{2}\hbar$, 자기모멘트 $\frac{-e\hbar}{2m}$, 토마스 인자 $\frac{1}{2}$ 등 모두 나옵니다만, 그것에 대한 디락의 논법은 조금 불완전한 부분이 있으므로, 조금 더 제대로 해 보겠습니다. 그것은 조금 전 언급한 *Handbuch*에 실려 있는 파울리의 방법으로 $(11-53)_{\mathrm{P}}$를 반(半)상대론적으로 근사하는 방법입니다. 반상대론이라는 것은 $W-mc^2$이나 ceA_0 및 ceA_r이 mc^2에 비교해서 작다고 하여, 여러 가지 양을 $1/c$의 거듭제곱으로 전개하고, $1/c^2$ 항까지는 고려하였으나, $1/c^3$, $1/c^4$, ……의 항은 모두 버리는 근사입니다.

이 계산을 하기 위해서

$$\left(-i\hbar\frac{\partial}{\partial x_r}+eA_r\right)\equiv\pi_r \qquad (11\text{-}55)$$

로 두는 것이 편리합니다. 그러면 먼저 $(11-53)_{\mathrm{D}_2}$로부터

$$\phi^- = \frac{c}{W+ceA_0+mc^2}\left(\sum_{r=1,2,3}\sigma_r\pi_r\right)\phi^+$$

를 얻을 수 있습니다. 그리고

$$W + ceA_0 + mc^2 = 2mc^2 + (W - mc^2) + ceA_0$$

으로 쓰고,

$$W - mc^2 \ll mc^2, \qquad ceA_0 \ll mc^2$$

으로 근사의 제2항까지 취하면,

$$\phi^- = \left\{\frac{1}{2mc} - \frac{W + ceA_0 - mc^2}{(2mc)^2 c}\right\}\left(\sum_{r=1,2,3} \sigma_r \pi_r\right)\phi^+$$

을 얻을 수 있습니다. 여기서 { } 안의 제2항은 일견 $1/c^3$ 항으로 버려도 될 것 같으나, 쉽게 알 수 있듯이 이 항은 남겨 두어야만 합니다. 그리고 이 ϕ^-를 $(11\text{-}53)_{D_1}$의 우변에 대입합니다. 그렇게 하면 2성분 ϕ^+를 만족해야만 하는 방정식을 얻고, 이것이 제3화나 제7화에서 다루었던 파울리 방정식이 되는 것을 알 수 있습니다. 그러면 이 계산을 해 봅시다.

먼저, 지금 이야기한 대입을 해 봅니다. 그러면 $\pi_r A_0 = [\pi_r, A_0] + A_0 \pi_r$을 이용해서

$$(11\text{-}53)_{D_1} \text{의 우변} = \left[\frac{1}{2m}\left\{1 - \frac{W + ceA_0 - mc^2}{2mc^2}\right\}\sum_{r=1,2,3}\sigma_r\pi_r \sum_{s=1,2,3}\sigma_s\pi_s - \frac{ce}{(2mc)^2}(-i\hbar)\sum_{r=1,2,3}\sigma_r\frac{\partial A_0}{\partial x_r}\sum_{s=1,2,3}\sigma_s\pi_s\right]\phi^+$$

을 얻을 수 있습니다. 보세요. 조금 전 $1/c^3$을 포함한 항은 $(11\text{-}53)_{D_1}$ 우변의 앞부분에 있는 인자 c가 곱해져 $1/c^2$ 항이 되는 것입니다. 따라서 이것을 버려서는 안 되었습니다.

다음으로,

$$\sigma_r^{\ 2} = 1, \quad \sigma_1\sigma_2 = i\sigma_3, \quad \sigma_3\sigma_1 = i\sigma_2, \quad \sigma_2\sigma_3 = i\sigma_1$$

이라는 관계로부터 유도된 공식

$$\sum_{r=1,2,3}\sigma_r F_r \sum_{s=1,2,3}\sigma_s G_s = \sum_{r=1,2,3} F_r G_r + i\sum_{\text{cyclic}}\sigma_1(F_2G_3 - F_3G_2) \tag{11-56}$$

을 이용합니다(여기서 F_r이나 G_r은 q-수라도 좋다). 그러면

$$(11\text{-}53)_{D_1}\text{의 우변} = \left[\frac{1}{2m}\left\{1-\frac{W+ceA_0-mc^2}{2mc^2}\right\}\sum_{r=1,2,3}\pi_r\pi_r\right.$$
$$+\frac{1}{2m}\left\{1-\frac{W+ceA_0-mc^2}{2mc^2}\right\}i\sum_{r=1,2,3}\sigma_1(\pi_2\pi_3-\pi_3\pi_2)$$
$$\left.-\frac{ce}{(2mc)^2}\hbar\sum_{\text{cyclic}}\sigma_1\left(\frac{\partial A_0}{\partial x_2}\pi_3-\frac{\partial A_0}{\partial x_3}\pi_2\right)-\frac{ce}{(2mc)^2}(-i\hbar)\sum_{r=1,2,3}\frac{\partial A_0}{\partial x_r}\pi_r\right]\phi^+$$

을 유도할 수 있습니다. 그런데, 바로 알 수 있는 것처럼

$$\pi_2\pi_3-\pi_3\pi_2=-ie\hbar\left(\frac{\partial A_3}{\partial x_2}-\frac{\partial A_2}{\partial x_3}\right)=-ie\hbar B_1$$

(및 그 1, 2, 3을 사이클릭으로 바꾼 것)

이 성립하고, 또

$$-c\frac{\partial A_0}{\partial x_r}=E_r, \qquad r=1,2,3$$

인 것을 주의합시다. 그것으로부터 고전론에서는 입자의 속도를 $\boldsymbol{u}=(u_1, u_2, u_3)$로 할 때,

$$\pi_r\equiv\frac{mu_r}{\sqrt{1-u^2/c^2}}, \qquad r=1,2,3 \tag{11-57}$$

이 성립하고 있었기 때문에, 여기서 그것과 같은 형태의 관계식에 의해서 q-수 u_r을 도입하면, $1/c^3$ 항을 버려서

$$(11\text{-}53)_{D_1}\text{의 우변} = \left[\frac{1}{2}m\frac{u^2}{1-u^2/c^2}-\frac{W+ceA_0-mc^2}{4c^2}u^2\right.$$
$$+\frac{e\hbar}{2m}\sum_{r=1,2,3}\sigma_rB_r+\frac{1}{2}\frac{e\hbar}{2m}\sum_{\text{cyclic}}\sigma_1\left(E_2\frac{u_3}{c^2}-E_3\frac{u_2}{c^2}\right)$$
$$\left.+\frac{i}{2}\frac{e\hbar}{2m}\sum_{r=1,2,3}E_r\frac{u_r}{c^2}\right]\phi^+$$

을 얻을 수 있습니다. 그러면 이것을 $(11\text{-}53)_{D_1}$에 이용하면, ϕ^+를 만족해야만 하는 방정식으로

$$\left\{\frac{1}{2}m\left(1+\frac{u^2}{c^2}\right)u^2-M_D(\boldsymbol{\sigma}\cdot\boldsymbol{B})-\frac{1}{2}M_D\left(\boldsymbol{\sigma}\cdot\left[\boldsymbol{E}\times\frac{\boldsymbol{u}}{c^2}\right]\right)\right.$$
$$\left.-\frac{i}{2}M_D\left(\boldsymbol{E}\cdot\frac{\boldsymbol{u}}{c^2}\right)-\left(1+\frac{1}{4}\frac{u^2}{c^2}\right)(W+ceA_0-mc^2)\right\}\phi^+=0 \tag{11-58}$$

이 유도됩니다. 단, $M_D = \frac{-e\hbar}{2m}$입니다. 여기서 조금 일관되지 않은 근사가 되지만, { } 안의 제1항의 인자 $\left(1+\frac{u^2}{c^2}\right)$과 마지막 항의 인자 $\left(1+\frac{1}{4}\frac{u^2}{c^2}\right)$을 1로 두면(이것들은 질량의 상대론적 변화를 등한시하는 것이 된다), { } 안의 제1항 $\frac{1}{2}mu^2$은 입자의 운동에너지, 마지막 항 $-(W+ceA_0-mc^2)$ 안의 $-ceA_0$는 전기장에 의한 입자의 위치에너지, mc^2은 입자의 정지에너지를 의미하는 것이나, 그 외에 제2항, 제3항 및 제4항이 에너지에 붙어 있는 것이 보입니다. 그리고 이 때 제2항의

$$-M_D(\boldsymbol{\sigma}\cdot\boldsymbol{B}) \tag{11-59$_1$}$$

는 전자의 자기모멘트와 외부자기장의 상호작용 에너지로 해석할 수 있습니다. 게다가 제3항에 대해서는 (11-47)을 떠올리면,

$$-\frac{1}{2}M_D\left(\boldsymbol{\sigma}\cdot\left[\boldsymbol{E}\times\frac{\boldsymbol{u}}{c^2}\right]\right) = -\frac{1}{2}M_D(\boldsymbol{\sigma}\cdot\mathring{\boldsymbol{B}}) \tag{11-59$_2$}$$

로, 따라서 그것은 전자의 자기모멘트와 내부자기장의 상호작용 에너지입니다. 한 번 보세요, $(11-48)_{전자}$의 우변과 비교해서 알 수 있듯이, 고전적인 토마스 이론에서의 세차운동일 때와 같은 모양으로, 여기서 제대로 토마스 인자 $\frac{1}{2}$이 나타나 있습니다. 그것에 대해서 외부자기장과의 상호작용은 $(11-59)_1$이고, 따라서 이것 또한 $(11-48)_{전자}$의 우변과 같이 거기에서 $\frac{1}{2}$은 나타나지 않습니다. 또 (11-58)의 제4항은 고전론에서는 존재하지 않는 것입니다만, 이 항은 스핀 변수를 포함하지 않고, 따라서 토마스 인자에는 관계가 없습니다. 따라서 이쯤에서 그에 대한 논의는 그만두도록 하겠습니다.

여기서, 제1항 $\frac{m}{2}\boldsymbol{u}^2$에 관해서 보충하도록 하겠습니다. 즉, (11-55)와 (11-57)로부터, 근사적으로

$$\frac{m}{2}\boldsymbol{u}^2 = \frac{1}{2m}\boldsymbol{p}^2 + \frac{e}{2m}\{(\boldsymbol{A}\cdot\boldsymbol{p}) + (\boldsymbol{p}\cdot\boldsymbol{A})\}$$

을 얻을 수 있습니다만, 외부자기장이 균일할 때에는 $A = \frac{1}{2}[\boldsymbol{B}\times\boldsymbol{r}]$로 쓸 수 있기 때문에, 결국

$$\frac{1}{2}m\boldsymbol{u}^2 = \frac{\boldsymbol{p}^2}{2m} + \frac{e\hbar}{2m}(\boldsymbol{B}\cdot\boldsymbol{l})$$

을 얻을 수 있습니다. 이렇게 $(11-59)_1$, $(11-59)_2$와 이것을 이용하면 파울리 방정

식 (7-28)이 파울리항 $(11-49)_P$를 붙이지 않고 (11-58)로부터 제대로 나오는 것을 알 수 있습니다.

*

그러면, 또 파울리의 부가항 $(11-49)_P$를 덧붙일 때는 어떻게 되는가? 그것을 덧붙이면 (11-54)에 의해서 방정식은

$$\begin{aligned}&\Big(W + ceA_0 - mc^2 + M' \sum_{r=1,2,3} \sigma_r B_r\Big)\phi^+ = c \sum_{r=1,2,3} \left\{\sigma_r \pi_r + \frac{iM'}{c^2}\sigma_r E_r\right\}\phi^- \\ &\Big(W + ceA_0 + mc^2 - M' \sum_{r=1,2,3} \sigma_r B_r\Big)\phi^- = c \sum_{r=1,2,3} \left\{\sigma_r \pi_r - \frac{iM'}{c^2}\sigma_r E_r\right\}\phi^+\end{aligned} \tag{11-53$_{D+P}$}$$

가 됩니다. 이 때 $M'B_r$은 $1/c$의 자릿수입니다. 따라서 제2식의 좌변에서 $M'\sum\sigma_r B_r$ 항은 버려도 좋습니다. 따라서 그 근사로

$$\phi^- = \left\{\frac{1}{2mc} - \frac{W + ceA_0 - mc^2}{(2mc)^2 c}\right\} \sum_{r=1,2,3} \left\{\sigma_r \pi_r - \frac{iM'}{c^2}\sigma_r E_r\right\}\phi^+$$

을 이용할 수 있습니다. 그러면 이것을 제1식의 우변에 이용하고, 다시 공식 (11-56)을 이용하여 계산하면, 어수선하게 여러 가지 항이 나옵니다만, $1/c^3$, $1/c^4$, ……의 항을 차례차례로 잘라내 버리면, 결국 $(11-53)_D$의 경우에 얻었던 항 $(11-59)_1$과 $(11-59)_2$ 외에

$$\begin{aligned}&-\frac{M'}{2mc^2} \sum_{\text{cyclic}} \sigma_1 (E_2\pi_3 - \pi_2 E_3 + \pi_3 E_2 - E_3 \pi_2) \\ &+ \frac{iM'}{2mc^2} \sum_{r=1,2,3} (E_r \pi_r - \pi_r E_r)\end{aligned} \tag{11-60}$$

이라는 항만이 남습니다. 여기서

$$F\pi_r - \pi_r F = i\hbar \frac{\partial F}{\partial x_r}$$

을 이용하면,

$$\begin{aligned}(11\text{-}60)\text{ 의 제1항} &= -\frac{M'}{mc^2} \sum_{\text{cyclic}} \sigma_1 (E_2\pi_3 - \pi_2 E_3) \\ &\quad - \frac{M'\hbar}{2imc^2} \sum_{\text{cyclic}} \sigma_1 \left(\frac{\partial E_2}{\partial x_3} - \frac{\partial E_3}{\partial x_2}\right)\end{aligned}$$

이 되고, 또 제2항에 대해서는

$$(11\text{-}60)\text{의 제2항} = -\frac{M'}{2mc^2}\hbar\,\mathrm{div}\,\boldsymbol{E}$$

을 얻을 수 있습니다. 그러나 이 제2항은 스핀 변수를 포함하지 않고, 따라서 토마스 인자에는 관계가 없으므로, 이 항에 대한 논의도 역시 그만 두도록 하겠습니다. 한편, 제1항에서는 시간을 포함하지 않는 $\boldsymbol{E}$나 $\boldsymbol{B}$에 대해서 $\nabla\times\boldsymbol{E}=0$를 떠올리면, 결국 $\boldsymbol{M'}$으로부터 나오는 부가항에서 스핀을 포함한 것은

$$-\frac{M'}{mc^2}\sum_{\text{cyclic}}\sigma_1(E_2\pi_3-\pi_2E_3)$$

뿐입니다. 여기서 $\pi_r=mu_r$을 이용하고, 또한 (11-47)에 주의하면 그것은

$$-M'\left(\boldsymbol{\sigma}\cdot\left[\boldsymbol{E}\times\frac{\boldsymbol{u}}{c^2}\right]\right)=-M'(\boldsymbol{\sigma}\cdot\mathring{\boldsymbol{B}}) \qquad (11\text{-}61)$$

이 되는 것을 알 수 있습니다. 더욱이 $(11\text{-}53)_{\mathrm{D+P}}$의 좌변에는 전에 없었던 부가항

$$-M'(\boldsymbol{\sigma}\cdot\boldsymbol{B}) \qquad (11\text{-}62)$$

이 존재하고 있습니다. 결국 ϕ^{+}를 만족해야만 하는 방정식 중 스핀과 관련있는 부가항은 앞에서 얻었던 $(11\text{-}59)_1$과 $(11\text{-}59)_2$에 (11-61)과 (11-62)를 합쳐서

$$-(M_{\mathrm{D}}+M')(\boldsymbol{\sigma}\cdot\boldsymbol{B})-\left(\frac{1}{2}M_{\mathrm{D}}+M'\right)(\boldsymbol{\sigma}\cdot\mathring{\boldsymbol{B}}) \qquad (11\text{-}63)_{\text{양성자}}$$

가 됩니다. 그러면 이것을 토마스가 고전적으로 생각해서 얻은 결과 $(11\text{-}48)_{\text{양성자}}$와 비교하면, 아주 닮았다는 것을 알 수 있습니다. 더욱이 중성자에 대해서는 $e=0$, 따라서 $M_{\mathrm{D}}=0$이고, 결국 $(11\text{-}63)_{\text{양성자}}$에서 $M_{\mathrm{D}}=0$ 으로 둔 것이 양자역학적인 부가항입니다. 따라서 그것은

$$-M'(\boldsymbol{\sigma}\cdot\boldsymbol{B})-M'(\boldsymbol{\sigma}\cdot\mathring{\boldsymbol{B}}) \qquad (11\text{-}63)_{\text{중성자}}$$

로, 이것 또한 토마스의 이론으로 얻은 $(11\text{-}48)_{\text{중성자}}$와 닮았습니다. 게다가 토마스 이론에서 얻어진 결과와 양자론에서 얻어진 결과는 닮은 것뿐만이 아니라, 대응원리를 이용해서 번역하면 서로 완전히 일치합니다. 따라서, 결국 옌젠이 제시했던 문제에는 긍정적인 답이 나왔었습니다. 결국, 이상자기모멘트에 대해서도, 토마스 체계에서 했던 답과 양자역학적으로 했던 답은 완전히 일치하는 것입니다.

아무래도 옌젠과 만났을 때 나의 인상으로는, 그는 이상자기모멘트일 때, 토마

스 이론은 바른 답을 주지 않는다고 예상하고 있었던 것 같습니다. 하지만 지금 그의 진의를 확인할 방법은 없습니다. 내가 편지를 쓰려고 생각하고 있는 동안, 그는 안타깝게도 1973년 봄에 병으로 서거하였습니다. 그러나 나는 그의 덕에 다시 토마스의 연구를 들여다 볼 기회를 얻었습니다. 파울리가 토마스의 연구를 알고부터, 스핀은 고전적으로 기술 불가능이라는 그의 생각을 바꾸었다는 이야기를 전에 하였습니다만, 토마스의 연구에는 파울리의 마음을 바꾸게 할만한 내용이 확실히 있었던 것입니다.

자, 이야기는 돌고 돌아 다시 토마스의 시대로 돌아왔습니다. 이렇게 한 번 돌아본 것으로 나의 이야기를 끝낼까 합니다. 그러나 어깨가 뻐근할 정도로 길었던 오늘 이야기의 뒤에, 한 시간만큼은 산뜻한 청담(淸談)을 준비해 두었습니다. 그러면 다음시간까지, 안녕히.

제12화 마지막 강의

덧붙이는 추억 이야기

오늘은 청담을 하겠다고 약속했었지요. 그런데 청담의 의미는 여러분들도 알고 있으리라 생각합니다. 옛날 중국의 진나라에 죽림칠현이라는 무리가 있었다는 이야기, 이 일곱 명이 딱딱한 유학의 가르침에 반항하여 세상을 버리고 죽림에 틀어박혀 거문고를 타고 술을 마시며 산수의 아름다움에 나를 잊고, 시를 논하고, 노장(老莊-노자와 장자)을 이야기 했다는 것을 청담이라고 한답니다. 그러나 오늘, 나는 이 일곱 현인을 흉내 내는 대단한 일을 할 생각은 없으므로, 단지 마지막 한 강의만 지금까지와 같은 딱딱한 이야기는 잠시 접어두고, 지금까지의 이야기를 보충하거나, 보통 마지막 강의에서 자주 하는 것처럼 옛날 추억을 떠올리면서 이야기 해 보려 합니다. 이 대단치 않은 추억 이야기는 나의 눈을 통한 한 단면에 지나지 않습니다만, 이 추억 이야기를 통해서 이야기의 무대가 된 1925~1940년 무렵의 일본의 모습은 어땠었는지를 조금 떠올려 보는 것도 가능하지 않을까 하는 것이 나의 염원입니다.

실은 이 일련의 이야기의 제1회를 끝냈을 무렵에[77] 『자연』의 이시카와(石川) 군이 *Theoretical Physics in the Twentieth Century*라는 책을 가져다주었습니다. 이 책은 원래 파울리의 환갑을 축하하려고 기획된 것입니다만, 그것이 결국 그를 추도하는 글이 되어 버린 운명을 가졌던 책으로 그 책에는 여러 가지 스핀을 둘러싼 이야기가 쓰여있어서 이시카와 군이 그 책을 나에게 가져다 주었습니다. 그러나 내 입장에서는, 그 책을 읽어 버리다면, 내가 이야기하고 싶은 것들을 누군가가 이미 책에다 써 놓았으니, 내가 할 말이 없어지는게 아닌가라고 생각했습니

77) 여기에서 저자가 쓰고 있는 「제1회를 끝냈을 무렵」은 잡지 『自然(자연)』에서의 연재의 첫 회째를 지칭하고 있다. 연재는 1973년 1월호부터 10월호까지 10회였으나, 책으로 만들 때 첫 회의 기사를 3분할해서, 그 최초의 3분의 2의 내용은 새롭게 서술되고(제1화와 제2화), 남은 3분의 1은 대폭 가필하여 제3화가 되었다.

다. 결국 나는 그런 이유로 이 책을 처음 얼마간 읽지 않았었습니다. 그래서 나중에 그 책을 읽었었습니다만, 읽어 보니 내가 누군가에게 들어서 어렴풋한 기억으로 말했던 이야기가 그다지 틀리지 않았기 때문에 안심이 되었습니다.

그 중 하나는 크로니크의 일. 크로니크가 자전하는 전자라는 착상을 얻었을 때, 파울리에게 그것을 이야기했더니 무조건 반대해 버렸다는 에피소드이지요. 이 이야기는 내가 연구소에 왔을 무렵, 니시나 요시오(仁科芳雄) 선생님보다 조금 먼저 유럽에서 돌아온 스기우라 요시카츠(杉浦義勝)선생님에게서 들었던 것으로 기억하고 있습니다. 그런데 이 에피소드를 크로니크 자신이, 조금 전 말했던 파울리를 추모하는 책에 썼던 것입니다. 그래서 책으로 만들 때, 제2화에서는 그것을 대부분 받아 옮겼습니다.

다음으로 월렌벡-호우스미트의 이야기입니다. 크로니크의 생각이 파울리나 코펜하겐의 무리에게 그다지 찬성받지 못했기 때문에, 그가 발표를 포기하고부터 1년 정도 뒤에 호우슈미트, 월렌벡 두 사람이 크로니크와 완전히 같은 자전전자의 생각을 떠올렸고, 그것을 잡지에 투고하기까지 하였습니다. 그러나 그렇게 해서 수많은 비판을 받았고, 그 결과 두 사람은 그 발표를 철회하려고 하였습니다. 그러나 이미 그 때 논문은 출판사의 손에 넘어가 버렸다는 이야기를 제2화에서 하였지요. 나는 이 에피소드를 파이얼스(R.E. Peierls)로부터 들었습니다만, 요전 날 그 사이의 경위를 자세하게 적은 자료를 닛타 이사무(仁田勇) 선생님에게서 받았습니다. 그것은 *Delta*라는 네덜란드의 영문 잡지로, 그곳에 호우슈미트의 추억 이야기가 실려 있었던 것입니다. 〔이 호우슈미트의 추억 이야기는『자연』 1973년 12월 호에 미국의 사쿠라이 쿠니토모(桜井邦朋) 군의 번역문을 실려 있으므로 보시기 바랍니다.〕

이 이야기에 따르면, 호우슈미트는 에렌페스트에게서 공부하고 있었다고 합니다. 적어도 에렌페스트는 호우슈미트가 수리적 추리능력보다 실험으로부터의 접근을 잘 한다는 것을 꿰뚫어 보았던 것이겠지요. 본에 있는 파셴과 만나 이야기를 들은 것을 그에게 추천했다고 합니다. 파셴이 있던 곳에 백도 있었기 때문에, 그들이 발견한 파셴-백 효과나 조머펠트가 계산한 수소준위 미세구조의 실험적 검증 등이 그곳에서 이뤄지고 있었습니다. 호우슈미트는 여기서 여러 가지 실험의 결과를 알게 되고 실험가와 이야기를 나누고 있는 동안에, 파울리가 배타원리에 관련하여 가져 온 제4의 양자수로부터 힌트를 얻어서, 벡터 $\boldsymbol{l}$과 $\boldsymbol{s}$의

커플링으로 알칼리 2중항을 설명한다는 생각으로 이끌렸습니다(물론 그는 크로니크가 그와 같은 생각을 하려고 했던 것을 알지 못했습니다). 그로부터 파셴의 실험실에서 그가 알게 된 중요한 사항은 수소준위의 미세구조였습니다. 그것은 조머펠트의 이론에서는 당연히 금지되었어야 할 선이 파셴의 실험에서는 확실히 관찰되고 있다는 것이었습니다. 호우슈미트는 수소의 미세구조를 알칼리 2중항과 같이 생각하는 새로운 해석(그것도 크로니크가 생각한 것입니다)을 하면, 그 선은 금지선이 아니고 나타나는 것이 당연하다는 것을 깨달았습니다.

그러나 호우슈미트는 스스로도 말했던 것처럼 그다지 좋은 이론가는 아니었기 때문에 제4자유도라든지, 자전하는 전자라는 생각이 그에게는 떠오르지 않았습니다. 그러나 그는 이 금지선이 실제로는 금지되지 않았다는 것에 대한 설명을 자신이 제시했다는 것에 대해 큰 자부심을 갖고 있었습니다.

그래서 호우슈미트는 이 생각들을 논문으로 정리해서 크로니크나 크라머르스의 의견을 듣기 위해서 코펜하겐으로 보냈습니다. 크로니크로부터는 긴 편지가 돌아 왔고 그 안에는 여러 가지가 많이 적혀 있었으나, 호우슈미트의 생각에 관해서는 한 마디도 없었고 크로니크는 그것에 전혀 흥미가 없었던 것 같았다고 호우슈미트는 이야기하고 있습니다. 이렇게 크로니크는 호우슈미트의 생각을 무시하고 다른 것으로 이야기를 돌려버렸던 것으로 볼 때, 그는 어쩐지 파울리로부터 받았던 것을 그대로 호우슈미트에게 하고 있는 것 같네요. 며느리는 결국 시어머니가 된다는 것은 동서를 불문하고 진리인 것 같습니다.

윌렌벡은 이 무렵부터 참가한 것 같습니다. 그는 네덜란드 사람이나, 사정에 의해 이탈리아에서 공부를 하고 있었습니다. 그러나 그곳에서 고전물리학의 교육은 받았으나 새로운 양자물리나 분광학의 지식은 전혀 얻지 못했습니다. 그런 그가 네덜란드로 돌아와서 에렌페스트의 그룹에 참가했기 때문에, 에렌페스트는 호우슈미트와 함께 일을 하도록 준비를 한 것 같습니다. 호우슈미트에 의하면, 어느 날 에렌페스트가 그를 불러서, "자네는 윌렌벡과 당분간 함께 일을 하게. 그러면 그가 자네로부터 새로운 원자구조론이나 스펙트럼에 관해 여러 가지 배울 수 있지 않겠는가"라고 말했답니다. 에렌페스트는 그럴듯한 말로 포장했지만, 마음 속으로는 "그렇게 하면 너는 윌렌벡으로부터 진정한 물리가 무엇인지에 대해 어느정도 배울지도 모른다."라고 생각했던 것이 분명하다고 호우슈미트는 말하고 있습니다. 어쨌든, 에렌페스트라는 사람은 제자들의 재능을 인정하면 그 부족한 부분을 보충하고, 각각이 각자의 개성을 펼치도록 아주 친절한 인간미가 있는 교육을 하는 정말로 뛰어난 교육자였던 것 같네요. 〔에렌페스트는 스스로 자신은 학자가 아니고 시골교사에 지나지 않는다며 겸손하였다고 합니다. 그러나 내 생각에는 그것은 겸손이 아닌 그의 마음 깊은 곳에서 기인한 그의 따뜻한 심성이어서, 그가 미숙한 학생에 대해서 표시한 애정도 그것과 관련이 없을 수 없다고 나는 생각합니다. 로렌츠가 노령으로 그만 둘 때, 에렌페스트는 그 후 책임자가 되었습니다. 하지만 그 때도 로렌츠에게 설득되어 결국은 승낙하였지만, 자신은 그 일에 맞지 않는다고 몇 번이나 사퇴했다는 이야기를 보더라도, 그는 자신은 그런 자격이 없다는 생각에서 평생 벗어난 적 없었고, 결국에 자살이라는 비극적 행위로 그 생을 마감했다고 합니다.〕

자, 파울리는 제4양자수를 「고전적으로 기술 불가능한 2가성」이라고 말하고, 그것에 대해서 나타나는 역학적인 이미지를 거부하고 있었습니다만, 그것을 전자의 제4자유도가 나타나는 것으로 생각하여 더욱 구체적으로 그것이 전자의 자전이라고 생각한 것은 윌렌벡이었습니다. 호우슈미트는 전자가 자전한다는 생각을 충분히 이해할 수 없었습니다. 그러나 어쨌든 그것이 마음에 들어서 두 사람은 생각을 정리하여 두 사람의 공저 논문으로 에렌페스트에게 건냈습니다. 그 사이에 윌렌벡은, 고전이론에 통달하고 있던만큼 로렌츠의 의견을 듣지 않으면 안된다고 생각하여, 로렌츠를 만나서 자전전자의 발상에 대해 이야기했던 것입니다. 그렇게 했더니 로렌츠는 "그 생각은 매우 어렵다. 왜냐하면, 그 생각에서는 자기적인 자기(自己)에너지가 너무 크게 되고, 전자의 질량은 양성자보다 무겁게 된다."라고 말했습니다. 이것을 들은 윌렌벡은 완전히 겁을 먹고서는 에렌페스트에게 가서 "그 논문은 출판하지 말아 주십시오. 저것은 아마도 잘못된 논문입니다."라고 했을 때, 에렌페스트가 "너무 늦어버렸어. 그건 이미 보내버렸는걸"이라고 말했습니다. 한편 호우슈미트 경우에는 그렇게 심각하게 생각하지 않았던 것 같아서, 자전전자의 생각이 틀렸다고는 꿈에도 생각한 적이 없었다고 합니다. 호우슈미트가 기억하고 있는 에렌페스트의 말은, 그들이 두 사람의 논문을 에렌페스트에게 건냈을 때 "그것은 좋은 생각이다. 그 생각이 잘못되었을지도 모르지만, 자네들 두 사람은 아직 어떤 명성도 없는 젊은이들이니까 바보같은 실수를 하더라도 잃을 것은 아무것도 없다네"라고 했다고 합니다. 이렇게 해서 두 젊은이의 논문은 세상에 나오게 되었습니다.

이 논문은 에렌페스트의 손에서 *Naturwissenschaften*지의 편집자에게 보내져 출판되었습니다만, 이 논문이 나온지 얼마 지나지 않아 윌렌벡은 또 하나의 논문을 *Nature*지에 내게 되었고, 그 논문에 대해서 크로니크가 엄한 비판을 했다는 이야기를 제2화에서 하였습니다만, 조금 전의『20세기의 이론 물리(20世紀の理論物理)』라는 책에서 크로니크는 조금 변명 같은 것을 적어 놓았습니다. 그것은 그가 그의 생각을 코펜하겐에서 이야기했을 때 아주 냉담하게 다루어졌음에도, 1년도 채 지나지 않아서 보어를 시작으로 그곳의 뛰어난 분들의 태도가 완전히 바뀌어버렸었기 때문에, 자전전자를 생각했더라도 잘 진행되지 않았을 것에 주의를 환기시키는 것 외에 자신이 할 수 있는 것은 없었다고 말하고 있습니다.

그 외에도 이 논문의 반향은 있었습니다. 예를 들면 하이젠베르크는 바로 호우슈미트에게 편지를 보냈습니다. 거기에는 "당신의「용감한」논문을 보았습니다."로 시작하여 식을 하나 쓰고서 "하지만 당신은 이 인자 2를 어떻게 생각하십니까?"라는 질문을 하였습니다. 이것을 보고 호우슈미트는 왜 자신들의 논문이 그렇게「용감」한 것인지, 인자 2라는 것은 무엇을 말하는지 제대로 알지 못했다고 합니다. 그런데 윌렌벡의 경우, 로렌츠가 지적했던 곤란한 점 외에 인자 2에 대한 곤란한 점도 알고 있었던 것 같아서, *Nature*지에 실은 두 사람의 논문에서는 그 부분을 확실히 인정하고 있습니다. 윌렌벡의 입장에서는 한 번은 물러나겠다고 생각했던 정도였으니, 확실히 그것이「용감」한 논문이었던 것은 충분히 알고 있었겠지요.

그러다가 토마스의 논문이 나왔습니다. 그래서 일단 인자 2에 관한 곤란한 부분은 해결되었습니다. 호우슈미트에게 다행이었던 것은 에렌페스트가 란데와 다르게 파울리에게 상담하라고 말하지 않았던 것입니다. 닛타(仁田) 선생님으로부터 받은 자료 중에 토마스가 호우슈미트에게 보낸 편지의 사진이 삽입되어 있으므로, 그것을 여기에 인용하도록 하겠습니다.

> "… 당신과 윌렌벡은 파울리가 알기 전에 회전하는 전자 논문을 출판해서 운이 좋습니다.……1년 쯤 전에 크로니크도 회전하는 전자를 믿고 일을 좀 했는데, 그 일을 파울리에게 처음 보이고 말았지요. 파울리는 그 일을 통째로 비웃었고 아무도 더 이상 그것에 대해서 알지 못했죠. 그래서 파울리는 (스핀에 대해) 처음 들었으면서도 (스핀을 받아들인) 마지막 사람이 되었지요. …"

토마스의 논문이 나올 때까지 파울리는 고집스럽게 자전전자의 생각에 반대하였습니다. 하이젠베르크는 "「용감한」 논문"이나, "인자 2를 어떻게 생각하는가"라고 말했던 것처럼 거의 빈정거리는 부드러운 어조로 반대의 기분을 표현하고 있습니다만, 파울리는 보어가 윌렌벡-호우슈미트의 논문을 추천한 것을 물고 늘어졌던 것입니다. 즉, 보어는 *Nature*지에 낸 두 사람의 논문에 이어서 그것을 칭찬하는 글을 적고 있었습니다만, 파울리는 보어라는 사람이 그런 일을 한다고, 또 새로운 잘못된 것이 원자물리의 안에 도입되는 것뿐이라고 한탄하고 있었다고 합니다. 그러나 전에도 이야기한 것처럼, 토마스의 논문이 나와서 실험과 이론 간의 차이인 인자 2가 제거 되고 고전적인 토마스 이론으로 알칼리 2중항의 바른 간격이 멋지게 유도되었던 것을 보고는, 그 대단한 파울리도 「고전적으로 기술불가능」이라고는 말할 수 없게 되었습니다. 그리고 토마스의 논문이 나온 뒤 곧바로 호우슈미트는 "나 자신은 지금 자전전자의 생각을 믿게 되었다"라는 파울리의 엽서를 받았다는 이야기입니다.

이와 같이, 스핀 발견의 역사는 여러 가지 다른 강한 개성을 가진 학자의 인간적인 뒤얽힘으로 보더라도 재미있는 과정을 거쳐 온 것이라고 말할 수 있겠지요. 조금 전 이야기한 『20세기의 이론물리』에서 판데르바르던도, 스핀을 둘러싼 파울리 대 크로니크, 윌렌벡, 호우슈미트의 관계에 대해 자세히 쓰고 있기 때문에 한 번 읽어 보기 바랍니다.

*

다음으로 파울리의 "중성자" 이야기입니다.

1930년 경, 그가 여러 사람에게 그것에 대한 편지를 쓴 이야기를 제9화에서 했었지요. 그 때 내가 인용한 편지는 엔젠의 노벨 강연에 인용되었던 것을 다시 인용한 것입니다만, 도쿄교육대학의 하라 야스오(原康夫) 군은 조금 더 자세한 또 다른 것이 미국의 고등학생용 물리 부교재에 나와 있다고 알려 주었습니다. 엔젠의 것은 아마도 이론가를 위한 편지였겠으나, 이것은 실험가를 위한 것으로 그런 입자를 어떻게든 실험으로 찾는 것을 부탁한다는 취지의 것입니다. 하라 군이 그 복사본을 보내 주었기에 여기에 인용합니다.[78]

78) 파울리의 편지는 훨씬 길다. p. 186, 주64에 언급한 파울리의 편지함을 보라.

1930년 12월 4일 취리히

방사성 신사 숙녀 여러분, 이 편지를 전달하는 분의 말에 귀를 기울여 주시기를 간절히 바라나이다. 드릴 말씀은, 질소와 리튬의 "잘못된" 통계법의 관점에서, 또 베타붕괴의 연속 스펙트럼의 관점에서, 에너지 보존법칙과 통계법을 구하기 위해 제가 불현듯 찾아낸 필사의 선택에 대한 것입니다. 그것은 제가 중성자라고 부를 전기적으로 중성인 입자가 원자핵 안에 존재할 가능성입니다. 이 입자는 스핀이 1/2로 배타원리를 따릅니다. … 중성자의 질량은 전자와 비슷한 정도여야 합니다. 그러므로 방사성 여러분, 제 의견을 검토하고 판정해주시기 바랍니다. …

여러분의 충직한 종,

W. 파울리

이 편지에서 보면, 파울리는 β스펙트럼의 곤란한 부분만이 아니라, N핵(및 Li^6핵)의 통계나 스핀의 모순도 그의 "중성자"로 해결하려고 하고 있었네요. 덧붙여 방사성 숙녀(radioactive lady)라는 것은 리제 마이트너(L. Meitner) 여사라고 합니다.

여담입니다만, 이런 이야기를 고등학생이 읽는 책에 쓴다면 일본의 극성 엄마들은 뭐라고 말할까요? 문부성(우리나라의 교육부 - 역주)은 뭐라고 말할까요?[79]

*

여기서 조금 화제를 바꿔봅시다. 파울리가 언제나 디락의 사고방식을 평할 때, 곡예라고 말하고 있었다는 이야기, 이것은 니시나(仁科)선생님으로부터 들었던 이야기입니다. 「파울리의 재가」라는 이야기도 니시나 선생님으로부터 들었습니다. 무엇이든지 하이젠베르크가 곱의 교환불가능한 양(얼마 지나지 않아 그것은 행렬이라는 것이 됩니다만)을 이용한다는 새로운 생각을 내었을 때, 먼저 파울리에게 의견을 구했었다고 합니다. 그랬더니 파울리는 바로 그것을 재가하였다고 합니다. 니시나 선생님이나, 혹은 뒤에 이야기하겠습니다만 이화학연구소의 스기우라 요시카츠(杉浦義勝) 선생님은 자주 유럽의 학자들의 일이나 그곳에서의 연구생활 이야기를 들려주었습니다.

---

79) 하라 야스오씨의 이야기 : 토모나가씨가 대표 집필자였던 고등학교 물리 교과서의 원고가 1960년 무렵 문부성의 검정에서 불합격하였다. 집필자 중 한 사람이었던 후쿠다 노부유기(福田信之)씨에 따르면 토모나가씨는 검정의견에 납득할 수 없어서 수정하지 않고 불합격을 선택했다.

니시나 선생님의 이야기 중에서 당연히 클라인과 공동의, 이른바 클라인-니시나 공식을 유도했을 때에 고심했던 이야기가 있습니다. 그것에 의하면, 저 계산을 할 때 어느 곳까지 두 사람이 따로 계산해서는 그것을 대조하고, 또 다시 따로 계산해서 대조하는 방법을 했다고 합니다. 지금에야 이 방법은 정석입니다만, 우리들에게 그런 방법은 새로운 것이었습니다. 우리들도 사카다 쇼이치(坂田昌一) 군이나 타마키 히데히코(玉木英彦) 군, 코바야시 미노루(小林稔) 군과 함께 일 할 때 이 방법을 사용했습니다만, 그런데도 서로 틀리기만 해서 애를 먹고 있었습니다. 그 때 니시나 선생님은 클라인과 함께 일을 했을 때, 역시 좀처럼 두 사람의 계산이 맞지 않아서 고생한 이야기를 해 주었습니다. 우리는 그것을 듣고서, 우리들만이 그런 것은 아니구나라고 생각해서 마음을 놓았던 적이 었습니다.

클라인-니시나 공식이라고 하면, 여러분들 아마 하이틀러(W.Heitler)의 『복사장의 양자론(輻射場の量子論)』에 있는 것과 같은 방법으로 계산이 이루어졌다고 생각하고 있겠지만 그렇지만은 않습니다. 두 사람이 계산을 시작했을 무렵은 아직 장의 양자화가 나타나지 않았을 무렵으로, 그 무렵은 과도기적인 장법, 즉 전자장과 전자기장을 일단 고전적인 장으로 생각해서 고전론적으로 계산하고, 그 결과에 대해서 대응원리를 사용해서 양자론으로 번역하는 방법을 사용하고 있었던 것입니다.[80] 여기서 전자장을 고전론적으로 취급한다는 것은, 바꿔말하면 전자파를 3차원 공간 내의 파로 간주하는 슈뢰딩거의 생각에 근거하고 있는 것에 주목해 주십시오. 이런 대응론적인 방법으로 전자파와 전자기장의 상호작용을 논하고자 하는 생각은 1926년 경 클라인과 고든에 의해서 독립적으로 전개되었던 것으로, 그들은 먼저 상대론적인 전자파 방정식을 스칼라장으로 생각하고 ,컴프턴 효과의 계산 등을 하고 있는 것입니다. 그런 과정으로 전자에 대한 스칼라 방정식을 클라인-고든방정식이라 부르게 되었던 것입니다만, 그들이 노린 것은 이 방정식 자체에 있었던 것이 아니라, 컴프턴 효과의 설명이 본래의 목적이었던 것입니다. 따라서 디락 방정식이 나오자마자 클라인이 '그러면 디락 방정식을 이용해서 컴프턴 효과를 계산해 보자'라고 생각했던 것은 아주 자연스러운 순서였던 것입니다.[81]

지금 이야기한 것처럼, 클라인이든 고든이든 전자의 파동을 좌표공간 내가 아닌 3차원 공간 내의 파로 생각하자는 슈뢰딩거의 좌절된 생각을 대응원리를 이

80) 니시나가 남긴 계산 노트가 해독되어 있다 : 矢崎裕二「Klein - 仁科公式導出の過程 (I), (II) 一理研の仁科資料を中心に, 科学史研究31 (1993) 81-91, 129-137.

용한다는 방법으로 구해낸 것이었으나, 이 방법은 잇따라 출현한 장 양자화의 선구자였다고 볼 수 있습니다. 왜냐하면 입자의 운동을 고전적으로 논하고 그 해에 대응원리를 이용한다는 전기 양자역학의 방법이 하이젠베르크의 행렬역학에 의해서 정식화되었던 것으로부터 볼 때, 파동장의 고전론에 대응원리를 이용하는 클라인이나 고든의 방법이, 장의 양을 q-수라고 생각하는 것으로 정식화되었던 것이라는 기대로 진행해 가는 것은 극히 자연스러웠기 때문입니다. 사실 클라인은 ψ를 양자화한다는 생각을 1926년 경부터 가지고 있었던 같아서, 우선권은 디락의 곡예에게 앞을 내주었지만, 그는 같은 생각을 가지고 있던 요르단과 협력해서 요르단-클라인의 연구를 1927년에 완성시켰습니다(이 이야기는 제6화에서 하였습니다).

그것은 어쨌든, 하이틀러의 책에 쓰여진 방법이라면, 클라인-니시나 공식은 만약 10일만 더 있었다면면 계산할 수 있었을 테고, 파인만(R.Feynman) 체계라면 3시간만 더 있었다면 가능했겠지요. 그러나 니시나 선생님이 클라인과 함께 그것을 계산할 때, 그것은 대단히 힘든 계산이었던 것 같습니다. 추가로 덧붙이겠습니다만, 이것은 산란된 γ선 편극의 계산으로, 그것 역시 한층 더 복잡한 계산이었던 것 같습니다.[80] 그래서 계산을 확인하는 역할을 당시 대학원생이었던 묄러(C. Møller)가 했다고 합니다. 물론 니시나 선생님은 논문의 마지막에 묄러에게 감사하고 있습니다.[82]

우리들이 교토대학 3학년[83] 시절 양자역학 공부를 하고 있었을 때, 슈뢰딩거의 ψ가 좌표공간 내의 파동인지, 3차원 공간 내의 파동인지의 문제는 우리들 사이에서도 역시 신경 쓰이는 일이었습니다. 우리가 3학년이었던 것은 1928년의 일로, 그 무렵 이미 요르단-클라인의 논문 등도 나와 있었을 것입니다만, 아무래도 3학년이 되어 양자역학의 "양"이라는 글자부터 시작한 풋내기는 그런 것을 아직 알지 못했었습니다(또 그런 것을 알려준 선생님도 없었습니다). 나의 경우에는

81) O. 클라인의 이야기로 컴프턴 효과의 계산은 클라인이 니시나에게 제기하였으나(O. 클라인「研究の日々(연구의 날들)」. 小泉賢吉郎 訳, 玉木英彦·江沢 洋 編『仁科芳雄』수록, みすず書房 (1991), pp. 93-97), 클라인과 코펜하겐에서 재회하기 전인 1928년 2월 25일에, 니시나는 함부르크에서 디락에게「컴프턴 효과의 계산을 하고싶은데, 당신의 상대론적 전자론 논문의 발췌인쇄물을 보내 주십시오」라는 편지를 보냈다.『仁科芳雄往復書簡集 I』(p. 203의 주70에 나옴) 書簡 59, 注 a)

82) O. 클라인이 니시나에게 보낸 서한을 참조.『仁科芳雄往復書簡集 I』(p. 203 주70에 나옴), 書簡73, 82.

83) 제2차 세계대전 후의 학제 개혁 (1948/9 년)까지 대학교육은 3년간이었다.

단지 모른다, 모른다고 말하고 있었을 뿐이었습니다만, 유카와 군의 경우는 ψ는 3차원 공간의 파동이어야만 한다고 믿고 있었던 것 같아서, 그는 헬륨의 문제를 어떻게 해서든 6차원 공간의 ψ를 사용하지 않고 풀려고 생각하고 있었던 같습니다. 그 결과 그가 생각한 것은 핵의 전기장 $\frac{Ze}{r}$의[84] 외에 전기밀도 $-e\psi^*\psi$가 만드는 전기장을 고려해서 3차원 공간 내에 슈뢰딩거 방정식을 세우고 그것을 푸는 방법이었습니다. 그렇게 했더니, 제법 실험과 잘 맞는 헬륨의 에너지가 나왔다고 그가 이야기해 준 일을 기억하고 있습니다. 이미 알아차렸을 것이라고 생각합니다만, 이것은 결국 하트리 근사였던 것입니다.

그와 관련해서 생각나는 것은 대학 3학년이 끝날 무렵에 3학년생이 자신이 읽었던 논문을 소개하는 잡지 모임이 있습니다. 그래서 우리도 태어나서 처음으로 발표를 했습니다만, 그 때의 일입니다. 나는 하이젠베르크의 「Mehrkörperproblemeund Rezonanz in der Quantenmechanik」를 발표하였습니다만, 유카와 군이 선택한 것은 클라인의 논문 「Elektrodynamik und Wellenmechanik von Standpunkt des Korrespondenzprinzip」이었습니다. 이것은 조금 전 이야기한 클라인의 논문으로, 그 때에도 말한 것과 같이 그것은 전자파를 3차원 공간 내의 파로 생각하는 것으로, 유카와 군이 이 논문을 선택한 것도 그의 주장으로 볼 때 극히 자연스러운 것이었겠지요. 한편 나의 경우를 말하자면, 이 하이젠베르크의 논문은 입자의 교환에 대해서 ψ가 대칭 또는 반대칭인지에 따라서 입자가 보스 통계에 따르는지 또는 페르미 통계에 따르는지가 결정되는 것이라는 논의였기 때문에, 거기서는 정말로 좌표공간 내의 ψ를 생각하고 있습니다. 그런 점으로 볼 때, 나의 경우는 좌표공간 내의 ψ라는 생각에 끌리고 있었던 것처럼도 보입니다. 그러나 이 논문에서 내가 인용한 것은, 하이젠베르크 체계의 유추법에 있었던 것 같습니다. 결국, 2개 진자의 공진이라는 극히 일상적인 새로운 현상으로부터 이야기가 시작되어 그것이 어느 샌가 ψ의 대칭성과 입자의 통계라고 말한 아주 고도의 문제로 나아가는, 나는 그 유추의 묘미에 끌렸던 것 같습니다. 그 증거로, 같은 문제를 논하고 있는 디락의 논문에는 전혀 관심이 없었습니다.

그런데 어느 날, 도서관에서 유카와 군과 만났을 때, 그는 요르단-클라인의 논문과 요르단-위그너의 논문이 실린 *Zeitschrift für Physik*를 책상 위에 펼치고 3차원 공간의 ψ를 캐노니컬한 교환관계에 의해서 양자화하거나, 혹은 반교환관계

84) 역사적인 이야기이므로 $1/(4\pi\varepsilon_0)$는 붙이지 않습니다.

내가 대학을 졸업한 1929년 9월에 W. 하이젠베르크와 P. A. M 디락이 일본에 방문했다. 좌로부터 니시나 요시오, 두 사람 건너서, 하이젠베르크, 나카오카 한타로 (1865–1950), 디락, 우측 끝, 스기우라 요시카츠 (1895–1960).

에 의해서 양자화하면, 좌표공간의 ψ를 이용해서 대칭함수를 취하거나, 혹은 반대칭함수를 취하는 것과 완전히 같은 결론이 나온다는 놀랄만한 사실이 있었던 것을 나에게 가르쳐 주었습니다. 그런 이유로, 나도 바로 이 논문을 읽어 보았습니다만 3차원의 파인지, 다차원의 파인지와 같은 무엇인가 흐릿하여 기분 나빴던 문제가, 여기에서 완전하게 게다가 깔끔하게 답이 나오는 것을 발견한 것입니다.[85)]

*

우리들이 대학을 졸업한 것은 1929년입니다만, 이 해 9월에 하이젠베르크와 디락이 일본에 왔었습니다. 그리고 도쿄와 교토에서 강연을 하였습니다. 나는 그 때 용기를 내서 도쿄에 가서 강연을 들었습니다. 이 강연은 9월2일부터 9일 동안 도쿄대와 이화학연구소에서 이루어졌었습니다. 그 제목을 언급해 보면,

하이젠베르크

1. Theory of Ferromagnetism.

2. Theory of Conduction. (이것은 블로흐(F. Bloch)의 전기전도의 이론입니

85) pp.123-124 및 주43을 참조.

다.)

3. Retarded Potential in the Quantum Theory. (이것은 유명한 하이젠베르크-파울리의 이론입니다.)
4. The Indeterminacy-Relations and the Physical Principles of the Quantum Theory.

디락

1. The Basis of Statistical Quantum Mechanics. (이것은 밀도 행렬의 이야기입니다.)
2. Quantum Mechanics of Many-Electron Systems. (이것은 전자의 좌표에 대한 치환연산자를 스핀변수로 나타낸 것과 그 응용입니다.)
3. Relativity Theory of Electron. (이것은 말할 것도 없이, 디락방정식의 이야기입니다.)
4. The Principle of Superposition and the Two-Dimensional Harmonic Oscillator.

입니다. 이 중 1~3은 도쿄대에서, 4는 이화학연구소에서 강연을 하였습니다. 보시는 대로, 강연의 내용은 당시로서는 최첨단이었습니다.

나는 다행히도, 일단 이 이야기들에 관련한 논문을 봐 두었기 때문에 (단, 그렇게 하는 것이 대단히 고생스러웠다는 것을 나중에 이야기하겠습니다.), 이상하게도 대부분의 내용을 이해할 수 있었던 것으로 기억하고 있습니다. 단, 교토라는 시골에서 도쿄에 나와, 나가오카 한타로(長岡半太郎) 선생님이라든지, 니시나 선생님, 스기우라(杉浦) 선생님 등 대단한 분들의 모습을 보고, 또 보기에도 머리가 좋을 것 같은 도쿄대 출신의 수재들 사이에서 압도된 기분이 들었기 때문에, 나는 뒤쪽 자리에 몰래 숨듯이 앉아 강연을 듣고 있었습니다. 그곳에 교토의 제3고등학교를 거쳐 도쿄대 물리과를 나온 고등학교 선배가 한 사람 있어서, 저분이 니시나 선생님이며 저곳에 있는 것이 니시나 선생님의 학회에 언제나 나와서 양자역학의 공부를 하고 있는 고타니 마사오(小谷正雄), 이누이 테츠로(犬井鉄郎)라는 사람들이다. 자네도 그 사람들을 알아 두게, 등을 말해주었지만, 그 때는 뒷걸음질만 치고 있었습니다. 그러던 중에 지금 생각난 것은 제3강연 뒤에 디락이 하이젠베르크에게 한 질문입니다. 알고 계시겠지만, 하이젠베르크와 파울리는 그들의 이론 중에서 div $\boldsymbol{E}=4\pi\rho$를 q-수 사이의 관계가 아닌, 상태 벡터 ψ에

내가 대학을 졸업한 다음 해, 니시나 선생님이 교토에 모습을 나타내셨다. 앞줄 오른쪽에서 2번째부터 니시나 요시오(仁科芳雄), 키무라 마사미치(木村正路) (1883-1962), 제일 뒷줄 오른쪽부터 두 번째가 나, 왼쪽 옆이 유카와 군 (1907-1981).

대한 부가 조건 div $\boldsymbol{E}\cdot\psi=4\pi\rho\cdot\psi$로 도입하고 있네요. 그것에 대해서 디락은 div $\boldsymbol{E}-4\pi\rho$의 고유치 0은 이산적인가? 연속적인가?라는 질문을 한 것입니다. 이것은 하이젠베르크도 예상하지 못한 질문이었던 것 같아서, 그는 바로는 대답하지 않고 잠시 생각하고서 아마 연속적이라고 생각한다고 대답했습니다.

도쿄대에서의 강연 마지막 날에는 나가오카 선생님이 인사말을 하시며, 하이젠베르크나 디락이 20대의 젊은 나이로 신이론의 건설이라는 대사업을 완수한 공적을 칭찬하는 것과 함께 일본의 학자들은 지금도 구미의 것을 모방만 하고, 학생은 학생대로 그 강의를 노트에 적기만 하는 그런 기개 없는 현상은 정말 한심한 노릇이다. 하이젠베르크나 디락을 보고 배우라는 취지의 연설을 했던 것이 머릿속에 남아 있습니다.[86) 〔단, 나가오카 선생님은, 이것을 선생님 스타일의 영어로 말했기 때문에 나는 정확하게 알아 듣지 못하고, 내 나름대로 받아들였던 것인지도 모른다.〕

*

86) 長岡半太郎「HeisenbergとDiracの講演に際し歓迎の辞」, 『仁科芳雄往復書簡集I』所収 (p. 207의 주70을 보라), 文書127.

대학 3학년 시절 전공을 결정할 때, 양자론을 선택해버렸던 것에 나는 몇 번인가 후회한 적이 있습니다. 어쨌든 당시 교육적으로 나온 양자역학 교과서 등은 하나도 없고, 책이라고 하면 슈뢰딩거의 논문집이나 보른이 쓴 『원자역학의 제문제(原子力学の諸問題)』 정도로, 대부분의 공부는 원 논문을 하나하나 들여다보지 않으면 안 되었습니다. 그렇다보니, 그것에는 다른 논문을 아주 많이 인용하고 있었으므로, 그 인용 논문을 읽지 않으면 적혀 있는 것을 전혀 알 수 없습니다. 그런 이유로, 많은 논문의 망망대해 속에서 나 혼자서 허우적대고 있었습니다. 덤으로 그 무렵, 나는 건강이 좋지 않아서 학사 학위는 받았으나 완전히 노이로제에 걸려 버렸습니다. 이렇게 해서, 몇 번인가 또 양자역학을 그만둘까 생각했으나 그럭저럭 1년 반 정도 지나고 보니 하이젠베르크나 디락의 강연 등도 거의 이해할 수 있을 정도는 따라잡았던 것을 깨달았습니다. 그러나 따라잡았을 때, 적은 또 앞으로 나아가고 있었습니다. 아무리 나가오카 선생님께서 격려를 해 주셔도 도무지 어쩔 수 없었습니다.

그 무렵 세계의 대세로부터 완전히 고립된 보수적인 교토대학의 선생님도, 양자론이라고 하는 새로운 물리가 들판의 불길과 같이 전 세계로 퍼져나가고 있는 상황을 보고서는, 무엇인가 하지 않으면 안되겠다는 분위기가 나타나고 있었던 것은 당연했었습니다. 당시 교토대에 키무라 마사미치(木村正路) 선생님이라는, 해외에서도 이름이 알려진 분광학 선생님이 계셨습니다. 선생님은 실험가로 처음에는 이론물리를 그다지 좋아하지 않았다고 이야기하셨습니다만, 그 무렵 해외 시찰을 하고 구미의 대세를 눈으로 보고서, 일본에서도 지금까지와 같은 고전물리 일변도로는 안된다고 생각하였습니다. 다행히 선생님은 이화학연구소의 주임 연구원도 겸하고 있었던 관계로, 이화학연구소의 스기우라 선생님이 교토대에서 양자역학의 집중강의를 의뢰하였습니다. 그런 사정으로, 아마 1930년의 초반 무렵이라고 생각됩니다만, 스기우라 선생님이 교토에 오셨습니다. 아마 추울 때 였으므로 스토브를 킨 교실에서 강의를 들었던 것 같은 기억이 있습니다.[87] 그로부터 다음 해의 초여름이었다고 생각됩니다만, 다시 니시나 선생님이 강의에 나타났습니다.

스기우라 선생님은 유카와 군과 내가 양자역학을 공부하고 있는 것을 알고서,

87) 스기우라 요시카츠(杉浦義勝)는 1928년 4월에도 이화학연구소에서 「新量子力学と其応用(신양자역학과 그 응용)」이라는 제목으로 강연했다. 그 기록은 남아 있다(日本数学物理学会誌, 第二巻·第一号·付録 (1928) 14–88).

만약 할 생각이 있다면 테마를 주겠다고 하였습니다. 조금 전에도 이야기 한 것처럼, 1929년 여름 무렵까지 슬로 페이스였던 나도 일단 그럭저럭 양자역학을 쫓아갔었습니다만, 그 일과 스스로 무엇인가 일을 하는 것은 별개의 것입니다. 양자역학의 경우 그 무렵까지는 이론체계가 거의 완성되고, 또 원자의 문제도 거의 대부분 풀려버려서 그런 분야에서는 더 이상 할 것은 그다지 없었습니다. 그래서 나는 분자에 다소 흥미가 있었고, 훈트의 연구 등을 공부하며 분자구조에 관한 것으로 무엇인가 할만한 것이 없는지 물색하고 있었습니다. 그러나 그곳에도 물리적인 문제는 대체로 해결되어 버린나머지, 차라리 화학자가 해야 할 것 같은 일밖에 남아 있지 않은 것처럼 보였습니다. 그런 이유로, 그 무렵 우리들이 활동할 여지가 남아 있을만 한 분야는 물성론 분야, 원자핵 분야 그리고 상대론적 양자역학 분야밖에 없다고 생각했습니다. 그러면 그 중 어느 분야를 향해서 나아가면 좋을까? 나는 망설이고 또 망설여서 좀처럼 결정할 수 없었습니다. 어느 분야를 하던지, 나의 능력은 아직 부족하다고밖에 생각할 수 없었습니다. 따라서 스기우라 선생님으로부터 테마를 받아도 좋다는 이야기를 듣고서, 이것을 계기로 한 가지라도 자신이 나아갈 방향을 어떻게든 결심하자고 마음을 먹었습니다.

한편, 내가 보기에 유카와 군의 경우에는 이미 오래전부터 원자핵이라든지, 상대론적 양자론으로 나아갈 결심을 하고 있었던 것 같이 보였습니다(유카와 군, 잘못되었으면 수정해 주십시오). 그래서 그는 자력으로 핵의 스핀에 의한 스펙트럼의 초미세구조이론 등을 다루어보거나 하였습니다. 그러나 일단 그도 스기우라 선생님이 주실 테마가 어떤 것인지 들어보자는 심경이었겠지요, 우리 두 사람은 스기우라 선생님이 계신 방으로 갔었습니다.

그 때 선생님이 나에게 주었던 과제는 Na_2 분자의 문제로(내가 분자에 흥미를 가지고 있던 것을 선생님은 알고 계셨는지 어떤지 그 부분을 알지 못합니다) 그것은 하이틀러-론돈의 H_2 이론을 Na_2에 적용시킨다는 것입니다. 나는 그 무렵 분자에는 흥미를 잃었으나, 언제까지나 다른 사람의 논문만 읽고 있는 것보다는 재미없더라도 무엇인가 스스로 해 보는 편이 약이 된다고 생각하고 두 눈 딱 감고 "해 봅시다."라고 말했던 것입니다. 그러나 막상 해 보니 처음부터 수치계산뿐이어서, 특별히 공부가 될 것 같지 않았습니다(그러나 끈기를 키우는 수양은 되었습니다). 그리고 무언가 스기우라 선생님의 흉내만 내고 있는 것 같아서 무척 재미가 없었습니다. 게다가 계산을 하고 보면 이상한 것이 가득 나타나서 좀처럼 제대로 되지 않았습니다.

유카와 군의 경우에도 스기우라 선생님으로부터 테마가 주어졌으나, 그것은 버겐 데이비스(Bergen Davis)의 실험[88)]이라는 대단히 기묘한 실험의 결과를 이론적으로 설명하는 일이었습니다. 그런데 이 실험을 상세히 조사해 보니 도무지 이상하다. 어떻게 생각해도 무엇인가 잘못된 실험인 것 같다. 그런 것이 여러 가지 있어서 어정쩡한 상황이 당분간 계속되었을 무렵, 니시나 선생님이 교토대에 강의하러 오셨던 것입니다.

니시나 선생님의 강의에서는 하이젠베르크의 *Physikalische Prinzipien der Quantentheorie*라는 책이 교과서로 사용되었습니다. 스기우라 선생님이 강의하실 때에는, 옆으로 긴 칠판의 끝에서 끝까지 연결될 것 같은 아주 긴 식(Confluent hyper geometric function 인가 하는)을 써서, 자신의 연구를 이야기하였습니다. 그것은 확실히 독창적인 이야기였을지 모릅니다만, 학문을 처음 시작하는 사람에게는 너무나 전문적이어서 도무지 무슨 말인지 알 수 없었습니다. 한편, 니시나 선생님의 강의는 강의 원고를 그대로 옮겼다고 한다면 그렇긴 합니다만, 거의 하이젠베르크의 공적이었다고 하더라도, 그것을 계기로 한 강의 뒤에 나온 토론은 실로 인상 깊은 것이었습니다. 키무라 선생님의 실험가다운 발상의 발언, 그것에 대답하는 니시나 선생님의 설명, 이런 주고받음의 분위기가 그렇게 만든 것일까요? 지금까지 이런 자리에서는 입을 떼지도 못했던 소심한 나도, 몇 번인가 망설인 끝에 간신히 니시나 선생님께 질문을 하였고 선생님은 친절히 대답해 주셨으며, 나 같은 풋내기의 의견에도 귀 기울여 주셨습니다.

니시나 선생님이 교토에 머물고 계시던 어느날, 유카와 군과 나는 니시나 선생님이 부르셔서 저녁식사를 함께 하게 되었습니다. 이 때 두 사람이 스기우라 선생님으로부터 받은 과제의 이야기를 하였더니, 선생님은 버겐 데이비스의 실험은 잘못되었다는 것을 명확하게 알았다는 이야기를 하고, 섬광계측기를 사용한 실험에서는 실험하는 사람의 심리가 실험결과에 나타나는 경우가 자주 있다는 것을 말씀하셨습니다.

내 연구 과제에 대해서는, 선생님은 조금 더 재미있는 것이 이것 외에도 많이

88) 이 실험에 대해서『仁科芳雄往復書簡集 I (니시나 요시오 왕복 서한집 I)』(p.202의 주70에 나왔음)의 서한 155 (J.C Jacobsen → 니시나, 1930년 1월 10일), 서한 167 (니시나 → S.A. Goudsmit, 1930년 1월 31일)에 적혀 있다. 니시나가 교토대에 강의하러 간 것은 1931년 4월말이다.

있다는 것을 말씀하셨습니다. 그래서 선생님은 클라인으로부터 최근 받았던 편지를 우리 두 사람에게 알려주시고,[89] 보어가 원자핵 안에는 양자역학이 성립하지 않는다고 말하고 있다는 등, 그 안에 쓰여 있는 이야기를 들려주셨었습니다. 보어의 생각으로는, 양자역학은 관측이 대상에 미치는 작용을 $\hbar$보다 작게 하는 것은 불가능하다는 것을 집어넣은 점에서 고전역학보다 앞서 있지만, 그 외에 관측장치 그 자체가 양성자나 전자로 되어 있다는 것으로, 관측조작에 무엇인가 원리적인 제한이 나타나는 것이겠지, 따라서 핵 내에서는 어쩌면 그런 제한 때문에 그것을 고려하지 않은 지금의 양자역학은 성립하지 않는 것이겠지, 아마 그 제한의 결과로 핵 내에서 전자는 개성을 잃어버리겠지, 이런 것이 보어의 생각이라고 선생님은 말씀해 주셨습니다. 〔실은 여기에서 이렇게 확실히 들었던 것처럼 썼습니다만, 그 당시의 내가 어려운 이야기를 그렇게 명확하게 알아 들을 능력이 있었을리 없으므로, 눈을 뜨고서 꿈 이야기를 사람들에게 할 때처럼 아마 부지불식간에 이야기의 앞뒤를 맞춰서 하고 있는 것입니다.〕

*

이런 여러 가지 과정이 있었습니다만, 1932년의 시작 무렵 나에게 한 통의 편지가 니시나 선생님에게서 도착했습니다. 거기에는 이화학연구소로 와서 니시나 연구실에서 공부할 생각이 없냐는 취지의 내용이 적혀있었습니다. 그러나 나는 대체 내가 이화학연구소와 같은 일본 최고의 장소에서, 세계적인 선생님에게 부응할 수 있는 능력이 있는 것일까? 라는 망설임과, 그러나 일부러 해 주신 얘기였기 때문에 가 볼까? 하는 기분이 뒤섞여서 좀처럼 발을 떼기가 힘들었습니다. 그래서 솔직하게 이런 기분을 편지로 써서 선생님에게 보냈더니 선생님으로부터, 그러면 어쨌든 시험적으로 2, 3개월 계획으로 와 보게. 그 Na_2의 계산을 해도 좋고, 또 조금 더 재미있는 일도 있으니까. 그래서 나중에 어떻게 할지는 그 뒤에 결정해도 좋네. 그런 내용의 답장이 왔었습니다. 그리하여 나는 1932년 4월말 경 상경해서 이화학연구소의 니시나 연구실의 일원이 되었던 것입니다.

니시나 연구실에 갔더니, 선생님은 Na_2 관련 된 것은 어떻게 되고 있는가? 라고 말씀하셔서 너무 이상한 결과가 나와서 그냥 그대로라고 대답하니, 선생님은

---

89) 이 O.클라인의 편지는 남아 있지 않으나,『仁科芳雄往復書簡集I(니시나 요시오 왕복서한집 I)』(p.202의 주70에 나왔음)의 서한 185는, 그에 대한 니시나의 답장일지도 모른다.

그것보다 중성자에 대해서 자네가 계산해 주었으면 하는 것이 있는데 그것을 해보지 않겠느냐고 하셨습니다. 그리고 중성자라는 입자가 어떤 것인지 자세히 설명해 주셨습니다. 나는 스기우라 선생님께도 인사하러 가서, 이번에 니시나 연구실에서 공부하게 되었으며 중성자에 대한 계산을 하게 되었다고 말씀 드렸습니다. 그랬더니 스기우라 선생님은 그것은 잘 되었다, Na_2보다 그 쪽이 좋다고 말해 주시면서, 여러 가지 유럽의 이야기를 들려 주셨었습니다. 예의 Confluent hyper geometric function의 일을 파울리에게 칭찬받았다는 이야기, 그 외 선생님이 공부를 했던 괴팅겐 대학의 분위기 등(그 때, 그곳에 디락이나 오펜하이머가 있었다고 합니다)의 이야기도 꺼냈었습니다. 그 때였다고 생각합니다. 크로니크와 파울리의 이야기를 들었던 것이.

니시나 선생님이 던지셨던 문제는, 중성자가 물질을 통과할 때 물질원자가 여기하거나 이온화 할 것이기 때문에, 그 단면적을 계산해 주었으면 한다는 것이었습니다. 1932년 이라는 것은 정확히 중성자가 발견된 해입니다만, 당시 우주선의 본질은 잘 알지 못했었습니다. 니시나 선생님은 우주선의 본질은 중성자가 아닐까? 라는 생각을 가지고, 그래서 이런 계산을 나에게 시키려고 하셨던 것입니다. 그 때, 하이젠베르크의 핵구조에 관한 논문이 아직 선생님에게 도착하지 않았을 무렵, 선생님도 아직 핵력에 대한 생각은 가지고 있지 않았었습니다. 그리고 선생님은 중성자는 중성이라 해도 전기모멘트나 자기모멘트를 가지고 있기 때문에 그런 쌍극자적인 힘으로 중성자가 전자와 작용하고, 그래서 원자를 여기시키거나 이온화 하는 일이 있는 것인지도 모른다고 생각했습니다.

그런데, 이 계산을 하기위해서는 중성이면서 전기모멘트나 자기모멘트를 가진 입자의 파동방정식이 필요했지요. 이 무렵, 지난 시간에 이야기했던 *Handbuch der Physik*은 아직 나오지 않았기 때문에, 파울리 항이라는 것을 내가 몰랐었습니다. 그러나 상대론의 전제로부터, 그것은 $M'\rho_2\{(\sigma\cdot\boldsymbol{E}/c)-i(\alpha\cdot\boldsymbol{B})\}$의 형태[90]를 하고 있지 않으면 안되기 때문에, 지금 이야기하고 있는 파울리 항을 붙였던 중성의($e=0$라고 두었다) 디락 방정식을 이용하기로 하였습니다. 〔이것

90) 이 책에는 ρ_2, $\boldsymbol{\sigma}$의 정의는 나와 있지 않다. 디락 (*Proc. Roy. Soc.* 117 (1928) 610–624)에 의하면

$$\rho_2=\begin{pmatrix}0 & -iI\\ iI & 0\end{pmatrix},\qquad \boldsymbol{\sigma}=\begin{pmatrix}\boldsymbol{\sigma} & 0\\ 0 & \boldsymbol{\sigma}\end{pmatrix}$$

이다. 여기서 I는 2×2의 단위행렬, (⋯)의 안의 $\boldsymbol{\sigma}$는 파울리의 스핀행렬로, 이들을 이용하면, 이 식은 $(11-49)_P$와 일치한다.

은 자랑할 정도로 어려운 것은 아니므로, 단지 사실을 이야기하고 있는 것뿐입니다.〕 그런데 그러고 있는 사이에 도쿄에도 하이젠베르크의 논문이 도착하였습니다. 그러자 중성자·전자의 상호작용 보다 중성자·원자핵의 상호작용이 훨씬 큰 것을 알았습니다. 게다가 중수소가 발견되면서, 이 2체 문제를 풀어서 핵력의 성질을 결정하는 편이 중요한 문제이기 때문에, 그쪽으로 방침을 변경하였습니다.

그런 이유로 나는 중수소의 결합에너지라든지, 양성자에 의한 중성자의 산란, 포획 등 그런 현상에 관한 계산을 시작하게 되었습니다. 하이젠베르크는 핵력을 교환력이라고 생각하고, 교환력의 퍼텐셜 $J(r)$을 도입하였었습니다. 그리고 핵력은 그 퍼텐셜이 $r \gtrsim 10^{-15}$m에서는 0이 되는, 그런 도달거리가 짧은 힘일 것이라고 생각했었습니다. 그러면 이번에는 그 크기를 결정할 필요가 있습니다. 한 편, 실험에서 중수소핵의 결합 에너지를 알게 되었으므로, 결합 에너지의 이론값이 실험값과 맞도록 핵력의 크기를 결정할 수 있습니다. 그리고 그것을 이용해서 산란의 문제나 포획의 문제를 논할 수 있습니다. 그런데 실험 사실이 점점 알려지면서, 중성자의 양성자에 의한 탄성충돌 단면적과 포획의 단면적도 느린 중성자에 대해서 아주 커지는 것을 알게 되고, 이 점이 니시나 선생님의 관심을 끌었었습니다.

그런데, 지금 내가 말한 것과 같은 방법으로 중수소의 결합 에너지로서 $J(r)$을 결정하고 그것을 산란에 이용해 보면 그런 결론은 나오지 않습니다. 이 때 $J(r)$로 해서 우물형이라든지, $-e^{-r/a}$형, $-\dfrac{1}{r}e^{-r/a}$형 등 여러 가지 형태를 가정해서 계산해 보더라도 결론은 그 형태에는 거의 관련이 없었습니다. 그 때 내가 우연히 알게 된 것은 중성자·양성자의 2체계에서 중수소 상태의 S준위 외에 에너지 0인 곳에 스치듯이 또 하나 S준위가 존재한다면, 입사 중성자파 중의 S파가 그것에 공진해서 0에너지의 중성자가 큰 산란단면적을 나타낸다는 것입니다. 게다가 이런 준위는 하이젠베르크의 교환력만으로는 나타나지 않더라도, 마요라나(E. Majorana)가 제안한 교환력(마요라나 힘의 이야기는 제10화에서 다루었습니다)을 덧붙이면 그런 준위가 가능하다는 것을 알게 되었던 것입니다. 그러면 나는 이 산란실험으로 하이젠베르크 힘과 마요라나 힘의 비를 결정해 보려고 생각했었습니다. 하고 보니, 이 생각은 탄성산란에 관한한 잘 되었고, 2개 힘의 비 등을 결정하는 것을 성공하였습니다.[91)]

91) p. 202의 주70을 참조.

이 성과에 나는 꽤 만족하였고 니시나 선생님도 만족하였으며, 1933년 센다이(仙台)의 일본수학물리학회 연회로부터 시작하여 1935의 이화학연구소 가을 강연회에까지 순차적으로 그 결과를 발표하였습니다. 그러나 니시나 선생님은 실험 쪽의 일로 여러 가지 바쁜 탓에, 이 결과들을 좀처럼 논문으로 발표하지 않았었습니다. 그런 이유로, 내가 혼자서 애태우고 있는 동안에 베테(H. Bethe)와 파이얼스가 완전히 같은 것으로서 먼저 발표해버렸었습니다. 나는 후회하는 심정으로 니시나 선생님을 원망하였습니다.

탄성산란의 경우는 이 생각대로 잘 진행되었습니다만, 중성자 포획은 좀처럼 잘 되지 않았습니다. 계산해 보면, 포획의 단면적은 중성자의 에너지를 0으로 하면 0이 되어 버렸습니다. 그 이유는 포획할 때는 $\hbar\omega$가 나오지 않으면 안 되나, 통상적인 선택규칙에 따르면 이와 같은 과정은 $P \rightarrow S$가 아니면 안되고, 그렇다고 한다면 에너지 0에 스치는 곳에 S준위가 존재하고 있더라도 P파에는 어떤 영향도 없습니다. 그 결과, 결국 입사중성자의 에너지가 0이 되면 단면적도 0이 되어버리는 것입니다. 에너지 0에 스치듯이 P준위가 존재하면 이야기는 바뀌지만, 그를 위해서는 원심력을 극복할 정도로 $J(r)$을 충분히 바꾸지 않으면 안되고, 그렇게 하면 다른 쪽으로는 전혀 일치하지 않게 되어버립니다.

그런데, 이 때 중성자나 양성자가 자기모멘트를 가진 것으로부터 통상의 선택규칙에 따르는 $\hbar\omega$방출(즉, 전기쌍극자에 의한 $\hbar\omega$의 방출) 외에, 자기쌍극자에 의한 $\hbar\omega$의 방출이 가능하고 그것에 대해서는 $S \rightarrow S$도 허용된다는 가능성이 있었습니다. 그리고 이 사실을 페르미가 처음으로 지적하였습니다. 이 페르미의 논문을 보고서 내가 '당했다'라고 생각했었습니다. 즉, 우리들은 통상의 분광학 상식에 젖어서, 자기쌍극자에 의한 $\hbar\omega$의 방출은 작기 때문에 근사적으로는 금지된다는 선입견에 사로잡혀 있었던 것입니다. 여기서 유일한 위안은, 베테와 파이얼스도 이 가능성을 알아차렸다는 것이었습니다만, 선입견에 사로잡히지 않는다는 것은 상당히 어려운 것이었지요.

이 외에도 니시나 연구실에서의 추억은 많이 있습니다. 예를 들면 구멍 이론을 이용해서 양전자가 관여하는 여러 가지 현상에 대해서 계산 했던 것 등입니다. 그러나 너무 많은 이야기를 하기에는 시간이 부족하므로, 대충 지난 시간까지 일련의 이야기와 관계있는 것만으로 하겠습니다. 단, 확실히 말할 수 있는 것은 교토에서 어느 쪽으로 나아갈지 망설이고 망설였던 내가, 원자핵이나 우주선, 양자전기역학의 방면으로 나아가게 되었던 것에는 니시나 선생님의 도움을 받았던 이 시기가 결정적이었던 것입니다.

*

도쿄에서 우리들이 1933~1935년 무렵 이런 활동을 하고 있을 때, 오사카에서 유카와 군은 중간자의 생각을 점점 키워가고 있었던 것 같습니다. 1932년에 하이젠베르크의 교환력 논문이 나오면서, 곧바로 그는 **β**붕괴 이론을 만들고자 생각했던 것 같습니다. 다시 말하면 하이젠베르크의 생각으로는 양성자는 전자를 방출해서 중성자로 바뀐다는 것으로, 그의 하전스핀을 사용하면 붕괴를 기술할 수 있다는 것이 유카와 군의 생각이었던 것 같습니다. 어느 무렵의 일인지 잘 기억나지는 않으나, 유카와 군이 그의 생각을 니시나 선생님에게 보내고, 그것을 선생님이 우리에게 보여주었던 일이 있었던 것 같습니다. 나의 기억에 잘못된 점이 없다면, 그 때 전자장은 페르미 장으로 양자화되어 있고, 그리고 중성미자의 생각은 들어 있지 않았으므로, 이론의 여기저기에서 모순이 나타나서 유카와 군이 어지간히 곤란하겠다는 인상이 남아있습니다. 그러는 동안에 페르미의 β붕괴 이론이 나와 버렸었습니다. 그래서 여러 사람이 페르미의 이론을 이용해서 양성자·중성자 사이의 힘을 전자·중성미자의 교환으로 설명하려고 시도하였으나 그것이 잘 되지 않은 것도 알게 되었습니다.

확실히 1933년 센다이의 수학물리학회 연회 때, 유카와 군이 나에게 대학 운동장의 흙 위에서 막대기로 식을 쓰면서 이야기해 주었던 것이, 전자의 100배 정도 질량인 입자에 대한 생각이었던 것 같습니다. 그런 "묘한" 입자를 생각하면 핵력을 설명할 수 있다는 것이, 그 때의 이야기였다고 생각합니다.[92] 그리고 가끔 나와 니시나 선생님의 발표 제목이 「양성자·중성자 사이의 힘에 대한 노트」라는 것이었으므로, 그는 우리들이 어떤 이야기를 하는지 매우 신경을 쓰고 있었다는 이야기를 오사카대학의 어느 분으로부터 들었던 것 같은 생각이 듭니다. 덧붙여서 유카와 논문의 표제는 「소립자 사이의 힘에 대해서」였습니다. 제목만 보면, 우리들의 연구도 중간자론처럼 보이네요. 나의 이 이야기들은 틀리지 않았다고

92) 이 학회에서 디락 방정식을 만족하는 전자장을 핵력의 장으로 하려고 했던 유카와에게 니시나 요시오는 「보스 통계에 따르는 전자를 생각한다면」이라고 말했다. 湯川秀樹『旅人―ある物理学者の回想』, 角川文庫 (1960), p. 225. 중간자론에 이르는 길도 적혀 있다. 1949년에 유카와는 「핵력의 이론적 연구에 근거한 중간자의 존재의 예언」으로 노벨상을 받았다.

생각합니다만, 유카와 군이 진상을 이야기할 마중물이 된다면 다행입니다.

*

중간자론이 1936~37년 경부터 유럽에서도 전개된 이야기를 제10화에서 하였습니다만, 1939년에는 이 새로운 이론의 전개를 테마로 솔베이 회의가 열리게 되었었습니다. 유카와 군은 일본에서는 처음으로 이 회의에 초대된 것이고, 그 회의에 출석하기 위해서 유럽에 왔습니다만, 회의가 시작하기 조금 전에 당시 내가 있던 라이프치히[93]에 그가 방문했었습니다. 마침 대학은 여름방학이어서 교실에는 하이젠베르크도 훈트도, 그 외의 젊은 무리 누구도 없었었기 때문에, 그는 물리 도서관에서 신간 잡지 등을 읽는 것 이외에는 할 수 있는 것이 없어서 베를린의 숙소에 돌아갔었습니다. 이래저래 하는 동안에, 훗날 제2차 세계대전으로까지 번진 영독전(英獨戰)이 시작되고, 베를린 대사관으로부터 재독 일본인은 모두 철수해야만 한다는 전보가 도착해서 결국 유카와 군도 나도 유럽을 떠나는 운명이 되었습니다. 말할 것도 없이 솔베이 회의는 날아가 버렸습습니다.

그 솔베이 회의에서는 파울리가 일반적인 상대론적 장의 양자화라는 큰 테마의 이야기를 전개하기로 되어 있었고, 거기에서는 제8화에서 이야기한 것처럼 스핀과 통계에 관련된 것을 시작으로 파울리 체계의 치밀하고 정연한, 그리고 웅대한 규모의 논의가 준비되어 있었었습니다. 그 중에는, 물론 4차원적인 교환관계도 포함되어 있었습니다. 파울리가 준비한 이 솔베이 강연의 예고(豫稿)가 유카와군에게 도착했기 때문에, 그는 일본에 돌아와서부터 이것을 철필판으로 복사해서 국내의 여기저기에 뿌렸습니다. 내가 전쟁 중에 초다시간이론을 완성했을 때 4차원적 교환관계가 중요한 포인트 중 하나였기 때문에, 이 예고가 없었다면 나는 더 많은 고생을 하며 이 이론을 만들었으리라 생각합니다. 역시, 전자기장의 4차원적 교환관계에 대해서는 파울리와 요르단의 공동논문이 1927에 나왔습니다만, 임의 보스장 및 임의 페르미 장에 대한 4차원적 교환관계의 자세한 논의는 전쟁 전의 이 솔베이 회의의 예고(豫稿) 이외에는 없었기 때문에, 이것이 손에 들어오지 않았다면 초다시간이론[94]을 만드는 것에 시간이 더 걸렸었으리라 생각합니다.

---

93) 저자의 라이프치히 유학에 대해서는 「滞独日記(체독일기)」가 있다. :『日記・書簡』(朝永振一郎著作集 別巻2), みすず書房 (1985), pp. 5-194; 초록이『量子力学と私(양자역학과 나)』(p. 124, 주43에 나옴. 岩波文庫), pp. 149-192에 있다.

*

이것으로 나의 이야기를 끝냅니다. 긴 시간 들어주셔서 정말로 감사합니다. 여러 가지 흥미 있는 자료를 제공해 주었던 닛타 선생님을 비롯하여 많은 분들에게 이 자리를 빌어서 감사의 뜻을 표합니다. 또한 유카와 군에 관한 이야기에 대해서는, 이상한 기억을 근거로하여 다분히 나의 상상과 주관이 들어가 있기 때문에 혹시 폐를 끼친 것은 아닐런지 걱정이 됩니다. 그러나 조금 전에도 말한 것처럼, 중간자 존재의 예언이라는 큰 업적이 혼돈 속에서 어떤 식으로 형태를 갖추어 왔는지에 대해 본인이 직접 말할 수 있기를 매우 바라고 있으며, 나의 이야기가 그것을 위한 마중물이라도 된다면 좋겠다는 바람으로 굳이 그런 이야기를 하였습니다. 그런 이유로, 유카와 군에게는 용서를 바란다는 말씀을 드립니다.

마지막으로『自然(자연)』의 이시카와 군입니다만, 그는 내가 부탁한 논문을 찾아내서 복사 하는 힘든 일을 맡아 주었습니다. 그 뿐만이 아니라 오히려 내가 모르는 논문, 그 외의 문건을 발견해 와서는 선생님 이런 것이 있다며 알려주었습니다. 요르단-클라인이나 요르단-위그너의 논문을 유카와 군이 나에게 알려주었던 것처럼. 이시카와 군, 쑥스러워하지 않아도 됩니다. 그 문헌은 크게 도움이 되었기 때문에.

94) 이 이론과 그 발전에 대해서는 저자의 노벨상 수상강연「量子電磁力学の発展―個人的回想(양자전자역학의 발전 – 개인적 회상)」등을 보라.『量子電気力学の発展』(朝永振一郎著作集 10), みすず書房 (1983), pp.3-20; 그것을 재현한 같은 제목의 강연이『量子力学と私(양자역학과 나)』(p. 124, 주43에 나옴. 岩波文庫), pp.195-236. 이 책 p. 213의 주76도 참조. 저자는 1965년, 미국의 J.S.슈윙거, R.P.파인만과 함께「양자전자역학의 기초적 연구」로 수상했다.

참고문헌

이 이야기를 엮는데 참조한 문헌을 명확히 하기 위해서 이 부록을 붙인다. 본문 이야기 중에서 이 표에 언급하지 않은 것은 귀동냥 혹은 재인용한 것이다.

제 1 화

원자의 속전자와 최외곽 전자, 원자 스펙트럼의 개관

F. Hund : *Linienspektren u. Periodisches System d. Elemente* (Julius Springer, Berlin 1927), Kap. Ⅱ.

공간양자화

A. Sommerfeld : *Physikal. Zeitschr.*, 17 (1916), 491.

내부양자수, 이상 제만 효과, 대용 모형

A. Sommerfeld : *Ann. d. Physik*, 63 (1920), 221 ; 70 (1923), 32 ; *Physikal. Zeitschr.*, 24 (1923), 360.

A. Landé : Zeitschr. f. Physik, 15 （1923）, 189 ; 19 （1923）, 112 ; Naturwissenschaften, 11 （1923）, 726.

W. Pauli : *Zeitschr. f. Physik*, 16 (1923), 155 ; 20 (1924), 371.

A. Sommerfeld : *Zeitschr. f. Physik*, 8 (1922), 257.

W. Heisenberg : *Zeitschr. f. Physik*, 8 (1922), 273.

제 2 화

미세구조공식

A. Sommerfeld : *Ann. d. Physik*, 51 (1916), 125.

2중항 준위 간격

W. Heisenberg : *Zeitschr. f. Physik*, 8 (1922), 273.

A. Landé : *Zeitschr. f. Physik*, 16 (1923), 391 ; 24 (1924), 88 ; 25 (1924), 46.

고전적으로 기술 불가능한 2가성, 배타원리
W. Pauli : *Zeitschr. f. Physik*, 31 (1925), 373 ; 31 (1925), 765 ; *Nobel Lectures 1942~1962* (Elsevier Publishing Co., 1964), 27.

비역학적 강제
N. Bohr : *Ann. d. Physik*, 71 (1923), 228 (특히 276).

자전 전자
G. E. Uhlenbeck, S. A. Goudsmit : *Naturwissenschaften*, 13 (1925), 953 ; *Nature*, 117 (1926), 264.
R. de L. Kronig : *Nature*, 117 (1926), 550 ; *Theoretical Physics in the Twentieth Century* (Interscience Publications Inc., New York, 1960), 5.
S. A. Goudsmit : *Delta*, 15 (1972), 77.

토마스 인자
L. H. Thomas : *Nature*, 117 (1926), 514 ; *Philosoph. Mag.*, 3 (1927), 1.

자전 전자 가설에 근거한 대용모형
F. Hund : *Linienspektren u. Periodisches System d. Elemente* (Julius Springer, Berlin 1927), Kap. Ⅲ.

크로니크, 윌렌벡, 호우슈미트와 파울리의 관계
B. van der Waerden : *Theoretical Physics in the Twentieth Century* (Interscience Publishers Inc., New York, 1960), 209.

제 3 화

행렬 역학과 파동 역학의 동등성
E. Schr dinger : *Ann. d. Physik*, 79 (1926), 734.

양자역학의 변환이론
P. A. M. Dirac : *Proc. of the Roy. Soc. of London*, 113 (1927), 621.

드브로이 - 아인슈타인 관계
L. de Broglie : *Ann. de Physique*, (10) 3 (1925), 22.

클라인 - 고든 방정식
E. Schr dinger : *Ann. d. Physik*, 81 (1926), 109 (특히 §6).
W. Gordon : *Zeitschr. f. Physik*, 40 (1926), 117.
O. Klein : *Zeitschr. f. Physik*, 41 (1927), 407.

스핀의 행렬 역학
W. Heisenberg, P. Jordan : *Zeitschr. f. Physik*, 37 (1926), 263.

스핀에 대한 파울리 방정식
W. Pauli : *Zeitschr. f. Physik*, 43 (1927), 601.

디락 방정식
P. A. M. Dirac : *Proc. of the Roy. Soc. of London*, 117 (1928), 610.

디락 방정식에 의한 미세구조공식의 도출
C. G. Darwin : *Proc. of the Roy. Soc. of London*, 118 (1928), 654.
W. Gordon : *Zeitschr. f. Physik*, 48 (1928), 11.

디락은 왜 미세구조공식을 유도하지 않았는가?
P. A. M. Dirac : T*he Development of Quantum Theory* (Gordon and Breach Science Pub. 1971).

제 4 화

슈뢰딩거 함수의 대칭성과 입자의 통계
W. Heisenberg : *Zeitschr. f. Physik*, 38 (1926), 411 ; 41 (1927), 239.
P. A. M. Dirac : *Proc. of the Roy. Soc. of London*, 112 (1926), 661.

밴드 스펙트럼의 이론, 분자의 비열
F. Hund : *Zeitschr. f. Physik*, 40 (1927), 742 ; 42 (1927), 93.
R. de L. Kronig : *Bandspectra and Molecular Structure* (Cambridge University Press, 1930).

핵 스핀의 존재
W. Pauli : *Naturwissenschaften*, 12 (1924), 741 ; *Nobel Lectures 1942~1962* (Elsevier Publishing Co., 1964).
S. A. Goudsmit : *Physics Today*, 14 (June 1961), 18.

H_2 밴드 스펙트럼의 실험
T. Hori : *Zeitschr. f. Physik*, 44 (1927), 834.

H_2의 비열, 양성자의 통계와 스핀
D. M. Dennison : *Proc. of the Roy. Soc. of London*, 115 (1927), 483.

제 5 화

알칼리 토류 스펙트럼의 옛 해석, 특히 강한 스핀•스핀 상호작용의 필요성

F. Hund : *Linienspektren u. Periodisches System d. Elemente* (Julius Springer, Berlin 1927), Kap. Ⅳ (특히 §21).

알칼리 토류 스펙트럼의 새로운 해석, 외견상의 스핀•스핀 상호작용

W. Heisenberg : *Zeitschr. f. Physik*, 39 (1926), 499, (특히 Ⅱ.§1).

강자성의 양자론

W. Heisenberg : *Zeitschr. f. Physik*, 49 (1928), 619.

아인슈타인 - 드하스의 실험

A. Einstein, W. J. de Haas : *Verhandlungen d. Deutschen Phys. Gesellschaft*, 17 (1915), 152.
S. J. Barnet : *Reviews of Mod. Physics*, 7 (1935), 129.

물리량으로서의 입자교환

P. A. M. Dirac : *Proc. of the Roy. Soc. of London*, 123 (1929), 714 ; *Principles of Quantum Mechanics*, 4-th Edition (Oxford University Press 1963), Chap. Ⅸ.[95)]

제 6 화

제2양자화

P. A. M. Dirac : *Proc. of the Roy. Soc. of London*, 114 (1927), 243.
P. Jordan, O. Klein : *Zeitschr. f. Physik*, 45 (1927), 751.
P. Jordan, E. P. Wigner : *Zeitschr. f. Physik*, 47 (1928), 631.

전자기장의 양자화

M. Born, W. Heisenberg, P. Jordan : *Zeitschr. f. Physik*, 35 (1926), 557, (특히 Kap. 4, §3).

클라인 - 고든 장과 전자기장의 양자화

W. Pauli, V. Weisskopf : *Helvetica Physica Acta*, 7 (1934), 709.

디락 장과 전자기장의 양자화

W. Heisenberg, W. Pauli : *Zeitschr. f. Physik*, 56 (1929), 1 ; 59 (1930), 168.

---

95) 프린트 판, みすず書房 (1963); 일역판도 있음.『量子力学』朝永振一郎ほか訳, 岩波書店 (1968)

구멍 이론 (hoel theory)

P. A. M. Dirac : *Proc. of the Roy. Soc. of London*, 126 (1930), 360.

J. R. Oppenheimer : *Physical Review*, 35 (1930), 562.

H. Weyl : *Gruppentheorie u. Quantenmechanik*, 2. Aufl. (S. Hirzel, Leipzig 1931), Kap. Ⅳ, § 13[96)]

다시간 이론

P. A. M. Dirac : *Proc. of the Roy. Soc. of London*, 136 (1932), 453.

제 7 화

디락 이론을 텐서형으로 하는 시도의 실패

C. G. Darwin : *Proc. of the Roy. Soc. of London*, 118 (1928), 654.

공간좌표축의 회전에 대한 2성분량의 공변성

W. Pauli : *Zeitschr. f. Physik*, 43 (1927), 601.

로렌츠 변환에 대한 4성분량의 공변성

P. A. M. Dirac : *Proc. of the Roy. Soc. of London*, 117 (1928), 610.

회전군의 2가 표현

E. P. Wigner : (日本語版)『群論と量子力学』(森田正人, 森田玲子訳, 吉岡書店, 1959), 第15章.

E. P. Wigner, *Group Theory: And its Application to the Quantum Mechanics of Atomic Spectra* (Translation by J. J. Griffin, New York: Academic Press, 1959)

H. Weyl : *Gruppentheorie u. Quantenmechanik*, 2. Aufl. (S. Hirzel, Leipzig 1931), (특히 § 16, Ⅲ).[96)]

스피너 계산법.

B. van der Waerden : *Gruppentheoretische Methode in d. Quantenmechanik* (Julius Springer, Berlin 1932).

O. Laporte, G. E. Uhlenbeck : *Physical Review*, 37 (1931), 1380.

H. Umezawa : *Quantum Field Theory* (North-Holland Publishing Co., Amsterdam 1956). Chap. Ⅲ, §8.

신비적인 종족

P. Ehrenfest : *Zeitschr. f. Physik*, 78 (1932), 555.

96) 일역판도 있음.『群論と量子力学』山内恭彦訳, 裳華房 (1932)

제 8 화

클라인 - 고든 장의 전기전류 벡터, 에너지 운동량 텐서

E. Schr dinger : *Ann. d. Physik*, 81 (1926), 109, (특히 §6).
W. Gordon : *Zeitschr. f. Physik*, 40 (1926), 117.
O. Klein : *Zeitschr. f. Physik*, 41 (1927), 407.

디락 장의 전기전류 벡터, 에너지 운동량 텐서

W. Gordon : *Zeitschr. f. Physik*, 50 (1928), 630.

소립자의 스핀과 통계

W. Pauli : *Physical Review*, 58 (1940), 716.

전자기장에 대한 4차원 교환 관계

P. Jordan, W. Pauli : *Zeitschr. f. Physik*, 47 (1928), 151.

제 9 화

중성자의 발견

木村一治, 玉木英彦 :『中性子の発見と研究』, (大日本出版株式会社, 1950).
J. Chadwick : *Nobel Lectures 1922~1941* (Elsevier Publishing Co., 1965), 389.

중수소의 밴드 스텍트럼, 중수소핵의 통계와 스핀

G. M. Murphy, H. Johnston : *Physical Review*, 46 (1934), 95.

양성자의 자기모멘트

I. Estermann, O. Stern : *Zeitschr. f. Physik*, 85 (1933), 17.
I. I. Rabi, J. M. B. Kellog, J. R. Zacharias : *Physical Review*, 46 (1934), 157.

중수소핵의 자기모멘트

I. I. Rabi, J. M. B. Kellog, J. R. Zacharias : *Physical Review*, 46 (1934), 163.

에렌페스트 - 오펜하이머의 규칙

P. Ehrenfest, J. R. Oppenheimer : *Physical Review*, 37 (1931), 333.

중성미자에 관한 파울리의 편지

J. H. D. Jensen : *Nobel Lectures 1963~1970* (Elsevier Publishing Co., 1972), 40.[97]

97) 해당하는 일역판이 있다. 中村誠太郎·小沼通二編『ノーベル賞講演 物理学9』, 講談社 (1979), p. 192. 또한, p. 186의 주64도 참조

제 10 화

핵구조, 핵자 사이의 교환력, 하전 스핀

W. Heisenberg : *Zeitschr. f. Physik*, 77 (1932), 1 ; 78 (1932), 156 ; 80 (1932), 587.

E. Majorana : *Zeitschr. f. Physik*, 82 (1933), 137.

양성자 – 양성자 사이의 핵력

M. A. Tuve, N. Heydenberg, L. R. Hafstad : *Physical Review*, 50 (1936), 806.

G. Breit, E. U. Condon, R. D. Present, *Physical Review* 50 (1936), 825.

C^{14}, N^{14}, O^{14}의 핵준위와 하전 공간의 등방성

D. M. Brink : *Nuclear Forces* (Pergamon Press, Oxford. 1965) §46.

β붕괴 이론

E. Fermi : *Zeitschr. f. Physik*, 88 (1934), 161.

핵력의 중간자론

H. Yukawa : *Proc. of the Physico-Mathematical Soc. of Japan*, 17 (1935), 48 ; 19 (1937), 712.

H. Yukawa, S. Sakata : *Proc. of the Physico-Mathematical Soc. of Japan*, 19 (1937), 1084.

H. Yukawa, S. Sakata, M. Taketani : *Proc. of the Physico-Mathematical Soc. of Japan*, 20 (1938), 319.

J. R. Oppenheimer, R. Serber : *Physical Review*, 51 (1937), 1113.

유럽 물리학자의 놀람

N. Kemmer : *Problems on Fundamental Physics* (Edited by M. Kobayasi, Kyoto 1965), 602.

제 11 화

토마스 세차운동

C. Møller : (日本語版)『相対性理論』(永田恒夫, 伊藤大介訳, みすず書房, 1959), §22.

L. H. Thomas : *Philosoph. Mag.*, 3 (1927), 1.

이상 자기모멘트를 가진 입자의 상대론적 파동방정식

W. Pauli : *Handbuch d. Physik*, 2. Aufl. (Julius Springer, Berlin 1933) Kap. Ⅱ, §2, (특히 233 페이지).

디락 방정식에서 파울리의 2성분 방정식을 유도하는 것

W. Pauli : *Handbuch d. Physik*, 2. Aufl., Kap. Ⅱ,§3, (특히 (89)식).

위의 것을 이상자기모멘트를 포함해서 실행하고, 토마스 이론의 결론과 비교하는 문제
J. H. D. Jensen : 1972년 9월, 도쿄에서 구두로 저자에게 제기.

제 12 화

제12화는 잡담이어서, 대부분은 저자의 기억에 의한 것이다. 따라서 여기서는 기억을 보충하기 위해서 이용한 이하의 자료를 언급하는 것으로 마치고자 한다.

Theoretical Physics in the Twentieth Century, (Interscience Publishers Inc., New York 1960).

S.A. Goudsmit : *Delta*, 15 (1972), 77.

하이젠베르크
디락 } 강연,『量子論諸問題』: 啓明会紀要, 11 (1932), (仁科芳雄訳述)

마지막 문헌은 1929년 9월 일본을 방문했던 하이젠베르크와 디락이 도쿄대 및 이화학연구소에서 했던 강연의 기록이다. 덧붙여서 계명회(啓明会)는 1918년에 창립된 학술진흥을 위한 재단으로, 기금은 일백만엔, 이사장은 당시 이화학연구소장이었던 오코치 마사토시(大河内正敏)이다. 위에 적어 놓은 간행물(紀要)은 당시 정가 80전으로 시판되었던 것을 이시카와 군이 700엔으로 발굴해 온 것이다.

후기

이「スピンはめぐる(스핀은 돈다)」는 원래『自然(자연)』1973년 1월호부터 10월호에 걸쳐서 연재되었던 것을 대폭 가필하고 정정하여, 한 권의 책으로 정리한 것입니다. 원래 처음에는 좀 더 짧고 가볍게 정리할 생각으로 이 연재물을 출판하려 했습니다. 그러나 쓰다보니 점점 길어지고, 또 내용도 너무 많이 추가되어 버렸습니다. 여러가지 옛 논문을 가져와서 읽는 동안, 예전에 그 논문들을 읽던 시절의 일들이 자꾸만 떠올라서 그 무렵 내가 느꼈던 것, 생각했던 것, 알게 되었던 것, 또 어려워서 곤란했던 것 등을 다시 한 번 재현해 보고싶다는 기분이 생겼습니다. 그래서 펜을 멈출수가 없었습니다. 그런 이유로 가볍게 풀어내도 좋을 사항에 대해서까지 독자 여러분이 성가실 정도로 많은 수식이 등장하여 내용이 너무 많아졌습니다. 스핀이라는 단어를 영어 사전에서 찾아보면, 뱅글뱅글 돈다는 의미 외에도 실을 뽑는다는 의미도 있는데, 그것에서 온 것일까요? 길게 잡아 늘린다는 의미가 있는 것 같습니다. 특히 spinning a yarn이라는 표현이 있는데, 그것은 늙은 뱃사람이 젊은 시절의 모험 이야기 등을 길게 말하는 것입니다(이시카와 군이 알려 주었습니다).

어쨌든 이 책의 무대가 된 1920년대부터 1940년대에 걸친 기간은 물리학 역사 중에서 주목할만한 충실한 시대여서, 그것은 양자역학이 점점 성숙해 가던 시기에 해당합니다. 또 이 시대의 큰 특징은 거기에서 활약했던 사람들이 젊다는 것입니다. 예를 들면 파울리가 배타원리를 발표한 것은 그가 25살 때이고, 하이젠베르크가 행렬 역학의 아이디어를 얻은 것은 그가 24살 때의 일이었습니다. 또 디락은 그의 방정식을 26살에 발견하였습니다(본문에서 삽입한 인물사진의 아래에 그 사람이 태어난 해를 표기하였으니, 참고 문헌표에 있는 논문이 발표된 해와 비교하여 다른 사람에 대해서도 같은 방법으로 찾아 보십시오). 그리고 몇 년 늦었지만, 시대의 흐름은 일본에도 전해졌습니다. 그리하여 그 흐름 속에서 연구의 성장기를 보내고, 그 역사의 한 부분을 직접 보고 들은 누군가가 시대의 기록을 남겨두는 것도 뭔가 의미 있는 일이 아닐까라고 생각하여『자연』에 연재한 것을 더욱 완전하게 접근하는 방향으로 가필하고, 그것을「自然選書(자연선서)」의 안에 추가하기로 한 것입니다.

그러나 다 쓰고 보니 걱정이 되는 것은, 대체 너는 어떤 독자를 대상으로, 무엇을 목적으로 이것을 쓴 것인가?라며 한 소리를 들을 것 같습니다. 확실히, 이 책은 자신만의 취향에 빠져서 읽는 사람을 그다지 고려하지도 않고 완성되어 버린 것 같군요.

1974년 5월

저자 씀

부 록

A 보충 주석

1. 아브라함의 전자 모형
2. 파울리의 S가 각운동량의 교환관계에 따르는 것
3. 스핀 자기모멘트는 전자의 떨림 운동으로부터
4. 호리 타케오(堀 健夫)의 일기
5. 물질의 안전성과 배타원리
6. 좌표계의 회전
7. (7-33)의 유니터리 교환이 존재하는 것
8. 스핀의 2가성의 증명

B 스핀, 그 후

1. 전자의 스핀 자기모멘트는 측정할 수 없다
2. π 중간자와 아이소 스핀
3. 신입자
4. 파라 통계
5. 아인슈타인·게이지

C 전자기 관련 구판의 수식 (CGS 가우스 단위계)

부록 A 보충 주석

1. 아브라함의 전자 모형 (본문, p.40)

윌렌벡과 호우슈미트는 전자가 자전하고 있다는 생각을 발표한 논문에서, 전자의 각운동량이나 자기모멘트 값을 아브라함(M. Abraham)의 1903년의 논문[1]에서 인용하고 있다. 아브라함은 전자는 반경 a의 구로, 그 표면 혹은 구의 내부까지 똑같이 대전되어 있다고 하고, 전자기장 일원론의 입장에서 전자의 운동량이나 각운동량도 전자가 만드는 전자기장이 담당한다고 했다.

지금부터 아브라함의 이론을 간단히 하여 설명해 보자. 전자의 전하 $-e$는 전자의 표면에 똑같이 분포하고 있다고 한다.

전자는 정지하고 있을 때에는 주변의 위치 $\boldsymbol{r}$에 전기장

$$\boldsymbol{E}(\boldsymbol{r}) = \frac{-e}{4\pi\varepsilon_0}\frac{\boldsymbol{r}}{r^3} \qquad \text{(A1. 1)}$$

을 만든다. 내부에 전기장은 없다. 그 전자가 속도 $\boldsymbol{v}$로 등속운동하고 있을 때에는 주변에 자기장

$$\boldsymbol{B}(\boldsymbol{r}) = \frac{1}{c^2}[\boldsymbol{v}\times\boldsymbol{E}] \qquad \text{(A1. 2)}$$

도 만드므로, 이 전자기장은 운동량 밀도

$$\frac{1}{c^2}[\boldsymbol{E}\times\boldsymbol{H}] = \frac{1}{c^4\mu_0}\{E^2\boldsymbol{v}-(\boldsymbol{E}\cdot\boldsymbol{v})\boldsymbol{E}\} = \frac{e^2}{(4\pi)^2\varepsilon_0 c^2}\frac{r^2\boldsymbol{v}-(\boldsymbol{r}\cdot\boldsymbol{v})\boldsymbol{r}}{r^6}$$

을 가진다. 전자의 바깥 공간 전체에 걸쳐서 적분을 하면

$$\boldsymbol{p} = \frac{2}{3}\frac{1}{4\pi\varepsilon_0}\frac{e^2}{c^2 a}\boldsymbol{v} \qquad \text{(A1. 3)}$$

이 되고, 이것을 아브라함은 전자의 운동량으로 보고 있다. $\boldsymbol{p}=m_e\boldsymbol{v}$로 두고 질량을 구하면

$$m_e = \frac{2}{3}\frac{1}{4\pi\varepsilon_0}\frac{e^2}{c^2 a} \qquad \text{(A1. 4)}$$

이 된다.

아브라함은 전자의 자전도 생각했다. 자전 각속도를 $\boldsymbol{\Omega}$로 한다. 전자 중심을 좌표원점으로 하면, 표면의 위치 $\boldsymbol{r}'$에 있는 표면밀도 $\sigma=-e(4\pi a^2)$, 면적요소 dS의

전하는 전류

$$\boldsymbol{i}(\boldsymbol{r}')dS = \sigma dS[\boldsymbol{\Omega}\times\boldsymbol{r}']$$

을 이루고, 전체로 해서 벡터 포텐셜

$$\boldsymbol{A}(\boldsymbol{r}) = \frac{\mu_0}{4\pi}\int\frac{\boldsymbol{i}(\boldsymbol{r}')}{|\boldsymbol{r}-\boldsymbol{r}'|}dS \tag{A1. 5}$$

을 만든다. 이 적분을 하기위해서는 먼저 $\boldsymbol{r}$의 방향으로 z축을 잡자. 그렇게 하면

$$\boldsymbol{\Omega}\times\boldsymbol{r}' = (\Omega_y z' - \Omega_z y',\ \Omega_z x' - \Omega_x z',\ \Omega_x y' - \Omega_y x')$$

으로 되기 때문에 전자의 외부($r>a$)에서는

$$\int\frac{i_x}{|\boldsymbol{r}-\boldsymbol{r}'|}dS = a^3\sigma\int_0^{\pi}\sin\theta' d\theta'\int_0^{2\pi}d\phi'\frac{\Omega_y\cos\theta' - \Omega_z\sin\theta'\sin\phi'}{\sqrt{r^2-2rr'\cos\theta'+r'^2}}$$
$$= \frac{4\pi a^4\sigma}{3}\frac{\Omega_y}{r^2}$$

이 된다. 같은 형태로

$$\int\frac{i_y}{|\boldsymbol{r}-\boldsymbol{r}'|}dS = -\frac{4\pi a^4\sigma}{3}\frac{\Omega_x}{r^2}, \qquad \int\frac{i_z}{|\boldsymbol{r}-\boldsymbol{r}'|}dS = 0$$

를 얻을 수 있다. $4\pi a^2 = -e$로 두고, $\boldsymbol{\Omega}$를 일반적인 방향으로 되돌리면

$$\boldsymbol{A}(\boldsymbol{r}) = \frac{\mu_0}{4\pi}\frac{-ea^2}{3}\frac{\boldsymbol{\Omega}\times\boldsymbol{r}}{r^3} \tag{A1. 6}$$

이 된다. 이것은 전자의 자기모멘트가

$$\boldsymbol{\mu}_e = -\frac{ea^2}{3}\boldsymbol{\Omega} \tag{A1. 7}$$

인 것을 의미하고 있다. 자전 전자가 만드는 자기장 $\boldsymbol{B}=\mathrm{rot}\,\boldsymbol{A}$는

$$\boldsymbol{B}(\boldsymbol{r}) = \frac{\mu_0}{4\pi}\frac{-ea^2}{3}\frac{3(\boldsymbol{r}\cdot\boldsymbol{\Omega})\boldsymbol{r}-r^2\boldsymbol{\Omega}}{r^5} \tag{A1. 8}$$

이 된다.

이 자전 전자 주변의 운동량 밀도는 전자 외부에만 있어서

$$\frac{1}{c^2}[\boldsymbol{E}\times\boldsymbol{H}] = \frac{1}{(4\pi)^2\varepsilon_0}\frac{e^2a^2}{3c^2}\frac{r^2\boldsymbol{\Omega}\times\boldsymbol{r}}{r^6} \tag{A1. 9}$$

가 되고, 그 공간 적분은 0이다. 각운동량 밀도는

$$\boldsymbol{r}\times\frac{1}{c^2}[\boldsymbol{E}\times\boldsymbol{H}] = \frac{1}{(4\pi)^2\varepsilon_0}\frac{e^2a^2}{3c^2}\frac{r^2\boldsymbol{\Omega}-(\boldsymbol{r}\cdot\boldsymbol{\Omega})\boldsymbol{r}}{r^6} \tag{A1. 10}$$

이 된다. 이것을 공간적분하기 위해서는 $\boldsymbol{\Omega}$의 방향으로 z축을 잡는다. 그렇게 하면 각운동량 $\boldsymbol{S}$의 z성분 이외의 적분은 0이 되고, S_z의 적분은

$$S_z = \frac{1}{(4\pi)^2\varepsilon_0}\frac{e^2a^2}{3c^2}\frac{8\pi}{3}\frac{1}{a}\Omega$$

가 된다. 이것을 전자의 자전각운동량으로 보기 때문에

$$\boldsymbol{S} = \frac{2}{9}\frac{1}{4\pi\varepsilon_0}\frac{e^2a}{c^2}\boldsymbol{\Omega} \tag{A1. 11}$$

이 된다. 전자의 질량을 이용해서 적어 보면

$$\boldsymbol{S} = \frac{1}{3}m_e a^2 \boldsymbol{\Omega} \tag{A1. 12}$$

이 되고, 아브라함의 값에 일치하고 있다. 자기모멘트와 자전각운동량의 비를 만들면

$$\frac{\mu_e}{S} = 2\frac{e}{2m_e} \tag{A1. 13}$$

이 되어, g_0=2가 된다.

지금까지 전자의 궤도 운동에 대해서는, 이 비가 $e/(2m_e)$이어서 자전 전자의 생각이 나오기 전에는 왜 어떤 종류의 실험에서 g_0=2가 나타나는지가 수수께끼였다(본문 p.22의 (1-37), 본문 p.41, 62 참조). 윌렌벡과 호우슈미트는 구의 표면에만 전하가 있어서 자전한다는 그 전자의 모델들이, 이 수수께끼를 풀었다고 말하고 있다. 아브라함의 모형에서도 전자의 전체가 똑같이 대전되어 있다고 하면 g_0=126/125이 되어 버린다.

그러나 아브라함의 전자기 일원론에 의하지 않고, 역학적으로 전자의 자전 각운동량을 계산하면 궤도 운동에 대한 것과 같은 g_0=1이 된다. 이 차이는 아브라함도 주의하고 있다. ("인자 2의 문제"라는 한마디로 말하지만, g_0=2의 문제와 토마스에 의해서 해결된 문제 2개가 있으므로 주의.)

윌렌벡은 자전 전자의 각운동량 (A1.11)을 양자화해서 $\hbar/2$로 두면, 전자의 표면 빠르기가 적도 상에서는

$$a\Omega = \frac{9}{4}\left(\frac{1}{4\pi\varepsilon_0}\frac{e^2}{\hbar c}\right)^{-1}c$$

로 되어서 광속 c의 200배를 넘어 버리는 것을 그들 모델의 곤란함으로 서술하고 있다. 여기서 $e^2/(4\pi\varepsilon_0\hbar c)$=1/137.036은 미세구조정수이다.

전자가 자전하고 있다는 생각에 반대한 파울리가 본문의 주13, 16에 인용한 초미세구조의 논문(1924)에서 원자핵이 각운동량을 가질 가능성을 생각했던 것은 위의 $a\Omega$의 식에서 e를 Ze로 바꾸면, 예를 들어 파울리가 생각한 수은의 경우 $Z=80$으로 핵표면의 빠르기가 c를 넘지 않기 위해서였을까?

2. 파울리의 *S*가 각운동량의 교환관계에 따르는 것 (본문, p.56, 58)

파울리의 스핀 연산자, 즉 본문의 (3-4″)에 주어졌던 연산자

$$S_z = -i\hbar \frac{d}{d\varphi}, \qquad \varphi = \varphi\cdot \ (\text{ 곱셈 연산자 }) \tag{A2.1}$$

을 취해서, 본문의 (3-11)의 연산자에 $\hbar$를 곱한 것과의 교환관계를 계산하면

$$\begin{aligned}[S_z,\ S_x] &= -i\hbar\left[\frac{d}{d\varphi},\ \sqrt{S^2-S_z^{\,2}}\cos\varphi\right] \\ &= i\hbar\sqrt{S^2-S_z^{\,2}}\sin\varphi = i\hbar S_y,\end{aligned} \tag{A2.2}$$

$$\begin{aligned}[S_y,\ S_z] &= \quad i\hbar\left[\frac{d}{d\varphi},\ \sqrt{S^2-S_z^{\,2}}\sin\varphi\right] \\ &= i\hbar\sqrt{S^2-S_z^{\,2}}\cos\varphi = i\hbar S_x\end{aligned} \tag{A2.3}$$

이 된다. 여기서 S_z와 $S^2-S_z^{\,2}$은 교환 가능으로 했다. 이것은 $S_x^{\,2}+S_y^{\,2}$에 동등하고, φ에는 따르지 않기 때문이다. 교환가능은 각운동량의 교환관계로부터 증명된다고 하면 지금 그 교환관계를 증명하고자 하고 있으므로 순환논법의 비난을 받을 것이다.

$[S_x, S_y]$를 계산하기 위해서는 도중에 근사를 하지 않으면 안 된다.

$$[AB,\ CD] = A[B,\ C]D + [A,\ C]BD + CA[B,\ D] + C[A,\ D]B \tag{A2.4}$$

에

$$A = C = \sqrt{S^2-S_z^{\,2}},\quad B = \cos\varphi,\quad D = \sin\varphi \tag{A2.5}$$

을 대입해서

$$\begin{aligned}[S_x,\ S_y] &= \left[\sqrt{S^2-S_z^{\,2}}\cos\varphi,\ \sqrt{S^2-S_z^{\,2}}\sin\varphi\right] \\ &= \sqrt{S^2-S_z^{\,2}}\left[\cos\varphi,\ \sqrt{S^2-S_z^{\,2}}\right]\sin\varphi + \sqrt{S^2-S_z^{\,2}}\left[\sqrt{S^2-S_z^{\,2}},\ \sin\varphi\right]\cos\varphi\end{aligned} \tag{A2.6}$$

을 계산 하는 것이다.

그렇게 하기 위해서 공식을 1개 준비한다. $p=-i\hbar d/dx$로 하면, $f=f(x)$, $\psi=\psi(x)$에 대해서

$$e^{i\alpha p}(f\psi)=e^{\hbar\alpha d/dx}(f\psi)=\sum_{k=0}^{\infty}\frac{(\hbar\alpha)^k}{k!}\frac{d^k}{dx^k}(f\psi)$$
$$=\sum_{k=0}^{\infty}\frac{(\hbar\alpha)^k}{k!}\sum_{m+n=k}\frac{k!}{m!n!}\left(\frac{d^m}{dx^m}f\right)\left(\frac{d^n}{dx^n}\psi\right)=(e^{i\alpha p}f)(e^{i\alpha p}\psi)$$

따라서

$$[e^{i\alpha p},\ f]\psi=[(e^{i\alpha p}-1)f]e^{i\alpha p}\psi$$

즉

$$[e^{i\alpha p},\ f(x)]=[(e^{i\alpha p}-1)f]e^{i\alpha p} \tag{A2.7}$$

여기까지 근사는 없다. 이것을 이용해서 (A2.6)을 계산하면

$$\left[\cos\varphi,\ \sqrt{S^2-S_z^{\ 2}}\right]=\frac{1}{2}\left\{\left[e^{i\varphi},\ \sqrt{S^2-S_z^{\ 2}}\right]+\left[e^{-i\varphi},\ \sqrt{S^2-S_z^{\ 2}}\right]\right\} \tag{A2.8}$$

이나, 연산자로

$$\varphi=i\hbar\frac{d}{dS_z},\qquad S_z=S_z\cdot\ \text{(곱 연산자)} \tag{A2.9}$$

을 취해서, $e^{\pm i\varphi}=e^{\mp\hbar d/dS_z}$로 하면

$$\left[\cos\varphi,\ \sqrt{S^2-S_z^{\ 2}}\right]$$
$$=\frac{1}{2}\left[\left\{(e^{-\hbar d/dS_z}-1)\sqrt{S^2-S_z^{\ 2}}\right\}e^{-\hbar d/dS_z}+\left\{(e^{\hbar d/dS_z}-1)\sqrt{S^2-S_z^{\ 2}}\right\}e^{\hbar d/dS_z}\right]$$
$$=\frac{1}{2}\left[\left(\sqrt{S^2-(S_z-\hbar)^2}-\sqrt{S^2-S_z^{\ 2}}\right)e^{-\hbar d/dS_z}+\left(\sqrt{S^2-(S_z+\hbar)^2}-\sqrt{S^2-S_z^{\ 2}}\right)e^{\hbar d/dS_z}\right]$$
$$=\frac{\hbar}{2}\frac{S_z}{\sqrt{S^2-S_z^{\ 2}}}\left\{e^{-\hbar d/dS_z}-e^{\hbar d/dS_z}\right\}$$
$$=i\hbar\frac{S_z}{\sqrt{S^2-S_z^{\ 2}}}\sin\varphi \tag{A2.10}$$

여기서

$$\sqrt{S^2-S_z^{\ 2}}-\sqrt{S^2-(S_z-\hbar)^2}=\hbar\frac{d}{dS_z}\sqrt{S^2-S_z^{\ 2}}=-\hbar\frac{S_z}{\sqrt{S^2-S_z^{\ 2}}} \tag{A2.11}$$

과 같은 근사를 했다.

같은 방식으로

$$[\sqrt{S^2-S_z^{\,2}},\ \sin\varphi]=\frac{i}{2}\{[e^{i\varphi},\ \sqrt{S^2-S_z^{\,2}}]-[e^{-i\varphi},\ \sqrt{S^2-S_z^{\,2}}]\}$$
$$=\frac{i}{2}[\{(e^{i\varphi}-1)\sqrt{S^2-S_z^{\,2}}\}e^{i\varphi}-\{(e^{-i\varphi}-1)\sqrt{S^2-S_z^{\,2}}\}e^{-i\varphi}] \tag{A2. 12}$$

이것은

$$[\sqrt{S^2-S_z^{\,2}},\ \sin\varphi]$$
$$=\frac{i}{2}[\{(e^{-\hbar d/dS_z}-1)\sqrt{S^2-S_z^{\,2}}\}e^{-\hbar d/dS_z}-\{(e^{\hbar d/dS_z}-1)\sqrt{S^2-S_z^{\,2}}\}e^{\hbar d/dS_z}]$$
$$=\frac{i}{2}[(\sqrt{S^2-(S_z-\hbar)^2}-\sqrt{S^2-S_z^{\,2}})e^{-\hbar d/dS_z}-(\sqrt{S^2-(S_z+\hbar)^2}-\sqrt{S^2-S_z^{\,2}})e^{\hbar d/dS_z}]$$
$$=\frac{i\hbar}{2}\frac{S_z}{\sqrt{S^2-S_z^{\,2}}}\{e^{-\hbar d/dS_z}+e^{\hbar d/dS_z}\}$$
$$=i\hbar\frac{S_z}{\sqrt{S^2-S_z^{\,2}}}\cos\phi \tag{A2. 13}$$

으로 된다. (A2.10), (A2.13)을 (A1.6)에 대입해서

$$[S_x,\ S_y]=[\sqrt{S^2-S_z^{\,2}}\cos\varphi,\ \sqrt{S^2-S_z^{\,2}}\sin\varphi]$$
$$=i\hbar\left\{\sqrt{S^2-S_z^{\,2}}\cdot\frac{S_z}{\sqrt{S^2-S_z^{\,2}}}\sin\varphi\cdot\sin\varphi+\sqrt{S^2-S_z^{\,2}}\cdot\frac{S_z}{\sqrt{S^2-S_z^{\,2}}}\cos\varphi\cdot\cos\varphi\right\}$$
$$=i\hbar S_z \tag{A2. 14}$$

이상으로 Pauli의 **S**가 각운동량의 교환관계에 ($[S_x, S_y]$는 근사적으로) 따르는 것이 증명되었다.

실은 (A2.10), (A2.13)의 계산, 예를 들면 (A2.11)은 $S=\sqrt{3}\,\hbar/2$에서는 허락되지 않는다.

3. 스핀 자기모멘트는 전자의 떨림운동으로부터 (본문, p.69)

전자의 스핀 자기모멘트는 전자의 떨림운동에 의한 것을 설명해보자.

먼저, 전자의 떨림운동이라는 것은 무엇인가?

디락 전자의 해밀토니안은 본문 (3-21)로부터 알게 된 것처럼

$$H = c\boldsymbol{\alpha}\cdot\hat{\boldsymbol{p}} + \alpha_0 m_e c^2 \qquad \text{(A3. 1)}$$

이다.‡ 여기서 $\hat{\boldsymbol{p}}$는 운동량 연산자이다. 따라서 디락 전자의 속도는

$$\dot{\boldsymbol{r}} = \frac{i}{\hbar}[H,\ \boldsymbol{r}] = c\boldsymbol{\alpha} \qquad \text{(A3. 2)}$$

이 되고, 그 어떤 성분도 고유값은 광속 c, 또는 $-c$이다. 전자의 속도는 어느 성분도 관측하면 $\pm c$라는 결과가 된다. 그러나 운동량이 $\boldsymbol{p}$의 상태로 $c\boldsymbol{\alpha}$의 기대값을 만들면 $\boldsymbol{p}$/m이 되므로, 전자는 평균으로서 정상(正常)인 속도 $\boldsymbol{v}$로 운동하고 있다. 여기에서 $m = m_e/\sqrt{1-v^2/c^2}$. 순간적인 속도 $\boldsymbol{c}$와 평균속도 $\boldsymbol{v}$의 차이는 진동적이어서, 이른바 진동 운동(Zitterbewegung)이 된다.[2]

그 진동 운동이 전자의 스핀 자기모멘트를 만든다.[3] 전자의 해밀토니안 (A3.1)을 이용해서

$$\frac{\hbar}{2ic}\frac{d}{dt}\alpha_0[\boldsymbol{r}\times\boldsymbol{\alpha}] = \frac{1}{2c}[H,\ \alpha_0[\boldsymbol{r}\times\boldsymbol{\alpha}]]$$

을 계산 해보자. 기호

$$\varepsilon_{klm} = \begin{cases} 1 & & \text{짝수 번 바꾼 경우} \\ -1 & (klm)\ \text{이}\ (123)\text{의} & \text{홀수 번 바꾼 경우} \\ 0 & & \text{그 외의 경우} \end{cases} \qquad \text{(A3. 3)}$$

을 이용(하나의 항 안에서 2번 반복되는 첨자에 대해서는 1부터 3까지 더한다)

$$[c\alpha_j p_j + \alpha_0 m_e c^2,\ \alpha_0 \varepsilon_{klm} r_l \alpha_m]$$

으로 하고, $[\alpha_j, \alpha_0\alpha_m]=2\alpha_0\delta_{jm}$에 주의하면

$$\frac{1}{2c}[H,\ \alpha_0[\boldsymbol{r}\times\boldsymbol{\alpha}]] = m_e c[\boldsymbol{r}\times\boldsymbol{\alpha}] - \alpha_0[\boldsymbol{r}\times\boldsymbol{p}] - \hbar\alpha_0\boldsymbol{\sigma} \qquad \text{(A3. 4)}$$

를 얻을 수 있다. 이 양의 기대값을 생각해보자. 디락 전자에 대한 기대값은 $\overline{\psi} \equiv \psi^*\alpha_0$를 이용해서 $\langle \overline{\psi}, \cdots \psi \rangle$로 해야만 하는 것에 주의한다.

(A3.4) 좌변의 기대값은 정상상태 u에서는 0이다. 그래서 (A3.2) 및 $\alpha_0^2=1$에 주의해서 (A3.4)를 다시 쓰면

$$-\frac{e}{2}\langle\bar{u},\ [\boldsymbol{r}\times\alpha_0\dot{\boldsymbol{r}}]u\rangle = -\frac{e}{2m_e}\langle\bar{u},\ \boldsymbol{L}u\rangle - \frac{e}{m_e}\langle\bar{u},\ \boldsymbol{S}u\rangle \qquad \text{(A3. 5)}$$

로 할 수 있다. 여기서 $\boldsymbol{L}=\boldsymbol{r}\times\boldsymbol{p}$는 평균(진동운동을 포함하지 않는) 궤도각운동량, $\boldsymbol{S}=(\hbar/2)\boldsymbol{\sigma}$는 스핀 각운동량이다. 우변의 제1항은 전자의 평균 궤도각운동량

‡ α_0는 이 책『スピンはめぐる(스핀은 돈다)』에서의 표기법. 종종 β로도 쓴다.

이 만드는 자기모멘트, 제2항은 스핀의 자기모멘트이다. 스핀의 g인자가 바르게 2로 되어 있는 것에 주의! 이들 합이 좌변에 있는 전자의 순간적인 속도가 만드는 자기모멘트와 같기 때문에, 이것은 스핀의 자기모멘트가 전자의 진동운동에서 유래한 것을 나타내고 있다. (A3.5)의 좌변이 전자의 순간적인 속도가 만드는 자기모멘트와 같다는 것을 설명해 두자. 전자의 전하를 $q=-e$로 하면, 균일한 자기장 B의 해밀토니안은 벡터 포텐셜 $\boldsymbol{A}=\frac{1}{2}\boldsymbol{B}\times\boldsymbol{r}$을 이용해서

$$H = c\boldsymbol{\alpha}\cdot(\boldsymbol{p}-q\boldsymbol{A})+\alpha_0 m_e c^2 \tag{A3.6}$$

이 된다. 자기적 에너지는, 따라서

$$-\frac{cq}{2}\boldsymbol{\alpha}\cdot[\boldsymbol{B}\times\boldsymbol{r}] = -\frac{cq}{2}[\boldsymbol{r}\times\alpha]\cdot\boldsymbol{B}$$

가 된다. 그러므로 자기모멘트는 (A3.2)를 이용해서

$$\boldsymbol{\mu}_e = \frac{cq}{2}[\boldsymbol{r}\times\alpha] = \frac{q}{2}[\boldsymbol{r}\times\dot{\boldsymbol{r}}] \tag{A3.7}$$

이 된다.

(A3.5)의 좌변이 가진 인자 α_0가 신경쓰이나, 이것은 운동량 p의 평면파 상태로 기대값을 만들면, p에 해당하는 빠르기를 v가

$$\langle\bar{u},\ \alpha_0 u\rangle = \frac{1}{\sqrt{1-(v/c)^2}} \tag{A3.8}$$

이 되고, $v=0$이라면 1이다.

4. 호리 타케오(堀 健夫) 일기 (본문, p.86)

호리 타케오는 유럽 유학을 위해 고베를 출발했던 1926년 3월 18일부터 세세하게 일기를 쓰고 있다.[2] 그 중에서 H_2분자의 회전 스펙트럼에 관한 기술을 포함한 기록 몇 개를 추려본다. 다소 주석을 더했으나, 일기는 **고딕체**로 주석은 명조체로 적는다. 오늘날의 시각으로 보면 이해하기 힘든 부분도 있으나, 그대로 두어 시대의 기록으로 하고자 한다. 판독할 수 없는 문자는 □로 했다. 날짜의 서식은 간략하게 하였다.

1926년

8/13 Kopenhagen 도착. 돌연「당신은 호리 씨가 아니신가요?」라는 목소리에 놀라서 바라보니 작은 체구의 일본인이 눈 앞에 서 있었다.「나는 니시나입니다.」

12/1 liq. air 중에서 hydrogen의 disch.를 하고 싶다. 그 design을 시작한다.

12/6 liq. air 중에서 exposure를 하였으나 어떻게 했는지 plate에 fogging이 발생해서 어떻게 해도 방법이 없다. 크게 화가 났으나 이유를 몰라서 다시 함.

12/19 ◎Einstein-Bose Statistics, ◎anti-symmetric fn. 과 symmetric fn.

1927년

1/1 ◎[이전 생략] Spinning electron의 mag. mom. 이 1/2이라는 사실이 왜인지 모른다고 한다. 대체 그것은 무엇을 의미미하는 걸까? [본문 p.46의 토마스 인자].

1/27 Bd의 Analysis가 성공해 간다. 통쾌 통쾌. 이것이라면 Hydrogen의 moment of inertia□를 정확하게 calc. 할 수있다. [이후 생략]

2/1 Inst.으로 1일 계산. 점점 진행되어 간다. Analysis진보. 이제 끝이 보였다. 중요한 결과가 되리라는 자신이 있다. 유쾌유쾌.

2/3 나카츠카씨가 Institute를 보러 왔다. Werner 및 Hund가 와서 Hydrogen-Band에 대한 discussion을 한다. [이후 생략]

2/4 1일 계산. Dr. Hund 다시 왔다. specific heat 쪽에서의 결과와 difference가 큰 것에 실망하고 있다. [수소분자의 비열 계산을 포함한 훈트의 논문이 *Zeitschrift*에 수리된 것은 2월 7일이다. 본문 pp.84-86을 참조.]

calculation은 꽤 성가시지만 결과가 나오므로 실로 통쾌하다. [이후 생략]

2/12 Bohr씨가 방에 오셨다. 나의 analysis의 결과를 보고 대만족. 여러가지를 이야기하고 가셨다. 큰 격려가 되었다.

저녁, 니시나씨와 Dr. Hund에게 Hydrogen moleculs의 spec. term에 관해서 물어보러 갔다. 우리가 생각하고 있던 것보다 상당히 복잡한 theory인 것을 알게 되어, 만약 여기가 일본이었다면 누구에게 상담할 수 있을까?라고 감회에 빠져 있었다. 적어도 이런 학계에서는 유럽이 일본보다 얼마나 좋은지 모르겠다. 부족한 것이 있다. Bohr씨의 인격상□을 칭함에 동시에 이 유쾌한 연구실의 기분을 맛볼 수 있는 자신의 행복도 다시 돌이켜 봤다. [이후 생략]

2/15 ◎[이전 생략] Dr. Hund 오셔서 다시 discussion을 했다. rotation의 q. no. 가 $\frac{1}{2}, 2\frac{1}{2}, \cdots\cdots$ 일 때는 eigenfunction은 symmetrisch, $1\frac{1}{2}, 3\frac{1}{2}, 5\frac{1}{2}$ …… 일 때는 antisymmetrisch [이후 생략]

2/28 Nature에 Dennison(지금 Zürich)-Michigan 대학-이 수소의 Rotation에 관한

theory를 발표했다. Werner Band analysis를 조금 시작하고 있다. 매우매우. 아주 서둘러. [이후 생략]

3/3 [이전 생략] 오후 Dennison이 왔다. 자기소개의 뒤 얼마간 이야기를 한다. 자신이 했던 H_2 Band의 analysis는 rough한 것이다. 당신의 analysis가 definite인 결과를 주는 것은 기쁘다. [이후 생략]

3/9 Dennison이 와서 Band spec.에 대해서 여러가지 가르쳐 주었다. 감사할뿐이다. 덕분에 큰 도움. [중간 생략]

여기서 하나 difficulty가 나타났다. 그것은 m^3(PR branch의)의 coeff. ε이 theoretically에는 negative가 되야만 할 것인데 나의 것은 positive로 되어 있는 것이다. 아무리 머리를 만지작 거려도 theoretical의 설명 방법이 없다. 조금 비관적이 됨. ……

3/12 Prof. Fues에게 어제 질문의 해답을 들으러 간다. [중간 생략]

Fues의 해답은 나를 다소 실망 시키는 것이었다. 그 의미는 결코 Fues가 불친절한 답을 해서 그런 것이 아니다. 특별히 친절하게 여러가지 theory의 설명을 해 준 결과가 역시 나의 analysis의 결과와 모순되는 것처럼 되어 끝났기 때문이다. 일단 '이런이런'하며 실망했으나, 동시에 매우 환희에 찬 기분이 들었다. 이제야 말로 이 Insitute에 있는 고마움이 있다고. 이 모순을 제거할 어떤 방법을 확실히 생각해 내고자 하는 대단한 결심을 했다. 저녁 산책을 하면서 혼자 조용히 나아가야만 할 방침에 대해서 생각을 정리했다. 갑자기 좋은 방책이 떠오른다. 모순은 곧 combination defect로 설명할 수 있다! 그렇다, 거기에 Ausweg가 반드시 있다. [이후 생략]

3/17 편지가 왔다. Prof. Bohr와 Werner가 오셨다. 일을 보러 온 김에, 논문을 빨리 쓰도록 채촉하였다. [중간 생략] 연습의 의미도 있고, *Z. f. Phys.*가 여하튼 가장 좋은 잡지여서 하나 독일어로 써 주자.[5] 유쾌 유쾌.

4/8 Kolloquium Prof. Darwin, Spinning electron을 어떻게 해서 Undulationsmechanik에 집어 넣을지에 대해서 이야기하다. 먼저, Spinning el'n에 대한 objections를 4개 정도 든다. 특히, Relativity의 Transformation theory에 모순되는 듯 한 것이 나오는 사실에 대한 objections. 이것을 남겨두기 위해서는 어떻게 하면 좋을까……. [본문 p.61]

4/19 Institut에 나갔다. Dennison씨를 만나서 spec. heat에 관해서 듣다. [중간 생략]

Goudsmit씨와 이야기하다. 수소 비열의 theory 같은 불확실한 것은 없다고 하하 크게 웃고 있었다. [중간 생략]

◎ 니시나씨와 식당에서. Diamagnetism과 Paramagnetism, Ferromagnetism의 구별 여부라는 것이 화제에 오르다. Paramag.는 electron의 spin으로 설명하는 것 [중간 생략] magnetism을 spin으로 설명하는 것은 Pauli가 최근 하였다. (*Z. f. phys.* 참조) Pauli의 Verboten에 의해서 phase-rule로 spin의 state는 하나밖에 존재할 수 없다. [중간 생략] 따라서, 그것[Verboten에 의한 자성의 설명]의 analogy로부터 하더라도 molecule도 (Kern의 coor.에 refer해서) 전체가 anti-symm. ψ를 가진다고 하는 편이 적절할 것으로 생각한다. Hund는 그것을 symm. ψ로 한 것이다. 그러나 Band의 경우에는 anti-symm으로 할 필요가 있다. 어떤 식으로 spec. heat의 theory를 modify해야만 하는 것인가?

◎ Dennison씨가 앞에 쓴 것과 같은 계산을 해 주었다. 역시 나의 Data를 이용해도 sp. h.의 curve는 설명할 수 없다.

[이 때 아직 Dennison은 비열을 설명하는 열쇠가 되었던 생각(본문 pp. 87-91)을 가지지 못했던 것으로 알고 있다. Dennison의 회상[6]에 따르면 그것을 얻은 것은 1927년 늦은 봄, 캠브리지에 6주간 체재했을 때였다.]

4/28 자 그럼 안녕 København이여!! 추억 깊이.

5. 물질의 안정성과 배타원리 (본문, p.110)

저자는 본문의 p. 77, 107에서 전자에 대한 파울리의 배타원리가 슈뢰딩거함수의 반대칭성이라는 수학적 표현을 얻은 것을 서술하고, p.109 이하에는 그 결과로서 전자의 스핀 끼리 본래의 자기적 작용과는 현격하게 다른 작용을 서로 미치며, 그것이 철의 강자성이라고 했던 거시적인 효과를 이끌어낸 것을 설명하고 있다. 거시적인 효과라고 하면, 물질의 안정한 존재를 지탱하고 있는 것도 파울리의 배타원리인 것이다. 그것을 간단히 설명해 보자.

러더포드가 원자핵을 발견하고 원자의 태양계 모형을 제안했을 때, 바로 그 안정성이 문제가 되었다. 원자핵 주변을 도는 전자는 가속도를 가지므로 맥스웰의 전자기장 이론에 따르면 복사 에너지를 계속 방출해서 에너지를 잃는다. 어쨌든 쿨롱 포텐셜은 양음 전하 간의 거리 → 0에서 $-\infty$가 되기 때문에 전자는 금세 원자핵으로 추락한다. 이렇게 해서 원자는 붕괴해버리게 된다. 이 곤란함은 양자역학에 의해서 해결 되었다.

그러나 이것으로 물질의 안정한 존재는 보증되는 것일까? 일반적으로 하전입자 N개의 집단을 생각해 보자. 이 계의 에너지는 작아지는데 한계가 있는 것일까? 만약, 한계가 있다면 그 하한 E_0는 N의 몇승에 비례하는 것일까?

5.1 하전입자계

이 계가 양음으로 하전된 입자, 각각 N_+, N_-개로 되어 있다고 하면, 그것들은 장거리까지 도달하는 쿨롱 인력으로 서로 당기기 때문에 $E_0(N)$은 양음 입자 조합의 수 N_+N_-에 비례해서 낮아지는 것은 아닐까?

한 발 양보해서 $E_0(N)$이 음으로 N^α에 비례하고 $\alpha>1$이었다고 하더라도, 이와 같은 큰 계를 두 개 합체시키면 대 폭발이 일어날 것이고, 단독인 계라도 충분히 큰 N에 대해서는 전자쌍을 만들어서 $N+2$개의 입자로 되는 계로 바뀌는 편이 에너지가 낮아 진다. 그렇게 하면 계속해서 전자쌍이 만들어지게 되어 계의 에너지 $E_0(N)$이 점점 낮아 지게 되는 것은 아닐까? 이것은 파국이다.

그래서 하전입자 N개로 되는 계의 에너지가 하한 $E_0(N)$을 가지고 그것이 N에 비례하는 것을 증명하고 싶다. 이것이 물질 안정성의 문제이다.

여기서 파울리의 배타원리가 작용한다. 즉 —

질량 m, 전하 $-e$를 가지고 q개의 내부상태를 가진 동종 페르미 입자(전자) N_-개와 전하 $Z_a e\,(a=1, \cdots N_+)$의 입자(원자핵)으로 되는 계의 양자역학적인 에너지는 아래로 유계(有界)이다[7][8] :

$$E(N_-,\ N_+;\{Z_a\}) \geq -Bq^{2/3}\frac{me^4}{2(4\pi\varepsilon_0)^2\hbar^2}\left(N_- + \sum_{a=1}^{N_+} Z_a^{7/3}\right) \qquad \text{(A5. 1)}$$

원자핵은 페르미 입자든지, 보스 입자든지 상관 없다. 만약 $Z_a \leq Z$가 되는 Z가 있으면(현실에서는 있다),

$$N_- + \sum_{a=0}^{N_+} Z_a^{7/3} \leq N_= + Z^{7/3}N_+ \leq Z^{7/3}(N_- + N_+) \qquad \text{(A5. 2)}$$

이 되고, $E_0(N) \geq B'N$을 얻을 수 있다. (A5.1)의 B는, 지금은

$$B = 7.01 \qquad \text{(A5. 3)}$$

이나, 이것은 정밀한 계산으로 작아질 가능성이 있다.

중력이 있으면 이야기는 달라진다. 중력에는 차폐가 없기 때문이다.

중력이 없는 경우로 한정하면, 계 전체가 전기적으로 중성이 아닌 경우에는, 입자수 $\to \infty$ 가 됨에 따라 과잉 전하는 무한히 먼 곳으로 달아나서 중성인 계가 남는다. 그리고 양음의 전하가 서로 차폐되어 쿨롱 상호작용의 장거리 효과가 없어진다. 부등식 (A5.1)의 배후에는 파울리의 배타원리에 더해서 차폐라는 사실도 있었던 것이다.

5.2 중력 + 전기력

중력을 고려하면 (A5.1)은 다음과 같이 바뀐다.[9]

질량 m, 전하 $-e$를 가지고 q개의 내부 자유도를 가진 페르미 입자 (전자) N_-개와, 질량 M, 전하 Ze를 가진 입자(원자핵) N_+개로 된 계의 중력상호작용(상호작용정수 G)까지 포함한 에너지는 아래로 유계이다 : $N_-+N_+=N \to \infty$ 에서는

$$(N_-, N_+; Z, G) \gtrsim -\left[\left(C_e \frac{mZ^2e^4}{2(4\pi\varepsilon_0)^2\hbar^2} N\right)^{1/2} + \left(C_G \frac{G^2 mM^4}{2\hbar^2} N^{7/3}\right)^{1/2}\right]^2 \tag{A5. 4}$$

중력에 차폐효과가 없기 때문에 에너지의 하한에 대한 중력의 기여가 $N^{7/3}$이라는 높은 거듭제곱이 되어 있다.

(A5.4)의 [ ] 안의 2항을 비교해서 중력이 전기력을 이기는 것은, 대략적으로 말해서

$$N > N_{\mathrm{cr}} \equiv \left(\frac{Ze^2}{4\pi\varepsilon_0} \frac{1}{GM^2}\right)^{3/2} \tag{A5. 5}$$

일 때이다.

전기적 상호작용만일 때 계의 에너지가 N에 비례한 것은, 계의 물질밀도가 N에 따르지 않고 일정하게 되는 것을 시사하고 있다. 실제 그런 것을 증명할 수 있다. 그 때 계의 크기는 $N^{1/3}$에 비례하고 따라서 모든 질량의 1/3승에 비례한다. 그런데 N이 한층 더 (A5.5)의 영역에 들어가면 계의 크기는 $N^{-1/3}$에 비례하는 것처럼 된다. 질량의 −1/3승이다. 그 상태를 별의 질량 M과 반경 R의 관계로 보자(그림1). 지금까지 해밀토니안 스펙트럼의 하한에 주목해 왔으므로, 차가운 별에 한하고 있다(태양은 예외지만). 이 그림에서 시리우스 B등 백색왜성의 반경이 급격히 떨어지고 있는 것은 상대론적인 효과로, 지금하고 있는 논의의 한계를 넘어서고 있다.[8]

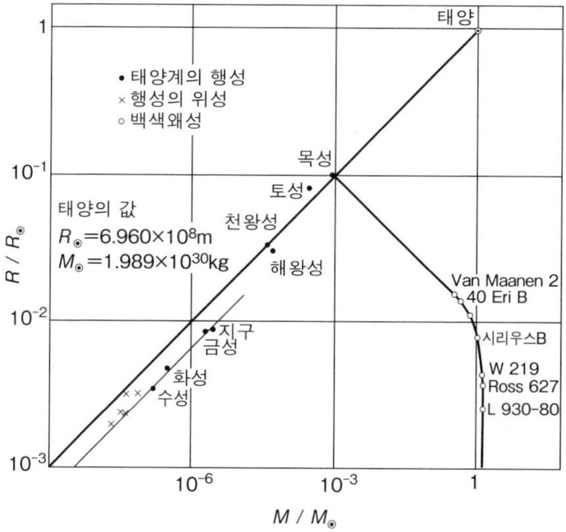

그림1 차가운 별의 질량 M과 반경 R의 관계

태양계 행성 중에 질량이 최대인 것은 목성으로 입자 수가 (A5.5)의 N_{cr}에 달한다. 그 주성분은 액상수소로 대부분이 원자로 해리되어 있다고 생각되고 있으나, 이것은 전기력이 중력에 압도되기 시작한다는 위의 결과에 부합하고 있다.

게다가, 물질의 열역학적인 안정성도 증명되고 있으나,[7] 이것은 고전물리학에 속하는 것이므로 생략한다.

6. 좌표계의 회전 (본문, p.132)

좌표계 R의 좌표축의 방향으로 잡은 단위 벡터를 $\boldsymbol{e}_1$, $\boldsymbol{e}_2$, $\boldsymbol{e}_3$로 하면, 점 P(x_1, x_2, x_3)의 위치 벡터는

$$\boldsymbol{r} = \boldsymbol{e}_1 x_1 + \boldsymbol{e}_2 x_2 + \boldsymbol{e}_3 x_3 \tag{A6. 1}$$

로 쓸 수 있다(그림2). 좌표계 R' 좌표축의 방향으로 잡은 단위 벡터를 $\boldsymbol{e}'_1, \boldsymbol{e}'_2, \boldsymbol{e}'_3$으로 하면, 이 좌표계에 관한 $\boldsymbol{r}$의 제k성분은

$$x'_k = (\boldsymbol{e}'_k \cdot \boldsymbol{r}) = (\boldsymbol{e}'_k \cdot \boldsymbol{e}_1) x_1 + (\boldsymbol{e}'_k \cdot \boldsymbol{e}_2) x_2 + (\boldsymbol{e}'_k \cdot \boldsymbol{e}_3) x_3 \tag{A6. 2}$$

이 된다. 본문의 (7-2)에 따라서 쓰면

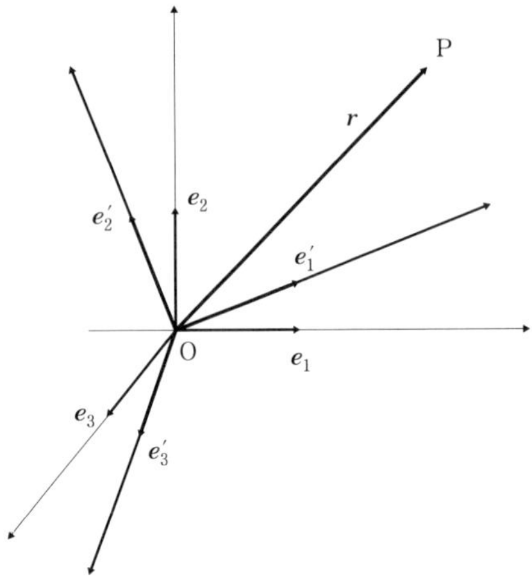

그림2 좌표계의 회전 : $(e_1, e_2, e_3) \to (e'_1, e'_2, e'_3)$

$$x'_k = \sum_{j=1}^{3} (\boldsymbol{e}'_k \cdot \boldsymbol{e}_j) x_j \qquad \text{(A6. 3)}$$

이 된다. 본문에서 방향코사인이라 하고 있는 $A_{k,j}$는 $(e'_k \cdot e_j)$인 것으로, 이것은 e'_k와 e_j가 이루는 각의 cosine이다.

(7-3)의 A가 직교행렬이 된다는 것은 행렬 A의 전치행렬을 A^{t}로 써서

$$(A^{\mathrm{t}} A)_{ij} = \sum_{k=1}^{3} (\boldsymbol{e}_i \cdot \boldsymbol{e}'_k)(\boldsymbol{e}'_k \cdot \boldsymbol{e}_j) = (\boldsymbol{e}_i \cdot \boldsymbol{e}_j) = \delta_{i,j} \qquad \text{(A6. 4)}$$

가 성립하는 것이다.

(A6.4)를 사용하면, (A6.3)의 양변에 $(e_j \cdot e'_k)$를 곱해서 k에 대해서 합을 취하면

$$\sum_{k=1}^{3} x'_k (\boldsymbol{e}_i \cdot \boldsymbol{e}'_k) = \sum_{k=1}^{3}\sum_{j=1}^{3} (\boldsymbol{e}_i \cdot \boldsymbol{e}'_k)(\boldsymbol{e}'_k \cdot \boldsymbol{e}_j) x_j = \sum_{j=1}^{3} \delta_{i,j} x_j = x_i \qquad \text{(A6. 5)}$$

가 되어, 본문의 (7-2′)을 얻을 수 있다.

본문의 (7-26′)은 (7-26)을 사용하면 (7-31)이어서

$$\sigma_{k'} = \sum_{j=1}^{3} A_{kj} \sigma_j = \boldsymbol{A}_k \cdot \boldsymbol{\sigma} \qquad \text{(A6. 6)}$$

로 쓸 수 있다. 단, $\boldsymbol{A}_k = (A_{k1}, A_{k2}, A_{k3})$이다. 이 교환관계를 계산하면

$$[\sigma'_k, \sigma'_l] = \sum_{a,b} A_{ka} A_{lb} [\sigma_a, \sigma_b] = 2i \sum_{a,b} A_{ka} A_{lb} \varepsilon_{abc} \sigma_c$$
$$= 2i\,[\boldsymbol{A}_k \times \boldsymbol{A}_l]_c \sigma_c = 2i\,[\boldsymbol{A}_k \times \boldsymbol{A}_l] \cdot \boldsymbol{\sigma}$$

이 된다. 단, ε_{abc}은 —부록A의 3에도 이용했으나— (abc)rk (123)의 짝수 번 바꾼 것이라면 +1, 홀수 번 바꾼 것이라면 −1, 그 외의 경우는 0을 나타내는 기호이다. 본문의 (3-12′)에 호응해서 $[\sigma_a, \sigma_b]=2i\sum_c \varepsilon_{abc}\sigma_c$이 성립한다. $\boldsymbol{A}_k$는 $x_{k'}$축 방향의 단위 벡터이기 때문에 $\boldsymbol{A}_1 \times \boldsymbol{A}_2 = \boldsymbol{A}_3$(cyclic)이 되므로

$$[\sigma'_k, \sigma'_l] = 2i\sigma'_m \quad (k,\ l,\ m) : \text{cyclic} \tag{A6. 7}$$

가 성립한다. $\mathrm{s}' = \frac{1}{2}\boldsymbol{\sigma}'$은 (3−12)와 같은 교환관계를 만족한다.

7. (7−33)의 유니터리 교환이 존재하는 것 (본문, p.142)

스핀의 제3성분인 관측 가능한 양 S'_3은 변환이론에 의해서 에르미트 행렬로 나타내고 유니터리 교환 U_a에 의해 대각화 되어서, 그 대각요소에는 스핀의 제3 성분의 관측값 $\hbar/2$, $-\hbar/2$가 늘어선다. 따라서 $S'_3 = (\hbar/2)\sigma'_3$으로 쓴 σ'_3은

$$U_a \sigma'_3 U_a^{-1} = \begin{pmatrix} 1 & 0 \\ 0 & -1 \end{pmatrix} \tag{A7. 1}$$

이 될 것이다.

이 교환을 σ'_1에 실시하면, 역시 에르미트 행렬을 얻을 수 있을 것으므로

$$U_a \sigma'_1 U_a^{-1} = \begin{pmatrix} \alpha & \beta \\ \beta^* & \gamma \end{pmatrix} \tag{A7. 2}$$

가 된다고 하자. 또, 유니터리 교환에서 교환관계는 바뀌지 않으므로 (A6.7)을 이용 하고

$$(U_a \sigma'_3 U_a^{-1})(U_a \sigma'_1 U_a^{-1}) - (U_a \sigma'_1 U_a^{-1})(U_a \sigma'_3 U_a^{-1}) = 2iU_a \sigma'_2 U_a^{-1}$$

이 될 것이므로, (A7.1), (A7.2)를 이용해서 계산하고

$$\begin{pmatrix} 1 & 0 \\ 0 & -1 \end{pmatrix}\begin{pmatrix} \alpha & \beta \\ \beta^* & \gamma \end{pmatrix} - \begin{pmatrix} \alpha & \beta \\ \beta^* & \gamma \end{pmatrix}\begin{pmatrix} 1 & 0 \\ 0 & -1 \end{pmatrix} = \begin{pmatrix} 0 & 2\beta \\ -2\beta^* & 0 \end{pmatrix}$$

으로부터

$$U_a \sigma'_2 U_a^{-1} = \begin{pmatrix} 0 & -i\beta \\ i\beta^* & 0 \end{pmatrix} \tag{A7. 3}$$

을 얻을 수 있다. 이것과 (A7.1)을 이용하면

$$(U_a \sigma'_2 U_a^{-1})(U_a \sigma'_3 U_a^{-1}) - (U_a \sigma'_3 U_a^{-1})(U_a \sigma'_2 U_a^{-1}) = \begin{pmatrix} 0 & 2i\beta \\ 2i\beta^* & 0 \end{pmatrix}$$

이 되나, 이것은 σ_k'의 교환관계로부터 $2iU_a\sigma_1'U_a^{-1}$와 같을 것이므로 (A7.2)에서

$$\alpha = \gamma = 0 \tag{A7.4}$$

를 알 수 있다.

이 결과를 (A7.2)에 이용하고 (A7.3)을 합하여

$$(U_a\sigma_1'U_a^{-1})(U_a\sigma_2'U_a^{-1})-(U_a\sigma_2'U_a^{-1})(U_a\sigma_1'U_a^{-1}) = 2i\begin{pmatrix}|\beta|^2 & 0\\ 0 & -|\beta|^2\end{pmatrix}$$

를 얻지만, 이것은 교환관계 (A6.7)에서 (A7.1)의 $2i$배와 같을 것으므로

$$|\beta| = 1 \quad となり \quad \beta = e^{i\phi}$$

가 되는 실수 ϕ가 존재하는 것을 알 수 있다. 정리해서

$$U_a\sigma_1'U_a^{-1} = \begin{pmatrix}0 & e^{i\phi}\\ e^{-i\phi} & 0\end{pmatrix},\ U_a\sigma_2'U_a^{-1} = \begin{pmatrix}0 & -ie^{i\phi}\\ ie^{-i\phi} & 0\end{pmatrix},\ U_a\sigma_3'U_a^{-1} = \begin{pmatrix}1 & 0\\ 0 & -1\end{pmatrix}$$

를 얻을 수 있다.

이것에, 더욱이 유니터리 교환

$$U_b = \begin{pmatrix}e^{i\phi/2} & 0\\ 0 & e^{-i\phi/2}\end{pmatrix} \tag{A7.5}$$

을 실시하면

$$U_bU_a\sigma_1'(U_bU_a)^{-1} = \begin{pmatrix}0 & 1\\ 1 & 0\end{pmatrix},\ U_bU_a\sigma_2'(U_bU_a)^{-1} = \begin{pmatrix}0 & -i\\ i & 0\end{pmatrix},$$
$$U_bU_a\sigma_3'(U_bU_a)^{-1} = \begin{pmatrix}1 & 0\\ 0 & -1\end{pmatrix}$$

이 된다. 따라서

$$U = U_bU_a \tag{A7.6}$$

이라고 하면 (7-33)이 실현된다. 유니터리 변환의 곱은 물론 유니터리이다. 그렇게 해서 (7-33)을 실현한 유니터리 교환의 존재가 증명되었다.

8. 스핀의 2가성의 증명 (본문, p.146)

저자는 이 책의 p. 151에서 스핀 1/2를 가진 입자의 파동함수 ψ가 회전군의 2가 표현에 속하는 것에 대해서,「ψ의 2가성에서 곤란한 점은 아무것도 나오지 않았습니다. 왜냐하면, 양자역학에서 물리적 의미를 가진 것은 $|\psi|^2$형태의 양이며

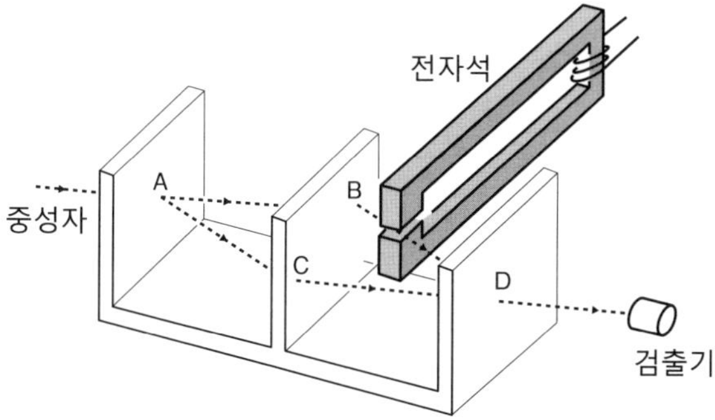

그림3 스피너의 2가성을 나타내는 실험. 에너지가 결정된 중성자를 A로부터 입사시켜 둘로 나누어 BD를 통과하는 중성자에는 자기장을 걸어서 스핀을 세차운동시키고, CD를 통과하는 중성자에는 아무것도 하지 않고 D에서 겹쳐서 간섭을 본다.

ψ 자신이 아니기 때문입니다.」라고 적고 있다. 디락은 1928년 논문에서도, 그 후 양자역학의 교과서에서도 왠일인지 이것을 다루고 있지 않다. 파울리, 판데르바르던의 교과서 또한 마찬가지다. 바이스코프는 1953/54년 M.I.T의 강연에서 저자와 같은 것을 이야기하고 있다.[10]

ψ의 2가성을 명시한 실험은 1975년에 오스크리아의 H. 라우치, A. 차일링거, U. 본즈와 미국의 S.A. 워너, A.W. 오버하우저에 의해 독립적으로 행해졌다.[11] 저자는 이 실험에 대해서 J.J. 사쿠라이(桜井 純, 당시 캘리포니아 대학 로스엔젤레스 캠퍼스 교수)의 이야기를 하라 야스오를 통해서 듣고,『자연』의 편집자 이시카와(石川 昴)에게 이렇게 흘렸다.「책을 쓴다는 것은 무서워. 국내만이 아니라 외국에 있는 사람도 보고 있기 때문이지. 내가 다루던 시대는 전쟁 전까지이다. 이런 새로운 이야기는 좀 더 젊은 사람이 써야지요.[12]」

그 실험이라는 것은 다음과 같다(그림3).

그림의 왼쪽에서 실리콘 단결정인 점 A에 입사한 에너지가 일정한 중성자선을 결정격자의 투과와 브래그 반사를 이용해서 둘로 나눠, B에서 D로 향하는 빔은 길이 l의 자기장 B를 통과해서 중성자 스핀을 세차운동 하게 하고, C에서 D로 향하는 빔에는 아무것도 하지 않는다. 2개 빔을 D에서 겹쳐서, 간섭의 결과로 검출기에 도달하는 1분당 중성자의 수를 센다.

중성자의 자기모멘트를 보어 마그네톤 μ_N의 g 배로 하면 ($g = -1.913$), z방향의 자기장 $\boldsymbol{B}$ 안에서의 스핀 운동은 슈뢰딩거 방정식

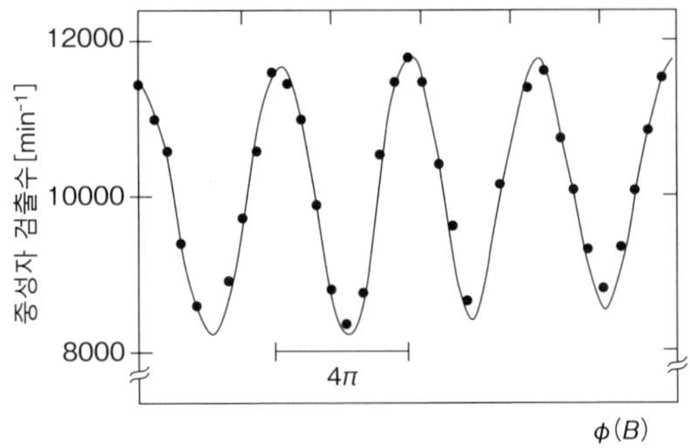

그림4 $n(B)$를 $\phi(B)$의 함수로 나타낸다. 주기함수이나, 주기는 2π가 아니고 4π이다.

$$i\hbar \frac{d}{dt}\begin{pmatrix} a(t) \\ b(t) \end{pmatrix} = -g\mu_N \sigma_z B \begin{pmatrix} a(t) \\ b(t) \end{pmatrix} \qquad \text{(A8. 1)}$$

에 따른다. 따라서 중성자가 자기장 속에서 시간 t를 지나서 D에 도달한 빔의 상태는 경로 ABD의 길이를 L'으로 하면

$$\text{A 에서의 상태가}\begin{cases} \text{업 스핀이라면} & e^{i\phi/2} \\ \text{다운 스핀이라면} & e^{-i\phi/2} \end{cases} \times e^{ikL'} \qquad \text{(A8. 2)}$$

이 된다. 여기서

$$\phi(B) = -\frac{2g\mu_N Bt}{\hbar} \qquad \text{(A8. 3)}$$

은 세차운동에 의한 시간 t 사이의 스핀 회전각으로 자기장이 강할수록 크다. 스핀의 회전각 ϕ라는 것은 스핀 각운동량 $\boldsymbol{S}=\boldsymbol{\sigma}\hbar/2$를 이용해서

$$e^{is_z\phi/\hbar}\begin{pmatrix} \alpha \\ \beta \end{pmatrix} = \begin{pmatrix} \alpha e^{i\phi/2} \\ \beta e^{-i\phi/2} \end{pmatrix} \qquad \text{(A8. 4)}$$

가 되는 각 ϕ이다(본문의 (7-46)을 참조).

한편, C를 통과해서 D에 도달한 빔의 상태는, 경로 ACD의 길이가 L이라면

$$\text{A 에서의 상태가}\begin{cases} \text{업 스핀이라면} & 1 \\ \text{다운 스핀이라면} & 1 \end{cases} \times e^{ikL} \qquad \text{(A8. 5)}$$

이다.

따라서 D에서 겹쳐진 빔의 상태는

$$\text{A 에서의 상태가}\begin{cases} \text{업 스핀이라면} & e^{ikL} + e^{ikL'}e^{i\phi/2} \\ \text{다운 스핀이라면} & e^{ikL} + e^{ikL'}e^{-i\phi/2} \end{cases} \qquad \text{(A8. 6)}$$

이 된다. 검출기에 날아든 중성자의 수는, A에서의 상태에 대해서 평균하여

$$n(B) \propto \frac{1}{2}\{|e^{ikL}+e^{ikL'}e^{i\phi/2}|^2+|e^{ikL}+e^{ikL'}e^{-i\phi/2}|^2\}$$
$$=\left\{1+\cos\left(\delta+\frac{\phi}{2}\right)\right\}+\left\{1+\cos\left(\delta-\frac{\phi}{2}\right)\right\}$$

이 된다. 여기서

$$\delta = k(L'-L) \tag{A8.7}$$

이다. 따라서

$$n(B) \propto 1+\cos\delta\cos\frac{\phi(B)}{2} \tag{A8.8}$$

이 된다.

실험에서는, 자기장의 세기 B를 바꾸어서, 그것에 대응하는 중성자의 1분 당 검출수 $n(B)$를 측정한다. 그 결과를 그림4π에 나타낸다. 확실히 $\cos\frac{\phi(B)}{2}$ 형의 주기 4의 진동을 나타내고 있다. 이것이 스피너 파동함수의 특징이다.

참고문헌

[1] M. Abraham, *Ann. d. Phys.* 10 (1903) 105.

[2] E. Schr dinger, Über die kr ftfreie Bewegung in der relativistischen Quantenmechanik, *Sitzung der phys.-math. Klasse vom Juli 1930, Mitteilung vom 17, Juli.* ; 湯川秀樹·豊田利幸編『量子力学 I』, 岩波講座·現代物理学の基礎, 岩波書店(1978), §7.8.

[3] K. Huang, On the Zitterbewegung of the Dirac Electron, *Am. J. Phys*. **20** (1952) 479-485.

[4] 堀 健夫, 日記, Danmark の巻, 北海道大学図書館蔵.

[5] T. Hori, Über die Analyse des Wasserstoffbandenspektrums im äussersten Ultraviolett, *Z. f. Phys*. **44** (1927) 834.

[6] D.M. Dennison, Recollections of physics and of physicists during the 1920's, Am. J. Phys. **42** (1974) 1051.

[7] E.H. Lieb, 「なぜ物質は安定に存在するのか」, 科学, **49** (1979) 301, 385;*The Stability of Matter : From Atoms to Stars*, Springer (1991).

[8] 江沢洋「物質の安定性」,『量子物理学の展望』下, 江沢洋·恒藤敏彦編,岩波

書店 (1978)

[9] J.M. Levy-Leblond, *J. Math. Phys.* **10** (1969) 806.

[10] V.F. Weisskopf, *Relativistic Quantum Mechanics*, CERN 62−15 (30 March 1962), p. 38.

[11] H. Rauch *et al., Phys. Lett.*, **54A** (1975) 425 ; S.A. Werner *et al.*, *Phys. Rev. Lett.*, **35** (1975) 1053.

[12] 原康夫「桜井 純さんとスピンの二価性と」, 自然, 1983 年 3 月号.

부록 B 스핀, 그 후

저자는 스핀 이야기를 제2차 세계대전이 시작된 1940년대로 끝내고 있다. 여기에서는 보어의 역사적인 이야기에 더해서 전후의 발전으로부터 몇 가지 화제를 가져와서 소개한다.

1. 전자 스핀 자기모멘트는 측정할 수 없다

저자는 이 책의 p. 73에「전자 스핀의 본성이 이런 것이었다고 한다면, 그것은 정말로「고전적으로 기술 불가능」이었지요」라고 적고 있다. 파울리도 p. 48의 주21에 소개한 것과 같은 느낌을 서술하고 있다. 즉「나의 최초 의심이나「고전론에 의해서 기술할 수 없는 2중성」이라는 나의 표현은, 스핀이 전자가 본질적으로 양자역학적인 성질이라는 보어의 증명에 의해서 확증을 얻었던 것이다.」

보어는 불확정성원리에 의해서 2가지 사실을 증명했다. 첫번째로, 전자가 만드는 자기장을 관측해서 전자의 자기모멘트를 결정할 수 없다. 둘째로, 전자 스핀 업, 다운 상태는 슈테른-게를라흐의 실험[1] 방법으로는 분리할 수 없다.

1.1 보어의 추론 - (1)

디락의 상대론적인 전자 방정식에 자극 받아서인지, 1928년 가을에 보어는 생각했다. 원자 속의 전자에 대해서는, 그 자기모멘트의 크기도 방향도 스펙트럼의 관측으로부터 알 수 있다. 자유로운 전자라도 불균일 자기장 속에서는 자기모멘트의 방향에 따라서 진로가 2개로 나뉠 것이다. 전자가 만드는 자기장을 관측하면 자기모멘트를 결정할 수 있을까?

12월에는 하나의 결론에 도달하고, 다음 해 4월에는 연구소 회의에서 발표하여 모두를 놀라게 했다. 그것을 N.F. 모트는 (보어의 생각으로) 논문에 표기하고, 교과서(N.F. 모트, H.S.W. 매시『衝突の理論』I, 高柳和夫訳, 吉岡書店 (1961), p. 73)에도 싣고 있으므로 그것에 의해서 설명하자.

보어의 결론은 이렇다 : 전자가 만드는 자기장을 측정해서 전자의 자기모멘트를 결정할 수 없다. 지금, 전자의 위치가 부정확성 Δr의 범위로 알고 있다고 하고, 그곳에서 거리 r점에 전자가 만드는 자기장을 측정한다고 하자. 이 때

$$\Delta r \ll r \tag{B1. 1}$$

이 아니라면, 전자의 자기모멘트에 대해서 무엇인가를 이끌어낼 수 없다. 전자의 자기모멘트를 M으로 하면 그것이 만드는 자기장은

$$B \sim \mu_0 \frac{M}{r^3}$$

정도이다. 그러나 전자가 빠르기 v로 운동하고 있으면

$$B' \sim \mu_0 \frac{-ev}{r^2}$$

의 자기장도 만든다. 따라서 $|B| \gg |B'|$, 즉

$$\mu_0 \frac{|M|}{r^3} \gg \mu_0 \frac{ev}{r^2}$$

가 아니면 자기모멘트 M을 알 수 없다. $M=(-e\hbar)/(2m)$이기 대문에, 이것은 양변에 $(m/\mu_0)\Delta r/\hbar$를 곱하면 불확정성원리에 의해서

$$\frac{\Delta r}{r} \gg (mv)\Delta r \frac{1}{\hbar} > 1$$

이 되고

$$\Delta r \gg r \tag{B1. 2}$$

이 된다. 이것은 (B1.1)에 모순이다.

1.2 보어의 추론 - (2)

보어는 또 전자의 스핀 상태는 슈테른-게를라흐의 실험 방법으로는 분리할 수 없는 것을 나타내었었다. 이것도 모트-매시의 교과서(앞 페이지에 나옴, pp.73-75)를 참고로 해서 서술하자. 파울리도 이것에 대해서 보어와 모트의 일로 1930년 솔베이 회의「자성(磁性)」에서 이야기하고 있다.

$-z$방향으로 진행하는 전자가 y방향으로 불균일한 자기장을 통과한다고 하자. 전자 빔의 y방향 두께는 당장은 0으로 한다. 전자는 그 자기모멘트 M에 의해서 자기장으로부터

$$f_y^{\pm} = \pm M \frac{\partial B_y}{\partial y} \tag{B1. 3}$$

의 힘을 받는다. 위의 부호는 다운 스핀, 아래의 부호는 업 스핀의 경우이다. 그런데 전자는 전하를 가지고 있으므로 자기장으로부터 로렌츠 힘

$$f'_y = evB_x \tag{B1. 4}$$

도 받는다. O-yz면으로부터 거리 Δx의 점에서 자기장은

$$B_x = \frac{\partial B_x}{\partial x}\Delta x = -\frac{\partial B_y}{\partial y}\Delta x$$

이다. 여기서 div B=0를 이용했다. 따라서

$$f_y' = -ev\frac{\partial B_y}{\partial y}\Delta x \qquad \text{(B1. 5)}$$

자기장의 z방향 길이를 L_1으로 하면, 힘 $f_y^{\pm}$를 시간 L_1/v 동안 받아서 전자의 y방향 운동량은 $f_y^{\pm}(L_1/v)$만큼 바뀐다. 자기장을 빠져나와 거리 L_2 만큼 진행하여 사진건판에 부딪혀 흔적을 남긴다고 하면, 건판의 위에는

$$\Delta y = (f_y^{+} - f_y^{-})\frac{L_1}{v}\frac{1}{mv}\cdot L_2 \qquad \text{(B1. 6)}$$

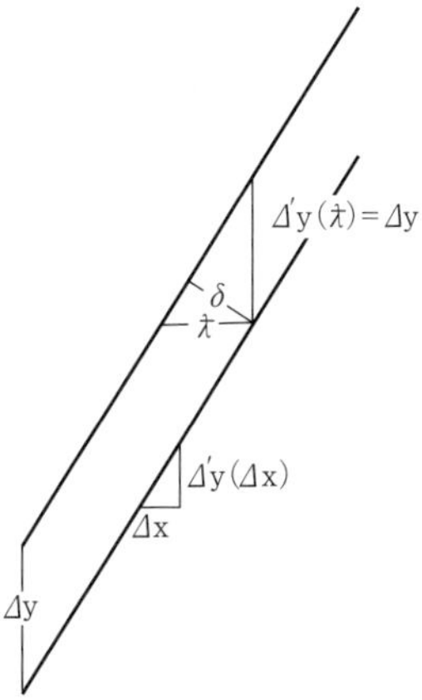

그림1 사진건판 상의 전자의 흔적. 입사전자 빔의 y방향 두께는 0으로 표현했다.

만큼 떨어진 2개의 흔적이 생긴다. 아니, 실은 (B1.5)의 힘f_y' 도 있으므로 흔적은 Δx가 클수록 y방향으로 어긋나서, 그 어긋남은

$$\Delta' y(\Delta x) = f_y' \frac{L_1}{v}\frac{1}{mv}\cdot L_2 \qquad \text{(B1. 7)}$$

이 된다. 그런데 (B1.3), (B1.5), (B1.6)에 의하면

$$\frac{\Delta' y(\Delta x)}{\Delta y} = \frac{ev\Delta x}{2(e\hbar/2m)} = \frac{\Delta x}{\lambda\!\!\!^{-}} \qquad \text{(B1. 8)}$$

이다. 여기서 $\lambda\!\!\!^{-}=\hbar/(mv)$이다. $M=\mu(-e\hbar)/(2m)$의 μ는 1로 했다. 따라서 $\Delta x = \lambda\!\!\!^{-}$로 하면 $\Delta' y(\Delta x) = \Delta y$가 된다. 2개의 흔적은 한 쪽을 x축 방향으로 $\lambda\!\!\!^{-}$만큼 어긋나게하면 서로 겹쳐진다. 2개 흔적의 간격 δ는 그림1로부터

$$\delta < \lambda\!\!\!^{-} \qquad \text{(B1. 9)}$$

이다. 지금까지 전자 빔의 y방향 두께, 따라서 흔적의 굵기는 0으로 해 왔으나 이것은 전자의 드브로이 파장 $\lambda\!\!\!^{-}$보다 작아서는 안 되기 때문에, (B1.9)로는 2개의 흔적은 겹쳐져서 구별할 수 없다. 따라서 슈테른-게를라흐의 실험은 전자에서 실패로 끝날 수밖에 없었다. 이것이 보어의 결론이었다.

파울리는 디락 방정식의 고전극한에서 입자의 고전역학적인 궤도를 얻고, 거기에 스핀은 들어가지 않는 것, 스핀이 작용하는 근사에서는 회절효과가 뚜렷하게 되며 궤도개념을 잃는 것으로부터 보어의 주장이 뒷받침되고 있다고 하고 있다.[2]

1.3 전자의 자기모멘트 측정

보어가 전자의 자기모멘트는 측정할 수 없다고 말하고 싶었던 것이라면, 그것은 반증되었다. 처음에 전자의 자기모멘트를 정밀하게 측정했던 것은 I.I. 라비로,[3] 그것을 $g\mu_B\boldsymbol{s}$라고 쓰면 $g=2.0024$이다. 이것은 수소, 중수소, 나트륨 등의 원자 스펙트럼 초미세구조로부터 얻은 값이나, 1960년대에는 다음의 교묘한 궁리로부터 $g-2$가 측정되었다. 전자를 자기장 B의 안에서 원운동시키면, 그 각진동수는 eB/m이어서 만약 $g=2$라면 자기모멘트의 세차운동 각진동수와 일치한다. 따라서 전자에 원운동을 시켜서 n바퀴 동안의 자기모멘트의 세차운동 각도를 측정하면 $g-2$를 구할 수 있을 것이다. 이 방법으로 D.T. 윌킨슨과 H.R. 크레인은 $g-2=0.002\,319\,244(27)$을 얻었으나, A. 리치가 보정이 충분하지 못한 것을 발견하고

$$g-2 = 0.002\,319\,114(60)$$

으로 정정되었다.[4] 괄호 안의 숫자는 마지막 2항의 불확정도이다.

1970년가 되어 진공 중에 1개의 전자를 공중에 매달아 외부 장 속에서의 자기모멘트를 정밀하게 측정한 실험이 성공했다.

1.3.1 페닝 트랩

전자 1개를 붙잡기 위해서는 그림2와 같은 페닝 트랩을 이용한다.[5] 그림 상하에 있는 회전쌍곡면(캡)과 그것을 둘러 싼 회전쌍곡면(링)은 전극으로, 각각 음과 양으로 대전되었다. 내부의 위치는 회전대칭축을 z축으로 하는 원통좌표계로

$$\phi(r,\ z) = A(r^2-2z^2) \qquad \text{(B1. 10)}$$

이 된다. 이것에 의해서 전자는 z축 방향으로는 좌표원점으로 향하는 $-4eAz$인 끌어 당기는 힘을 받아서 각진동수 $\omega_z=\sqrt{4eA/m_e}=400\,\text{MHz}$로 진동한다. 그러나 r방향으로는 바깥쪽으로 향하는 힘을 받아서 안정되지 않는다. 그래서 z축 방향으로 강한 자기장 $\boldsymbol{B}_0$를 건다. 전자의 $z=\text{const.}$ 평면상에서의 등속원운동에 대한

운동 방정식은, 전자의 궤도반경을 r, 회전각속도를 ω로 하면 $m_e r\omega^2=er\omega B_0-2eAr$이 되므로 ω는

$$\left.\begin{matrix}\omega_c' \\ \delta_c\end{matrix}\right\} = \frac{1}{2m_e}\left(eB_0 \pm \sqrt{(eB_0)^2 - 8m_e eA}\right). \quad \text{(B1. 11)}$$

따라서, $B_0 \geq \sqrt{8m_e A/e}$ 라면 전자는 안정하게 갇힌다.

지금, $B_0=5\text{T} \gg \sqrt{8m_e A/e}=3.2\times10^{-3}\text{T}$이므로 $\omega_c=eB_0/m_e$로해서

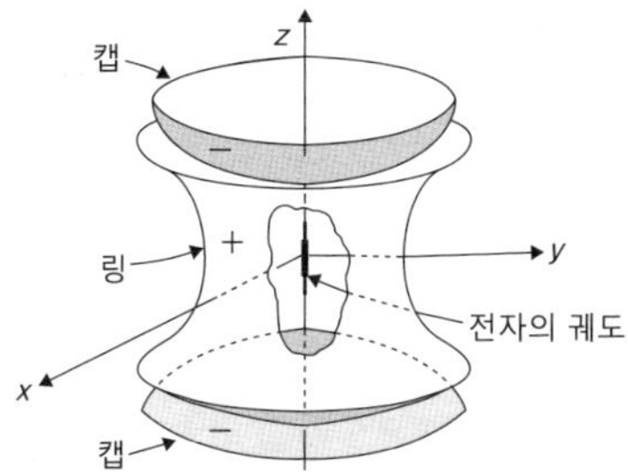

그림 2 페닝 트랩. 상하 캡의 거리, $2Z_0=0.67\times10^{-2}$m, 링의 최소반경, $R_0=\sqrt{2}Z_0$, 캡과 링의 전위차, $V_0=10$V. (1.10)의 $A=V_0/(4Z_0^2)=230\text{kV/m}^2$. 더해서 z축 방향으로 균일한 자기장 $B_0=5$T를 건다. 그리고 전체를 4K의 액체 헬륨에 담근다.[5]

$$\omega_c' = \omega_c = 880\,\text{GHz}, \quad \delta_c = \omega_z^2/2\omega_c = 82\,\text{kHz} \quad \text{(B1. 12)}$$

이다. 이렇게 해서 z=const. 평면상의 운동은 각속도 ω_c'의 빠른 사이클로트론 운동으로 각속도 δ_c의 주전원운동이 겹쳐진 것이 된다.

사이클로트론 운동은 에너지 양자가 $\hbar\omega_c'=5.8\times10^{-10}$eV로, 온도로 하면 $\hbar\omega_c'/k_B=6.77$K이어서, 지금 장치는 4K의 액체 헬륨에 담겨 있기 때문에 바닥상태에 있는 것으로 보이고 그 반경은 $\sqrt{\hbar/m_e\omega_c'}=11$nm 정도이다. 주전원운동은 심한 열 잡음으로 방해 받고 있다. 이것에 대해서 $\hbar\omega_z=2.6\times10^{-7}$eV로, 온도로 하면 $\hbar\omega_z/k_B=3.1$mK이어서 z방향의 진동도 역시 열적으로 흔들리고 있다. 이들 열 흔들림에 공명하는 외부 회로를 연결하고, 그 저항으로 에너지를 발산시켜서 전자를 식힐 수 있다.[5],[6]

또, 전기장 (B1.10)과 자기장 $\boldsymbol{B}_0$ 안에서의 전자 운동은 A.A 소콜로프와 Yu.G. 파블렌코가 양자역학적으로 풀고 있다.[7]

페닝 트랩과 유사한 장치로 파울 트랩이 있다.[8] 이것을 이용해서 공간에 정지된 1개의 Ba^+이온의 사진이 볼만 하다.[5],[9]

1.3.2 자기모멘트의 측정

스핀 자기모멘트를 측정하기 위해서는 페닝 트랩의 자기장 $\boldsymbol{B}_0$에 작은 자기장

$$b_x = -\beta zx, \quad b_y = -\beta zy, \quad b_z = \beta\left(z^2 - \frac{1}{2}r^2\right) \quad \text{(B1. 13)}$$

를 더한다. 그러면 자기장 기울기 $\partial b_z/\partial z = 2\beta z$ 때문에 스핀 자기모멘트$(g/2)\mu_B$에 힘

$$f_z^{\text{spin}} = -(g/2)\mu_B m \cdot 2\beta z \tag{B1. 14}$$

가 작용한다. 단, 스핀의 방향에 의해서 $m = 1/2$(업), $-1/2$(다운)이 된다. 전자는 사이클로트론 운동(양자수 n)과 주전원운동(양자수 q) 때문에 자기모멘트를 가지므로, 그것에도 힘이 작용하는데 그것을

$$f_z^c = -g_c(n,\ q)\mu_B \cdot 2\beta z \tag{B1. 15}$$

로 해 두자. 전자에는 전기장 (B1.10)으로부터의 힘 $-m_e\omega_c^2 z$가 작용하고 있었기 때문에, 새롭게 더한 힘을 넣어서 전자의 z방향의 각진동수는

$$\omega_z' = \sqrt{\frac{m_e\omega_z^2 + \{gm + 2g_c(n,\ q)\}\cdot\mu_B\beta}{m_e}} = \omega_z + \frac{\mu_B\beta}{2m_e\omega_z}\{gm + 2g_c(n,\ q)\} \tag{B1. 16}$$

이 된다. 이 진동수 어긋남의 m 의존성을 검출하면 전자의 자기모멘트를 주는 g를 구할 수 있게 된다. 그 때문에 그를 위해서, 페닝 트랩의 두 캡 사이에 약한 진동전압 $V_1(t) = K\sin\omega t$를 곱해서 전자를 강제진동 시키고, 그 진폭의 ω 의존성을 본다. 인가한 진동 전압의 각진동수 ω가 ω_z'일 때 공명이 일어난다.

검출 시간경과를 그림3에 나타낸다. 스핀이 랜덤으로 뒤집혀서 $m = \pm 1/2$에 따라 공명점 (B1.16)의 "저점"

$$\omega_z' - \omega_z = \frac{\mu_B\beta}{2m_e\omega_z}gm + \cdots \tag{B1. 17}$$

이 오르락 내리락 하고 있는 것을 알 수 있다. 페닝 트랩에 붙잡힌 1개 전자의 스핀 상태 m이 각각으로 관측되고 있는 것이어서, 연속 슈테른-게를라흐 실험이라 불린다. 저점으로부터 위로 뻗어 있는 선은 (B1.17)의 …로 $g_c(n, q)$의 열적인 흔들림에 의한 공명점의 변화를 나타낸다.

상하 저점 높이의 차이로부터 전자의 자기모멘트를 주는 g를 얻을 수 있다. 혹은 진동수 ω를 고정해서 단위시간당 스핀이 뒤집히는 횟수 N(ω)를 세고, 그 수를 ω를 바꾸어서 구한 공명이 일어나는 점을 찾아내는 등 정밀화에 노력을 기울였다.[11]

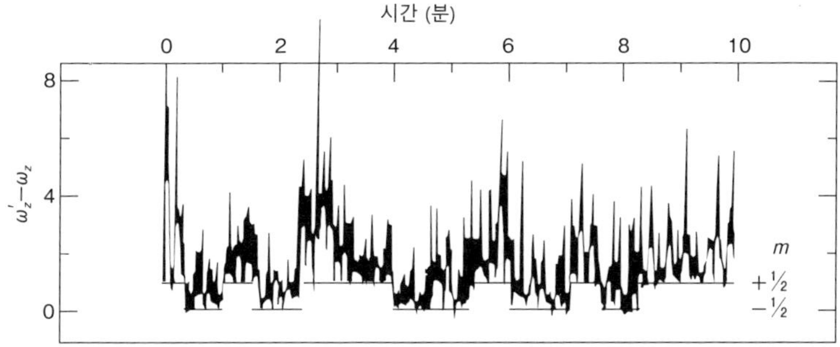

그림3 공명점의 시간변화[10]

이리하여 전자에 대해서

$$g = 2.002\,319\,304\,376(8) \tag{B1. 18}$$

를 얻고, 양전자에 대해서도 완전하게 같은 값을 얻을 수 있다(입자·반입자의 대칭성![16]). 괄호 안의 8은 마지막 자릿수에 8만큼의 불확정도가 있는 것을 나타낸다. 양자전자기역학의 재규격화 이론으로부터 당시의 이론 값은 $g = 2.002\,319\,304\,266(58)$로 잘 일치하고 있다.

앞의 1.2에 서술한 보어의 주장이 「고전역학적인 실험으로는 전자의 자기모멘트를 측정할 수 없다」였다고 한다면, 위 실험은 그의 생각이 미치지 못했던 방법으로 반증되었던 것으로 된다.[12]

(B1.18)의 실험으로부터 거의 20년, 2006년에 같은 페닝 트랩을 이용하여 정밀도를 향상시킨 실험 결과가 발표되었다[13]:

$$g = 2.002\,319\,304\,361\,70(152). \tag{B1. 19}$$

양자전자기역학에 의한 g의 섭동계산도 전자의 전하 $-e$의 8차까지 진행되고, 여기까지 오면 강·약의 상호작용도 집어 넣는 것이 필요하게 된다. 이 계산에 실험결과 (B1.19)를 이용해서 미세구조정수 α를 역산하여[13],[14]

$$1/\alpha = 137.035\,999\,710(12)(30)(90) \tag{B1. 20}$$

을 얻었다. 처음 ( )는 8차 섭동계산의 불확정도, 마지막 ( )는 g의 측정값의 불확정도에 의한 것, 중앙은 10차 섭동 효과의 대략적인 어림에 의한다.

마침 다른 방법에 의한 α의 결정이 발표되었다. 하나는 세슘 원자 스펙트럼의 정밀측정에 의한[15]

$$1/\alpha(\mathrm{Cs}) = 137.036\,000\,00(110) \qquad \text{(B1. 21)}$$

이고, 또 하나는 광학격자에 의한 루비듐 원자의 되튐 측정에 의한[16]

$$1/\alpha(\mathrm{Rb}) = 137.035\,998\,78(91) \qquad \text{(B1. 22)}$$

이다. 이것들은 불확정의 범위에서 상호 일치하고 있을 뿐만 아니라, 양자전자기역학으로부터의 결과 (B1.20)과도 잘 일치하고 있다. 이만큼의 자릿수가 일치하는 것은 토모나가-슈뢰딩거-파인만의 재규격화 이론이 맞다는 것을 증명하는 것이서, 놀랄만한 성과라고 말할 수 있다. 이것은 또한 전자에 양자전자기역학과 소립자의 표준이론을 넘어서는 구조가 있다고 하면 $R<6\times10^{-24}$m정도의 스케일이고, 그것에 관여하는 입자의 질량으로 하면 34000TeV/c^2 이상인 것을 의미한다.[13]

2. π중간자와 아이소스핀

2.1 π중간자의 인공 생성

제2차 세계대전 직후인 1946년 12월, 캘리포니아대학에서 자극의 직경 184인치(4m 67cm)의 싱크로 사이클로트론이 완성되고, 중양자라면 200MeV까지, α입자라면 400MeV까지 가속할 수 있게 되었다. 이 정도의 에너지가 되면 상대성이론에서 말하는 질량의 속도의존이 작용하게 되어 입자의 주기가 에너지에 따르지 않는다는 사이클로트론의 특징이 깨지므로, 가속 전압의 주파수를 입자의 에너지에 맞추어서 바꾸어야 한다. 이것이 1945년에 소련의 V.I. 벡슬레르와 E.M. 맥밀런이 제안한 싱크로 사이클로트론이다.[17]

π중간자는 당시 105MeV 정도의 질량으로 되어있었으므로 1핵자 당 100MeV의 가속이 실현된다면, 그 인공 생성에 대한 기대가 높아졌다. 이 가속은 에너지가 부족하다고 생각될지도 모르나, 원자핵 내의 핵자에 충돌시키면 핵자의 결합에너지도 있고, 가끔 입사입자를 향해서 오는 핵자에 충돌할 것이기 때문에 π중간자의 인공 생성도 불가능한 것은 아니다. E.M. 맥밀런 - E. 텔러의 뒤를 받아서 코바 지로도 1948년 1월에 「중간자를 실험실에서 만들 수 있는가?」를 논했다.[18]

그리고 실제 1948년에 380MeV의 α입자를 탄소에 부딪혀서 인공 생성이 실현되었다. 생성된 입자가 π중간자인 것은, 사진 건판 내의 비적을 우주선으로 익숙한 영국의 C.M.G. 라테스를 불러서 확인 받았다.[19] 그들은 말한다 : 「중간자를 실험실의 제어 가능한 조건에서 연구하는 길이 열렸다. 우주선과 비교해서 강도가 10^8배나 세기 때문에 이 분야의 연구는 크게 가속될 것이다.‡」 드디어, 335 MeV의 전자를 백금에 부딪혀서 나온 X선을 탄소에 부딪혀 π중간자를 만드는 실험도 성공했다.[21] 『소립자를 만드는 시대』가 시작되었다.[22]

2.2 아이소스핀의 보존

캘리포니아 대학에 이어서 시카고 대학, 콜롬비아 대락 등 많은 대학에서 사이클로트론이 건설되고, 중간자의 연구는 급속히 진행되었다. π중간자의 질량은

$$m(\pi^+)c^2 = m(\pi^-)c^2 = 139.6\,\mathrm{MeV}, \quad \{m(\pi^-) - m(\pi^0)\}c^2 = 4.6\,\mathrm{MeV} \tag{B2. 1}$$

로 결정되고, 스핀은 0이고 장의 형태는 의스칼라인 것을 알았다.

이 책에서 저자가 말하는 하전 스핀은 아이소스핀이라 불리게 되지만, π중간자에 대해서 본문 p. 211에 있는 「크기 1」이 확인되어 그 제3성분(ζ성분)은 π^+에서 +1, π^-에서 −1, π^0에서 0으로 되었다. 그것에 대응해서 중간자의 장은 3성분을 가진 아이소 벡터 $\boldsymbol{U}$로 되고, 핵자와 상호작용은 본문의 (10−18″)에 있는 $\boldsymbol{H}' = (\boldsymbol{\rho}/2)\cdot\boldsymbol{U}$형태의, 아이소 공간에서 등방적이라는 사실도 다시 한 번 확인되었다. $\boldsymbol{\rho}/2$는 (10−8)의 1/2배로 핵자의 아이소스핀을 나타낸다.

π중간자와 핵자의 상호작용이 아이소 공간에서 등방적(회전불변)인 것은, π중간자의 아이소스핀 T와 핵자의 아이소스핀 $\boldsymbol{\rho}/2$의 합

$$\boldsymbol{I} = \boldsymbol{T} + \frac{1}{2}\boldsymbol{\rho} \tag{B2. 2}$$

이 π와 핵자의 상호작용을 통해서 보존되는 것을 의미한다. 저자가 본문 p. 205에 「아이소 공간이나 그 안에서 정의된 아이소스핀은, 더욱 더 기본적인 의미를 가지게 되었다」는 취지로 서술하고 있는 것은, 이것이다. 아이소스핀의 보존은 여러가지 국면에서 나타나는데 여기서는 하나의 예를 나타내 보자.

‡ 일본의 π중간자 인공생성(1962년 4월)에 대해서는 [20]을 보라.

2.2.1 (3-3) 공명

그림4는 산란

$$(a)\ \pi^+ + p \to \pi^+ + p,\quad (b)\ \pi^- + p \to \begin{cases} \pi^- + p, \\ \pi^0 + n \end{cases} \qquad (B2.3)$$

의, 각각의 총단면적의 E_π(lab)(p의 정지계에서 π의 운동에너지)에 대한 의존성을 나타낸다([23]의 p. 112, 116). 어느 쪽도 E_π(lab) = 200 MeV에서 극대를 가지고, 극대 값의 비가 3:1인 것에 주목하자. 이것이 아이소스핀 보존의 증거이다. 그것을 설명해 보자.

총면적의 극대(공명)는 π중간자와 핵자 N의 충돌로 핵자의 여기상태 N^*이 되고, 그것이 다시 π와 N으로 붕괴된 것을 생각하게 한다.

π중간자의 아이소스핀은 1로, 그 ζ성분은 π^+에서1, π^0에서0, π^-에서 −1이다. 토모나가의 『角運動量とスピン[24](각운동량과 스핀)』, p. 55의 표15의 방식으로는 각각 Y_1^1, Y_1^0, Y_1^{-1}로 표현된다. N의 아이소스핀은 1/2로, 그 ζ성분은 p에서 1/2, n에서 −1/2이며 토모나가의 방식으로는 각각 α, β로 된다.

지금 (B2.2)의 아이소스핀 $\boldsymbol{I}$의 보존을 가정하면, π^+p의 I_ζ는 3/2이므로, N^*의 I와 I_ζ는 함께 3/2가 아니면 안된다. 아이소스핀의 (I, I_ζ)상태를 $|I, I_\zeta\rangle$라고 쓰면, π중간자와 핵자 계의 합성 아이소스핀의 크기 j, ζ성분 μ의 상태는 앞서 나온 토모나가의 표15로 주어진다. l은 π의 아이소스핀의 크기로 1이다.

예를 들어, j=1+1/2=3/2, μ=3/2의 상태는 $|3/2, 3/2\rangle$로 쓰지만, 표의 제1열, 제1행으로부터

$$\left|\frac{3}{2}, \frac{3}{2}\right\rangle = Y_1^1\alpha = |\pi^+, \mathrm{p}\rangle \qquad (a)$$

로 된다. j=1+1/2=3/2, μ=1+1/2−2=−2/1의 상태는 표의 제1열, 제3행으로부터

$$\left|\frac{3}{2}, -\frac{1}{2}\right\rangle = \sqrt{\frac{1}{3}}\, Y_1^{-1}\alpha + \sqrt{\frac{2}{3}}\, Y_1^0\beta = \sqrt{\frac{1}{3}}\, |\pi^-, \mathrm{p}\rangle + \sqrt{\frac{2}{3}}\, |\pi^0, \mathrm{n}\rangle \quad (b)$$

그리고 j=1−1/2=1/2, μ=1+(1/2)−2=−1/2의 상태는 표의 제2열, 제3행으로부터

$$\left|\frac{1}{2}, -\frac{1}{2}\right\rangle = \sqrt{\frac{2}{3}}\, Y_1^{-1}\alpha - \sqrt{\frac{1}{3}}\, Y_1^0\beta = \sqrt{\frac{2}{3}}\, |\pi^-, \mathrm{p}\rangle - \sqrt{\frac{1}{3}}\, |\pi^0, \mathrm{n}\rangle \quad (c)$$

(a)

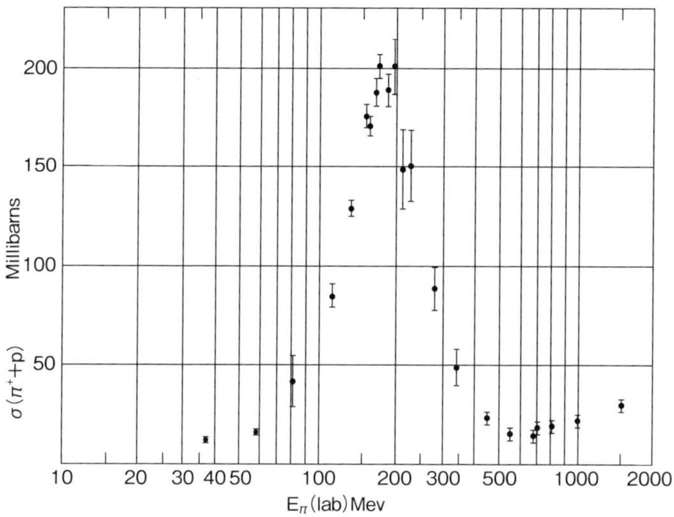

(b)

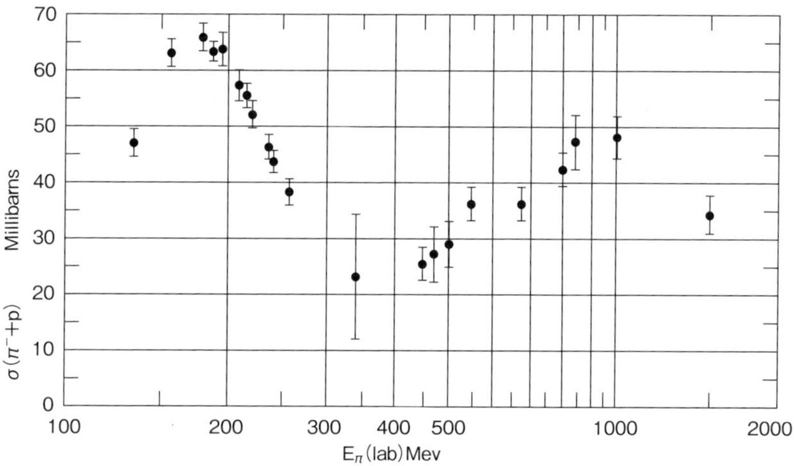

그림4 π−p 산란의 총단면적. (a) $\sigma(\pi^{+}+p)$, (b) $\sigma(\pi^{-}+p)$. 공통으로 공명이 나타나고 있다.

가 된다.‡

이 (a), (b), (c)로부터

$$|\pi^+,\ \mathrm{p}\rangle = \left|\frac{3}{2},\ \frac{3}{2}\right\rangle \tag{d}$$

$$|\pi^-,\ \mathrm{p}\rangle = \sqrt{\frac{1}{3}}\left|\frac{3}{2},\ -\frac{1}{2}\right\rangle + \sqrt{\frac{2}{3}}\left|\frac{1}{2},\ -\frac{1}{2}\right\rangle \tag{e}$$

$$|\pi^0,\ \mathrm{n}\rangle = \sqrt{\frac{2}{3}}\left|\frac{3}{2},\ -\frac{1}{2}\right\rangle - \sqrt{\frac{1}{3}}\left|\frac{1}{2},\ -\frac{1}{2}\right\rangle \tag{f}$$

를 얻는다.

(a)-(f)에 의해서 천이의 진폭을 쓰면, 진폭은 I_3에는 따르지 않으므로

$$|\pi^+,\mathrm{p}\rangle \xrightarrow{1} \mathrm{N}^* \xrightarrow{1} |\pi^+,\mathrm{p}\rangle, \qquad |\pi^-,\mathrm{p}\rangle \xrightarrow{\sqrt{1/3}} \mathrm{N}^* \begin{cases} \xrightarrow{\sqrt{1/3}} |\pi^-,\mathrm{p}\rangle \\ \xrightarrow{\sqrt{2/3}} |\pi^0,\mathrm{n}\rangle \end{cases}$$

이 되고, 천이의 확률은 천이 진폭의 2승으로 주어지기 때문에

$$\sigma(\pi^+ + \mathrm{p} \to \pi^+ + \mathrm{p}) : \sigma(\pi^- + \mathrm{p} \to \pi^- + \mathrm{p}) : \sigma(\pi^- + \mathrm{p} \to \pi^0 + \mathrm{n}) = 1 : 1/9 : 2/9 \tag{B2. 4}$$

이 되는 것을 알 수 있다. 뒤의 2가지를 함께 하면

$$\sigma(\pi^+ + \mathrm{p} \to \pi^+ + \mathrm{p}) : \sigma\left(\pi^- + \mathrm{p} \begin{matrix} \nearrow \pi^- + \mathrm{p} \\ \searrow \pi^0 + \mathrm{n} \end{matrix}\right) = 3 : 1 \tag{B2. 5}$$

이 되어서, 그림4의 단면적 비와 맞다. 보다 자세한 (B2.4)의 비도 실험[26]에서 확인되었다.

이 핵자의 여기상태 N^*는 후지모토 요이치-미야자와 히로나리가 1950년에 중간자와 핵자의 강결합이론에 의해서 예견하고 있었다. N^*는 $T=3/2$를 가지고 스핀이 3/2이므로 (3-3) 공명이라고 이름 붙여지고, 이후 새로운 가속기가 건설되어 충돌 에너지가 올라감에 따라서 속속 발견된 공명상태의 선구자가 되었다.

3. 신입자

"신입자 발견"의 보고는, 먼저 1944년에 러시아에서 도착했다. 1946년에는 56톤의 대형 자석으로 느린 우주선 성분의 운동량을 측정하고, 적어도 전자의

---

‡ 토모나가의 책 [24]에서는 $|1/2, -1/2\rangle$의 위상이 많은 양자역학 교과서 [25]와 π만큼 차이가 있다. 즉 $|1/2, -1/2\rangle_{\text{토모나가}} = -|1/2, -1/2\rangle_{\text{대부분의 책}}$.

2000, 1000, 500배의 질량을 가진 입자가 존재한다고 해서, 이들을 바리트론[현재는 바리온이라 부른다 - 역주]이라 부른다. 연구는 더욱 진전되었다.[28]

1947년에 G.D. 로체스터와 C.C. 버틀러가 고에너지의 우주선 입자가 안개상자 안에 두었던 납판에 부딪혀서 만든 샤워 안에 V자형의 2가닥의 비적을 발견하였으나, 이것은 기존에 알고 있던 어떤 과정으로도 해석할 수 없으며 어쩌면 미지의 중성입자가 납판의 안에서 만들어져서 2개의 하전입자로 붕괴한 것이라고 생각하였다.

관측 사례가 증가하자 적어도 2종류의 중성입자가 존재하는 것은 명확해졌다. 하나는 양성자와 π^-로 붕괴하는 것으로 Λ라고 이름 붙여졌다. 다른 하나는 π^+, π^-로 붕괴하는 것으로 θ라고 불렸다. 이 외에도 1949년에 C.F. 파월이 발견한 3개의 π로 붕괴하는 τ입자가 있으며 θ와 거의 같은 질량을 가지므로 묶어서 K족으로 불렸다. 우주선에 의해서 만들어진 것 외에 1953년, 1955년에 완성된 가속기 코스모트론, 베바트론에 의해 인공적으로 만들어지는 것, 그리고 앞서 서술한 것과 같은 공명상태를 합쳐서 신입자의 발견이 계속되었다.[22]

신입자에는 기묘한 점도 몇 가지 있었다. θ와 τ는 질량이 같은데 왜 같은 입자가 아닌가? 한 쪽은 2개의 π로 붕괴하고 다른 쪽은 3개로 붕괴하는데, π가 의스칼라인 이상 2개는 내부 패리티를 달리하는 별도의 입자가 아니면 안되었다. 또 하나, 신입자는 강한 상호작용으로 만들어지는데 붕괴에 시간이 걸린다.[29]

첫 번째 의문은 약한 상호작용에서 패리티 비보존의 발견에 의해 해결되었다.

두 번째 의문은 니시지마 카즈히코(西島和彦)[30]와 M. 겔만[31]에 의한 신입자가 스트레인지니스(기묘도)라는 새로운 양자수를 가진다는 것으로 해결되었다. 신입자가 강한 상호작용으로 만들어지는 것으로부터 보아서, π-N 상호작용에도 적지 않은 영향을 주고 있는 것이다. 그러나 π-N 상호작용에서는 아이소스핀이 잘 보존되고 있는 것으로 보인다. 그렇다면 신입자의 강한 상호작용에서도 아이소스핀은 보존되고 있는 것이 틀림없고, 이것을 이용해서 신입자 각각에 아이소스핀을 결정할 수 있을 것이다. π중간자는 아이소스핀이 1로, 그 하전(기본전하 e를 단위로 하여 쓴다)과는 $Q(\pi)=I_\zeta(\pi)$의 관계였으나, 핵자의 아이소스핀은 1/2이므로 이 관계는 $Q(N)=I_\zeta(\pi)+1/2$으로 수정되지 않으면 안된다. 우변에 붙인 1/2은, 이것도 보존이 알려져있는 중입자수 B의 1/2배로 보는 것으로 해 보자. $Q=I_\zeta+B/2$이다. 동료인 중간자는 중입자수가 0이므로 이 식은 π로도 성립하고 있다.

신입자에 눈을 돌려서 Λ^0는 $\pi^{\pm}$, π^0과 같이 하전공간에서 짝이 되는 상대가 없으므로 아이소스핀은 0으로 하자. Λ는 p와 π^-로 붕괴되기 때문에 B는 1이므로 이 식은 성립하지 않는다. 여기서 "신입자 다움"이 있다고 생각해서, 위 식을

$$Q = I_\zeta + \frac{B}{2} + \frac{S}{2} \qquad \text{(B3. 1)}$$

로 수정하고, S를 스트레인지니스(기묘도)라고 부르자. Λ의 S는 -1이 된다.

K중간자는 K^+와 K^0가 짝이고, 그 반입자가 K^-와 $\overline{K}^0$라고 생각해서 아이소스핀을 로 해 본다. 중입자수 B는 0이므로 스트레인지니스 S는 +1이 된다.

그렇다고 한다면, 우주선 입자(보통의, 기묘하지 않은 입자!)의 충돌로 $\Lambda+K^++$(몇 개의 π)가 된다고 하면 생성 입자의 스트레인지니스의 합은 0이 되고, 이 과정으로 스트레인지니스는 보존된다. 그래서 강한 상호작용은 스트레인지니스를 보존하고, 보존하지 않는 상호작용은 약하다고 생각해 보는 것이다. 그러면 Λ의 강한 상호작용에 의한 붕괴는 스트레인지니스와 중입자수를 보존할 필요가 있으나, 그와 같이 나타나는 입자가 없으므로 붕괴는 불가능하다는 것이다. 이렇게 해서 강한 상호작용으로 생성은 되나, 붕괴는 되지 않는 것을 이해했다.

그 후, 신입자가—스트레인지니스를 가진 것도, 가지지 않는 것도— 속속 발견되었으며 그 수는 수백에 이르고, 소립자를 만드는 기본입자로써 쿼크를 생각하였으나 거기까지의 과정은 길어서 여기서는 설명을 생략한다.[32]

4. 파라 통계

쿼크 모형에 대해서 하나만 이야기 해 두고 싶은 것이 있다. 그것은 보스 통계, 페르미 통계 이외에, 동일한 상태에 복수의, 그러나 정해진 수까지의 입자가 들어간다는 통계—이것을 파라 통계라고 부르지만—도 자연계에서 실현된 것이 있다는 설이 나왔다는 이야기이다.

이것은 쿼크에 표1의 3종류 u, d, s를 생각하고 있었던 시대의 일이다. 지금까지는 표1에 나타낸 c, b, t도 발견되었으나 이들은 이전의 쌍보다 질량이 훨씬 크기 때문에 별도로 다룬다.

3종류의 쿼크 u, d, s의 결합상태로 가능한 입자는 3개에서 3개를(반복을 허용해서) 취하는 방법의 수 $3^3=27$종류이나, u, d, s를 대칭적으로 다루는 $SU(3)$ 이론

표1 쿼크. 스핀은 모두 1/2, S는 스트레인지니스

이름	u	d	s	c	b	t
질량/MeV	1.5～4.5	5～8.5	80～155	$(1.0\sim1.4)\times10^3$	$(4.0\sim4.5)\times10^3$	$(174.3\pm5.1)\times10^3$
전하/e	2/3	−1/3	−1/3	2/3	−1/3	2/3
I	1/2	1/2	0	0	0	0
S	0	0	−1	0	0	0

의 조작으로 서로 묶인 것(군(群)의 기약표현)을 짝으로 하는 그림5와 같은 10종의 입자가 10중항을 만든다. 이들 외에 8, 6, 3중항이 생겨서 모두 27종이 된다.[33]

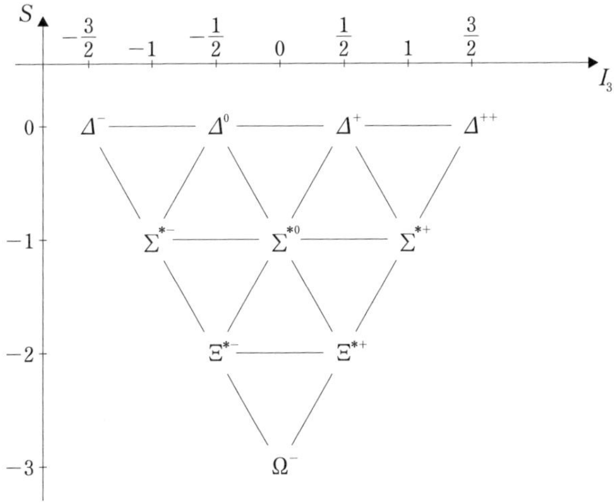

그림5 쿼크 결합상태 10중항

이 안에 있는 Δ입자는 앞서 서술한 (3, 3) 공명의 N^*이다. Σ도 Ξ도 $SU(3)$ 이론의 제안보다 앞에 발견되었다. 이 이론이 맞다면 Ω^-도 존재할 것이다. 탐색의 끝, 1963년에 Ω^-가 대칭성이론이 예언한 질량으로 발견되었을 때[34], 이 이론에 대한 신뢰가 높아졌으며 이것을 한 걸음 나아간 쿼크 모형으로 제안되었다.

그러나 이 입자는 큰 문제점을 안고 있었다. Ω^-는 스트레인지니스가 −3이고 스핀이 3/2이어서 s쿼크 3개의 스핀 방향이 정렬한 결합상태로 보지 않으면 안 되고, 그 궤도각운동량은 바닥상태인 일반적으로 0일 것이다. 그렇다고 한다면 파동함수는 입자를 바꿔 넣는 것에 관해서 대칭이 된다. 한편, 쿼크는 스핀 1/2

을 가지고 스핀과 통계의 관계가 성립한다면 파동함수는 반대칭이 아니면 안된다. 페르미 입자가 동일한 상태로 3개가 있을 수 없다고 말해도 좋다.

그래서 이전부터 살펴보던 파라 통계[35]도 자연계는 사용하고 있던 것은 아닐까? 라는 설이 나왔던 것이다.

그러나 쿼크에는 그 때까지 생각하지 못했던 3개의(적, 녹, 청이라 했던) 양자수를 취한 새로운 자유도(색)가 있고, 동일한 상태로 3개의 쿼크가 들어간다고 생각했던 그 상태가 색 양자수로 3개로 구별된다는 생각도 내 놓았다. 그리고 그 자유도에 관한 게이지 군이 입자들의 상호작용의 결정에 큰 역할을 한다는 방향으로 이론은 발전되었다(양자색역학[36]). 통계는 보스와 페르미만으로 끝나게 되었다.

5. 아이소스핀·게이지

강한 상호작용의 아이소스핀이 보존되면 다음의 생각이 떠오른다. 전자기 상호작용에 있어서는 전하가 보존되지만, 그것은—뒤에 설명할 것처럼— 전자장의 라그랑지안이 장의 위상변환(케이지 변환)으로 불변인 것으로부터 유도된다. 이 위상변환은 모든 시공간 모든 곳에서 일제히 일어나지만, 애초에 장이라는 것은 시공간의 곳곳에 정의되며 상호작용도 곳곳에 국소적으로 일어난다. 그렇다면 장의 위상변환도 시공의 곳곳에서 다르더라도 좋은 것은 아닐까? 시공의 곳곳에서 다른 위상변환을 하더라도 이론은 공변(불변)이어야만 하는 것은 아닌 것일까? 이 공변성의 요구로부터—이것도 뒤에 설명하지만— 전자기장의 존재가 요구되며 전자와의 상호작용이 결정되어 버린다. 같은 것이 아이소스핀에 대해서도 있는 것일까?

아이소 공간이 시공의 각 점에 부속되어 무수하게 있다고 한다면, 그 $\xi\eta\zeta$축의 방향을 잡는 방법은 시공의 점마다 달라서 자주, 그 방향을 바꾸는 것이 전자기의 경우 위상변환에 해당할 것이다. 이 변환을 아이소스핀·게이지 변환이라고 부르자. 이 변환에서 이론은 공변이다는 요청으로부터 존재가 요구되는 장이라는 것은 어떤 것인가? 그 장의 π중간자나 핵자 등과의 상호작용은 어떤가? 이 문제에 직면한 것이 C.N. 양과 R.L. 밀스로, 1954년의 일이었다.[37] 그로부터 13년, 양-밀스 이론은 S. 와인버그와 A. 살람에 의한 전자기상호작용과 약한 상호작용의 통일이론으로 결실을 맺고, 마침내 쿼크에 적용된 소립자 표준이론의 기초가

되었다.[39]

위상변환의 생각은 아이소스핀의 경우에는 온갖 준비가 잘 되어 있기 때문에, 여기에서는 간단한 비상대론적인 전자장 전자기상호작용의 예로 설명하기로 하자.

5.1 전하의 보존

전자장의 라그랑지안을, 상대론적으로 $L=\int \mathsf{L} dv$라고 하자. 여기서

$$\mathsf{L} = i\hbar\psi^* \frac{\partial\psi}{\partial t} - \frac{\hbar^2}{2m}\frac{\partial\psi^*}{\partial x_k}\frac{\partial\psi}{\partial x_k} - V(\boldsymbol{r})\psi^*\psi \tag{B5. 1}$$

이다. 단, 하나의 항 안에서 2번 반복되는 첨자에 대해서는 x, y, z 에 걸쳐서 합을 취하는 것으로 한다(Einstein 규약). 이하는

$$\mathsf{L} = i\hbar\psi^* \frac{\partial\psi}{\partial t} + \mathsf{L}'\left(\frac{\partial\psi^*}{\partial x_k},\ \frac{\partial\psi}{\partial x_k},\ \psi^*,\ \psi\right) \tag{B5. 2}$$

로 계산한다. 먼저 변분원리

$$\delta\int L dt = 0 \tag{B5. 3}$$

에 의해서 운동방정식을 도출해 두자. ψ, ψ^*에 대해서 변분하면, 각각

$$i\hbar\frac{\partial\psi}{\partial t} - \frac{\partial}{\partial x_k}\frac{\partial\mathsf{L}'}{(\partial\psi^*/\partial x_k)} + \frac{\partial\mathsf{L}'}{\partial\psi^*} = 0, \qquad -i\hbar\frac{\partial\psi^*}{\partial t} - \frac{\partial}{\partial x_k}\frac{\partial\mathsf{L}'}{\partial(\partial\psi/\partial x_k)} + \frac{\partial\mathsf{L}'}{\partial\psi} = 0 \tag{B5. 4}$$

를 얻을 수 있다. 전하의 보존법칙은

$$\text{하전밀도}:\ \rho = q\psi^*\psi, \quad \text{전류밀도}:\ j_k = -\frac{iq}{\hbar}\left(\frac{\partial\mathsf{L}'}{\partial\,(\partial\psi/\partial x_k)}\psi - \psi^*\frac{\partial\mathsf{L}'}{\partial\,(\partial\psi^*/\partial x_k)}\right) \tag{B5. 5}$$

에 대해서

$$X = \frac{\partial\rho}{\partial t} + \frac{\partial j_k}{\partial x_k} \tag{B5. 6}$$

이 0이 되는 것이다. 운동방정식을 이용해서 계산하면

$$X = -\frac{iq}{\hbar}\left(\frac{\partial\mathsf{L}'}{\partial(\partial\psi/\partial x_k)}\frac{\partial\psi}{\partial x_k} - \frac{\partial\psi^*}{\partial x_k}\frac{\partial\mathsf{L}'}{\partial(\partial\psi^*/\partial x_k)} + \frac{\partial\mathsf{L}'}{\partial\psi}\psi - \frac{\partial\mathsf{L}'}{\partial\psi^*}\psi^*\right) \tag{B5. 7}$$

이 된다.

상수 게이지 변환은 $\psi \to \psi e^{i\alpha}$, $\psi^* \to \psi^* e^{-i\alpha}$가 된다. 실제 상수 α를 무한히 작게 하면

$$\psi \to \psi\,(1+i\alpha), \quad \psi^* \to \psi^*\,(1-i\alpha)$$

이므로, 좌변과의 차이를 취해서

$$\delta\psi = i\alpha\psi, \quad \delta\psi^* = -i\alpha\psi^* \tag{B5. 8}$$

이다. 지금, 이 변환에 관해서 L은 불변이라고 한다. (B5.1)은 명확하게 불변이다. 이 변환에 의한 라그랑지안 변환은 (B5.1)의 제1항은 불변이므로

$$\delta \mathsf{L}' = \frac{\partial \mathsf{L}}{\partial(\partial\psi/\partial x_k)}\frac{\partial(\delta\psi)}{\partial x_k} + \frac{\partial \mathsf{L}'}{\partial(\partial\psi^*/\partial x_k)}\frac{\partial(\delta\psi^*)}{\partial x_k} + \frac{\partial \mathsf{L}'}{\partial\psi}(\delta\psi) + \frac{\partial \mathsf{L}'}{\partial\psi^*}(\delta\psi^*)$$

이나, (B5.8)을 이용하면

$$\delta \mathsf{L}' = i\alpha\left(\frac{\partial \mathsf{L}'}{\partial(\partial\psi/\partial x_k)}\frac{\partial\psi}{\partial x_k} - \frac{\partial \mathsf{L}'}{\partial(\partial\psi^*/\partial x_k)}\frac{\partial\psi^*}{\partial x_k} + \frac{\partial \mathsf{L}'}{\partial\psi}\psi - \frac{\partial \mathsf{L}'}{\partial\psi^*}\psi^*\right) \tag{B5. 9}$$

이 되고, 상수 계수를 제외하고 (B5.7)의 X와 같다. 따라서, 라그랑지안의 불변성 $\delta\mathsf{L}=0$이므로 $X=0$, 즉 전하의 보존법칙이 유도된다.

5.2 아이소공간의 축을 전하는 장이 있고 상호작용이 결정된다

시공간의 곳곳에서 아이소 공간의 축이 자유롭게 바뀔 수 있다면, 그 축의 방향을 전하는 장이 필요하게 된다. 다만, 전자장의 위상을 시공간의 각점에서 자유롭게 바꾸는 것으로 하면, 그 위상을 알리기 위해 전자기장이 필요하게 되는 것과 같다.

여기에서도 아이소스핀의 번거로움을 피해서, 전자기장의 경우로 설명하자. 전자장의 위상을 시공간의 점에 의존하는 무한소의 실수값 함수 $\Lambda(x, y, z, t)$만큼 바꾸는 변환

$$\psi\,(x, y, z, t) \to \psi'\,(x, y, z, t) = \psi\,(x, y, z, t)\,e^{-i(q/\hbar)\Lambda(x, y, z, t)}$$

을 생각한다. 전자의 전하를 q로 하고, 인자 $q/\hbar$는 뒤에 붙였다. 이것을 ψ'로부터 보면

$$\psi = \left(1 + i\frac{q}{\hbar}\Lambda\right)\psi', \quad \psi^* = \left(1 - i\frac{q}{\hbar}\Lambda\right)\psi'^* \tag{B5. 10}$$

이 된다. 이 변환에 의해서 라그랑지안 (B5.1)은 어떻게 변하는가?

$$\psi^* \frac{\partial \psi}{\partial t} = \left(1 - i\frac{q}{\hbar}\Lambda\right)\psi'^* \frac{\partial}{\partial t}\left[\left(1 + i\frac{q}{\hbar}\Lambda\right)\psi'\right]$$
$$= \left(1 - i\frac{q}{\hbar}\Lambda\right)\left(1 + i\frac{q}{\hbar}\Lambda\right)\psi'^* \frac{\partial \psi'}{\partial t} + \left(1 - i\frac{q}{\hbar}\Lambda\right) i\frac{q}{\hbar}\frac{\partial \Lambda}{\partial t}\psi'^*\psi'$$
$$= \psi'^*\left(\frac{\partial}{\partial t} + i\frac{q}{\hbar}\frac{\partial \Lambda}{\partial t}\right)\psi' + O(\Lambda^2) \qquad \text{(B5. 11)}$$

등이므로, $O(\Lambda^2)$을 생략하면 변환 후의 라그랑지안 $\mathsf{L}+\delta\mathsf{L}$은 (B5.1)에서

$$i\hbar\frac{\partial}{\partial t} \mapsto i\hbar\frac{\partial}{\partial t} - q\frac{\partial \Lambda}{\partial t}, \quad -i\hbar\frac{\partial}{\partial x_k} \mapsto -i\hbar\frac{\partial}{\partial x_k} + q\frac{\partial \Lambda}{\partial x_k} \qquad \text{(B5. 12)}$$

로 한 것이 된다. 변환 (B5.10)에 의해서 라그랑지안은 공변이 아니다.

라그랑지안을 공변으로 하기 위해서는 장 Φ, A_k 를 도입해서 (B5.1)을

$$\mathsf{L}(\psi,\ \Phi,\ \boldsymbol{A})$$
$$= \psi^*\left(i\hbar\frac{\partial}{\partial t} - q\Phi\right)\psi - \frac{1}{2m}\left\{\left(-i\hbar\frac{\partial}{\partial x_k} - qA_k\right)\psi\right\}^*\left(-i\hbar\frac{\partial}{\partial x_k} - qA_k\right)\psi - V\psi^* \qquad \text{(B5. 13)}$$

으로 두고, 변환 (B5.1)에 호응해서, 이 장이

$$\Phi \mapsto \Phi' = \Phi + \frac{\partial \Lambda}{\partial t}, \quad A_k \mapsto A_k' = A_k - \frac{\partial \Lambda}{\partial x_k} \qquad \text{(B5. 14)}$$

라는 변환을 받았다고 하면 된다. 실제, 이렇게 두면 변환 (B5.10), (B5.14)에 의해서 라그랑지안은

$$\mathsf{L}(\psi',\ \Phi',\ \boldsymbol{A}')$$
$$= \psi'^*\left(i\hbar\frac{\partial}{\partial t} - q\Phi'\right)\psi' - \frac{1}{2m}\left\{\left(-i\hbar\frac{\partial}{\partial x_k} + qA_k'\right)\psi'\right\}^* \cdot \left(-i\hbar\frac{\partial}{\partial x_k} - qA_k'\right)\psi' + V\psi'^*\psi' \qquad \text{(B5. 15)}$$

이 되며 변환 전의 라그랑지안 (B5.31)과 같은 형태이고, 즉 공변적이 된다. 이리하여 필요하게 된 것이 전자기장 (Φ, $\boldsymbol{A}$)이다. 전자와 전자기장의 상호작용 에너지가 $\rho\Phi+\boldsymbol{j}\cdot\boldsymbol{A}$로 되어 있는 것에 주의하자.

아이소 스핀의 경우에는 같은 이론에 의해서 양-밀스 장 B의 존재가 요구된다. 이 경우의 게이지 변환은 단순한 위상변환이 아니라 아이소스핀 행렬에 관련된 변환이 되는 것으로 비가환(非可換)이다.

참고문헌

[1] 朝永振一郎『量子力学』I, みすず書房 (1969, 第 2 版), p. 133.

[2] W. 파울리『量子力学の一般原理』, 川口教男·堀 節子訳, 講談社(1975), §23.

[3] E. Nafe, E.B. Nelson and I.I. Rabi, *Phys. Rev*. **71** (1947) 914.

[4] W.H. Louisell, R.W. Pido and H.R. Crane, An Experiment of the Gyromagnetic Ratio of the Free Electron, *Phys. Rev*. **94** (1954) 7-16 ; D.T. Wilkinson and H.R. Crane, Precision Measurement of the *g* Factor of the Free Electron, *Phys. Rev*, **130** (1963) 852-863;A. Rich, Corrections to the Experimental Value for the Electron *g*-factor Anomaly, *Phys. Rev. Lett*. **20** (1968) 967 ; J.C. Wesley and A. Rich, High-Field Electron *g*-2 Measurement, *Phys. Rev*. A4 (1971) 1341-1363.

[5] Dehmelt, Less is More:Experiments with an Individual Atomic Particle at Rest in Free Space, *Am. J. Phys*. **58** (1990) 17-27.

[6] R.S Van Dyck, Jr., P.B. Schwinberg and H. Dehmelt, Electron Magnetic Moment from Geonium Spectra:Early Experiments and Background Concepts, *Phys. Rev*. D**34** (1986) 722-736.

[7] A.A. Sokolov and Yu. G. Pavienko, Induced and Spontaneous Emission in Crossed Fields, *Optics and Spectroscopy*, **22** (1967) 1-3.

[8] W. Paul, Electromagnetic Traps for Charged and Neutral Particles, *Rev. Mod. Phys*. **62** (1990) 631-640. (노벨 상 수상강연)

[9] H. Dehmelt, Experiments with an Isolated Subatomic Particles at Rest, *Rev. Mod. Phys*. **62** (1990) 525-530. (노벨 상 수상강연)

[10] H. Dehmelt, New Continuous Sterm-Gerlach Effect and a Hint of "the" Elementary Particle, *Z. Phys*. D**10** (1988) 127-134.

[11] H. Rauch *et al., Phys. Lett*., **54A** (1975) 425 ; S.A. Werner *et al*., *Phys. Rev. Lett*., **35** (1975) 1053.

[12] D. Wick, The Impossible Observed, *The Infamous Boundary: Seven Decades of Controversy in Quantum Physics*, Birkhäuser (1995).

[13] G. Gabrielse, D. Hanneke, T. Kinoshita, M. Nio and B. Odom, New Determination of the Fine Structure Constant from the Electron *g* Value and QED, *Phys. Rev. Lett*. **97** (2006) 030802; B. Odom, D. Hanneke, B. D'Urso and G. Gabrielse, New Measurement of the Electron Magnetic Moment Using a One-Electron Cyclotron, *Phys. Rev. Lett*. 97 (2006) 030801.

[14] T. Kinoshita and M. Nio, Improved α^4 Term of the Electron Anomalous Magnetic Moment, *Phys. Rev.* D **73** (2006) 013003.

[15] V. Gerginov, K. Calkins, C.E. Tanner, J.J. McFerran, S. Diddams, A. Bartels and L. Hollberg, Optical Frequency Measurements of $6s^2S_{1/2}$-$6p^2P_{1/2}(D_1)$ Transitions in ^{133}Cs and Their Impact on the Fine-Structure Constant, Phys. Rev. A 73 (2006) 032504.

[16] P. Cladé, E. de Mirandes, M. Cadoret, S. Guellati-Khélifa, C. Schwob, F. Nez, L. Julien and F. Biraben, Determination of the Fine Structure Constant Based on Bloch Oscillations of Ultracold Atoms in a Vertical Optical Lattice, *Phys. Rev. Lett.* **96** (2006) 033001.

[17] 맥밀런은 웩슬러의 제안을 알지 못하고 논문을 발표하고 웩슬러의 항의를 받고서 사과했다. 森永晴彦「原子核破壊装置 II」, 自然, 1949年 3月号. I은 自然, 1948년 11월호.

[18] E.M. McMillan and E. Teller, *Phys. Rev*, **72** (1947) 1 ; Horning and Weinstein, *Phys. Rev*. **72** (1947) 251; 木庭二郎, 物理学ニュース, No. 1 (1948). 이것은 みすず書房의 전신인 東西出版社가 출판한 仁科芳雄외 감수「現代物理学大系」의 월보이다.

[19] E. Gardner and C.M.G. Lattes, Science, **107** (1948) 270. 일본의 반응에 대해서는, 참조 : 武谷三男·中村誠太郎·山口嘉夫「人工中間子」, 日本物理学会誌 **5** (1950), 1.

[20] 熊谷寛夫「人工パイ中間子を作って」, 自然, 1962年 6月号.

[21] E.M. McMillan, J.M. Peterson and R.S. White, *Science*, **110** (1949), 579.

[22] 川口正昭『素粒子をつくる時代』, 自然選書, 中央公論社 (1977). 이 책이 다루는 것은 1974년의 마지막부터이다. 이 해, 양자수「Charm」을 가진 소립자가 발견되었다.

[23] H.A. Bethe and F. de Hoffmann, *Mesons and Fields* II, Row, Peterson and Co. (1955). 당시의 상황을 알기위해서는 일본물리학회지가 좋은 단서가 된다 : 山口嘉夫「中間子」, **7** (1952) **1** ; 宮沢弘成「核子の励起状態」, **8** (1953) 313; 澤田克郎「最近の中間子研究—中間子核子の散乱と核力を中心として」, **9** (1954) 217.

[24] 朝永振一郎『角運動量とスピン』, みすず書房 (1989), p. 55.

[25] 예를 들면 : J.J. Sakurai『現代の量子力学』(上), 吉岡書店 (1989), p. 293; 江

沢 洋『量子力学』(II), 裳華房 (2002), p. 27.

[26] H.L. Anderson, E. Fermi, E.A. Long and D.E. Nagle, *Phys. Rev.* **85** 936 ; H.L. Anderson, E. Fermi, R. Martin and D.E. Nagle, *Phys. Rev.* **91** (1953) 155. [23]의 p. 113.

[27] Y. Fujimoto and H. Miyazawa, *Prog. Theor. Phys.* **5** (1950) 1052.

[28] 早川幸男「ヴァリトロン」, 科学, **20** (1950) 52; 武谷三男「素粒子論の展開とヴァリトロン」, 科学, **20** (1950) 59.

[29] 당시의 상황을 알기 위해서는 : 小沼通二「新粒子研究の現状」, 日本物理学会誌, **10** (1955) 437; 木下東一郎「さまざまの素粒子 III」, 自然, 1953年 4月号. I, II는 같은 해 1, 3월호.

[30] T. Nakano and K. Nishijima, *Prog. Theor. Phys.* **10** (1953) 581 ; K. Nishijima, *Prog. Theor. Phys.* **12** (1954) 107, **13** (1955) 285.

[31] M. Gell-Mann, *Phys. Rev.* 92 (1953) 833:M. Gel-Mann and E.P. Rosenbaum「奇妙な素粒子」, 自然, 1958年 2月号.

[32] 우리나라(일본)으로부터의 기여를 살펴보기 위해서는 : 坂田昌一·大貫義郎「素粒子の統一模型」, 科学, **30** (1960) 122; 武谷三男「素粒子論の新段階」, 科学, **30** (1960) 118.

[33] G.F. Chew, M. Gell-Mann, A.H. Rosenfeld「強い相互作用の新しい分類」, 自然, 1964年 5月号.

[34] 山本祐靖「ブルックヘヴンでの研究生活」, 自然, 1967年 9月号 ; 南部陽一郎『クォーク, 第2版 : 素粒子物理はどこまで進んできたか』(ブルーバックス), 講談社 (1998), pp. 136-139, 146-148.

[35] H.S. Green, *Phys. Rev.* **90** (1953) 270. 자세한 것은, Y. Ohnuki and S. Kamefuchi, *Quantum Field Theory and Parastatistics*, Univ. of Tokyo Press (1982).

[36] 崎田文二「量子"色"力学」, 自然, 1980年 1月号 : 南部, 文献 [34].

[37] C.N. Yang and R.L. Mills, *Phys. Rev.* **96** (1954) 191.

[38] S. Weinberg, *Phys. Rev. Lett.* **19** (1967) 1264 ; A. Salam, *Elementary Particle Physics*, Nobel Symposium, No. 8, N. Svartholm ed., Almqvist Wiksell (1968), p. 367.

[39] G. 't Hooft ed., *50 Years of Yang-Mills Theory*, World Scientific (2005).

부록 C 전자기관련 구판의 수식 (CGS 가우스 단위계)

신판은 SI 단위계에 의한 수식을 사용하고 있기 때문에 CGS 가우스 단위계를 사용했던 구판과는 식의 형태가 다른 경우가 있다. 특히 차이가 발생하는 전자기관련 식에 대해서는 참고를 위해 구판에 게재한 수식을 이하에 열거해 둔다. (식 번호가 없는 경우, 페이지와 행번호를 표기한다. 행수를 나타내는 경우, 물리식은 모두 1행으로 한다. 이 수식은 원문 그대로 옮겨둔다.)

$$\text{ボーア磁子} = \frac{eh}{4\pi mc} \tag{1-20}$$

$$E_H = -\frac{eh}{4\pi mc}(\boldsymbol{H}\cdot\boldsymbol{\mu}) \tag{1-29}$$

$$\begin{aligned} W_H &= E_H \\ &= \frac{eh}{4\pi mc}H\cdot m \end{aligned} \tag{1-30}$$

$$W_H = -\frac{eh}{4\pi mc}(\boldsymbol{H}\cdot\langle\boldsymbol{\mu}\rangle) \tag{1-29'}$$

$$(\boldsymbol{H}\cdot\langle\boldsymbol{\mu}\rangle) = -g(\boldsymbol{H}\cdot\boldsymbol{J}) \tag{1-31}$$

$$W_H = \frac{eh}{4\pi mc}Hgm \tag{1-32}$$

$$W_H = \frac{eh}{4\pi mc}H(m_K + g_0 m_R) \tag{1-36}$$

$$\varDelta W_{\mathrm{rel}} = +2\left(\frac{eh}{4\pi mc}\right)^2\frac{1}{a_{\mathrm{H}}{}^3}\frac{Z^4}{n^3k(k-1)} \tag{2-1}$$

$$a_{\mathrm{H}} = \frac{h^2}{4\pi^2 me^2} \tag{2-2}$$

$$\varDelta W_{\mathrm{alkali}} = +2\left(\frac{eh}{4\pi mc}\right)^2\frac{1}{a_{\mathrm{H}}{}^3}\frac{(Z-s)^4}{n^3k(k-1)} \tag{2-3}$$

$$\mathring{\boldsymbol{H}} = -\frac{e}{c}\frac{[\boldsymbol{r}\times\boldsymbol{v}]}{r^3} \tag{2-4}$$

$$\mathring{\boldsymbol{H}} = -\left(\frac{eh}{2\pi mc}\right)\frac{1}{r^3}\boldsymbol{K} \tag{2-4'}$$

$$E_{\mathrm{mag}} = -\frac{eh}{4\pi mc}(\mathring{\boldsymbol{H}}\cdot\boldsymbol{\mu}_R) \tag{2-5}$$

$$E_{\mathrm{mag}} = -2g_0\left(\frac{eh}{4\pi mc}\right)^2\left(\frac{1}{r^3}\right)(\boldsymbol{K}\cdot\boldsymbol{R}) \tag{2-6}$$

$$W_{\mathrm{mag}} = -2g_0\left(\frac{eh}{4\pi mc}\right)^2\left\langle\frac{1}{r^3}\right\rangle(\boldsymbol{K}\cdot\boldsymbol{R}) \tag{2-6'}$$

$$\varDelta W_{\mathrm{mag}} = -2g_0\left(\frac{eh}{4\pi mc}\right)^2\left\langle\frac{1}{r^3}\right\rangle\left(J-\frac{1}{2}\right) \tag{2-6''}$$

$$V(r) = -\frac{Ze}{r} \tag{2-7}$$

$$\varDelta W_{\mathrm{mag}} = -2g_0\left(\frac{eh}{4\pi mc}\right)^2\frac{1}{a_{\mathrm{H}}{}^3}\frac{Z^3}{n^3K^2} \tag{2-6)$_{\mathrm{L}}$}$$

$$\varDelta W'_{\mathrm{mag}} = -2g_0\left(\frac{eh}{4\pi mc}\right)^2\frac{1}{a_{\mathrm{H}}{}^3}\frac{Z^3}{n^3k(k-1)} \tag{2-6')$_{\mathrm{L}}$}$$

$$\varDelta W''_{\mathrm{mag}} = -2g_0\left(\frac{eh}{4\pi mc}\right)^2\frac{1}{a_{\mathrm{H}}{}^3}\frac{(Z-s)^3}{n^3k(k-1)} \tag{2-6'')$_{\mathrm{L}}$}$$

$$\mathring{\boldsymbol{H}} = \frac{1}{c}\frac{[\boldsymbol{E}\times\boldsymbol{v}]}{\sqrt{1-v^2/c^2}} \tag{2-11}$$

$$\begin{aligned} E_{\mathrm{rel}} &= -\frac{eh}{4\pi mc}(\mathring{\boldsymbol{H}}\cdot\boldsymbol{\mu}_{\mathrm{e}}) \\ &= g_0\frac{eh}{4\pi mc}(\mathring{\boldsymbol{H}}\cdot\boldsymbol{s}) \end{aligned} \tag{2-12}$$

$$\mathring{\boldsymbol{H}} = +\frac{Ze}{c}\frac{[\boldsymbol{r}\times\boldsymbol{v}]}{r^3} \tag{2-11'}$$

$$\boldsymbol{E} = \frac{Ze}{r^3}\boldsymbol{r} \qquad \text{(p. 39, l. 7)}$$

$$\Delta W_{\rm rel} = +2g_0\left(\frac{eh}{4\pi mc}\right)^2 \frac{1}{a_{\rm H}^3}\frac{Z^4}{n^3k(k-1)} \tag{2-13}$$

$$\Delta W'_{\rm rel} = +2g_0\left(\frac{eh}{4\pi mc}\right)^2 \frac{1}{a_{\rm H}^3}\frac{(Z-s)^4}{n^3k(k-1)} \tag{2-13'}$$

$$\boldsymbol{\Omega}_{\mathring{H}} = g_0\frac{e}{2mc}\mathring{\boldsymbol{H}} \tag{2-15}$$

$$h\nu_{\mathring{H}} = g_0\frac{eh}{4\pi mc}\langle\mathring{H}\rangle \tag{2-15'}$$

$$\Delta W_{\rm rel} = g_0\frac{eh}{4\pi mc}\langle\mathring{H}\rangle \tag{2-15''}$$

$$\begin{aligned}\boldsymbol{\Omega}_{\rm lab} &= \boldsymbol{\Omega}_{\mathring{H}} + \boldsymbol{\Omega}\\ &= g_0\frac{e}{2mc}\mathring{\boldsymbol{H}} + \frac{1}{2c^2}[\boldsymbol{a}\times\boldsymbol{v}]\end{aligned} \tag{2-16}$$

$$\begin{aligned}\boldsymbol{\Omega}_{\rm lab} &= \boldsymbol{\Omega}_{\mathring{H}} + \boldsymbol{\Omega}\\ &= (g_0-1)\frac{e}{2mc}\mathring{H}\end{aligned} \tag{2-18}$$

$$\Delta W_{\rm rel} = (g_0-1)\frac{eh}{4\pi mc}\langle\mathring{H}\rangle \tag{2-19}$$

$$E_{\rm rel} = (g_0-1)\frac{eh}{4\pi mc}(\mathring{\boldsymbol{H}}\cdot\boldsymbol{s}) \tag{2-19'}$$

$$\Delta W_{\rm rel} = +2(g_0-1)\left(\frac{eh}{4\pi mc}\right)^2\frac{1}{a_{\rm H}^3}\frac{Z^4}{n^3k(k-1)} \tag{2-20}$$

$$\Delta W'_{\rm rel} = +2(g_0-1)\left(\frac{eh}{4\pi mc}\right)^2\frac{1}{a_{\rm H}^3}\frac{(Z-s)^4}{n^3k(k-1)} \tag{2-20'}$$

$$\boldsymbol{\Omega}_{H+\mathring{H}} = g_0\frac{e}{2mc}(\boldsymbol{H}+\mathring{\boldsymbol{H}}) \tag{2-15'''}$$

$$\boldsymbol{\Omega}_{\rm lab} = g_0\frac{e}{2mc}\boldsymbol{H} + (g_0-1)\frac{e}{2mc}\mathring{\boldsymbol{H}} \tag{2-18'}$$

$$E_{H+{\rm rel}} = g_0\frac{eh}{4\pi mc}(\boldsymbol{H}\cdot\boldsymbol{s}) + (g_0-1)\frac{eh}{4\pi mc}(\mathring{\boldsymbol{H}}\cdot\boldsymbol{s}) \tag{2-19''}$$

$$H_1 = \frac{eh}{4\pi mc}\boldsymbol{H}\cdot(\boldsymbol{l}+g_0\boldsymbol{s}) \tag{3-8}$$

$$H_2 = (g_0-1)\frac{eh}{4\pi mc}(\mathring{\boldsymbol{H}}\cdot\boldsymbol{s}) \tag{3-10}$$

$$\mathring{\boldsymbol{H}} = \frac{Zeh}{2\pi mc}\frac{1}{r^3}\boldsymbol{l} \tag{3-10'}$$

$$H_2 = 2(g_0-1)Z\left(\frac{eh}{4\pi mc}\right)^2\frac{1}{r^3}(\boldsymbol{l}\cdot\boldsymbol{s}) \tag{3-10''}$$

$$\begin{aligned}\Bigg\{&\left(-\frac{h}{2\pi i}\frac{\partial}{c\partial t}+\frac{e}{c}A_0\right)^2 - \sum_{r=1,2,3}\left(\frac{h}{2\pi i}\frac{\partial}{\partial x_r}+\frac{e}{c}A_r\right)^2\\ &-m^2c^2\Bigg\}\psi(x,y,z,t)=0\end{aligned} \tag{3-19}$$

$$\begin{aligned}\Bigg\{&\left(-\frac{h}{2\pi i}\frac{\partial}{c\partial t}+\frac{e}{c}A_0\right) - \sum_{r=1,2,3}\alpha_r\left(\frac{h}{2\pi i}\frac{\partial}{\partial x_r}+\frac{e}{c}A_r\right)\\ &-\alpha_0 mc\Bigg\}\psi=0\end{aligned} \tag{3-20}$$

$$E_{s,s} = \left(\frac{eh}{4\pi mc}\right)^2\left\langle\frac{1}{|\boldsymbol{x}_1-\boldsymbol{x}_2|^3}\right\rangle \tag{5-13}$$

$$\begin{aligned}\Bigg[&\left\{-\frac{h^2}{8\pi^2 m}\Delta_1 + V_{Z=2}(|\boldsymbol{x}_1|)\right\}\\ &+\left\{-\frac{h^2}{8\pi^2 m}\Delta_2 + V_{Z=2}(|\boldsymbol{x}_2|)\right\}\\ &+\frac{e^2}{|\boldsymbol{x}_1-\boldsymbol{x}_2|} - E^{(1)}\Bigg]\psi(\boldsymbol{x}_1,\boldsymbol{x}_2)=0\end{aligned} \tag{5-14}$$

$$\left\langle\frac{e^2}{|\boldsymbol{x}_1-\boldsymbol{x}_2|}\right\rangle^{\rm sym}_{n_1,l_1;n_2,l_2} \tag{5-21)$_{\rm s}$ (}$$

$$\left\langle\frac{e^2}{|\boldsymbol{x}_1-\boldsymbol{x}_2|}\right\rangle^{\rm ant}_{n_1,l_1;n_2,l_2} \tag{5-21)$_{\rm a}$ (}$$

$$E_{s,s} = \left(\frac{eh}{4\pi mc}\right)^2\left\langle\left(\frac{1}{|\boldsymbol{x}_1-\boldsymbol{x}_2|^3}\right)\right\rangle_{n,l;s} \tag{5-25}$$

$$V_{波}(\boldsymbol{x}) = e\int\frac{e\Psi^\dagger(\boldsymbol{x}')\Psi(\boldsymbol{x}')}{|\boldsymbol{x}-\boldsymbol{x}'|}dv' \tag{6-21}$$

$$\left\{\frac{1}{2m}\boldsymbol{p}^2+V(\boldsymbol{x})+e\int\frac{e\Psi^\dagger(\boldsymbol{x}')\Psi(\boldsymbol{x}')}{|\boldsymbol{x}-\boldsymbol{x}'|}dv' + \frac{h}{2\pi i}\frac{\partial}{\partial t}\right\}\Psi(\boldsymbol{x},t)=0 \tag{6-22}$$

$$H=\sum_{\nu=1}^{N}\left\{\frac{1}{2m}\boldsymbol{p}_\nu{}^2+V(\boldsymbol{x})\right\}+\sum_{\nu>\nu'}^{N}\frac{e^2}{|\boldsymbol{x}_\nu-\boldsymbol{x}_{\nu'}|} \tag{6-23}$$

$$H_0=\frac{1}{2m}\sum_k p_k{}^2-\frac{Ze^2}{r}+\frac{eh}{4\pi mc}\sum_k H_k l_k \tag{7-29}_0$$

$$H_s=\frac{eh}{4\pi mc}\sum_k H_k\sigma_k+\frac{1}{2}\frac{eh}{4\pi mc}\sum_k \mathring{H}_k\sigma_k \tag{7-29}_s$$

$$\mathring{\boldsymbol{H}}=\frac{1}{mc}\frac{Ze}{r^3}\frac{h}{2\pi}\boldsymbol{l} \qquad \text{(p. 144, l. 8)}$$

$$H_{0'}=\frac{1}{2m}\sum_k p_k'^2-\frac{Ze^2}{r}+\frac{eh}{4\pi mc}\sum_k H_k' l_k' \tag{7-29$'$}_0$$

$$\left\{\frac{1}{2m}\boldsymbol{p}^2-\frac{e^2}{\left|\boldsymbol{x}+\frac{\boldsymbol{r}}{2}\right|}-\frac{e^2}{\left|\boldsymbol{x}-\frac{\boldsymbol{r}}{2}\right|}-E\right\}\phi(\boldsymbol{x})=0 \tag{10-2}$$

$$J_s(r)=E_s(r)+\frac{e^2}{r}$$
$$J_a(r)=E_a(r)+\frac{e^2}{r} \tag{10-5}$$

$$+\frac{1}{4}\sum_{K>L}^{N}(1-\rho_K{}^\zeta)(1-\rho_L{}^\zeta)\frac{e^2}{r_{KL}} \tag{10-15$'$}$$

$$H=\frac{1}{2m}\sum_K^N \boldsymbol{p}_K{}^2-\frac{1}{2}\sum_{K>L}^{N}(\rho_K{}^\xi\rho_L{}^\xi+\rho_K{}^\eta\rho_L{}^\eta)J(r_{KL}) +\frac{1}{4}\sum_{K>L}^{N}(1-\rho_K{}^\zeta)(1-\rho_L{}^\zeta)\frac{e^2}{r_{KL}} \tag{10-16}$$

$$\frac{e^2}{r} \qquad \text{(p. 213, l. 5, 9)}$$

$$\mathring{\boldsymbol{H}}=\frac{1}{c}[\boldsymbol{E}\times\boldsymbol{u}] \tag{11-47}$$

$$\boldsymbol{\Omega}=\frac{-e}{2mc}\mathring{\boldsymbol{H}}=\frac{1}{2S}M_D\mathring{\boldsymbol{H}} \tag{11-46$'$}$$

$$S\boldsymbol{\Omega}_{lab}=-M\boldsymbol{H}-\left(M-\frac{1}{2}M_D\right)\mathring{\boldsymbol{H}} \tag{11-48}$$

$$S\boldsymbol{\Omega}_{lab}=-M_D\boldsymbol{H}-\frac{1}{2}M_D\mathring{\boldsymbol{H}} \tag{11-48}_{\text{電子}}$$

$$S\boldsymbol{\Omega}_{lab}=-(M_D+M')\boldsymbol{H}-\left(\frac{1}{2}M_D+M'\right)\mathring{\boldsymbol{H}} \tag{11-48}_{\text{陽子}}$$

$$S\boldsymbol{\Omega}_{lab}=S\boldsymbol{\Omega}=-M'\boldsymbol{H}-M'\mathring{\boldsymbol{H}} \tag{11-48}_{\text{中性子}}$$

$$\boldsymbol{\Omega}_{lab}=\frac{e}{2mc}g\boldsymbol{H}+\frac{e}{2mc}(g-1)\mathring{\boldsymbol{H}} \qquad \text{(p. 241, l. 16)}$$

$$\boldsymbol{\Omega}_{lab}=g_0\frac{e}{2mc}\boldsymbol{H}+(g_0-1)\frac{e}{2mc}\mathring{\boldsymbol{H}} \qquad \text{(p. 241, l. 18)}$$

$$\left\{\left(\frac{W}{c}+\frac{e}{c}A_0\right)-\sum_{r=1,2,3}\alpha_r\left(\frac{h}{2\pi i}\frac{\partial}{\partial x_r}+\frac{e}{c}A_r\right) -\alpha_0 mc\right\}\phi=0 \tag{11-49}_D$$

$$\{W+eA_0-mc^2\}\phi^+ =c\sum_{r=1,2,3}\sigma_r\left(\frac{h}{2\pi i}\frac{\partial}{\partial x_r}+\frac{e}{c}A_r\right)\phi^- \tag{11-53}_{D_1}$$

$$\{W+eA_0+mc^2\}\phi^- =c\sum_{r=1,2,3}\sigma_r\left(\frac{h}{2\pi i}\frac{\partial}{\partial x_r}+\frac{e}{c}A_r\right)\phi^+ \tag{11-53}_{D_2}$$

$$-\frac{M'}{c}\left\{\frac{1}{i}\sum_{\text{cyclic}}\alpha_0\alpha_2\alpha_3H_1-i\sum_r\alpha_0\alpha_r E_r\right\} \tag{11-49}_P$$

$$\left(\frac{h}{2\pi i}\frac{\partial}{\partial x_r}+\frac{e}{c}A_r\right)\equiv\pi_r \tag{11-55}$$

$$\phi^-=\frac{c}{W+eA_0+mc^2}\left(\sum_{r=1,2,3}\sigma_r\pi_r\right)\phi^+ \qquad \text{(p. 244, l. 11)}$$

$$W+eA_0+mc^2=2mc^2+(W-mc^2)+eA_0 \qquad \text{(p. 244, l. 13)}$$

$$W-mc^2\ll mc^2,\quad eA_0\ll mc^2 \qquad \text{(p. 244, l. 15)}$$

$$\phi^{-}=\left\{\frac{1}{2mc}-\frac{W+eA_0-mc^2}{(2mc)^2c}\right\}\Big(\sum_{r=1,2,3}\sigma_r\pi_r\Big)\phi^{+}$$

(p. 244, l. 17)

$(11\text{-}53)_{D_1}$の右辺

$$=\left[\frac{1}{2m}\left\{1-\frac{W+eA_0-mc^2}{2mc^2}\right\}\sum_{r=1,2,3}\sigma_r\pi_r\sum_{r=1,2,3}\sigma_r\pi_r -\frac{e}{(2mc)^2}\frac{h}{2\pi i}\sum_{r=1,2,3}\sigma_r\frac{\partial A_0}{\partial x_r}\sum_{r=1,2,3}\sigma_r\pi_r\right]\phi^{+}$$

(p. 245, l. 1)

$(11\text{-}53)_{D_1}$の右辺

$$=\left[\frac{1}{2m}\left\{1-\frac{W_0+eA_0-mc^2}{2mc^2}\right\}\sum_{r=1,2,3}\pi_r\pi_r +\frac{1}{2m}\left\{1-\frac{W_0+eA_0-mc^2}{2mc^2}\right\}i\sum_{\text{cyclic}}\sigma_1(\pi_2\pi_3-\pi_3\pi_2) -\frac{e}{(2mc)^2}\frac{h}{2\pi}\sum_{\text{cyclic}}\sigma_1\left(\frac{\partial A_0}{\partial x_2}\pi_3-\frac{\partial A_0}{\partial x_3}\pi_2\right) -\frac{e}{(2mc)^2}\frac{h}{2\pi i}\sum_{r=1,2,3}\frac{\partial A_0}{\partial x_r}\pi_r\right]\phi^{+}$$

(p. 245, l. 9)

$$\pi_2\pi_3-\pi_3\pi_2=\frac{eh}{2\pi ic}\left(\frac{\partial A_3}{\partial x_2}-\frac{\partial A_2}{\partial x_3}\right)=\frac{eh}{2\pi ic}H_1$$

(p. 245, l. 11)

$$-\frac{\partial A_0}{\partial x_r}=E_r,\qquad r=1,\ 2,\ 3$$

(p. 245, l. 13)

$(11\text{-}53)_{D_1}$の右辺

$$=\left[\frac{1}{2}m\frac{u^2}{1-u^2/c^2}-\frac{W_0+eA_0-mc^2}{4c^2}u^2 +\frac{eh}{4\pi mc}\sum_{r=1,2,3}\sigma_rH_r+\frac{1}{2}\frac{eh}{4\pi mc}\sum_{\text{cyclic}}\sigma_1\left(E_2\frac{u_3}{c} -E_3\frac{u_2}{c}\right)+\frac{i}{2}\frac{eh}{4\pi mc}\sum_{r=1,2,3}E_r\frac{u_r}{c}\right]\phi^{+}$$

(p. 246, l. 3)

$$\left\{\frac{1}{2}m\left(1+\frac{u^2}{c^2}\right)u^2-M_{\mathrm{D}}(\boldsymbol{\sigma}\cdot\boldsymbol{H})-\frac{1}{2}M_{\mathrm{D}}\left(\boldsymbol{\sigma}\cdot\left[\boldsymbol{E}\times\frac{\boldsymbol{u}}{c}\right]\right) -\frac{i}{2}M_{\mathrm{D}}\left(\boldsymbol{E}\cdot\frac{\boldsymbol{u}}{c}\right)-\left(1+\frac{1}{4}\frac{u^2}{c^2}\right)\left(W+eA_0-mc^2\right)\right\}\phi^{+} =0 \tag{11-58}$$

$$M_D=\frac{-eh}{4\pi mc}$$

(p. 246, l. 7)

$$-(W_0+eA_0-mc^2)$$

(p. 246, l. 10)

$$-M_{\mathrm{D}}(\boldsymbol{\sigma}\cdot\boldsymbol{H}) \tag{11-59$_1$}$$

$$-\frac{1}{2}M_{\mathrm{D}}\left(\boldsymbol{\sigma}\cdot\left[\boldsymbol{E}\times\frac{\boldsymbol{u}}{c}\right]\right)=-\frac{1}{2}M_{\mathrm{D}}(\boldsymbol{\sigma}\cdot\mathring{\boldsymbol{H}}) \tag{11-59$_2$}$$

$$\frac{m}{2}\boldsymbol{u}^2=\frac{1}{2m}\boldsymbol{p}^2+\frac{e}{2mc}\{(\boldsymbol{A}\cdot\boldsymbol{p})+(\boldsymbol{p}\cdot\boldsymbol{A})\}$$

(p. 247, l. 7)

$$\frac{1}{2}m\boldsymbol{u}^2=\frac{\boldsymbol{p}^2}{2m}+\frac{eh}{4\pi mc}(\boldsymbol{H}\cdot\boldsymbol{l})$$

(p. 244, l. 10)

$$\begin{aligned}&\Big(W+eA_0-mc^2+M'\sum_{r=1,2,3}\sigma_rH_r\Big)\phi^{+}\\&\qquad=c\sum_{r=1,2,3}\left\{\sigma_r\pi_r+\frac{iM'}{c}\sigma_rE_r\right\}\phi^{-}\\&\Big(W+eA_0+mc^2-M'\sum_{r=1,2,3}\sigma_rH_r\Big)\phi^{-}\\&\qquad=c\sum_{r=1,2,3}\left\{\sigma_r\pi_r-\frac{iM'}{c}\sigma_rE_r\right\}\phi^{+}\end{aligned} \tag{11-53$_{\mathrm{D+P}}$}$$

$$\phi^{-}=\left\{\frac{1}{2mc}-\frac{W+eA_0-mc^2}{(2mc)^2c}\right\} \times\sum_{r=1,2,3}\left\{\sigma_r\pi_r-\frac{iM'}{c}\sigma_rE_r\right\}\phi^{+}$$

(p. 247, l. 20)

$$-\frac{M'}{2mc}\sum_{\text{cyclic}}\sigma_1(E_2\pi_3-\pi_2E_3+\pi_3E_2-E_3\pi_2) +\frac{iM'}{2mc}\sum_{r=1,2,3}(E_r\pi_r-\pi_rE_r) \tag{11-60}$$

(11-60) の第1項 $=-\dfrac{M'}{mc}\sum_{\text{cyclic}}\sigma_1(E_2\pi_3-E_3\pi_2) -\dfrac{M'h}{4\pi imc}\sum_{\text{cyclic}}\sigma_1\left(\dfrac{\partial E_2}{\partial x_3}-\dfrac{\partial E_3}{\partial x_2}\right)$

(p. 248, l. 6)

(11-60) の第2項 $= -\dfrac{M'}{2mc}\dfrac{h}{2\pi}\,\mathrm{div}\,\boldsymbol{E}$ (p. 248, l. 8)

$-\dfrac{M'}{mc}\sum_{\mathrm{cyclic}}\sigma_1(E_2\pi_3-E_3\pi_2)$ (p. 248, l. 13)

$-M'\left(\boldsymbol{\sigma}\cdot\left[\boldsymbol{E}\times\dfrac{\boldsymbol{u}}{c}\right]\right)=-M'(\boldsymbol{\sigma}\cdot\mathring{\boldsymbol{H}})$ (11-61)

$-M'(\boldsymbol{\sigma}\cdot\boldsymbol{H})$ (11-62)

$-(M_{\mathrm{D}}+M')(\boldsymbol{\sigma}\cdot\boldsymbol{H})-\left(\dfrac{1}{2}M_{\mathrm{D}}+M'\right)(\boldsymbol{\sigma}\cdot\mathring{\boldsymbol{H}})$ (11-63)陽子

$-M'(\boldsymbol{\sigma}\cdot\boldsymbol{H})-M'(\boldsymbol{\sigma}\cdot\mathring{\boldsymbol{H}})$ (11-63)中性子

$M'\rho_2\{(\boldsymbol{\sigma}\cdot\boldsymbol{E})-i(\boldsymbol{a}\cdot\boldsymbol{H})\}$ (p. 268, l. 16)

사진 및 자료 리스트

【사진】

p. 1 N. 보어
江沢 洋씨 제공

p. 5 A. 조머펠트
Courtesy of AIP Emilio Segrè Visual Archives, Physics Today Collection.

p. 6 A. 란데
Courtesy of AIP Meggers Gallery of Nobel Laureates.

p. 6 W. 파울리
소장 : CERN. Courtesy of AIP Emilio Segrè Visual Archives.

p. 37 R. de L. 크로니크, 니시나 요시오, D.M. 데니슨, W. 쿤, B.B. 레이
소장 : 仁科記念財団

p. 40 O. 클라인, G.E. 윌렌벡, S.A. 호우슈미트
촬영 : H. Knauss. Courtesy of AIP Emilio Segrè Visual Archives.

p. 52 E. 슈뢰딩거와 P.A.M. 디락.
江沢 洋씨 제공

p. 84 F. 훈트
Courtesy of AIP Emilio Segrè Visual Archives, Franck Collection.

p. 86 仁科芳雄, 青山新一, 堀健夫, 木村健二郎
소장 : 仁科記念財団

p. 94 W. 하이젠베르크
Courtesy of AIP Emilio Segrè Visual Archives.

p. 112 W. 파울리
Courtesy of AIP Emilio Segrè Visual Archives.

p. 126 V. 바이스코프
江沢 洋씨 제공

p. 148 P. 에렌페스트
소장 : Leningrad Physico-Technical Institute. Courtesy of AIP Emilio Segrè Visual Archives.

p. 175 J. 채드윅
촬영 : Börtzells Esselte. Courtesy of AIP Emilio Segrè Visual Archives.

p. 175 W. 보테
江沢 洋씨 제공

p. 176 프레데리크 졸리오 퀴리와 이렌 졸리오 퀴리
소장 : Société Française de Physique, Paris. Courtesy AIP Emilio Segrè Visual Archives.

p. 190 W. 하이젠베르크
소장 : Max Planck Institute. Courtesy of AIP Emilio Segrè Visual Archives.

p. 203 E. 마요라나
Courtesy of AIP Emilio Segrè Visual Archives.

p. 206 E. 페르미, N. 보어
촬영 : S.A. Goudsmit. Courtesy of AIP Emilio Segrè Visual Archives.

p. 211 H. 유카와.
Courtesy of AIP Emilio Segrè Visual Archives E. Scott Barr Collection.

p. 216 L.H. 토마스
촬영 : 梅田魁. 岡武史씨 제공.

p. 237 O. 슈테른
Courtesy of AIP Meggers Gallery of Nobel Laureates.

【자료】

p. A9 堀健夫 일기
소장 : 北海道大学付属図書館, 大学文書館.

신판의 후기

저자는 물리학의 역사에 특별한 생각을 가지고 있다.『物理学とは何だろうか(물리학이란 무엇일까?)』상·하 (岩波新書, 1979)나『量子力学(양자역학)』I (東西出版社, 1948 ; みすず書房, 1952), II (みすず書房, 1953) 등의 단행본에 덧붙여「物理学四半世紀の素描(물리학 4반세기의 소묘)」(『量子電気力学の発展(양자전기역학의 발전)』(朝永振一郎著作集10), みすず書房, 1983 ;『量子力学と私(양자역학과 나)』, 岩波文庫, 1997) 등 많은 잡지 기사를 써 왔다.

『量子力学』, 특히 그 I이 양자역학의 유년기 역사를 빌려서 썼던 교과서라고 한다면, 이 책 『スピンはめぐる(스핀은 돈다)』는 II와 다소 겹치는 부분도 있으면서 그 성숙기를 묘사한 것이다.

겹쳐진다는 것은 저자가 몇 해 전부터 주장한 슈뢰딩거 방정식의 위상과 관련된다. 저자는 드브로이 파의 장을 양자화한 것이 이른바 제2양자화를 한 Ψ어서 고차원 공간의 다체 슈뢰딩거 방정식을 실존하는 3차원 공간으로 불러들이고, 이곳에 와서 처음으로 양자역학은 완성되었다고 한다(이 책 p. 121, pp. 255-257, 『量子力学』II, §50). 이것은 이 책의, 또한 양자역학사의 "산(山)"의 하나이고, 저자는「제2양자화를 술술 받아들이는 사람이 만약 있다면 디락과 같은 정도로 뛰어난 사람이거나, 또는 여러 가지를 골똘히 생각하지 않고 무엇이든 알게 된 것 같은 기분이 되어 버린 느긋한 사람 중의 하나겠지요」라고 말하고 있다(이 책 p. 117). 이 책에서 자세하게 설명되어 있는 내용은『量子力学』II에서는 그렇지 않고, 그 반대도 마찬가지이므로 양쪽 모두를 읽어보았으면 한다. 이것은 원자 스펙트럼의 다중항이나 행렬역학에 관하여『量子力学』I에 대해서도 그렇다.

저자는『量子力学』I의 서문에 이렇게 썼다. 조금 길지만 인용해 본다 :

> 이론물리학자의 일을 크게 둘로 나눌 수 있다. 하나는 완성된 이론을 아직 이론적으로 해결되지 않은 문제에 적용하여 현상의 유래를 밝히는 것이고, 또 하나는 새로운 이론을 만드는 것이다. 후자의 일은 전자의 일

> 에 못지 않게 중요하지만, 그 경우 연구자를 이끌기 위해서는 과거에서 그런 일이 어떻게 해서 일어났는지에 대한 예가 매우 도움이 될 것이다.

이것을 썼던 1948년에 저자는 양자전자기역학에 혁명을 일으킨 「재규격화 이론」을 한창 만들고 있던 중이었다. 그 한 해 전에 저자는 「이론물리학은 오늘 한가지 곤란함을 만나서, 무엇인가 근본적으로 생각을 바꾸지 않는 한 우리는 앞으로 나아갈 수 없다」로 시작하는 「양자역학적 세계상」(『量子力学的世界像(양자역학적 세계상)』(著作集8), 1982 ;『量子力学と私』)을 써서 곤란함을 역사적으로 분석하고 있다.

여기에 써 놓은 것처럼 「연구자를 이끄는」 것이 저자가 역사에 기대하는 것 중 하나이다. 그러나 기대는 그것만이 아니다. 저자는 이렇게 쓴 적이 있다 (「수학을 안다는 것은 어떤 것인가?」,『鳥獣戯画(조수희화)』(著作集1), 1981 ;『科学者の自由な楽園(과학자의 자유로운 낙원)』, 岩波文庫, 2000) :

> 수학을 공부해서 정말로 알았다는 기분은, 아마도 그 수학이 만들어질 때의 수학자 심리에 조금이라도 가까워지지 않으면 일어날 수 없는 것이 아닐까? 하나하나의 증명을 알게 되었다는 것은 영화의 한 장면 한 장면을 하나씩 보는 것과 같아서, 그러면 영화의 내용은 아무것도 알지 못한다.

이 책을 읽으면 곳곳에서 발견되는 것처럼, 저자는 연구자의 심리를 꿰뚫어 볼 때까지 논문을 읽었다. 연구자는 역사에 영향을 받으므로 논문은 역사적 맥락에서 읽어야만 한다. 이것은 대단한 노력을 요하지만 피할 수 없다. 거기에는 많은 에피소드도 얽혀서 역사를 입체적으로 만든다.

덧붙이자면, 「어떤 일의 본질을 놓치지 않기 위해서」 또는 「어떤 일의 핵심을 잡아내기 위해서」 문제를 간단하게 하는 것은 이 책에서도 자주 나오는 인상적인 저자의 방법이다. 문제를 간단하게 하는 것이 이미 핵심을 잡아내는 것이다. 거기에서 출발하여, 이것이 중요한 점이지만, 저자는 자신의 손으로 어떤 일을 재구성한다. 그 과정에서 다시 핵심이 보이는 것이다. 저자는 꼭 이 방법을 배우기를 바라고 있다. 저자는 「종이와 연필 없이는 책을 읽을 수 없다」라고 말했다고 하니, 독자도 종이와 연필로 이 책의 이론을 확인하고 수식의 행간을 채워가면서 읽어 나가기 바란다.

이 책에서는 반드시 표에 나와있는 것은 아니지만, 과학과 그것을 지지하는 기반으로 사회와의 관련도 저자가 역사에 관심을 가지는 이유 중 하나이며, 원자핵물리의 발흥기에 일본 공업수준이 늦었던 것과 싸웠던 이화학연구소를 둘러싼 「원자핵물리의 추억」(『開かれた研究所と指導者たち(열린 연구소와 지도자들)』(著作集6), 1982) 등 많은 논고(論考)에 그것이 보인다. 저자는 일본학술회(日本学術会議)의 원자핵연구연락위원회(原子核研究連絡委員会) 위원장, 회장으로서 과학을 사회에서 살리기 위해 분투하고, 공동이용연구소(共同利用研究所)의 효시가 된 교토대학 기초물리학 연구소의 설립에 기회를 만들고 (「프린스톤 고급연구소」, 「새로운 형태의 연구소」, 『開かれた研究所と指導者たち』), 원자핵연구소, 고에너지물리학연구소 의 창립에 힘을 쏟았다. 이것은 과학을 일본사회에 뿌리내리게 하기 위한 노력이었다고도 할 수 있다.

저자는 이 책의 근간이 된 中央公論社(중앙공론사)판 (1974)의 뒤에 『物理学とは何だろうか』를 마지막으로 1979년 7월 8일 식도암으로 서거하였다. 저자에 대해서는 마쯔이 마키노스케(松井巻之助) 편저 『回想の朝永振一郎(회상의 토모나가 신이치로)』(みすず書房, 1980)가 있다.

나는 『量子力学』I이나 「量子力学的世界像」 등을 읽고 일찍이 열성적인 토모나가의 팬이 되었으나, 이 책의 근간이 되었던 잡지 『自然(자연)』의 연재(1973년 1-10월)를 읽고, 대폭 가필하여 단행본화 된 『スピンはめぐる(스핀은 돈다)』(中央公論社, 1974)를 읽고 다시 한 번 깊은 감명을 받았다. 저자로부터도 친절한 가르침을 받았던 기억이 있다. 지금 『スピンはめぐる』의 간행에 즈음하여 주석과 해설을 덧붙이는 작업을 맡은 것은 큰 기쁨이다. 이 책이 쓰여질 때로부터 30년 남짓 되어서 양자역학의 주역들의 회상, 전기, 서함집 등 사료도 늘었났기 때문에 그것을 보충하는 것, 수학적인 이해에 도움을 주는 것이 주석의 목적이다. 각주로 넣기에 너무 큰 주석은 부록A에 정리했다. 게다가 스핀에 얽힌 그 뒤의 토픽의 몇 가지를 부록B로 하였으나, 이것은 공간의 제약도 있어 대강의 줄거리만을 나타내는 대용품에 지나지 않으므로 독자들이 한 층 더 공부하지 않으면 안된다. 참고문헌으로 잡지 『自然』을 인용한 부분도 많다. 역사의 기록으로서 잡지는 귀중하다. 『自然』은 옛날 잡지이지만 도서관에 가면 볼 수 있을 것이다. 제2차 세계대전 후 곧바로 창간되어 그 이후로 독자로서, 1960년부터는 때로는 필자 나부랭이로서도 긴 시간을 함께 하였으나 1984년에 휴간이 되어 오늘까지 오고 있다.

이것은 좋은 잡지였다.

주석을 쓰면서 오카 타케시(岡 武史)씨가 이 책의 영문 번역을 할 때 붙였던 주석을 참고하였다. 또 이 책에 게재된 많은 사진도 그에게 도움을 받았다. 오카씨, 감사드립니다. 주석이나 부록을 쓰는 데에 이시카와 노보루(石川 昴)씨에게도 큰 도움을 받았다. 이 책의「후기」에 나왔던, 그 이시카와씨이다. 나도『自然』에 기고한 이래로 그와 긴 인연이 있다. 그로부터는 덧붙여야만 하는 주석, 부록이나 그 내용의 주문, 글에 대해서도 많은 의견을 주었으며 참고서도 빌려 주었다. 그리고 이 책 전체의 교정까지 도와 주었다. 감사의 말씀도 드리지 못했다. 그러나 물론 최종판의 책임은 나에게 있다. 주석이나 부록이 눈에 거슬리지 않았다면 행복할 따름이다. 미스스 쇼보(みすず書房)의 이치하라 카나코(市原 加奈子)씨에게도 작업 전반에 걸친 내내 다수의 조언이나 도움을 받았다. 가슴 깊이 감사드린다.

2008년 4월

에자와 히로시 (江沢 洋)

제7판의 주기

부록A에 포함된 사항과 같은 보조 주석으로서 본문 p. 88–91의 기술에 관해서 설명을 보충해야만 할 부분이 있다는 것이 생각나서 아래에 주기를 달아 둔다.

데니슨의 생각에 관해서 (이 책 pp.88–91)

p. 89의 식 (4–18)은 아래 같이 나타낼 수도 있다.

$$\langle E_{\text{rot}}\rangle = \frac{\rho}{\rho+1}\frac{1}{Z_{\text{even}}}\sum_{J=\text{even}} X_J + \frac{1}{\rho+1}\frac{1}{Z_{\text{odd}}}\sum_{J=\text{odd}} X_J. \tag{a}$$

여기서 $X_J = g(J)E(J)e^{-\frac{1}{kT}E(J)}$, $Y_J = g(J)e^{-\frac{1}{kT}E(J)}$로

$$Z_{\text{even}} = \sum_{J=\text{even}} Y_J, \qquad Z_{\text{odd}} = \sum_{J=\text{odd}} Y_J.$$

이다. (a)를 (4–12)와 비교하면

$$\frac{\beta}{Z} = \frac{\rho}{\rho+1}\frac{1}{Z_{\text{even}}}, \qquad \frac{1}{Z} = \frac{1}{\rho+1}\frac{1}{Z_{\text{odd}}}$$

을 얻을 수 있다. 따라서

$$Z=(\rho+1)\,Z_{\rm odd},\qquad \beta=\frac{\rho}{\rho+1}\frac{1}{Z_{\rm even}}\cdot Z=\rho\frac{Z_{\rm odd}}{Z_{\rm even}}. \tag{b}$$

이 제1식에서 얻은 $Z=\rho Z_{\rm odd}+Z_{\rm odd}$에 제2식을 이용해서 $Z=\beta Z_{\rm even}+Z_{\rm odd}$. 이것은 바로 (4-12)의 다음에 있는 Z의 정의이다. 이렇게 해서 (4-12)와 (4-18)은 거의 같은 내용의 식인 것을 알았다. β와 ρ가 각각 서로 바뀔 수 있는/바뀔 수 없는 2종류의 기체 혼합비라는 차이는 (b)의 관계 $\beta=\rho\dfrac{Z_{\rm odd}}{Z_{\rm even}}$로 나타난다. 이 식을 저자는 p. 90에서 p. 91에 걸쳐서 「아마 잘 알고 있을거라고 생각합니다만…」이라고 하면서 다시 한 번 인도하고 있으나, 그럴 필요는 없었던 것이다.

덧붙여 말하면, 저자는 p. 89에 「데니슨은 여러가지 ρ의 값과 여러가지 I의 값에 대해 $C_{\rm rot}$를 계산하고…… $\rho=\dfrac{1}{3}$을 발견했다」라고 쓰고 있으나, 이 계산에는 온도 T도 필요하므로 이 설명은 불충분하다. 데니슨은 $C_{\rm rot}$의 이론값이 ρ와 $\sigma=\hbar^2/(2IkT)$의 함수인 것으로부터, 여러가지 ρ의 값에 대해서, σ의 함수인 $C_{\rm rot}$의 이론값과 온도 T의 함수인 실험값이 서로 같다는 조건으로부터 σ와 T의 관계를 결정하고, σT=(일정)으로 되는 것과 같은 ρ의 값을 찾았다. 이리해서 그는 $\rho=\dfrac{1}{3}$이 가장 좋은 것을 발견했다. σT의 일정한 값으로부터 I가 구해진다.

옮긴이 후기

이 책을 처음 접했던 건 페이스북이었다. 어느 날, 페친이자 이 책의 표지 일러스트를 맡아 주신 손효정님의 타임라인에 이 책이 올라와 있었고, 누군가 이 책을 번역해 주었으면 좋겠다는 글이 적혀 있었다. 전기공학과 재학 시절, 일본에서 교환학생을 한 더라 과학과 관련된 일본어는 어느 정도 자신이 있었다. 또한 사범대학에서 물리교육을 전공했기에 양자역학을 배울 기회도 있었다. 물론, 그 당시 내 머릿속의 양자역학에 대한 지식은 이미 희미한 기억이 되어가고 있는 수준이라 양자역학을 배웠다고 할 수 있을 정도는 되지 못했다. 하지만, 그 시기에 출판과 관련된 일을 하고 있어서 내가 한 번 번역해 보겠다는 답글을 달았다. 그 뒤에 이강영 교수님께서 번역이 된다면 본인이 감수를 맡아주시겠다는 답글도 다셨다. 마침, 이강영 교수님께서는 나의 모교인 경상대학교 물리교육과의 교수로 재직하고 계셨기에 한 번 만나뵐 기회도 가졌었고, 교수님이 도와주신다면 한 번 번역해 볼만하겠다는 생각으로 쥐뿔도 모르는 내가 이 책의 번역을 추진하게 되었다.

사무실에서 출판과 관련된 일을 하고 있지만 규모가 크지 않아 거의 1인 출판 시스템으로 이 책의 작업은 진행되었다. 원저의 출판사인 미스즈 쇼보의 연락처를 알아내어 에이전시를 거치지 않고 직접 메일을 주고 받으며 판권 계약을 체결하였다. 번역도 직접 했다. 물론 출판 작업의 편집도 혼자서 했다. 그러다 보니 예상했던 시간보다 반 년 넘은 지금이 되어서야 이 책이 세상에 나올 수 있었다.

번역 작업을 하면서 이 책의 내용을 조금씩 알게 되고, 번역을 하기 전에 내가 생각했던 것보다 이 책이 훨씬 더 대단하다는 것을 알게 되었다. 내가 이런 책을 번역해도 될까라는 생각이 들기도 했다. 내가 가진 관련 지식이 그리 깊지 않았기에 책 속에는 모르는 용어나 학자의 이름도 많이 나왔다. 그 때마다 자료를 찾아서 용어와 학자의 이름을 확인했으니 시간이 많이 걸릴 수밖에 없었다. 게다가 내용도 완벽하게 이해가 되지 않는 부분이 많아, 우리말로 어떻게 표현해야 할지에 대한 고민도 많이 하다보니 시간은 더 지체될 수밖에 없었다. 만약, 이 책의 감수를 맡아주신 이강영 교수님의 도움이 없었더라면, 아마도 제대로 된 책으로 나오지 못했을 것이다. 이 자리를 빌어 다시 한 번 이강영 교수님께 깊은 감사의 말씀을 드린다. 그리고 이 책의 나올 수 있었던 시발점이 되었던 손효정님도 선뜻 표지일러스트를 맡아 주셨기에 이 책을 제작하는데 더 큰 힘이 되었다.

이렇게 책을 세상에 내 놓고 나니 뿌듯하면서도 걱정스러운 마음도 든다. 모쪼록 양자역학을 공부하는 분들에게 이 책이 도움이 되었으면 하는 바람이다.

올긴이 윤 라 현

색 인

이 색인은 본문에 덧붙여, 각주, 부록도 대상으로 한다. 각 항목에 관련된 일련의 기술의 범위를, 그 처음 나오는 페이지로 표시하고 있다(예: 「아이소스핀」에 대해서의 기술이 A27 페이지부터 A29 페이지에 걸쳐 계속 되는 경우, 그 처음 나오는 페이지인 A27만을 적는다). n은 각주, p는 사진 및 사진 캡션, A는 부록의 페이지를 나타낸다.

- ㅎ -

지은이

토모나가 신지치로 (朝永振一郎)

1906년 도쿄 출생. 교토제국대학 이학부 졸업 후, 이화학연구소 연구원을 거쳐 도쿄문리과대학 교수, 도쿄교육대학 교수, 동대학 학장을 역임. 「초다시간이론」, 「재규격화이론」 등의 세계적인 업적을 이루었다. 1965년도 노벨물리학상 수상. 『量子力学(양자역학) I·II』 (1952, みすず書房)을 시작으로 명석하고 독창적인 교과서나 해설, 혹은 『鏡の中の物理学(거울 속의 물리학)』 (1976, 講談社学術文庫), 『物理学とは何だろうか(물리학이란 무엇인가) 上·下』 (1979, 岩波新書) 등의 우수한 과학계몽서 저자로도 알려졌다. 저서는 이외에, 『科学と科学者(과학과 과학자)』(1968), 『物理学読本(물리학 독본)』 (편저, 1969), *Scientific Papers of TOMONAGA* (전2권, 1971-76), 『庭にくる鳥(정원에 오는 새)』 (1975), 『角運動量とスピン(각운동량과 스핀)』 (1989, 이상 みすず書房) 등 나수. 역서로는 디락의 『量子力学(양자역학)』 (원서 제4판) (공역, 1968, 岩波書店)등이 있다. 학술논문 이외의 저작물을 집성한 「朝永振一郎著作集(토모나가 신이치로 저작집)」 (みすず書房)이 간행되었다.

에자와 히로시 (江沢 洋)

1932년 도쿄 출생. 1960년 도쿄대학 대학원 교물계연구과 수료. 도쿄대학 이학부 조수. 1963년 미국·독일로 출장. 1967년 귀국. 학습원대학 조교수, 1970년 교수, 2003년 명예교수. 이학박사. 전공 이론물리, 확률과정론, 저서 『だれが原子をみたか(누가 원자를 보았는가)』 (1976, 岩波書店), 『波動力学形成史(파동역학 형성사)』 (1982, みすず書房), 『現代物理学(현대물리학)』 (1996, 朝倉書店), 『量子力学(양자역학) 1·2』 (2002, 裳華房), 공저 『量子力学(양자역학) I·II』 (湯川秀樹·豊田利幸 편저, 1978, 岩波講座·現代物理学の基礎). 편저 『仁科芳雄(니시나 요시오)』 (玉木英彦와 공동 편저, 1991, みすず書房), 『量子力学と私(양자역학과 나)』 (朝永振一郎 저, 1997, 岩波文庫). 『仁科芳雄往復書簡集(니사나 요시오 왕복서한집) I·II·III』 (中根良平외 공동 편저, 2007, みすず書房), 외.

옮긴이

윤라현

창원대학교 전기공학과를 졸업하고 직장생활을 하던 중 돌연 사표를 던지고 경상대학교 사범대학에 편입하여 물리교육을 전공하였다. 졸업 후 9년간 중·고등학교의 과학(물리) 교사로 근무하면서 학생들에게 재미있는 과학을 알려주고자 다양한 활동을 많이 실시하였다. 현재는 교직을 떠나 과학 관련 업무와 출판 업무를 하는 조그마한 사무실에서 근무하고 있으며, '책으로 이루는 나의 꿈'이라는 모토를 가진 1인 출판사 '꿈공작소'도 함께 운영하고 있다. 교직을 떠난 지금도 국내 과학축전 및 일본의 과학축전에 매년 참가하여 부스를 운영하고 있다.

저서
Steam 교육을 위한 융합과학실험 Field Manual 1, 2, 3 (공저)
종이 위에 펼쳐진 나의 첫 사진전
누구나 할 수 있는 40만원으로 떠나는 일본 여행 (전자책)

감수

이강영 (Lee, Kang Young)

서울대학교 물리학과를 졸업하고 KAIST에서 힉스 입자와 다른 입자 사이의 대칭성을 주제로 1996년에 박사 학위를 받았다. 현재 경상대학교 물리교육과 교수로 입자물리학을 연구한다. 지금까지 70여편의 논문을 발표했고, 한국출판문화상 저술상을 받은『LHC 현대물리학의 최전선』을 비롯해서『보이지 않는 세계』,『불멸의 원자』,『스핀』등의 저서가 있다.

스핀은 돈다

성숙기의 양자역학

발행일 2019년 2월 20일

지은이 토모나가 신이치로, 에자와 히로시(주석)
옮긴이 윤라현 | **감수** 이강영 | **표지일러스트** 손효정

펴낸이 성종규 | **편집** 윤라현 | **교정** 김지영
펴낸곳 참과학 | **주소** 부산시 금정구 금강로 285 | **전화** 070)4143-2104
E-mail ignimbrite@daum.net | **등록** 제340-2012-000003호
제작 꿈공작소(www.dreamfactorybook.com)

ISBN 979-11-85949-22-2

이 도서의 국립중앙도서관 출판예정도서목록(CIP)은 서지정보유통지원시스템 홈페이지(http://seoji.nl.go.kr)와 국가자료종합목록시스템(http://www.nl.go.kr/kolisnet)에서 이용하실 수 있습니다.
(CIP제어번호 : CIP2018030919)